程序员硬核技术丛书

剑指大数据

Flink实时数据仓库项目实战

电商版

尚硅谷教育◎编著

電子工業出版社
Publishing House of Electronics Industry
北京 • BEIJING

内 容 简 介

本书从需求规划、需求实现到可视化展示等，遵循项目开发的主要流程，全景介绍了电商行业 Flink 实时数据仓库的搭建过程。在整个项目的搭建过程中，介绍了主要组件的安装部署、需求实现的具体思路、问题的解决方案等，并穿插了大数据和数据仓库相关的理论知识，包括数据仓库的概念介绍、电商业务概述、数据仓库理论介绍和数据仓库建模等。最核心的内容是代码中对 Flink 的灵活应用，为读者展示了 Flink 处理数据的多种可能性。本书最后详细讲解了项目的性能调优技巧和实战案例，帮助读者掌握更多的实战经验。

本书适合具有一定编程基础的读者学习或作为参考资料，本书可以帮助读者快速了解实时数据仓库，全面掌握实时数据仓库的相关技术。

图书在版编目（CIP）数据

剑指大数据：Flink 实时数据仓库项目实战：电商版 / 尚硅谷教育编著. —北京：电子工业出版社，2023.10

（程序员硬核技术丛书）

ISBN 978-7-121-46399-0

Ⅰ. ①剑… Ⅱ. ①尚… Ⅲ. ①数据处理软件 Ⅳ. ①TP274

中国国家版本馆 CIP 数据核字（2023）第 178571 号

责任编辑：李 冰
印 刷：天津千鹤文化传播有限公司
装 订：天津千鹤文化传播有限公司
出版发行：电子工业出版社
北京市海淀区万寿路 173 信箱 邮编：100036
开 本：850×1 168 1/16 印张：23.75 字数：775 千字
版 次：2023 年 10 月第 1 版
印 次：2023 年 10 月第 1 次印刷
定 价：108.00 元

凡所购买电子工业出版社图书有缺损问题，请向购买书店调换。若书店售缺，请与本社发行部联系，联系及邮购电话：（010）88254888，88258888。

质量投诉请发邮件至 zlts@phei.com.cn，盗版侵权举报请发邮件至 dbqq@phei.com.cn。

本书咨询联系方式：libing@phei.com.cn。

前　言

数字化时代，数据的重要性不言而喻。数据不仅是企业决策和业务发展的核心资源，更是引领未来发展的关键驱动力。在数据爆炸式增长并伴随着高速数据交流的场景下，实时性和准确性成为数据的必备特征。企业及时地了解和响应市场变化、用户需求和竞争动态，需要数据能够被快速且准确地捕获、处理和分析。

离线数据仓库架构和技术已无法满足日益增长的业务需求，传统的批处理模式往往需要较长的时间来处理大规模数据，无法实时提供关键的洞察和决策支持。数据仓库架构和技术必须紧跟时代发展的脚步，以满足企业对实时性和准确性的迫切需求。

随着技术的不断创新和突破，新一代的数据仓库架构和技术应运而生。Flink 作为一款强大的开源流处理框架，以其卓越的性能备受业界青睐。Flink 将流式计算和批处理的优势结合起来，可以高效地处理大规模实时数据，并为企业提供实时的分析和洞察，使企业能够基于最新的数据，做出更加准确、及时的决策，从而在激烈的市场竞争中保持优势。

本书聚焦于 Flink 实时数据仓库项目的实战应用，以典型电商作为行业案例，带你深入探索 Flink 实时数据仓库项目构建的全过程。无论你是数据工程师、数据分析师，还是对实时数据处理感兴趣的读者，本书都将帮助你更好地理解和运用 Flink 构建实时数据仓库，提供有价值的实战经验和技巧。

通过本书，你将学习到：

- 深入了解实时数据仓库的概念和数据仓库建模理论
- 熟练掌握构建高效、高可用的数据采集通道
- 学习如何使用 Flink 构建实时数据流处理应用
- 掌握 Flink 处理实时数据流的各种常见模式与技术
- 实践运用 Flink 处理电商领域的实时数据需求
- 使用 Flink 进行数据清洗、转换和聚合等操作
- 掌握 Flink 的状态管理和容错机制
- 熟练掌握 Flink 实时数据仓库项目的性能调优手段

本书不仅包含理论介绍和概念阐述，更注重实践和项目案例演示。通过真实的数据场景和具体的应用案例，带领你逐步搭建一个完整的 Flink 实时数据仓库项目。

这是一本学习和实践 Flink 实时数据仓库项目的指南，虽然本书的重点是 Flink 实时数据仓库项目，但讲授的知识和技术在其他场景中同样适用。数据处理的原理和方法是通用的，通过学习本书，你将拓展

自己在实时数据处理领域的能力。

阅读本书需要具备一定的编程基础，至少掌握一门编程语言（如 Java）和 SQL 查询语言。如果你对大数据的一些框架，如 Hadoop、Kafka 等有一定了解，阅读本书将事半功倍。若不具备以上基础，可以关注“尚硅谷教育”微信公众号，在聊天窗口发送关键字“大数据”，免费获取全部学习资料。

书中涉及的所有安装包、源码及视频教程等，均可关注“尚硅谷教育”微信公众号，发送关键字“电商实时”免费获取。书中难免有疏漏之处，如果在阅读本书的过程中，发现任何问题，欢迎在“尚硅谷教育”官网留言反馈。

目　录

第1章 实时数据仓库概论

实时数据的计算与我们的生活息息相关，在日常生活中已经有越来越多的应用。而近年来，实时数据仓库这一概念在大数据从业人员的视野中频频出现，各大互联网企业也纷纷对外展示了其在实时数据仓库领域的构建成果。那么，实时数据仓库究竟是什么？它与我们所熟知的离线数据仓库有着怎样的区别和关联呢？本章将重点讲解这一问题。通过本章内容的学习，希望读者可以对实时数据仓库建立起初步的认识。

1.1 什么是数据仓库

数据仓库（Data Warehouse，DW 或 DWH）。数据仓库，是为企业所有级别的决策制定过程提供所有类型数据支持的战略集合，是出于分析性报告和决策支持的目的而创建的。

数据仓库是一个面向主题的、集成的、相对稳定的、随时间变化的数据集合，用于支持管理决策。这一数据仓库的概念由数据仓库之父 Bill Inmon 在 1991 年出版的 *Buiding the Data Warehouse* 一书中所提出。下面对数据仓库概念中的四个特点解释如下。

1. 面向主题的

传统的操作型数据库的数据是面向事务处理任务组织的，而数据仓库中的数据是按照一定的主题组织的。主题是一个抽象的概念，可以理解为与业务相关的数据类别，每个主题基本对应一个宏观的分析领域。例如，一个公司要分析销售相关的数据，需要通过数据回答“每季度的整体销售额是多少”这样的问题。这就是一个销售主题的需求，可以通过建立一个销售主题的数据集合来得到分析结果。

2. 集成的

数据仓库中的信息不是从各个业务系统中简单抽取出来的，而是经过一系列加工、整理和汇总的过程。因此，数据仓库中的信息是全局集成的数据。数据仓库中的数据通常包含大量的历史记录，这些历史数据记录了企业从过去某一个时间点到当前时间点的全部信息，通过这些信息，可以对企业的未来发展做出可靠分析。

3. 相对稳定的

数据一旦进入数据仓库，就不应该再发生改变。操作系统下的数据一般会频繁更新，而在数据仓库环境中数据一般不进行更新。当有改变的操作型数据进入数据仓库时，会产生新的记录，而不是覆盖原有记录，这样就保证了数据仓库中保存了数据变化的全部轨迹。这一点很好理解，数据仓库中的数据必须客观记录企业的数据，一旦数据可以修改，那对历史数据的分析将没有意义。

4. 随时间变化的

进行商务决策分析的时候，为了能够发现业务中的发展趋势、存在的问题、潜在的发展机会等，需要对大量历史数据进行分析。数据仓库中的数据反映了某一个时间点的数据快照，随着时间推移，这个快照自然是要发生变化的。数据仓库虽然需要保存大量的历史数据，但是也不可能永远驻留在数据仓库中，数据仓库中的数据都有自己的生命周期，到了一定的时间，数据就需要被移除。移除的方式包括但不限于将细节数据汇总后删除、将旧的数据转存到大容量介质后删除或者直接物理删除等。

通过以上对数据仓库特点的讲解，可以得出，数据仓库中的数据是按照主题组织、保留体现数据变化趋势的大量历史数据，并且是具有一定的集成性的。企业通过构建数据仓库，可以对在业务中产生的大量历史数据进行分析，从中提取有价值的信息，为企业决策提供支持。传统数据仓库，也就是离线数据仓库，就是按照上述要求搭建而成的。

传统的数据仓库架构一般由三部分构成：数据源、数据存储和数据应用。

数据源部分也可以理解为数据抽取。在这一部分中，系统对需要分析挖掘的源数据进行采集抽取。需要采集的源数据有多种类型，如用户单击日志、用户注册信息、商品交易信息、系统报错信息等；源数据也可能来自不同的业务系统，如用户管理系统、商品交易系统、物流管理系统等。这一部分的工作主要由一些数据采集框架承担，如 Sqoop、DataX、Flume 等。

源数据被采集抽取进来，会被存储到大数据存储系统中，如 HDFS。在数据存储系统中，会被进一步清洗、转换、分析、分解，数据的清洗转换工作一般由 MapReduce、Spark 等计算引擎进行。数据在这一部分中，会被按照不同的主题进行组织。这部分的数据分析工作，需要遵循数据仓库的建模理论来进行。

数据应用部分就是对结果数据直接应用的地方。数据经过分析处理后，存储进 OLAP 引擎中，为后续其他业务提供支持，可以用于数据报表、商品推荐、用户画像分析等多个方面。

1.2 走进实时数据仓库

1.1 节中我们重点阐述了传统数据仓库的特点和经典架构，那么实时数据仓库和传统数据仓库有什么区别和联系呢？

1.2.1 实时计算和离线计算

在分析实时计算与离线计算的区别之前，我们先来了解两个概念——流数据和批数据。

在日常生活中，这两种数据都是十分常见的。例如，在即时通信软件中，两个人在聊天，一条接一条发送的数据就构成了一个数据流，用户对一条接一条到来的数据进行回复和处理，就是对流数据的分析处理。当然，我们也可以通过邮件进行信息沟通，把所有想要表达的内容全部呈现在一封电子邮件中，这样就是一个批数据。用户再将邮件发送至对方的邮箱中，收件人打开邮件，对邮件中的信息统一处理回复，这就是对批数据的分析和处理。

我们把对流数据的分析处理称作实时计算，对批数据的分析处理称作离线计算。

传统离线数据仓库通常进行的就是离线计算，离线计算指的是在计算开始前已经得到了所有输入数据，并且输入数据不会再发生变化。离线计算的计算量级一般比较大，计算时间比较长，如在每天凌晨一点，把前一日累积的所有日志数据，计算出所需结果并生成统计报表。离线计算虽然统计指标、报表繁多，但是对时效性不敏感。从技术操作的角度来讲，离线计算部分属于批处理的操作，即根据确定范围的数据一次性计算。

随着互联网的迅速发展，越来越多的企业和用户对计算的时效性提出了更高的要求。例如，互联网企业需要实时看到用户数量的变化，以观察某个促销活动是否达到了预期目标，通过实时的指标变化趋势，企业可以更好地调整活动策略，获得更高的收益。再如，用户希望互联网应用能根据自己的需求变化实时地提供更贴心的商品和服务推荐，更精准的推荐能很好地提升用户使用体验，增强用户黏性。这些需求的实现都离不开实时计算。

实时计算是指输入数据以序列的方式一个个地输入并进行处理，在计算的时候并不需要知道所有的输入数据。与离线计算相比，运行时间更短，计算量级相对较小，但是更强调计算的时效性和用户的交互性。实时计算更侧重于对当日当时数据的实时监控，业务逻辑相对于离线计算来说通常比较简单，统计指标也少一些。从技术操作的角度，实时计算属于流处理的操作，对源源不断到达的数据进行计算。

1.2.2 实时数据仓库的构建目的

普通实时计算和实时数据仓库实际上是实时计算的两个重要阶段。在实时计算的发展初期，企业的实时需求通常较少，所以优先考虑计算时效性，而不去考虑整体实时架构的搭建，采用直线型开发模式，从数据源采集，到经过实时计算框架直接得到计算结果，并直接推送至实时应用服务中，如图 1-1 所示。这样的计算模式一开始确实满足了企业的开发需求，且具有很好的时效性，但是也存在很大的弊端。

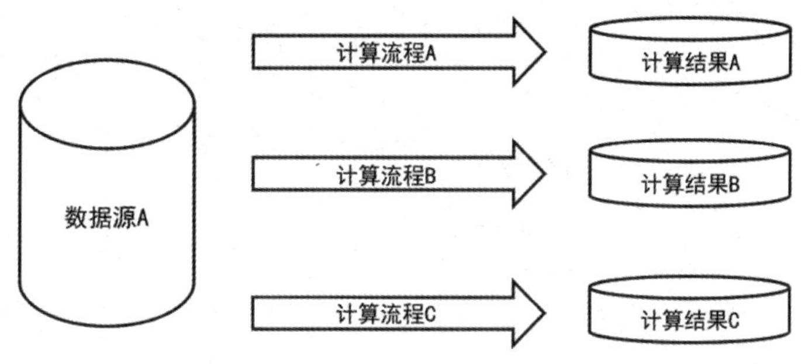

图 1-1 普通实时计算

因为计算过程中的中间计算结果没有沉淀下来，所以当实时计算需求越来越多时，计算的复用性差的缺点会逐渐突显，开发成本更是直线上升。随着需求数量、需求的种类日益增多，有的实时需求需要得到明细数据，有的实时计算需要对计算结果进行即时分析，如此一来，单一的开发模式很难满足多样化的需求。简单的实时计算通路通常也没有建立起有效的监控和优化体系，维护成本高且开发效率低。

为了解决上述问题，人们参照离线数据仓库的概念和模型对实时计算重新进行了规划和设计，实时数据仓库应运而生。实时数据仓库基于一定的数据仓库理念，对数据处理流程进行规划、分层，如图 1-2 所示，大大提高了数据复用性。

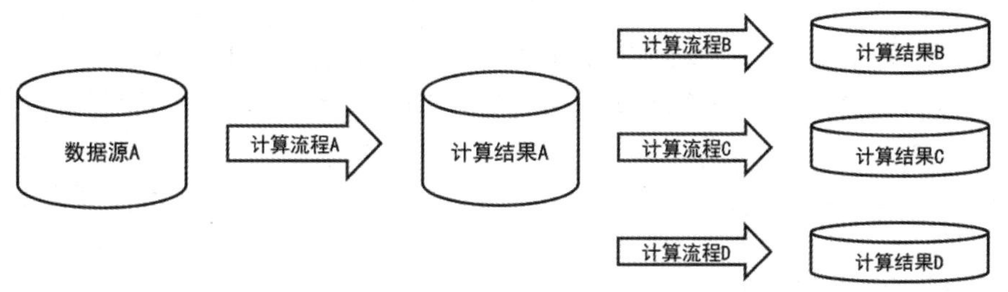

图 1-2 实时数据仓库计算

实时数据仓库相较于普通实时计算而言，最重要的一点改变就是对实时计算进行了分层设计。首先，统一对数据源进行采集的工作，减小了多个实时计算对数据源采集数据造成的压力。采集到的数据再通过实时数据仓库系统统一对外提供数据订阅服务。其次，对所有实时分析需求进行统一的分析汇总，最终的需求也决定了实时数据仓库的分层如何设计，以使计算更加合理和高效。

1.2.3 实时技术发展

在实际对流数据的处理中，我们知道想要同时保证流处理的高性能及准确性是非常困难的。第一代流处理引擎，以 Storm 为例，是实时分布式计算框架，针对流式数据可以做到来一条数据处理一次，能够提供极低的延迟。但是 Storm 的低延迟是通过牺牲结果的准确性得到的。Storm 只能支持最多一次或至少一次的数据消费语义，并且不能提供状态编程。但是人们对流式处理系统有着更高的要求，要求在具有低延时的同时，还希望具有较高的数据准确性。仅凭 Storm 显然无法实现这一点。针对这一点，工程师们将低延时但不能保障数据一致性的 Storm 与高延时但是强一致性的批处理结合在一起，进而提出了 Lambda 架构。

如图 1-3 所示，Lambda 架构主要分为三部分：批处理层（Batch layer）、流处理层（Speed layer）和在线服务层（Serving layer）。

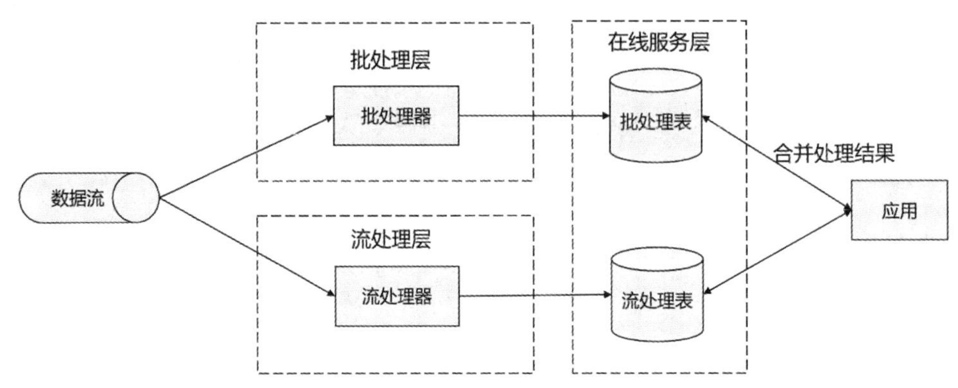

图 1-3 Lambda 架构

在批处理层，先将流式数据采集落盘到大数据的文件存储系统中，再使用批处理计算引擎——Mapreduce 或 Spark 等，对固定时间间隔的数据进行批量计算，时间间隔可能是一个小时、一天，甚至一个月。批处理层对数据处理的速度比较慢，但是对结果的准确性有很高的保证，计算性能也有很高的可扩展性，通过扩增节点数量就可以提高计算性能。

为了能更快地拿到实时的计算结果，在批处理的基础上，Lambda 架构增加了一个流处理层。在将流数据采集落盘到大数据文件存储系统的同时，也发送至流处理层处理。在流处理层会对数据进行实时的处理，处理的结果也会发送至数据服务层，供分析人员使用。早期的流处理引擎，如 Storm 只能提供一个近似准确的计算结果，但是分析人员也因此可以查看近一个小时甚至几分钟内的数据计算结果，相当于牺牲了一定的结果准确性换取了实时性。

在线服务层用于直接面向数据用户提供数据计算结果，因此需要将来自批处理层的数据计算结果和来自流处理层的数据计算结果做融合，融合过程主要是将来自批处理的有准确性保障的数据覆盖来自流处理层的数据。

Lambda 架构满足了数据用户的关键需求：系统提供低延迟但不准确的数据，后续通过批处理系统纠正之前的数据，最终给出一致性的结果。从流处理系统演变的角度来看，Storm 确实为大家带来了低延迟的流式实时数据处理能力，但是它是以牺牲数据强一致性为代价的，这反过来又带来了 Lambda 架构的兴起。Lambda 架构在实时性和准确性之间做了一个平衡，能够解决很多大数据处理的问题，曾被各大互联网公司广泛应用，但是也存在很大的缺点。Lambda 架构同时使用批处理和流处理系统，如果一边有任何改动，需要在两边同步更新，维护成本高且迭代时间周期长。并且数据经常需要在不同的存储系统和数据格式中做数据迁移和转换，造成了额外的运维策划成本。随着互联网企业规模的不断壮大，数据量级也不断增大，批处理部分的计算时间也不断增长，增加了计算结果合并的复杂性。

Lambda 架构的提出，是基于批处理层和流处理层的综合使用，可以满足数据用户的不同需求。批处理层可以提供高准确性的计算结果，流处理层可以提供低延时性的计算结果。那么我们很容易想到，如果批处理层具有了更低的延时，或者流处理层的数据准确性更高，是不是就能简化 Lambda 架构，解决 Lambda 架构的种种问题呢？

为了解决以上 Lambda 架构存在的问题，LinkedIn 公司的 Jay Kreps 提出了 Kappa 架构。Kappa 架构是 Lambda 架构的简化版本，去掉了原 Lambda 架构的批处理层，只保留流处理层。Kappa 架构的提出得益于流处理引擎的进一步发展，第二代和第三代流处理引擎都可以保障较高的数据准确性，不需要再维护一条批处理线来校正最终的计算结果。

第二代流处理引擎以 Spark 为代表。Spark 最初设计的定位就是改进 Hadoop 的 MapReduce 计算引擎，能更快地进行批处理。Spark 做到了这一点，其基于内存的计算能力、对 SQL 的完美支持、在迭代计算和机器学习领域做出的重要贡献，都值得大受褒奖。在流处理方面，Spark 做出的重要贡献就是 Spark Streaming，Spark Streaming 通过将数据划分为一个个很小的批次，对每个批次的数据进行批处理的计算来处理流数据。这种办法通过 Spark 本身强大的批处理引擎解决了很多麻烦的问题。Spark Streaming 相对于 Storm 来说，具有更高的吞吐量，并且具有更完善的故障处理保障，同时可以提供数据一致性语义保证。但是 Spark Streaming 的处理结果，仍然仰赖于事件到来的时间和顺序，无法按照事件真正发生的时间顺序进行数据处理，更无法处理迟到数据。即使有一些缺点，Spark Streaming 仍然得到了非常广泛的应用。

第三代分布式流式数据处理引擎的出现，解决了结果对到达事件的时间和顺序的依赖性。结合精确一次（exactly-once）的故障语义，这一代系统是第一个具有计算一致性和准确结果的开源流处理器。通过基于实际数据来计算结果，这些系统还能够以与“实时”数据相同的方式处理历史数据。另一个改进是解决了延迟和吞吐量无法同时保证的问题。先前的流处理器仅能提供高吞吐量或者低延迟，而第三代系统能二者兼顾。这一代的流处理器使得 Lambda 架构显得更加过时，并且更好地支持 Kappa 架构。当然这一代流处理以 Flink 为代表。

除了以上讨论过的特性（如容错、性能和结果准确性），流处理器还不断添加新的操作功能（如高可用性设置），与资源管理器（如 YARN 和 Kubernetes）的紧密集成，以及能够动态扩展流应用程序。其他功能包括支持升级应用程序代码，或将作业转移到其他集群或新版本的流处理器，而不会丢失当前状态。

1.2.4　实时数据仓库现状分析

实时计算在实际生活中为互联网企业解决了众多问题，随着实时计算的广泛发展，需求也日益丰富。

1. 报表展示

没有实时计算的时候，不同规模的企业都会制作自己的日常统计报表，通过对日常数据的分析和计算，为企业决策提供支持，这也体现了数据分析的重要性。但是对于各企业的运营管理层面来说，仅仅依靠离线计算得到的统计报表决策，数据的时效性往往无法满足，决策的准确性和针对性也不能得到保障。通过实时计算获得分钟级、秒级，甚至亚秒级的数据分析结果，更便于企业对业务快速反应与调整。

但是仅仅有实时计算的结果也是不够的，所以实时计算结果往往要与离线数据合并或者对比展示在 BI 或者统计平台中。如图 1-4 所示，多网页的浏览量 PV 统计，将多种渠道不同时间段的浏览量 PV 做对比展示，可以给决策制定者更直观的感受。

2. 实时数据大屏

实时数据大屏是指将多个实时分析指标同时展示在数据大屏上，相对于 BI 工具或者数据分析平台是更直观的数据可视化方式。现在很多电商平台都会开发自己的实时数据大屏，对交易额、PV、UV 等关键指标进行实时展示，如图 1-5 所示，这不仅是对关键指标的密切监控，也是对外营销的一种重要手段。

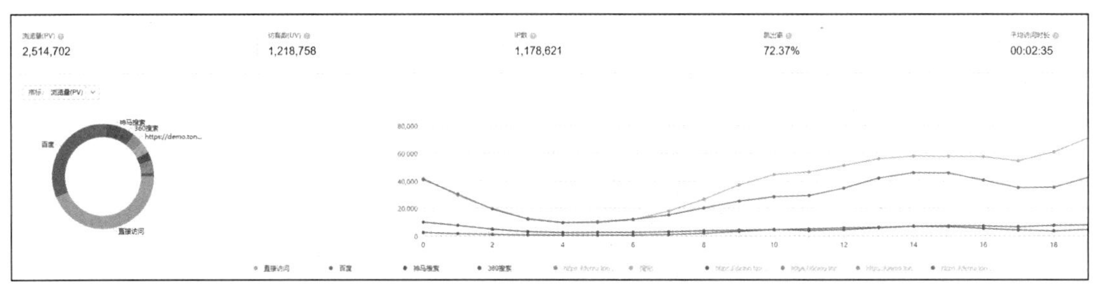

图 1-4　多网页的浏览量 PV 统计

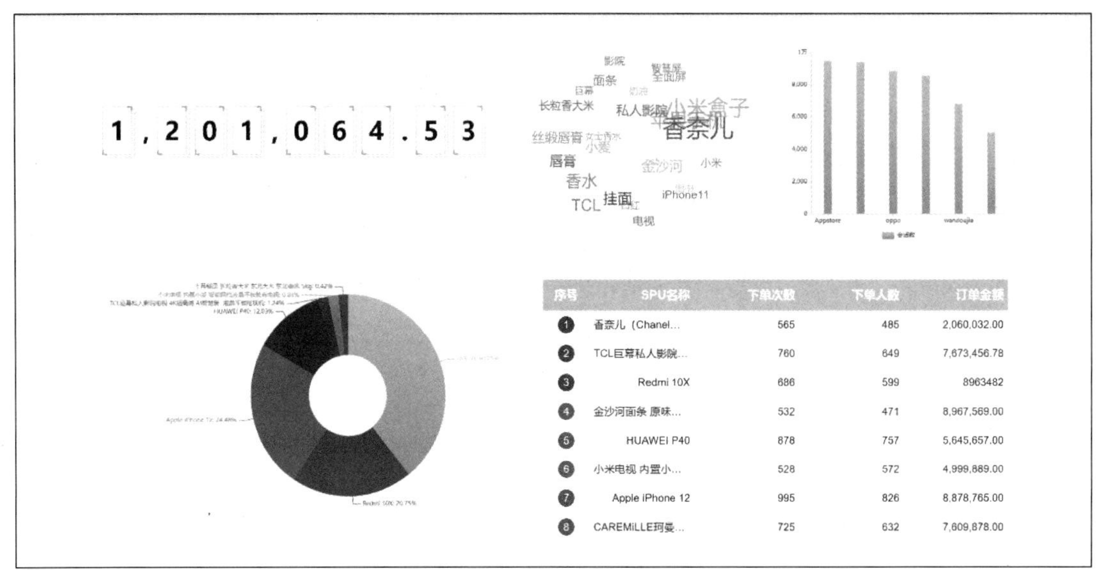

图 1-5　实时数据大屏

3. 风险预警

通过对大数据进行实时计算，可以得到一些风险预警提示，及时的风险预警提示可以让企业的风控部门更快地做出应对。例如，用户在电商或金融平台中进行非法或欺诈类操作时，通过实时分析计算可以将情况快速筛选出来，并发送给风控部门处理，甚至直接屏蔽；或者检测到用户对于某些产品具有强烈的购买意愿时，将此类信息推送到营销部门，可以针对此类用户推出更有针对性的服务或优惠。

风险预警提示系统对数据的时效性要求很高，若某用户在使用非法手段暴力破解密码，企图窃取私密信息，如果不能及时得到风险提示，那么将给用户带来重大损失。

4. 实时推荐

实时推荐系统是指根据用户自身属性，结合用户当前的访问行为，经过实时计算，将用户可能喜欢的商品、新闻、视频等推送给用户。实时推荐系统的准确与否，除了与实时计算的时效性紧密相关，还与实时推荐算法有很大的关联。

实时推荐系统应该反映的是用户最近一段时间用户的偏好，所以一般是由一个用户画像系统和一个用户行为分析的流处理系统组合而成的。由于实时推荐系统对于时效性有较高的要求，算法的计算量级不能太大，过于复杂的计算会降低用户体验，也正因为这样，对于实时推荐系统的精度要求可以适当放宽，得到的计算结果合理即可。

以上几种需求在互联网企业中很常见，各大互联网企业都认识到实时计算对业务发展的重要性，需要实时数据仓库来对业务赋能。随着流计算引擎越来越成熟完善，使得流计算的运维成本和开发成本都逐步降低，越来越多的企业谋求更体系化的实时计算模式，也就是实时数据仓库。

当前各企业构建的实时数据仓库同传统离线数据仓库的结构类似，一般分为三大部分：数据采集部分、数据仓库部分和数据应用部分。

数据采集部分需要满足实时计算需求，将采集到的数据形成数据流，而不是像离线数据仓库一样，直接落盘到大数据存储体系中。针对此种需求，一般采用如 Flume、Maxwell、Canal 等实时数据采集工具，可以实时采集变动的用户行为日志数据和业务数据等，并将采集到的数据发送至消息中间件中，形成一条稳定的数据流，供后续的流式计算引擎进行分析。

而在数据仓库部分，为了避免与“烟囱式”开发相同，浪费计算资源，数据中间结果不能复用，则应同传统离线数据仓库一样，参照一定的数据模型构建。通过构建数据模型，将数据仓库中的数据划分主题、分层组织，就能大大提高数据的复用性和易用性。在这一部分，与传统离线数据仓库除了在数据模型方面有相似外，在数据存储介质和数据计算引擎方面有很大不同。在实时数据仓库中，要处理的数据是流式数据，而不是批数据，所以数据不能存放在 HDFS 中，而是存储在消息队列中，一般选用 Kafka。数据计算引擎也不能使用传统的 MapReduce，而是使用可以满足状态编程、保障数据一致性的流式计算引擎，如 Spark、Flink 等。

数据应用部分则会根据企业不同的业务需求进行不同的设计。一般情况下，会将实时计算的结果数据写入外部存储中，如 HBase、ClickHouse 等，然后通过数据可视化工具对结果数据做展示。

1.3　学前导读

1.3.1　学习的基本要求

本书针对的主要读者是具有一定编程基础、对大数据行业感兴趣的互联网从业人员和想要进一步了解数据仓库的理论知识及搭建实现的大数据行业从业人员，无论读者是想初步了解大数据行业，还是想全面研究数据仓库的搭建，相信读者可以从本书中找到自己想要的内容。

在跟随本书学习实时数据仓库之前，如果读者希望能实现对数据仓库的搭建，那么需要提前了解一些基础知识，方便读者更快地了解本书所讲的内容，这样在学习后续的内容时不会遇到太多困难。

首先，学习大数据技术，读者一定要掌握一个操作大数据技术的利器，这个利器就是一门编程语言，如 Java、Scala、Python 等。本书以 Java 为基础进行编写，所以学习本书需要读者具备一定的 Java 基础知识和 Java 编程经验。

其次，读者还需要掌握一些数据库知识，如 MySQL、Oracle 等，并熟练使用 SQL，本书将出现一些 SQL 操作。

最后，读者还需要掌握一门操作系统技术，即在服务器领域占主导地位的 Linux，只要能够熟练使用 Linux 的常用系统命令、文件操作命令和一些基本的 Linux Shell 编程即可。大数据系统需要处理业务系统服务器产生的海量日志数据信息，这些数据通常存储在服务器端，各大互联网公司常用的操作系统是在实际工作中安全性和稳定性很高的 Linux 或者 UNIX。大数据生态圈的各框架组件也普遍运行在 Linux 上。

除上述必备的基础技能外，阅读本书还需要读者对 Flink、Redis、ClickHouse 等有一定的了解。如果读者不具备上述基础知识，可以关注“尚硅谷教育”公众号获取学习资料，读者可根据自身需要选择相应课程进行学习。本书所讲解的项目还提供了视频课程资料，包括尚硅谷大数据的各种学习视频，读者可在“尚硅谷教育”公众号免费获取。

1.3.2　你将学到什么

本书将带领读者完成一个完整的实时数据仓库项目。本书尽量遵从真实的项目开发流程，大致划分为三个部分：数据仓库理论与需求分析及关键框架安装部署、项目需求实现和项目性能调优。

在数据仓库理论与需求分析及关键框架讲解部分，本书对实时数据仓库的架构知识进行了重点讲解，并着重分析了实时数据仓库应该满足的重要功能需求，读者可以全面地了解一个数据仓库项目的具体需求，以及根据需求如何完成框架选型的过程。并根据框架选型完成了关键框架的安装部署，形成项目雏形。

在项目需求实现部分，则根据具体需求和前期的数据仓库理论知识，一步步编写代码完成最终项目。在本部分将有大量的代码和关键技术点讲解，通过学习这部分内容，读者可以快速增长实时开发经验，了解多种实时开发场景，达到对 Flink 的灵活运用。读者在学习本部分内容时，如果能跟随讲解过程自己完成代码的讲解将会达到事半功倍的效果，可以对 Flink 有更深刻的了解。

本书的最后部分是项目性能调优。项目在搭建完成后，性能优化和代码维护是需要长期进行的工作。本书的性能调优部分以实际开发环境为基准，对项目的大部分细节点的调优技术点进行了非常详细的讲解。

通过对本书的学习，读者能够对实时数据仓库项目建立起清晰、明确的概念，系统、全面地掌握各项数据仓库项目技术，轻松应对各种数据仓库的难题。

1.4 本章总结

经过本章的学习，读者已经初步认识了实时数据仓库这一概念。需要注意的是，要想真正深入理解何为实时数据仓库，应该从流数据入手。了解在日常生活的场景下，什么时候产生流数据？对流数据的计算应该注意什么？我们通过流数据的计算可以得到哪些重要结果？提炼出什么样的有效信息？普通的实时计算为何不能满足现有的分析需求了？实时数据仓库对比传统的实时计算有什么优越之处？当你能回答以上这些问题时，实时数据仓库的轮廓就已经初步勾勒出来了，而本章的内容就是在依次回答以上的问题。

第2章 需求分析与架构设计

项目开发人员在设计一个项目前，首先需要调研项目的目标需求，然后通过目标需求确定项目的最终架构。项目的架构和基本的业务流程确定后，需要进一步对每个功能模块进行技术选型，确定最适合的框架组件。在本章中，我们将带领读者分析实时数据仓库项目的实现目标和指标需求，确定项目架构和最终技术选型。通过本章的学习，希望读者可以了解到，在接手一个项目的开发时，应该如何展开工作，设计一个实时数据仓库项目需要从哪些角度着眼考虑。

2.1 项目需求分析

从实时数据仓库项目（以下简称“本项目”）的主要需求入手，分析本项目都需要哪些功能模块，再根据模块具体实现过程中的技术痛点，决定选用何种大数据框架，确定系统流程图，为后期项目架构设计做准备。

2.1.1 实时数据仓库项目产品描述

本项目主要参考离线数据仓库项目的建模思想，并结合实时计算的需求目标进行搭建，是一个由实时流数据构成的数据仓库。

离线数据仓库建模的主要目标有以下 4 点。

（1）快速查询所需数据，减少数据 I/O，提高访问性能。

（2）减少不必要的数据冗余，实现中间计算结果数据复用，降低存储成本和计算成本。

（3）提高数据使用效率，降低新需求的开发周期，改善用户的应用体验。

（4）统一数据统计口径，规范数据质量，对外提供高质量的数据访问平台。

与离线数据仓库相似，本项目预计也将达到如上目标。

离线数据仓库中存储的都是离线的数据，以天为单位进行收集，以主题进行区分。离线数据仓库还会遵照一定的规范要求，降低数据冗余性，同时按照一定的建模理论（如维度建模）进行建模。为了提高数据的使用效率，离线数据仓库还合理地采用分层策略，优秀合理的分层策略能让整个数据体系更易理解和使用。

而实时数据仓库中存储的都是流式数据，数据源源不断地采集到数据仓库中，并由流式数据计算引擎进行不间断计算，将计算结果汇总进数据分析处理引擎中，进行实时可视化展示。虽然本项目与离线数据仓库存储分析的是不同类型的数据，但是也将参照离线数据仓库的建模思想和搭建思路。首先对数据的采集系统进行充分合理的规划，提高数据一致性。对流式数据合理分层，提高数据使用效率，建立维度表和事实表的概念，最终对外提供统一的数据查询展示接口。

本项目要达到以下几个目标。

1. 确保时效性

时效性对于实时计算来说是至关重要的，若不能及时地得到计算结果，那么得到的结果也将是毫无意义的。因此，此实时数据仓库项目要达到秒级、毫秒级甚至亚秒级的响应速度，能够快速得到需求的实时计算结果。要做到这一点，整个数据处理流程的设计都应精益求精。

流式数据来源主要有两类：一类是日志数据，包括用户行为生成的日志数据和系统产生的日志数据；另一类是业务数据。对于两类数据都应做到快速及时地采集，并且对采集到的数据合理地分类处理。另外需要特别重视的是流式数据的处理速度，流式计算引擎的选用是关键。

2. 确保准确性

无论是离线计算还是实时计算，对于大数据计算来说，计算结果的准确性都是必须要考量的。计算结果的准确性与时效性通常不能同时得到保障，为了数据的准确性，确保数据不丢失，计算过程有较高的容错性，往往会牺牲一定的时效性。而当用户过于追求时效性时，对于准确性就不能完全保障。本实时数据仓库项目对准确性有较高的要求，在进行架构设计和编写计算程序时，应该予以较高的优先级考虑。

3. 确保安全性

实时计算与离线计算还有一点不同之处，实时计算一旦开始运行，除非遇到需求更改或者任务优化升级，一般都是 7×24 小时不间断运行的。因此，在进行实时数据仓库搭建时，要着重考虑系统整体的安全性。对数据合理分层，降低程序耦合性，建立实时监控系统，做到实时报警，减少程序宕机重启时间，降低损失。

实时数据仓库项目的提出，根本原因在于传统的直线型实时计算开发不能满足企业日益增长的实时计算需求，在传统的实时计算过程中涌现出越来越多的问题。本项目的开发在实现基本的实时计算需求之余，还要为后续其他的实时需求开发提供最大的便利，对外提供可视化页面，供数据分析人员使用。

2.1.2 项目流程图

实时数据仓库项目的大致流程如图 2-1 所示。

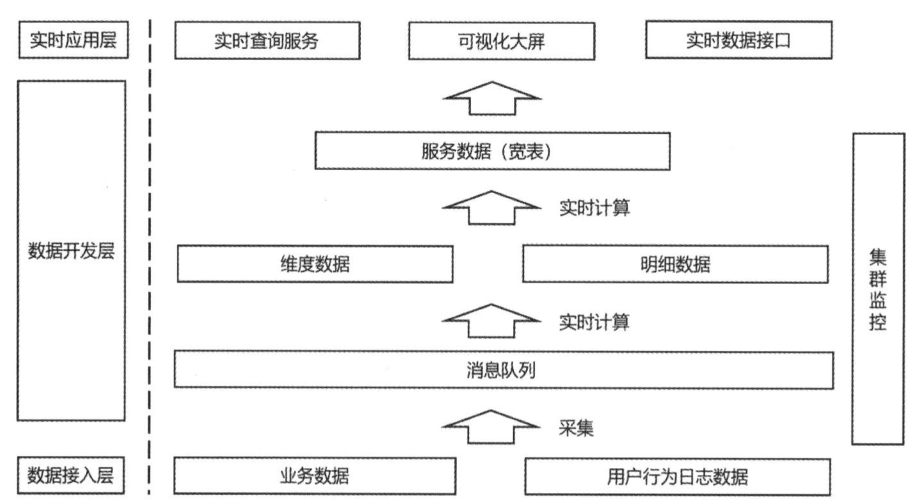

图 2-1 实时数据仓库流程图

本项目主要分为三层：数据接入层、数据开发层和实时应用层。

数据接入层主要负责将需要分析的实时数据源采集到本项目中来。本项目主要分析的数据源有实时产生的用户行为日志数据和业务数据的实时变动数据。用户行为日志数据包含用户在页面上操作产生的实时日志，还包含系统产生的一些报错信息和运行日志。用户行为日志数据一般会存储在日志服务器的磁盘中。业务数据则是用户与系统交互产生的数据，如用户在网站注册会产生一条用户数据；用户购买一件商品会产生一条订单数据。业务数据一般存储在关系型数据库中。

数据接入层的主要挑战在于数据源具有多样性、数据吞吐量较高、对数据采集的实时性要求较高、准确性要求较高。为了应对多样性的数据源，我们采取了多种监控策略并行、数据管道统一的策略。对于不同的数据源，采取不同的数据监控策略，并将监控采集到的数据发送至统一的消息队列系统，供后续的数据开发层订阅消费。测试多种数据监控方案，适应更高的吞吐数据量，充分提高流式数据采集的实时性和准确性。

数据开发层是本项目的重要部分。在数据开发层中，要对采集到消息队列中的实时数据分析计算。在传统的实时开发中，在这部分通常采用“烟囱”式的开发，即只编写一个实时计算程序，从初始数据中计算得到最终的需求结果。这样的开发通常代码逻辑复杂，并且调试维护十分困难。随着时间的推移，系统上维护的实时需求越来越多，会造成非常大的资源浪费。

本项目采用类似离线数据仓库的分层设计，将数据的处理过程沉淀在各层中，提高中间计算结果的复用性。对采集到消息队列中的数据源分析汇总、数据清洗、格式转换，参考数据仓库的建模理论，将数据分别存储至维度数据和明细数据中。再根据数据指标体系，将明细数据和维度数据进一步汇总整合，形成服务数据，也称作宽表数据。服务数据通常存储在可以提供 OLAP 查询的数据库中，供后续的实时应用层使用。

实时应用层是项目最后对实时计算成果的验收部分。对以上部分中分析计算得到的数据结果提炼展示。这部分主要有实时 OLAP 分析、实时可视化大屏展示、实时数据接口编写等。这一部分的关键点在于 OLAP 分析引擎的选用、可视化工具的选用。最终计算结果数据的存储引擎应充分满足用户的读写需求，可视化平台则应对外提供清晰明了且灵活多样的可视化展示方案。

2.1.3 指标体系分析

本项目主要实现的实时计算需求有如下几大主题。

1. 流量主题

- 当日各渠道独立访客数。
- 当日各渠道会话总数。
- 当日各渠道会话平均浏览页面数。
- 当日各渠道会话平均停留时长。
- 当日各小时独立访客数。
- 当日各小时页面浏览数。
- 当日各小时新访客数。
- 当日新老访客数。
- 当日新老访客浏览页面数。
- 当日新老访客平均访问页面数。
- 当日搜索关键词频率统计。

2. 用户主题

- 当日回流用户数。
- 当日新增用户数。

- 当日活跃用户数。
- 用户行为漏斗分析。
- 当日新增下单人数。
- 当日新增支付人数。

3. 商品主题

- 当日各品牌订单金额。
- 当日各品牌退单数。
- 当日各品牌退单人数。
- 当日各分类订单金额。
- 当日各分类退单数。
- 当日各分类退单人数。
- 当日各 SPU 订单金额。

4. 交易主题

- 当日订单总额。
- 当日订单人数。
- 当日退单数。
- 当日退单人数。
- 当日各省份订单数。
- 当日各省份订单金额。

5. 优惠券主题

- 当日各优惠券补贴率。

6. 活动主题

- 当日各活动补贴率。

以上六大主题的需求从业务实现的层面上来讲，并不复杂，若采用直线型开发模式进行开发的话，也可得到计算结果。但是随着企业业务需求持续增长和丰富，实时计算需求也日益增多，若每个新增需求都采用直线型开发模式的话，将会面临以下问题。

（1）没有统一的元数据管理体系。

（2）上下游数据没有统一的管理体系，数据不存在一致性。

（3）任务没有统一的框架约束，平台很难跟踪数据流走向。

（4）对于任务的种类不能明晰划分，监控管理十分复杂。

为了解决以上问题，需要将实时计算需求按主题进行分类，计算过程合理分层。将主要需求分为流量、用户、商品、交易、优惠券和活动六大主题，围绕六大主题组织主题宽表，为后续可视化大屏提供服务。

2.2 项目架构概述

2.2.1 架构设计

项目的总体架构如图 2-2 所示。

在整个大数据系统中，业务数据和用户行为日志数据（图上简称为日志数据）是我们需要分析的主要数据源。业务数据存放在关系型数据库中，如 MySQL，用户的业务操作会导致其中的数据修改变动，这些变动数据被采集发送至消息队列的一个主题 topic 中。一部分业务数据还会被每日全量同步至分布式存储系统（如 Hadoop 的 HDFS）中去。至于哪部分数据需要被增量同步，哪部分数据需要被全量同步，则涉及数据同步策略的制定，这部分内容将在第 5 章中讲解。

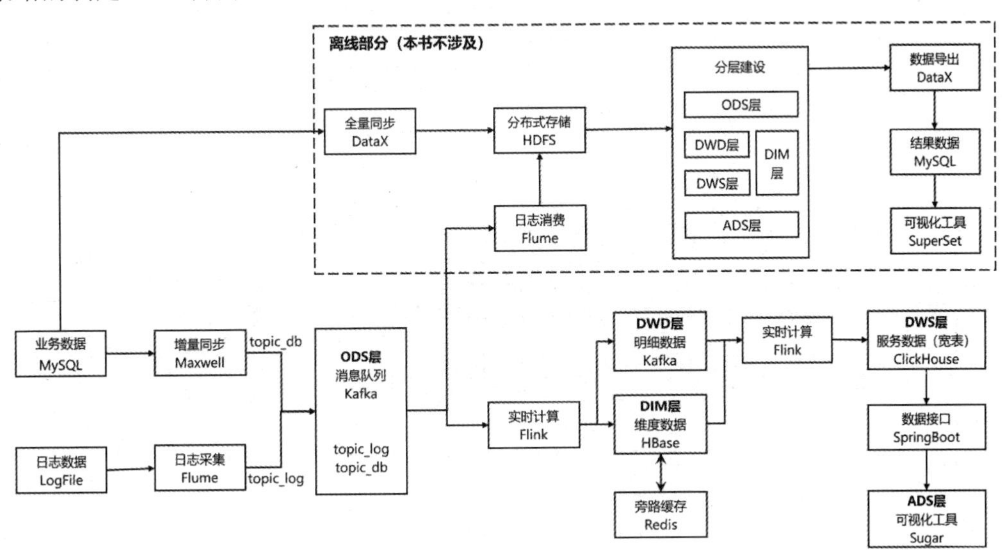

图 2-2　项目总体架构图

用户行为日志数据通常首先会落盘在日志服务器中，然后由日志采集工具将数据实时采集发送至消息队列的一个主题 topic 中。

被发送至消息队列的业务数据和用户行为数据，一方面由日志消费工具（如 Flume）将其消费存储至分布式存储系统中去，另一方面则由实时计算引擎消费计算。被存储至分布式存储系统中的数据，将会通过离线计算工具（如 Hive、Spark 等）进行分层建设，搭建分层的离线数据仓库。最终结果数据会被导出至关系型数据库中，使用可视化工具进行大屏展示。这一部分就是大数据系统的离线部分。

在实时部分中，Kafka 中存储的用户行为数据和业务数据就是需要分析计算的原始数据。原始数据经过实时计算引擎（如 Flink）的清洗、转换、分流，明细数据继续发送至消息队列中，维度数据存储至 HBase 中，方便关联使用。明细数据和维度数据经过实时计算引擎的汇总计算，形成服务数据最终存储至 OLAP 分析引擎中。

存储至 OLAP 分析引擎的服务数据，可以对外提供多种实时分析服务，如实时查询分析、实时可视化大屏展示、实时数据产品等。在本项目中，通过编写实时数据接口，对接可视化工具，对外提供实时可视化大屏展示。

从以上的分析中我们可以知道，实时计算和离线计算是不能完全划分开的。

2.2.2　分层设计

本项目要参考离线数据仓库的构建思想，对实时计算也采用分层设计。那么为什么要设计数据分层？这是在设计数据分层之前首先应该回答的问题。

我们作为数据的管理者和使用者，肯定是希望数据的计算能够有秩序地运转，能够清楚地了解数据的生命周期。要想达到以上目标，就必须设计一套合理高效的数据组织方案，也就是数据分层。数据的分层可以给开发者带来以下好处：

（1）使数据结构更加清晰。分层之后数据作用职责更加明晰，方便数据定位和理解。

（2）减少重复开发。合理分层后，提高中间层数据复用性，减少数据重复计算。

（3）统一数据口径。通过数据分层，对外提供统一的数据出口。

（4）简化需求开发。将复杂需求通过分层分解成多个步骤来完成，需求实现更加简洁清晰，有章可循。通过对常用实时需求的分析，将数据分为如图 2-3 所示的五层，详细描述如下。

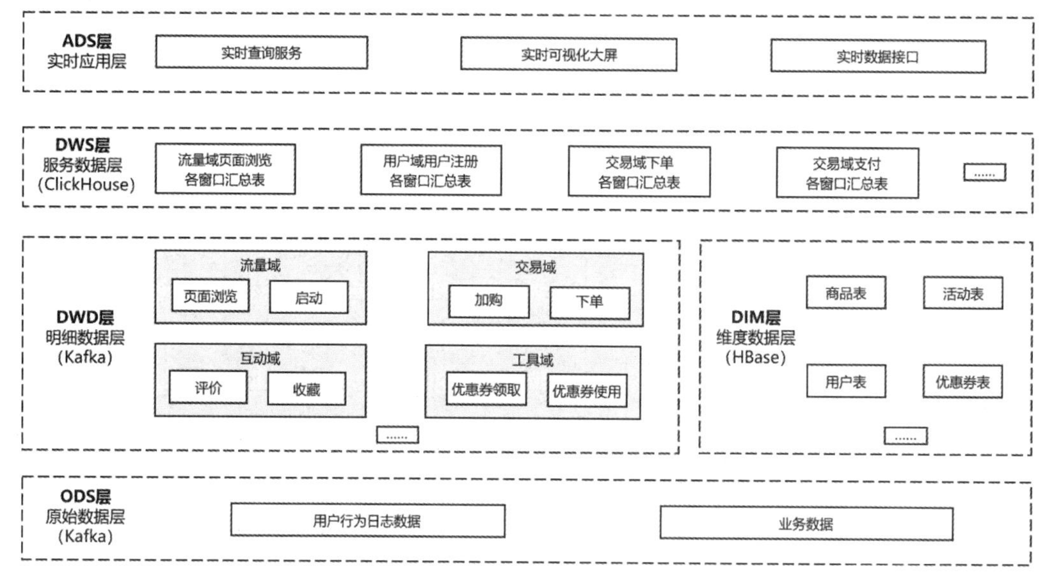

图 2-3　数据分层示意图

- ODS 层：原始数据层，存放的是原始数据，主要存储在 Kafka 中，包括用户行为日志数据和业务数据。用户行为日志数据保持原样采集，在采集过程中清洗其中的脏数据，业务数据的采集主要对数据进行规范化清洗。
- DWD 层：明细数据层，以数据对象为单位进行分流，如订单、页面访问等。ODS 层的用户行为日志数据主要分为 3 类：页面日志、启动日志和曝光日志。这三类数据虽然都是用户行为数据，但是有着完全不一样的数据结构，所以要拆分处理。将拆分后的不同日志写回 Kafka 的不同主题中，作为日志的 DWD 层。业务数据的变化通过变动数据监控数据采集到之后，统一写到 ODS 层的一个 Kafka 主题中，这些数据包含事实数据和维度数据。多种数据共存不利于后续数据处理，本层主要将数据进行鉴别分流，将事实数据写入 Kafka 的 DWD 层。
- DIM 层：维度数据层，用于存储维度数据，如用户维度、地区维度等。
- DWS 层：服务数据层，根据某个维度主题将多个实时数据轻度聚合，形成主题宽表，减少维度查询的次数。
- ADS 层：数据应用层，把 DWS 层中的数据根据可视化需求进行筛选聚合。

2.3　技术选型

1. 数据采集技术选型

数据采集运输方面，在本项目中主要完成三个方面的需求：将服务器中的日志数据实时采集到大数据存储系统中，以防止数据丢失及数据堵塞；将业务数据库中的数据采集到数据仓库中；同时，将需求计算结果导出到关系型数据库，方便进行展示。

Flume 是一个高可用、高可靠、分布式的海量数据收集系统，从多种源数据系统采集、聚集和移动大量的数据并集中存储。Flume 提供了丰富多样的组件供用户使用，不同的组件可以自由组合，组合方式基于用户设置的配置文件，非常灵活，可以满足各种数据采集传输需求。

业务数据的变动数据监控采集方面，我们提供了三种解决方案：Flink CDC、Canal 和 Maxwell。

Flink CDC 是 Flink 为业务数据变动监控提供的技术方案，可以直接从 MySQL 等关系型数据库读取全量数据和增量变更数据。在使用 Flink 作为数据计算引擎的前提下，使用 Flink 作为变动数据监控组件，即能实现 Flink 的采集、计算、传输一体化。

Canal 是阿里巴巴旗下的一款开源项目，使用 Java 语言进行开发。基于数据库增量日志解析，提供增量数据的订阅与消费。Canal 在各大互联网企业中已经得到了广泛应用，是一个非常成熟的数据库同步框架，使用简单，配置清晰，主要通过模拟成为 MySQL 的从机方式，监听 MySQL 的二进制日志来获取数据。

Maxwell 与 Canal 的原理相似，都是通过实时读取 MySQL 的二进制日志来获取数据，将变动数据封装成 JSON 格式，作为数据生产者发送至 Kafka 等消息中间件中。与 Canal 不同的是，Maxwell 提供了全量数据读取初始化的功能，方便用户在数据采集之初对全量数据采集处理。

以上三种解决方案均可达到业务数据的采集目标，在本项目中采用的是 Maxwell。

2. 数据存储技术选型

在数据存储方面，实时数据仓库要考虑的存储方案相对于离线数据仓库来说要复杂得多。

首先，实时数据仓库的数据是流动的。每个应用程序都要从上游拉取数据，并向下游发送数据。这就要求上下游应用之间有一个存储介质，可以接收上游推送，并且其中的数据可以被下游订阅。基于发布/订阅模式的消息队列 Kafka 完美契合我们的需求，因此，本项目将采集到的原始数据和计算的中间结果保存在 Kafka 中。

其次，实时数据仓库的汇总层要从维度层读取维度数据，以丰富流中数据的信息，为了保证全链路的时效性，此处需要将维度数据存储至高速 KV 数据库，以提升效率。常见的 KV 数据库很多，如 HBase、Redis、ClickHouse、RocksDB……甚至 MySQL 都可以算作 KV 数据库（主键是有索引的，此处基本都是通过主键查询数据，从这个角度看，MySQL 也是高效的 KV 数据库）。

那么，这么多数据库应该选择哪一款呢？首先，实时数据仓库的维度层不涉及分析计算，上游写入，下游查询。ClickHouse 被称为最快的数据库，对硬件资源的消耗比较大，常用于即席查询，是一款 OLAP 数据库，其应用场景与此处不符。RocksDB 是高性能的嵌入式 KV 数据库，很少单独使用，不考虑。Redis 是一款内存数据库，效率高，数据量越大内存压力越大。大数据场景下会有海量的维度数据，如果将所有的维度数据写入 Redis，可能出现 OOM。因此，它也不是合适的选择。HBase 是 Apache 基金会参照谷歌 BigTable 开发的 KV 数据库，可以支持数十亿行数百万列数据的存储。它基于日志结构合并树（LSM Tree）构建，适用于写多读少的场景，写入效率很高。本项目的查询基本都是通过主键去做的，HBase 为主键设计了索引，基于主键的查询效率很高。此外，它拥有配套的 Phoenix 客户端，用户可以通过 SQL 操作，降低开发难度。综上所述，HBase 可以承担海量数据的读写任务，且效率较高，不会对时效性带来负面影响，本项目将其作为维度层的存储介质。

再次，本项目的动态分流操作需要存储配置表，配置表的数据量很小，所有数据库都可以承担这样的压力，因此数据量不是配置表的存储介质选型需要考虑的因素。配置表需要通过 Flink CDC 监控，因此我们需要选择一款可以与之对接的数据库，MySQL 可以胜任，此处将其作为配置表的存储介质。

接下来，汇总层要从维度层读取数据与主流数据关联，每次查询都要获取连接、销毁连接，这一步可能成为性能瓶颈。如果将查询到的数据放入缓存，大量请求可以从缓存中获取维度数据而无须访问 HBase，省去了获取、销毁连接的时间，就可以大大提升效率。此处选择内存数据库作为缓存，显然，Redis 是不二之选。

最后，汇总层数据要保存到 OLAP 数据库，供下游数据分析人员使用。热门的 OLAP 数据库有很多，上文提到的 ClickHouse 也是其中一员，与同类数据库相比，它会充分利用机器资源，尽可能提升计算效率，被称为最快的数据库。且经历了多个版本的迭代，经受了市场的考验，相对稳定。为了追求效率，本项目将其作为汇总层的存储介质。

3. 计算引擎选型

在计算引擎方面，可以选用的实时计算引擎有 Spark Streaming 和 Flink。

Spark Streaming 是目前比较热门的一个流式数据计算引擎，提供了简单易用的 API。但是 Spark Streaming 采用的是微批次的数据处理模式，将流式数据划分成一个个微小的批数据，再对其进行处理。所以 Spark Streaming 在严格意义上并不能提供实时的数据处理，也不能达到目标的低延迟。

最终 Flink 进入了我们的视线，Flink 能提供更低的延迟以及更高的吞吐性能。Flink 作为新一代的流式数据处理引擎，提供了丰富且使用更加灵活的流处理 API，并且提供了更加适合数据开发的 Table API 和 Flink SQL 支持。Flink 不仅提供了大量常用的 SQL 语句，可以基本覆盖常用的开发场景，而且 Flink 的 Table 还可以支持丰富的数据类型、数据结构以及数据源。使用 SQL 语句开发的 Flink 代码，可读性更高，需求实现更加高效，维护成本更低，当我们想要对某需求进行优化或者修改升级时，只需修改制定 SQL，而不必影响其余逻辑代码。Flink 是真正实现了批流一体的计算引擎，可以方便用户同时开发离线需求与实时需求，极大地提高了开发效率。与监控业务数据变动情况的 Flink CDC 结合使用，就能实现采集、计算和传输的一体化。

4. 可视化工具选型

在最终结果数据的可视化方面，可以选用的可视化工具有很多，用户可以自行探索，比较热门的有 Sugar 和 DataV。二者都是专业的大屏数据可视化服务，DataV 是阿里出品的，Sugar 是百度出品的。都可以通过拖曳、配置数据的方式快速生成大屏，都支持多种数据源。DataV 比较成熟，价格较高，Sugar 还在逐步完善，价格较低。读者可以根据公司的实际情况选择合适的大屏数据可视化服务。本项目选用 Sugar 数据大屏。

技术选型总结如下。

- 数据采集传输：Flume、Maxwell。
- 数据存储：Kafka、ClickHouse、HBase、MySQL、Redis。
- 数据计算：Flink。
- 可视化：Sugar。

笔者经过对各框架技术版本兼容性进行调研，确定的版本选型如表 2-1 所示。本数据仓库项目采用了目前大数据生态体系中最新且最稳定的框架版本，并对框架版本的兼容性进行了充分调研，安装部署过程中将可能产生的问题都进行了尽可能明确的说明，读者可以放心使用。

表 2-1　版本选型

产　品	版　本
JDK	JDK 1.8
Hadoop	Hadoop 3.1.3
Flume	Flume 1.9.0
Zookeeper	Zookeeper 3.5.7
Maxwell	Maxwell 1.29.2
Kafka	Kafka 3.0.0
MySQL	MySQL 5.7.16
Flink	Flink 1.13.0
ClickHouse	ClickHouse 20.4.5.36-2
Redis	Redis 6.2.1
HBase	HBase 2.0.5

2.4 本章总结

本章主要分析了实时数据仓库的需求和架构。我们开始实施一个项目，应该从需求分析入手。项目的一切功能和架构的设计都应该是围绕需求展开的。本实时数据仓库项目的需求关键点在于简化常规实时计算步骤，提高数据复用性，降低程序复杂性，并对外提供可视化大屏展示功能。基于以上关键点，我们的架构设计才有的放矢。

第3章 项目部署与框架搭建

在第 2 章中，我们对整个项目的需求和架构进行了分析，已经了解了将要搭建一个怎样的项目，需要用到哪些大数据框架。在本章中，我们就将基于第 2 章中对项目的规划，把项目所需的基本环境搭建出来。学习本章，要求读者具有一定的 Linux 系统操作经验，并对 Hadoop、Kafka 和 Flink 等重点框架有简单了解。本章内容以各种安装操作为主，建议有条件的读者跟随内容一步步操作，有助于读者了解项目的基础架构，以及增长相应的项目部署经验。

3.1 集群规划与服务器配置

在本书中，我们需要在个人计算机上搭建一个具有 3 台节点服务器的微型集群。3 台节点服务器的具体设置如下。

- 节点服务器 1，IP 地址为 192.168.10.102，主机名为 hadoop102。
- 节点服务器 2，IP 地址为 192.168.10.103，主机名为 hadoop103。
- 节点服务器 3，IP 地址为 192.168.10.104，主机名为 hadoop104。

3 台节点服务器的安装部署情况如表 3-1 所示。

表 3-1 安装部署情况

hadoop102	hadoop103	hadoop104
CentOS7.5	CentOS7.5	CentOS7.5
JDK1.8	JDK1.8	JDK1.8
Hadoop3.1.3	Hadoop3.1.3	Hadoop3.1.3
Zookeeper3.5.7	Zookeeper3.5.7	Zookeeper3.5.7
Kafka3.0.0	Kafka3.0.0	Kafka3.0.0

在个人计算机上安装部署 3 台节点服务器的具体流程，读者可以通过关注“尚硅谷教育”公众号，在本书附赠课程资料中找到，此处不再赘述。

3.2 JDK 与 Hadoop 安装

在准备好集群环境后，我们需要安装 JDK 与 Hadoop。

3.2.1　虚拟机环境准备

在正式安装 JDK 与 Hadoop 前，首先需要在三台节点服务器上进行一些配置。

1. 创建安装目录

（1）在/opt 目录下创建 module、software 文件夹。

```
[atguigu@hadoop102 opt]$ sudo mkdir module
[atguigu@hadoop102 opt]$ sudo mkdir software
```

（2）修改 module、software 文件夹的所有者。

```
[atguigu@hadoop102 opt]$ sudo chown atguigu:atguigu module/ software/
[atguigu@hadoop102 opt]$ ll
总用量 8
drwxr-xr-x. 2 atguigu atguigu 4096 1月  17 14:37 module
drwxr-xr-x. 2 atguigu atguigu 4096 1月  17 14:38 software
```

之后所有的软件安装操作将在 module 和 software 文件夹中进行。

2. 配置三台虚拟机免密登录

为什么需要配置免密登录呢？这与 Hadoop 分布式集群的架构有关。我们搭建的 Hadoop 分布式集群是主从架构，配置了节点服务器间的免密登录之后，就可以方便地通过主节点服务器，启动从节点服务器，而不用手动输入用户名和密码。

（1）免密登录原理如图 3-1 所示。

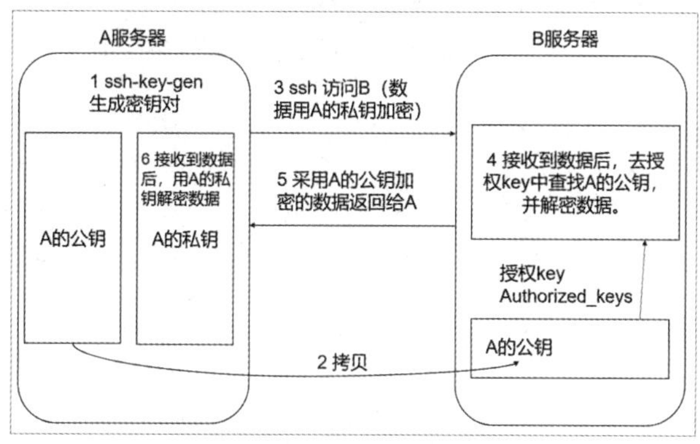

图 3-1　免密登录原理

（2）生成公钥和私钥。

```
[atguigu@hadoop102 .ssh]$ ssh-keygen -t rsa
```

然后连续按三次回车键，就会生成两个文件：id_rsa（私钥）和 id_rsa.pub（公钥）。

（3）将公钥复制到要免密登录的目标机器上。

```
[atguigu@hadoop102 .ssh]$ ssh-copy-id hadoop102
[atguigu@hadoop102 .ssh]$ ssh-copy-id hadoop103
[atguigu@hadoop102 .ssh]$ ssh-copy-id hadoop104
```

注意：需要在 hadoop102 上采用 root 账号，配置一下免密登录到 hadoop102、hadoop103、hadoop104 节点服务器；还需要在 hadoop103 上采用 atguigu 账号配置一下免密登录到 hadoop102、hadoop103、hadoop104 节点服务器上。

.ssh 文件夹下的文件功能解释如下。

- known_hosts ：记录 SSH 访问过计算机的公钥。
- id_rsa ：生成的私钥。
- id_rsa.pub ：生成的公钥。

- authorized_keys ：存放授权过的免密登录服务器公钥。

3. 配置时间同步

为什么要配置节点服务器间的时间同步呢？

即将搭建的 Hadoop 分布式集群需要解决两个问题：数据的存储和数据的计算。

Hadoop 对大型文件的存储采用分块的方法，将文件切分成多块，以块为单位，分发到各台节点服务器上进行存储。当这个大型文件再次被访问时，需要从 3 台节点服务器上分别读取数据，然后进行计算。由于计算机之间的通信和数据的传输一般是以时间为约定条件的，如果 3 台节点服务器的时间不一致，就会导致在读取块数据的时候出现时间延迟，可能会导致访问文件时间过长，甚至失败，所以配置节点服务器间的时间同步非常重要。

第一步：配置时间服务器（必须是 root 用户）。

（1）检查所有节点服务器 ntp 服务状态和开机自启状态。

```
[root@hadoop102 ~]# systemctl status ntpd
[root@hadoop102 ~]# systemctl is-enabled ntpd
```

（2）在所有节点服务器关闭 ntp 服务和开机自启动

```
[root@hadoop102 ~]# systemctl stop ntpd
[root@hadoop102 ~]# systemctl disable ntpd
```

（3）修改 ntp 配置文件。

```
[root@hadoop102 ~]# vim /etc/ntp.conf
```

修改内容如下。

① 修改 1（设置本地网络上的主机不受限制），将以下配置前的“#”删除，解开此行注释。

```
#restrict 192.168.10.0 mask 255.255.255.0 nomodify notrap
```

② 修改 2（设置为不采用公共的服务器）。

```
server 0.centos.pool.ntp.org iburst
server 1.centos.pool.ntp.org iburst
server 2.centos.pool.ntp.org iburst
server 3.centos.pool.ntp.org iburst
```

将上述内容修改为：

```
#server 0.centos.pool.ntp.org iburst
#server 1.centos.pool.ntp.org iburst
#server 2.centos.pool.ntp.org iburst
#server 3.centos.pool.ntp.org iburst
```

③ 修改 3（添加一个默认的内部时钟数据，使用它为局域网用户提供服务）。

```
server 127.127.1.0
fudge 127.127.1.0 stratum 10
```

（4）修改/etc/sysconfig/ntpd 文件。

```
[root@hadoop102 ~]# vim /etc/sysconfig/ntpd
```

增加如下内容（使硬件时间与系统时间一起同步）。

```
SYNC_HWCLOCK=yes
```

重新启动 ntpd 文件。

```
[root@hadoop102 ~]# systemctl status ntpd
ntpd 已停
[root@hadoop102 ~]# systemctl start ntpd
正在启动 ntpd:                                             [确定]
```

执行方式如下。

```
[root@hadoop102 ~]# systemctl enable ntpd
```

第二步：配置其他服务器（必须是 root 用户）。

其他配置服务器每 10 分钟与时间服务器同步一次。

```
[root@hadoop103 ~]# crontab -e
```

编写脚本。

```
*/10 * * * * /usr/sbin/ntpdate hadoop102
```

修改 hadoop103 节点服务器的时间，使其与另外两台节点服务器的时间不同步。

```
[root@hadoop103 hadoop]# date -s " 2023-1-11 11:11:11"
```

10 分钟后，查看该节点服务器是否与时间服务器同步。

```
[root@hadoop103 hadoop]# date
```

4. 编写集群分发脚本

集群间数据的复制，通用的两个命令是 scp 和 rsync。其中，rsync 命令可以只对差异文件进行更新，非常方便，但是使用时需要操作者频繁地输入各种命令参数，为了能够更方便地使用该命令，我们编写一个集群分发脚本，主要实现目前集群间的数据分发。

第一步：脚本需求分析。循环复制文件到所有节点服务器的相同目录下。

（1）原始复制。

```
rsync -rv  /opt/module root@hadoop103:/opt/
```

（2）期望脚本效果。

```
xsync path/filename #要同步的文件路径或文件名
```

（3）在/home/atguigu/bin 目录下存放的脚本，atguigu 用户可以在系统任何地方直接执行。

第二步：脚本实现。

（1）在/home/atguigu 目录下创建 bin 目录，并在 bin 目录下使用 vim 命令创建文件 xsync，文件内容如下。

```
[atguigu@hadoop102 ~]$ mkdir bin
[atguigu@hadoop102 ~]$ cd bin/
[atguigu@hadoop102 bin]$ touch xsync
[atguigu@hadoop102 bin]$ vim xsync
#!/bin/bash
#获取输入参数个数，如果没有参数，则直接退出
pcount=$#
if((pcount==0)); then
echo no args;
exit;
fi

#获取文件名称
p1=$1
fname=`basename $p1`
echo fname=$fname

#获取上级目录到绝对路径
pdir=`cd -P $(dirname $p1); pwd`
echo pdir=$pdir

#获取当前用户名称
user=`whoami`

#循环
for((host=103; host<105; host++)); do
        echo --------------------- hadoop$host ----------------
        rsync -rvl $pdir/$fname $user@hadoop$host:$pdir
done
```

（2）修改脚本 xsync，使其具有执行权限。

```
[atguigu@hadoop102 bin]$ chmod 777 xsync
```

（3）调用脚本的形式：xsync 文件名称。

```
[atguigu@hadoop102 bin]$ xsync /home/atguigu/bin
```

3.2.2 JDK 安装

JDK 是 Java 的开发工具箱，是整个 Java 的核心，包括 Java 运行环境、Java 工具和 Java 基础类库，JDK 是学习大数据技术的基础。即将搭建的 Hadoop 分布式集群的安装程序就是用 Java 开发的，所有 Hadoop 分布式集群想要正常运行，必须安装 JDK。

（1）在 3 台节点服务器上分别卸载现有的 JDK。

① 检查计算机中是否已安装 Java 软件。

```
[atguigu@hadoop102 opt]$ rpm -qa | grep java
```

② 如果安装的版本低于 1.7，则卸载该 JDK。

```
[atguigu@hadoop102 opt]$ sudo rpm -e 软件包
```

（2）将 JDK 导入 opt 目录下的 software 文件夹中。

① 在 Linux 下的 opt 目录中查看软件包是否导入成功。

```
[atguigu@hadoop102 opt]$ cd software/
[atguigu@hadoop102 software]$ ls
jdk-8u144-linux-x64.tar.gz
```

② 解压 JDK 到/opt/module 目录下，tar 命令用来解压.tar 或者.tar.gz 格式的压缩包，通过-z 选项指定解压.tar.gz 格式的压缩包。-f 选项用于指定解压文件；-x 选项用于指定解包操作；-v 选项用于显示解压过程；-C 选项用于指定解压路径。

```
[atguigu@hadoop102 software]$ tar -zxvf jdk-8u144-linux-x64.tar.gz -C /opt/module/
```

（3）配置 JDK 环境变量，方便使用 JDK 的程序调用 JDK。

① 先获取 JDK 路径。

```
[atgui@hadoop102 jdk1.8.0_144]$ pwd
/opt/module/jdk1.8.0_144
```

② 新建/etc/profile.d/my_env.sh 文件，需要注意的是，/etc/profile.d 路径属于 root 用户，需要使用 sudo vim 命令才可以对它进行编辑。

```
[atguigu@hadoop102 software]$ sudo vim /etc/profile.d/my_env.sh
```

在 profile 文件末尾添加 JDK 路径，添加的内容如下。

```
#JAVA_HOME
export JAVA_HOME=/opt/module/jdk1.8.0_144
export PATH=$PATH:$JAVA_HOME/bin
```

保存后退出。

```
:wq
```

③ 修改环境变量后，需要执行 source 命令使修改后的文件生效。

```
[atguigu@hadoop102 jdk1.8.0_144]$ source /etc/profile.d/my_env.sh
```

（4）通过执行 java -version 命令，测试 JDK 是否安装成功。

```
[atguigu@hadoop102 jdk1.8.0_144]# java -version
java version "1.8.0_144"
```

如果执行 java -version 命令后无法显示 Java 版本，那么执行以下命令重启服务器。

```
[atguigu@hadoop102 jdk1.8.0_144]$ sync
[atguigu@hadoop102 jdk1.8.0_144]$ sudo reboot
```

（5）分发 JDK 给所有节点服务器。

```
[atguigu@hadoop102 jdk1.8.0_144]$ xsync /opt/module/jdk1.8.0_144
```

（6）分发环境变量。

```
[atguigu@hadoop102 jdk1.8.0_144]$ xsync /etc/profile.d/my_env.sh
```

（7）执行 source 命令，使环境变量在每台节点服务器上生效。

```
[atguigu@hadoop103 jdk1.8.0_144]$ source /etc/profile.d/my_env.sh
[atguigu@hadoop104 jdk1.8.0_144]$ source /etc/profile.d/my_env.sh
```

3.2.3 Hadoop 安装

在搭建 Hadoop 分布式集群时，每个节点服务器上的 Hadoop 配置基本相同，所以只需要在 hadoop102 节点服务器上进行操作，配置完成后同步到另外两个节点服务器上即可。

（1）将 Hadoop 的安装包 hadoop-3.1.3.tar.gz 导入 opt 目录下的 software 文件夹中，该文件夹被指定用来存储各软件的安装包。

① 进入 Hadoop 安装包路径。

```
[atguigu@hadoop102 ~]$ cd /opt/software/
```

② 解压安装包到/opt/module 文件中。

```
[atguigu@hadoop102 software]$ tar -zxvf hadoop-3.1.3.tar.gz -C /opt/module/
```

③ 查看是否解压成功。

```
[atguigu@hadoop102 software]$ ls /opt/module/
hadoop-3.1.3
```

（2）将 Hadoop 添加到环境变量，可以直接使用 Hadoop 的相关指令进行操作，而不用指定 Hadoop 的目录。

① 获取 Hadoop 安装路径。

```
[atguigu@ hadoop102 hadoop-3.1.3]$ pwd
/opt/module/hadoop-3.1.3
```

② 打开/etc/profile 文件。

```
[atguigu@ hadoop102 hadoop-3.1.3]$ sudo vim /etc/profile.d/my_env.sh
```

在 profile 文件末尾添加 Hadoop 路径，添加的内容如下。

```
##HADOOP_HOME
export HADOOP_HOME=/opt/module/hadoop-3.1.3
export PATH=$PATH:$HADOOP_HOME/bin
export PATH=$PATH:$HADOOP_HOME/sbin
```

③ 保存后退出。

```
:wq
```

④ 执行 source 命令，使修改后的文件生效。

```
[atguigu@ hadoop102 hadoop-3.1.3]$ source /etc/profile.d/my_env.sh
```

（3）测试是否安装成功。

```
[atguigu@hadoop102 ~]$ hadoop version
Hadoop 3.1.3
```

（4）如果执行 hadoop version 命令后无法显示 Hadoop 版本，则执行以下命令重启服务器。

```
[atguigu@ hadoop101 hadoop-3.1.3]$ sync
[atguigu@ hadoop101 hadoop-3.1.3]$ sudo reboot
```

（5）分发 Hadoop 给所有节点服务器。

```
[atguigu@hadoop100 hadoop-3.1.3]$ xsync /opt/module/hadoop-3.1.3
```

（6）分发环境变量。

```
[atguigu@hadoop100 hadoop-3.1.3]$ xsync /etc/profile.d/my_env.sh
```

（7）执行 source 命令，使环境变量在每台节点服务器上生效。

```
[atguigu@hadoop103 hadoop-3.1.3]$ source /etc/profile.d/my_env.sh
[atguigu@hadoop104 hadoop-3.1.3]$ source /etc/profile.d/my_env.sh
```

3.2.4 Hadoop 分布式集群部署

Hadoop 的运行模式包括本地模式、伪分布式模式和完全分布式模式。本次主要搭建实际生产环境中比较常用的完全分布式模式，搭建完全分布式模式之前，需要对集群部署进行提前规划，不要将过多的服务集中到一台节点服务器上。我们将负责管理工作的 NameNode 和 ResourceManager 分别部署在两台节点服务器上，另一台节点服务器上部署 SecondaryNameNode，所有节点服务器均承担 DataNode 和 NodeManager 角色，并且 DataNode 和 NodeManager 通常存储在同一台节点服务器上，所有角色尽量做到均衡分配。

（1）集群部署规划如表 3-2 所示。

表 3-2 集群部署规划

节点服务器	hadoop102	hadoop103	hadoop104
HDFS	NameNode DataNode	DataNode	SecondaryNameNode DataNode
YARN	NodeManager	ResourceManager NodeManager	NodeManager

（2）对集群角色的分配主要依靠配置文件，配置集群文件的细节如下。

① 核心配置文件为 core-site.xml，该配置文件属于 Hadoop 的全局配置文件，我们主要对分布式文件系统 NameNode 的入口地址和分布式文件系统中数据落地到服务器本地磁盘的位置进行配置，代码如下。

```
[atguigu@hadoop102 hadoop]$ vim core-site.xml
<?xml version="1.0" encoding="UTF-8"?>
<?xml-stylesheet type="text/xsl" href="configuration.xsl"?>

<configuration>
    <!-- 指定 NameNode 的地址 -->
    <property>
        <name>fs.defaultFS</name>
        <value>hdfs://hadoop102:8020</value>
    </property>
    <!-- 指定 Hadoop 数据的存储目录 -->
    <property>
        <name>hadoop.tmp.dir</name>
        <value>/opt/module/hadoop-3.1.3/data</value>
    </property>

    <!-- 配置 HDFS 网页登录使用的静态用户为 atguigu -->
    <property>
        <name>hadoop.http.staticuser.user</name>
        <value>atguigu</value>
    </property>

    <!-- 配置该 atguigu(superUser)允许通过代理访问的主机节点 -->
    <property>
        <name>hadoop.proxyuser.atguigu.hosts</name>
```

```
        <value>*</value>
    </property>
    <!-- 配置该 atguigu(superUser)允许通过代理用户所属组 -->
    <property>
        <name>hadoop.proxyuser.atguigu.groups</name>
        <value>*</value>
    </property>
    <!-- 配置该 atguigu(superUser)允许通过代理的用户-->
    <property>
        <name>hadoop.proxyuser.atguigu.users</name>
        <value>*</value>
    </property>
</configuration>
```

② Hadoop 的环境配置文件为 hadoop-env.sh，在这个配置文件中我们需要指定 JAVA_HOME，避免程序运行中出现 JAVA_HOME 找不到的异常。

```
[atguigu@hadoop102 hadoop]$ vim hadoop-env.sh
export JAVA_HOME=/opt/module/jdk1.8.0_144
```

③ HDFS 的配置文件为 hdfs-site.xml，在这个配置文件中我们主要对 HDFS 文件系统的属性进行配置。

```
[atguigu@hadoop102 hadoop]$ vim hdfs-site.xml
<?xml version="1.0" encoding="UTF-8"?>
<?xml-stylesheet type="text/xsl" href="configuration.xsl"?>

<configuration>
    <!-- NameNode Web 端访问地址-->
    <property>
        <name>dfs.namenode.http-address</name>
        <value>hadoop102: 9870 </value>
    </property>

    <!-- SecondaryNameNode Web 端访问地址-->
    <property>
        <name>dfs.namenode.secondary.http-address</name>
        <value>hadoop104: 9868 </value>
    </property>

    <!-- 测试环境指定 HDFS 副本的数量 1 -->
    <property>
        <name>dfs.replication</name>
        <value>1</value>
    </property>
</configuration >
```

④ YARN 的环境配置文件为 yarn-env.sh，同样指定 JAVA_HOME。

```
[atguigu@hadoop102 hadoop]$ vim yarn-env.sh
export JAVA_HOME=/opt/module/jdk1.8.0_144
```

⑤ 关于 YARN 的配置文件 yarn-site.xml，主要配置如下两个参数。

```
[atguigu@hadoop102 hadoop]$ vim yarn-site.xml
<?xml version="1.0" encoding="UTF-8"?>
<?xml-stylesheet type="text/xsl" href="configuration.xsl"?>

<configuration>
```

```
    <!-- 为 NodeManager 配置额外的 shuffle 服务 -->
    <property>
        <name>yarn.nodemanager.aux-services</name>
        <value>mapreduce_shuffle</value>
    </property>

    <!-- 指定 ResourceManager 的地址-->
    <property>
        <name>yarn.resourcemanager.hostname</name>
        <value>hadoop103</value>
    </property>

    <!-- task 继承 NodeManager 环境变量-->
    <property>
        <name>yarn.nodemanager.env-whitelist</name>
        <value>JAVA_HOME,HADOOP_COMMON_HOME,HADOOP_HDFS_HOME,HADOOP_CONF_DIR,CLASSPATH_
PREPEND_DISTCACHE,HADOOP_YARN_HOME,HADOOP_MAPRED_HOME</value>
    </property>

    <!-- YARN 容器允许分配的最大内存、最小内存 -->
    <property>
        <name>yarn.scheduler.minimum-allocation-mb</name>
        <value>512</value>
    </property>
    <property>
        <name>yarn.scheduler.maximum-allocation-mb</name>
        <value> 4096</value>
    </property>

    <!-- YARN 容器允许管理的物理内存大小 -->
    <property>
        <name>yarn.nodemanager.resource.memory-mb</name>
        <value> 4096 </value>
    </property>

    <!-- 关闭 YARN 对物理内存和虚拟内存的限制检查 -->
    <property>
        <name>yarn.nodemanager.pmem-check-enabled</name>
        <value>false</value>
    </property>
    <property>
        <name>yarn.nodemanager.vmem-check-enabled</name>
        <value>false</value>
    </property>
    <!-- 开启日志聚集功能 -->
    <property>
         <name>yarn.log-aggregation-enable</name>
         <value>true</value>
    </property>

    <!-- 设置日志聚集服务器地址 -->
```

```
    <property>
        <name>yarn.log.server.url</name>
        <value>http://hadoop102: 19888 /jobhistory/logs</value>
    </property>

    < !-- 设置日志保留时间为 7 天 -- >
    <property>
         <name>yarn.log-aggregation.retain-seconds</name>
         <value> 604800 </value>
    </property>
</configuration >
```

⑥ MapReduce 的环境配置文件为 mapred-env.sh，同样指定 JAVA_HOME。

```
[atguigu@hadoop102 hadoop]$ vim mapred-env.sh
export JAVA_HOME=/opt/module/jdk1.8.0_144
```

⑦ 关于 MapReduce 的配置文件 mapred-site.xml，主要配置一个参数，指明 MapReduce 的运行框架为 YARN。

```
[atguigu@hadoop102 hadoop]$ vim mapred-site.xml
<?xml version="1.0" encoding="UTF-8"?>
<?xml-stylesheet type="text/xsl" href="configuration.xsl"?>

<configuration>
<!-- 指定 MapReduce 程序运行在 YARN 上 -->
<property>
    <name>mapreduce.framework.name</name>
    <value>yarn</value>
</property>
<!-- 历史服务器端地址 -->
<property>
    <name>mapreduce.jobhistory.address</name>
    <value>hadoop102: 10020 </value>
</property>

<!-- 历史服务器 Web 端地址 -->
<property>
    <name>mapreduce.jobhistory.webapp.address</name>
    <value>hadoop102: 19888</value>
</property>

</configuration >
```

⑧ 主节点服务器 NameNode 和 ResourceManager 的角色在配置文件中已经进行了配置，而从节点服务器的角色还需指定，配置文件 workers 用来配置 Hadoop 分布式集群中各个从节点服务器的角色。如下所示，对 workers 文件进行修改，将 3 台节点服务器全部指定为从节点，启动 DataNode 和 NodeManager 进程。

```
/opt/module/hadoop-3.1.3/etc/hadoop/workers
[atguigu@hadoop102 hadoop]$ vim workers
hadoop102
hadoop103
hadoop104
```

⑨ 在集群上分发配置好的 Hadoop 配置文件，这样 3 台节点服务器都可以享有相同的 Hadoop 配置。

```
[atguigu@hadoop102 hadoop]$ xsync /opt/module/hadoop-3.1.3/
```

⑩ 查看文件分发情况。

```
[atguigu@hadoop103 hadoop]$ cat /opt/module/hadoop-3.1.3/etc/hadoop/core-site.xml
```

（3）创建数据目录。

根据 core-site.xml 文件中配置的分布式文件系统最终落地到各个数据节点上的本地磁盘位置信息 /opt/module/hadoop-3.1.3/data，自行创建该目录。

```
[atguigu@hadoop102 hadoop-3.1.3]$ mkdir /opt/module/hadoop-3.1.3/data
[atguigu@hadoop103 hadoop-3.1.3]$ mkdir /opt/module/hadoop-3.1.3/data
[atguigu@hadoop104 hadoop-3.1.3]$ mkdir /opt/module/hadoop-3.1.3/data
```

（4）启动 Hadoop 分布式集群。

① 如果第一次启动集群，则需要格式化 NameNode。

```
[atguigu@hadoop102 hadoop-3.1.3]$ hadoop namenode -format
```

② 在配置了 NameNode 的节点服务器后，通过执行 start-dfs.sh 命令启动 HDFS，即可同时启动所有的 DataNode 和 SecondaryNameNode。

```
[atguigu@hadoop102 hadoop-3.1.3]$ sbin/start-dfs.sh
[atguigu@hadoop102 hadoop-3.1.3]$ jps
4166 NameNode
4482 Jps
4263 DataNode
[atguigu@hadoop103 hadoop-3.1.3]$ jps
3218 DataNode
3288 Jps
[atguigu@hadoop104 hadoop-3.1.3]$ jps
3221 DataNode
3283 SecondaryNameNode
3364 Jps
```

③ 通过执行 start-yarn.sh 命令启动 YARN，即可同时启动 ResourceManager 和所有的 NodeManager。需要注意的是，NameNode 和 ResourceManger 如果不在同一台节点服务器上，则不能在 NameNode 上启动 YARN，应该在 ResouceManager 所在的节点服务器上启动 YARN。

```
[atguigu@hadoop103 hadoop-3.1.3]$ sbin/start-yarn.sh
```

通过执行 jps 命令可在各台节点服务器上查看进程的启动情况，若显示如下内容，则表示启动成功。

```
[atguigu@hadoop103 hadoop-3.1.3]$ sbin/start-yarn.sh
[atguigu@hadoop102 hadoop-3.1.3]$ jps
4166 NameNode
4482 Jps
4263 DataNode
4485 NodeManager
[atguigu@hadoop103 hadoop-3.1.3]$ jps
3218 DataNode
3288 Jps
3290 ResourceManager
3299 NodeManager
[atguigu@hadoop104 hadoop-3.1.3]$ jps
3221 DataNode
3283 SecondaryNameNode
3364 Jps
3389 NodeManager
```

（5）通过 Web UI 查看集群是否启动成功。

① 在 Web 端输入之前配置的 NameNode 的节点服务器地址和端口 9870，即可查看 HDFS 文件系统。例如，在浏览器中输入 http://hadoop102: 9870，可以检查 NameNode 和 DataNode 是否正常。NameNode 的 Web 端如图 3-2 所示。

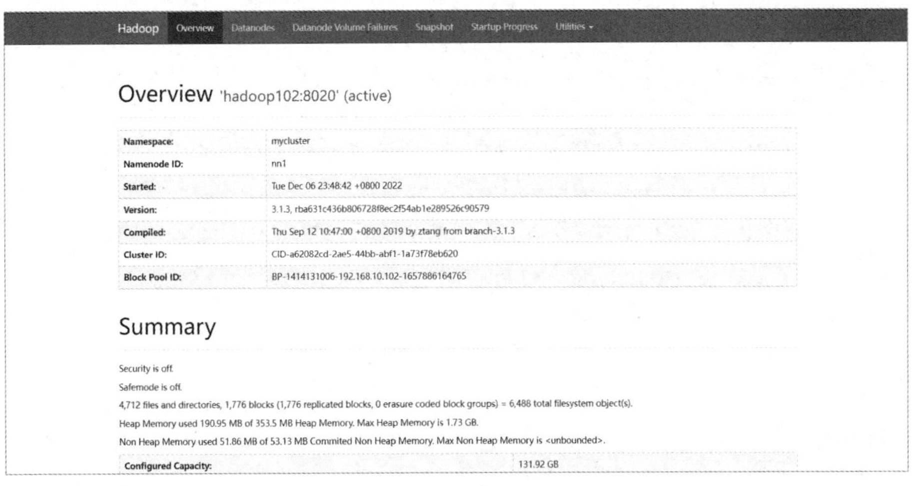

图 3-2　NameNode 的 Web 端

② 通过在 Web 端输入 ResourceManager 地址和端口 8088，可以查看 YARN 上任务的运行情况。例如，在浏览器输入 http://hadoop103:8088，即可查看本集群 YARN 的运行情况。YARN 的 Web 端如图 3-3 所示。

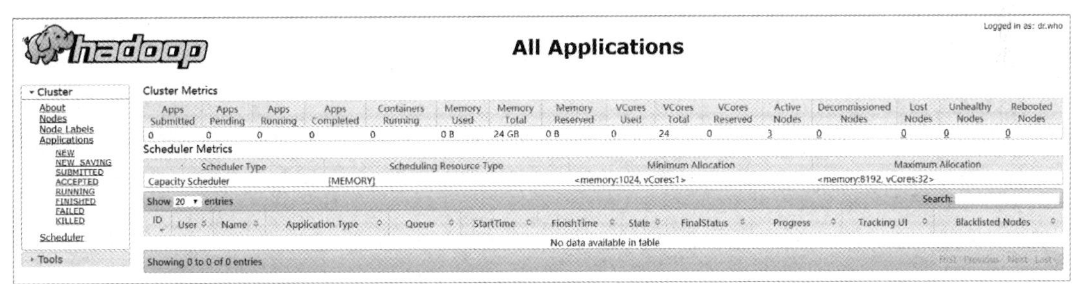

图 3-3　YARN 的 Web 端

（6）运行 PI 实例，检查集群是否启动成功。

在集群任意节点服务器上执行下面的命令，如果看到如图 3-4 所示的运行结果，则说明集群启动成功。

```
[atguigu@hadoop102 hadoop]$ cd /opt/module/hadoop-3.1.3/share/hadoop/mapreduce/
[atguigu@hadoop102 mapreduce]$ hadoop jar hadoop-mapreduce-examples-3.1.3.jar pi 10 10
```

```
文件(F)  编辑(E)  查看(V)  搜索(S)  终端(T)  帮助(H)
                Reduce input records=20
                Reduce output records=0
                Spilled Records=40
                Shuffled Maps =10
                Failed Shuffles=0
                Merged Map outputs=10
                GC time elapsed (ms)=12714
                CPU time spent (ms)=34750
                Physical memory (bytes) snapshot=3152039936
                Virtual memory (bytes) snapshot=28619735040
                Total committed heap usage (bytes)=2688024576
                Peak Map Physical memory (bytes)=302624768
                Peak Map Virtual memory (bytes)=2606067712
                Peak Reduce Physical memory (bytes)=192966656
                Peak Reduce Virtual memory (bytes)=2606747648
        Shuffle Errors
                BAD_ID=0
                CONNECTION=0
                IO_ERROR=0
                WRONG_LENGTH=0
                WRONG_MAP=0
                WRONG_REDUCE=0
        File Input Format Counters
                Bytes Read=1180
        File Output Format Counters
                Bytes Written=97
Job Finished in 52.439 seconds
2020-09-16 15:32:28,485 INFO sasl.SaslDataTransferClient: SASL encryption trust check: localH
ostTrusted = false, remoteHostTrusted = false
Estimated value of Pi is 3.20000000000000000000
```

图 3-4　PI 实例运行结果

最后输出为 Estimated value of Pi is 3.20000000000000000000。

（7）编写集群所有进程查看脚本。

启动集群后，用户需要通过 jps 命令查看各节点服务器进程的启动情况，操作起来比较麻烦，所以我们通过写一个集群所有进程查看脚本，来实现使用一个脚本查看所有节点服务器的所有进程的目的。

① 在/home/atguigu/bin 目录下创建脚本 xcall.sh。

```
[atguigu@hadoop102 bin]$ vim xcall.sh
```

② 脚本思路：通过 i 变量在 hadoop102、hadoop103 和 hadoop104 节点服务器间遍历，分别通过 ssh 命令进入 3 台节点服务器，执行传入参数指定命令。

在脚本中编写如下内容。

```
#! /bin/bash

for i in hadoop102 hadoop103 hadoop104
do
        echo --------- $i ----------
        ssh $i "$*"
done
```

③ 增加脚本执行权限。

```
[atguigu@hadoop102 bin]$ chmod 777 xcall.sh
```

④ 执行脚本。

```
[atguigu@hadoop102 bin]$ xcall.sh jps
--------- hadoop102 ----------
1506 NameNode
2231 Jps
2088 NodeManager
1645 DataNode
--------- hadoop103 ----------
2433 Jps
1924 ResourceManager
1354 DataNode
2058 NodeManager
--------- hadoop104 ----------
1384 DataNode
1467 SecondaryNameNode
1691 NodeManager
1836 Jps
```

3.3 ZooKeeper 与 Kafka 安装

Apache Kafka 最早是由 LinkedIn 开源出来的分布式消息系统，现在是 Apache 旗下的一个顶级子项目，并且已经成为开源领域应用最广泛的消息系统之一。Kafka 在实时数据仓库项目担当着十分重要的数据存储功能。所以我们需要安装 Kafka，并了解 Kafka 的一些基本操作命令。而在安装 Kafka 之前，需要先安装 ZooKeeper，为 Kafka 提供分布式服务。本节主要带领读者完成 ZooKeeper 和 Kafka 的安装部署。

3.3.1 安装 ZooKeeper

ZooKeeper 是一个能够高效开发和维护分布式应用的协调服务，主要用于为分布式应用提供一致性服务，提供的功能包括维护配置信息、名字服务、分布式同步、组服务等。

ZooKeeper 的安装步骤如下。

1. 集群规划

在 hadoop102、hadoop103 和 hadoop104 节点服务器上部署 ZooKeeper。

2. 解压缩安装包

（1）将 ZooKeeper 安装包解压缩到/opt/module/目录下。

```
[atguigu@hadoop102 software]$ tar -zxvf apache-zookeeper-3.5.7-bin.tar.gz -C /opt/module/
```

（2）将/opt/module/apache-zookeeper-3.5.7-bin 名称修改为 zookeeper-3.5.7。

```
[atguigu@hadoop102 module]$ mv apache-zookeeper-3.5.7-bin/ zookeeper-3.5.7
```

（3）将/opt/module/zookeeper-3.5.7 目录内容同步到 hadoop103、hadoop104 节点服务器。

```
[atguigu@hadoop102 module]$ xsync zookeeper-3.5.7/
```

3. 配置 zoo.cfg 文件

（1）将/opt/module/zookeeper-3.5.7/conf 目录下的 zoo_sample.cfg 重命名为 zoo.cfg。

```
[atguigu@hadoop102 conf]$ mv zoo_sample.cfg zoo.cfg
```

（2）打开 zoo.cfg 文件。

```
[atguigu@hadoop102 conf]$ vim zoo.cfg
```

在配置文件中找到如下内容，将数据存储目录 dataDir 做如下配置，这个目录需要自行创建。

```
dataDir=/opt/module/zookeeper-3.5.7/zkData
```

增加如下配置，指出了 ZooKeeper 集群的三台节点服务器信息。

```
#######################cluster##########################
server.2=hadoop102:2888:3888
server.3=hadoop103:2888:3888
server.4=hadoop104:2888:3888
```

（3）配置参数解读。

```
Server.A=B:C:D。
```

- A 是一个数字，表示第几台服务器。
- B 是这台服务器的 IP 地址。
- C 是这台服务器与集群中 Leader 服务器交换信息的端口。
- D 表示当集群中的 Leader 服务器无法正常运行时，需要一个端口来重新选举，选举出一个新的 Leader 服务器，而这个端口就是执行选举时服务器相互通信的端口。

在集群模式下需要配置一个文件 myid，这个文件在配置的 dataDir 的目录下，其中有一个数据就是 A 的值，ZooKeeper 启动时读取此文件，并将其中的数据与 zoo.cfg 文件中的配置信息比较，从而判断是哪台服务器。

（4）分发配置文件 zoo.cfg。

```
[atguigu@hadoop102 conf]$ xsync zoo.cfg
```

4. 配置服务器编号

（1）在/opt/module/zookeeper-3.5.7/目录下创建 zkData。

```
[atguigu@hadoop102 zookeeper-3.5.7]$ mkdir zkData
```

（2）在/opt/module/zookeeper-3.5.7/zkData 目录下创建一个 myid 文件。

```
[atguigu@hadoop102 zkData]$ vi myid
```

在文件中添加与 Server 对应的编号，根据在 zoo.cfg 文件中配置的 Server id 与节点服务器 IP 地址的对应关系添加，如在 hadoop102 节点服务器中添加 2。

```
2
```

注意：一定要在 Linux 中创建 myid 文件，在文本编辑工具中创建有可能出现乱码。

（3）将配置好的 myid 文件复制到其他机器上，并分别在 hadoop103、hadoop104 节点服务器上，将 myid 文件中的内容修改为 3、4。

```
[atguigu@hadoop102 zookeeper-3.5.7]$ xsync zkData
```

5. 集群操作

（1）在三台节点服务器中分别启动 ZooKeeper。

```
[atguigu@hadoop102 zookeeper-3.5.7]# bin/zkServer.sh start
[atguigu@hadoop103 zookeeper-3.5.7]# bin/zkServer.sh start
[atguigu@hadoop104 zookeeper-3.5.7]# bin/zkServer.sh start
```

（2）执行如下命令，在三台节点服务器中查看 ZooKeeper 的服务状态。

```
[atguigu@hadoop102 zookeeper-3.5.7]# bin/zkServer.sh status
JMX enabled by default
Using config: /opt/module/zookeeper-3.5.7/bin/../conf/zoo.cfg
Mode: follower
[atguigu@hadoop103 zookeeper-3.5.7]# bin/zkServer.sh status
JMX enabled by default
Using config: /opt/module/zookeeper-3.5.7/bin/../conf/zoo.cfg
Mode: leader
[atguigu@hadoop104 zookeeper-3.5.7]# bin/zkServer.sh status
JMX enabled by default
Using config: /opt/module/zookeeper-3.5.7/bin/../conf/zoo.cfg
Mode: follower
```

3.3.2 Zookeeper 集群启动、停止脚本

由于 ZooKeeper 没有提供多台服务器同时启动、停止的脚本，使用单台节点服务器执行服务器启动、停止命令显然操作烦琐，所以可将 ZooKeeper 启动、停止命令封装成脚本。具体操作步骤如下。

（1）在 hadoop102 节点服务器的/home/atguigu/bin 目录下创建脚本 zk.sh。

```
[atguigu@hadoop102 bin]$ vim zk.sh
```

脚本思路：通过执行 ssh 命令，分别登录集群节点服务器，然后执行启动、停止或者查看服务状态的命令。在脚本中编写如下内容。

```
#! /bin/bash

case $1 in
"start"){
    for i in hadoop102 hadoop103 hadoop104
    do
      ssh $i "/opt/module/zookeeper-3.5.7/bin/zkServer.sh start"
    done
};;
"stop"){
    for i in hadoop102 hadoop103 hadoop104
    do
       ssh $i "/opt/module/zookeeper-3.5.7/bin/zkServer.sh stop"
    done
};;
"status"){
    for i in hadoop102 hadoop103 hadoop104
```

```
    do
        ssh $i "/opt/module/zookeeper-3.5.7/bin/zkServer.sh status"
    done
};;
esac
```

（2）增加脚本执行权限。

```
[atguigu@hadoop102 bin]$ chmod 777 zk.sh
```

（3）ZooKeeper 集群启动脚本。

```
[atguigu@hadoop102 module]$ zk.sh start
```

（4）ZooKeeper 集群停止脚本。

```
[atguigu@hadoop102 module]$ zk.sh stop
```

3.3.3　安装 Kafka

Kafka 是一个优秀的分布式消息队列系统，通过将日志消息先发送至 Kafka，可以规避数据丢失的风险，增加数据处理的可扩展性，提高数据处理的灵活性和峰值处理能力，提高系统可用性，为消息消费提供顺序保证，并且可以控制优化数据流经系统的速度，解决消息生产和消息消费速度不一致的问题。

Kafka 集群需要依赖 ZooKeeper 提供服务来保存一些元数据信息，以保证系统的可用性。在完成 ZooKeeper 的安装之后，就可以安装 Kafka 了，具体安装步骤如下。

（1）Kafka 集群规划如表 3-3 所示。

表 3-3　Kafka 集群规划

hadoop102	hadoop103	hadoop104
ZooKeeper	ZooKeeper	ZooKeeper
Kafka	Kafka	Kafka

（2）下载安装包。

下载 Kafka 的安装包。

（3）解压安装包。

```
[atguigu@hadoop102 software]$ tar -zxvf kafka_2.12-3.0.0.tgz -C /opt/module/
```

（4）修改解压后的文件名称。

```
[atguigu@hadoop102 module]$ mv kafka_2.12-3.0.0/ kafka
```

（5）进入 Kafka 的配置目录，打开 server.properties，修改配置文件，Kafka 的配置文件都是以键值对的形式存在的，需要修改的内容如下。

```
[atguigu@hadoop102 kafka]$ cd config/
[atguigu@hadoop102 config]$ vim server.properties
```

修改或者增加以下内容：

```
#broker 的全局唯一编号，不能重复，只能是数字
broker.id=0
#处理网络请求的线程数量
num.network.threads=3
#用来处理磁盘 IO 的线程数量
num.io.threads=8
#发送套接字的缓冲区大小
socket.send.buffer.bytes=102400
#接收套接字的缓冲区大小
socket.receive.buffer.bytes=102400
```

```
#请求套接字的缓冲区大小
socket.request.max.bytes=104857600
#kafka 运行日志(数据)存放的路径，路径不需要提前创建，Kafka 自动帮你创建，可以配置多个磁盘路径，路径与路径之间可以用","分隔
log.dirs=/opt/module/kafka/datas
#topic 在当前 broker 上的分区个数
num.partitions=1
#用来恢复和清理 data 下数据的线程数量
num.recovery.threads.per.data.dir=1
# 每个 topic 创建时的副本数，默认是 1 个副本
offsets.topic.replication.factor=1
#segment 文件保留的最长时间，超时将被删除
log.retention.hours=168
#每个 segment 文件的大小，默认最大 1GB
log.segment.bytes=1073741824
# 检查过期数据的时间，默认 5 分钟检查一次是否数据过期
log.retention.check.interval.ms=300000
#配置连接 ZooKeeper 集群地址（在 zk 根目录下创建/kafka，方便管理）
zookeeper.connect=hadoop102:2181,hadoop103:2181,hadoop104:2181/kafka
```

（6）配置环境变量，将 Kafka 的安装目录配置到系统环境变量中，可以更加方便用户执行 Kafka 的相关命令。在配置完环境变量后，需要执行 source 命令使环境变量生效。

```
[atguigu@hadoop102 module]# sudo vim /etc/profile.d/my_env.sh
#KAFKA_HOME
export KAFKA_HOME=/opt/module/kafka
export PATH=$PATH:$KAFKA_HOME/bin

[atguigu@hadoop102 module]# source /etc/profile.d/my_env.sh
```

（7）安装配置全部修改完成后，分发安装包和环境变量到集群其他节点服务器，并使环境变量生效。

```
[atguigu@hadoop102 ~]# sudo /home/atguigu/bin/xsync /etc/profile.d/my_env.sh
[atguigu@hadoop102 module]$ xsync kafka/
```

（8）修改 broker.id。

分别在 hadoop103 和 hadoop104 节点服务器上修改配置文件/opt/module/kafka/config/server. properties 中的 broker.id=1、broker.id=2。

注意：broker.id 为识别 Kafka 集群不同节点服务器的标识，不可以重复。

（9）启动集群。

依次在 hadoop102、hadoop103 和 hadoop104 节点服务器上启动 Kafka，启动前确保 ZooKeeper 已经启动。

```
[atguigu@hadoop102 kafka]$ bin/kafka-server-start.sh -daemon config/server.properties
[atguigu@hadoop103 kafka]$ bin/kafka-server-start.sh -daemon config/server.properties
[atguigu@hadoop104 kafka]$ bin/kafka-server-start.sh -daemon config/server.properties
```

（10）关闭集群。

```
[atguigu@hadoop102 kafka]$ bin/kafka-server-stop.sh
[atguigu@hadoop103 kafka]$ bin/kafka-server-stop.sh
[atguigu@hadoop104 kafka]$ bin/kafka-server-stop.sh
```

3.3.4 Kafka 集群启动、停止脚本

同 ZooKeeper 一样，将 Kafka 集群的启动、停止命令写成脚本，方便以后调用执行。

（1）在/home/atguigu/bin 目录下创建脚本 kf.sh。

```
[atguigu@hadoop102 bin]$ vim kf.sh
```

在脚本中编写如下内容。

```
#! /bin/bash

case $1 in
"start"){
        for i in hadoop102 hadoop103 hadoop104
        do
                echo " --------启动 $i Kafka-------"

                ssh $i "source /etc/profile ; /opt/module/kafka/bin/kafka-server-start.sh -daemon /opt/module/kafka/config/server.properties "
        done
};;
"stop"){
        for i in hadoop102 hadoop103 hadoop104
        do
                echo " --------停止 $i Kafka-------"
                ssh $i " source /etc/profile ; /opt/module/kafka/bin/kafka-server-stop.sh"
        done
};;
esac
```

（2）增加脚本执行权限。

```
[atguigu@hadoop102 bin]$ chmod 777 kf.sh
```

（3）Kafka 集群启动脚本。

```
[atguigu@hadoop102 module]$ kf.sh start
```

（4）Kafka 集群停止脚本。

```
[atguigu@hadoop102 module]$ kf.sh stop
```

3.3.5 Kafka Topic 相关操作

本节主要带领读者熟悉 Kafka 的常用命令行操作。在本项目中，学会使用命令行操作 Kafka 已经足够，若想更加深入地了解 Kafka，体验 Kafka 其余的优秀特性，读者可以关注“尚硅谷教育”公众号获取 Kafka 的相关视频资料，自行学习。

（1）查看 Kafka topic 列表。

```
[atguigu@hadoop102 kafka]$ kafka-topics.sh --bootstrap-server hadoop102:9092 --list
```

（2）创建 Kafka topic。

进入/opt/module/kafka/目录下，创建日志主题。

```
[atguigu@hadoop102 kafka]$ kafka-topics.sh --bootstrap-server hadoop102:9092 --create --replication-factor 1 --partitions 1 --topic topic_log
```

（3）删除 Kafka topic 命令。

若在创建主题时出现错误，则可以使用删除主题命令对主题进行删除。

```
[atguigu@hadoop102 kafka]$ kafka-topics.sh --bootstrap-server hadoop102:9092 --delete --topic topic_log
```

（4）Kafka 控制台生产消息测试。

```
[atguigu@hadoop102 kafka]$ kafka-console-producer.sh --bootstrap-server hadoop102:9092 --topic topic_db
>hello world
>atguigu  atguigu
```

（5）Kafka 控制台消费消息测试。

```
[atguigu@hadoop102 kafka]$ kafka-console-consumer.sh --bootstrap-server hadoop102:9092 --from-beginning --topic topic_log
```

其中，--from-beginning 表示将主题中以往所有的数据都读取出来。用户可根据业务场景选择是否增加该配置。

（6）查看 Kafka topic 详情。

```
[atguigu@hadoop102 kafka]$ kafka-topics.sh --bootstrap-server hadoop102:9092 --describe --topic topic_log
```

3.4 Flink 的安装与部署

Flink 是 Apache 基金会旗下的一个开源大数据处理框架。目前，Flink 已经成为各大公司大数据实时处理的发力重点，特别是国内以阿里为代表的一众互联网大厂都在全力投入，为 Flink 社区贡献了大量源码。如今 Flink 已被很多人认为是大数据实时处理的方向和未来。

本项目也将采用 Flink 作为实时计算引擎。Flink 的安装模式有本地模式和集群模式两种，本地模式主要用于本地程序的测试，不会用于开发环境；集群模式分为独立部署（Standalone）模式和 YARN 模式。在独立部署（Standalone）模式中，由 Flink 自身提供计算资源，无须其他框架提供资源，这种方式降低了和其他第三方资源框架的耦合性，独立性非常强。但是 Flink 主要是计算框架，而不是资源调度框架，所以本身提供的资源调度并不是它的强项，所以还是和其他专业的资源调度框架集成更加靠谱，所以接下来我们将学习，在强大的 YARN 环境中 Flink 是如何使用的。

3.4.1 YARN 模式安装

本项目采用的是最新稳定版本 Flink1.13.0。

将 Flink 任务部署至 YARN 集群之前，需要确认集群是否安装有 Hadoop，保证版本在 Hadoop 2.2 以上。具体配置步骤如下：

（1）上传并解压 Flink1.13.0 安装包。

```
[atguigu@hadoop102 software]$ tar -zxvf flink-1.13.0-bin-scala_2.12.tgz -C /opt/module/
```

（2）配置环境变量，增加环境变量配置如下。

```
[atguigu@hadoop102 ~]$ sudo vim /etc/profile.d/my_env.sh

HADOOP_HOME=/opt/module/hadoop-3.1.3
export PATH=$PATH:$HADOOP_HOME/bin:$HADOOP_HOME/sbin
export HADOOP_CONF_DIR=${HADOOP_HOME}/etc/hadoop
export HADOOP_CLASSPATH=`hadoop classpath`
```

执行以下命令，使环境变量生效。

```
[atguigu@hadoop102 ~]$ source /etc/profile.d/my_env.sh
```

（3）启动 Hadoop 集群，包括 HDFS 和 YARN。

```
[atguigu@hadoop102 ~]$ start-dfs.sh
[atguigu@hadoop103 ~]$ start-yarn.sh
```

查看进程启动情况。

```
[atguigu@hadoop102 ~]$ xcall.sh jps
--------- hadoop102 ----------
1506 NameNode
2231 Jps
```

```
2088 NodeManager
1645 DataNode
--------- hadoop103 ----------
2433 Jps
1924 ResourceManager
1354 DataNode
2058 NodeManager
--------- hadoop104 ----------
1384 DataNode
1467 SecondaryNameNode
1691 NodeManager
1836 Jps
```

（4）进入解压后的安装包的 conf 目录，打开 flink-conf.yaml 文件，修改以下配置。若在提交命令中不特定指明，这些配置将作为默认配置。

```
[atguigu@hadoop102 ~]$ cd /opt/module/flink-1.13.0/conf/
[atguigu@hadoop102 conf]$ vim flink-conf.yaml

jobmanager.memory.process.size: 1600m
taskmanager.memory.process.size: 1728m
taskmanager.numberOfTaskSlots: 8
parallelism.default: 1
```

以上配置项的含义解读如下。

- jobmanager.memory.process.size：JobManager 进程可使用到的全部内存，包括 JVM 元空间和其他开销，默认为 1600MB，可以根据集群规模进行适当调整。
- taskmanager.memory.process.size：TaskManager 进程可使用到的全部内存，包括 JVM 元空间和其他开销，默认为 1600MB，可以根据集群规模进行适当调整。
- taskmanager.numberOfTaskSlots：每个 TaskManager 能够分配的 slot 数量，默认为 1，可根据 TaskManager 所在的机器能够提供给 Flink 的 CPU 数量决定。
- parallelism.default：Flink 任务执行的默认并行度，优先级低于代码中进行的并行度配置和任务提交时使用参数指定的并行度数量。

3.4.2　任务部署

Flink 提供了三种在 YARN 上运行任务的方式：会话模式（Session）、单作业模式（Per-Job）和应用模式（Application）。在本项目中，主要采用单作业模式提交实时计算作业，这种方式维护简单，运行稳定，是实际生产环境下被较多采用的模式。

在单作业模式中，一个 Job 会对应一个 Flink 集群，每提交一个作业会根据自身的情况，单独向 YARN 申请资源，直到作业执行完成，一个作业的失败与否并不会影响下一个作业的正常提交和运行，适合规模大且运行时间长的作业，如图 3-5 所示。单作业模式在生产环境运行更加稳定是实际应用的首选模式。

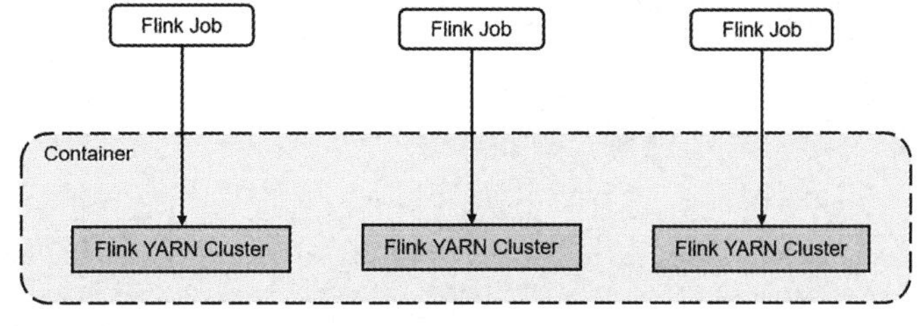

图 3-5　Flink Per-Job 模式

单作业模式的部署步骤如下。

（1）执行命令提交作业。

```
$ bin/flink run -d -t yarn-per-job -c com.atguigu.wc.StreamWordCount FlinkTutorial-1.0-SNAPSHOT.jar
```

早期版本也有另一种写法：

```
$ bin/flink run -m yarn-cluster -c com.atguigu.wc.StreamWordCount FlinkTutorial-1.0-SNAPSHOT.jar
```

注意，这里是通过参数-m yarn-cluster 指定向 YARN 集群提交任务。

（2）在 YARN 的 ResourceManager 界面查看执行情况，如图 3-6 所示。

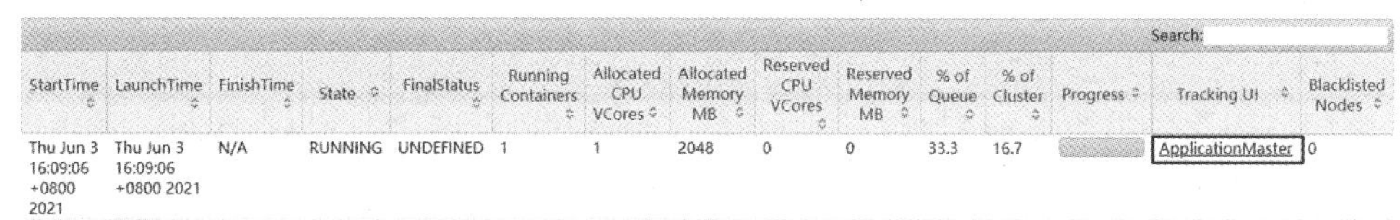

图 3-6　YARN 的 ResourceManager 界面

在任务提交成功后，控制台打印的日志会提供 Flink Web UI 页面地址，我们可以打开 Flink Web UI 页面进行监控，如图 3-7 所示。

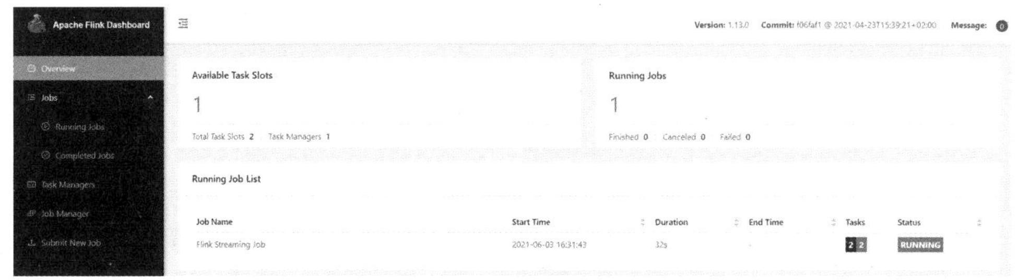

图 3-7　Flink Web UI 页面

（3）可以使用命令行查看或取消作业，命令如下。

```
$ ./bin/flink list -t yarn-per-job -Dyarn.application.id=application_XXXX_YY
$ ./bin/flink cancel -t yarn-per-job -Dyarn.application.id=application_XXXX_YY <jobId>
```

这里的 application_XXXX_YY 是当前应用的 ID，<jobId>是作业的 ID。注意，如果取消作业，整个 Flink 集群也会停掉。

3.5　本章总结

本章主要安装部署了项目需要的关键框架——JDK、Hadoop、Zookeeper、Kafka 和 Flink。以上几个框架在项目中承担着十分重要的角色，是本项目不可或缺的重要部分。其中 Flink 的安装与部署部分，还着重讲解了 Flink 任务的提交流程。这是因为在实时数据仓库项目中，都需要我们编写大量的实时代码，然后提交到集群中运行，所以任务提交流程是一定要掌握的。在后期的学习中，将会出现大量的 Flink 代码，需要读者提前对 Flink 有一定了解。

第4章 数据仓库建模理论

接触过数据库或者离线数据仓库的读者对建模理论都不会陌生，建模理论的主要作用是帮助用户更有条理地组织数据。在实时计算的领域里，一直以来架构设计都处于主导地位。不同的实时计算架构被设计出来，不断地提高计算的效率和准确性。而随着离线数据仓库的建模理论和分层设计方式越来越成熟和完善，实时计算领域也逐步认识到数据建模理论可以帮助实时计算更上一个台阶。本章将主要讲解离线数据仓库中经典的建模理论，并论述如何将离线数据仓库的建模理论应用到实时数据仓库的建设中去。

4.1 数据仓库理论准备

4.1.1 数据建模概述

数据模型是一个描述数据、数据联系、数据语义，以及一致性约束的概念工具的集合。数据建模简单来说就是基于对业务的理解，将各种数据进行整合和关联，并最终使数据有更强的可用性和可读性，让数据使用者可以快速地获取自己关心的有价值的数据，提高数据响应的速度，为企业带来更高的效益。

那么为什么要做数据建模呢？

如果把数据看作图书馆里的书，我们希望看到它们在书架上分门别类地放置；如果把数据看作城市的建筑，我们希望城市规划布局合理；如果把数据看作计算机中的文件和文件夹，我们希望按照自己的习惯有很好的文件夹组织方式，而不是糟糕混乱的桌面，经常为找一个文件而不知所措。

数据建模是一套面向数据的方法，用来指导对数据的整合和存储，使数据的存储和组织更有意义，具有以下好处。

- 全面梳理业务，改进业务流程。

在进行数据建模之前，必须要对企业进行全面的业务梳理。通过业务模型的建立，我们也可以全面地了解企业的业务架构图和整个业务的运行情况，能够将业务按照一定的标准分类和规范化，以提高业务效率。

- 建立全方位的数据视角，消除信息孤岛和数据差异。

通过数据模型建设，也可以为企业提供一个整体的数据视角，而不再是每个部分各自为政。通过构建数据模型，可以勾勒出各部门之间内在的业务联系，消除部门之间的数据孤岛问题。通过规范化的数据模型建设，还可以做到各部门间的数据一致性，消除部门间的数据差异。

- 提高数据仓库的灵活性。

通过构建数据模型，能够很好地将底层技术与上层业务分离开来。当上层业务发生变化时，通过数据模型，底层技术可以轻松地完成业务变动，从而提高整个数据仓库的灵活性。

- 帮助数据仓库系统更好地建设。

通过构建数据模型，开发人员和业务人员可以更加明晰地制定系统建设任务，以及长期目标的规划，明确当前开发任务，加快系统建设。

通过上面的讲述，我们可以总结出来，合理的数据建模可以提升查询性能、提高用户效率、改善用户体验、提升数据质量、降低企业成本。

因此，大数据系统都需要数据模型来指导数据的组织和存储，以便在性能、成本、效率和质量之间取得平衡。数据建模要遵循的原则有以下几点。

- 高内聚和低耦合。

将业务相近或相关、粒度相同的数据设计为一个逻辑或物理模式，将有高概率同时访问的数据放在一起，将低概率同时访问的数据分开存储。

- 核心模型与扩展模型分离。

建立核心模型与扩展模型体系，核心模型包括的字段支持常用的核心业务，扩展模型包括的字段支持个性化或少量应用的需要，两种模型尽量分离，以维护核心模型的架构简洁性和可维护性。

- 成本与性能平衡。

适当的数据冗余可以换取数据查询性能，但是不宜过度冗余与数据复制。

- 数据可回滚。

在不改变处理逻辑、不修改代码的情况下重新运行任务结果不变。

- 一致性。

不同表的相同字段命名与定义具有一致性。

- 命名清晰、可理解。

表命名需清晰、一致，表名易于理解，方便使用。

4.1.2 关系模型与范式理论

在数据仓库的建设过程中应该采用的建模理论是大数据领域一个绕不过去的讨论话题。主流的数据仓库设计模型有两种：Bill Inmon 支持的关系模型和 Ralph Kimball 支持的维度模型。

关系模型（Relation Model）用表的集合来表示数据和数据间的关系。每个表有多个列，每列有唯一的列名。关系模型是基于记录的模型的一种，即数据库是由若干种固定格式的记录来构成的。数据库中的每个表包含了某种特定类型的记录。每个记录类型定义了固定数目的字段（或属性）。表的列对应记录类型的属性。在商用数据处理应用中，关系模型已经成为当今主要的数据模型。之所以占据主要位置，是因为和早期的数据模型如网络模型或层次模型相比，关系模型以其简易性简化了编程者的工作。

Bill Inmon 的建模理论中将数据建模分为三个层次：高层建模（ER 模型，Entity Relationship）、中间层建模（数据项集或 DIS）、底层建模（物理模型）。其中高层建模，也就是 ER 模型是指站在全企业的高度，以实体（Entity）和关系（Relationship）为特征来描述企业业务。中间层建模是以 ER 模型为基础，将每一个主题域进一步扩展成各自的中间层模型。底层建模也就是物理数据模型，是从中间层数据模型创建扩展而来的，使模型中开始包含一些关键字和物理特性。

通过上文我们看到，关系数据库基于关系模型，使用一系列表来描述数据以及这些数据之间的联系。一般而言，关系数据库设计的目的是生成一组关系模式，使我们在存储信息时避免不必要的冗余，并且让我们可以方便地获取信息。这是通过设计满足范式（Normal Form）的模式来实现的。目前业界的范式包括第一范式（1NF）、第二范式（2NF）、第三范式（3NF）、巴斯-科德范式（BCNF）、第四范式（4NF）和第五范式（5NF）。范式可以理解为一张数据表的表结构符合的设计标准的级别。使用范式的根本目的包括如下两点。

（1）减少数据冗余，尽量让每个数据只出现一次。

（2）保证数据的一致性。

为什么以上两点如此重要呢？因为在数据仓库的发展之初，磁盘是很贵的存储介质，必须减少数据冗余，才能降低磁盘存储，降低开发成本。而且以前是没有分布式系统的，若想扩充存储空间，只能增加磁盘，而磁盘的个数也是有限的。若数据冗余严重的话，对数据进行一次修改，需要修改多个表，很难保证数据的一致性。

缺点是在获取数据时，需要通过 join 拼接出最后的数据。

1. 什么是函数依赖

函数依赖示例如表 4-1 所示。

表 4-1　函数依赖示例：学生成绩表

学　号	姓　名	系　名	系 主 任	课　名	分数（单位：分）
1	李小明	经济系	王强	高等数学	95
1	李小明	经济系	王强	大学英语	87
1	李小明	经济系	王强	普通化学	76
2	张莉莉	经济系	王强	高等数学	72
2	张莉莉	经济系	王强	大学英语	98
2	张莉莉	经济系	王强	计算机基础	82
3	高芳芳	法律系	刘玲	高等数学	88
3	高芳芳	法律系	刘玲	法学基础	84

函数依赖分为完全函数依赖、部分函数依赖和传递函数依赖。

（1）完全函数依赖。

设（X，Y）是关系 R 的两个属性集合，X'是 X 的真子集，存在 $X \to Y$，但对每一个 X'都有 $X'! \to Y$，则称 Y 完全依赖于 X。

比如通过（学号，课名）可推出分数，但是单独用学号推不出分数，那么就可以说分数完全依赖于（学号，课名）。

即通过（A，B）能得出 C，但是单独通过 A 或 B 得不出 C，那么就可以说 C 完全依赖于（A，B）。

（2）部分函数依赖。

假如 Y 依赖于 X，但同时 Y 并不完全依赖于 X，那么就可以说 Y 部分依赖于 X。

比如通过（学号，课名）可推出姓名，但可以直接通过学号推出姓名，所以姓名部分依赖于（学号，课名）

即通过（A，B）能得出 C，通过 A 也能得出 C，或者通过 B 也能得出 C，那么就可以说 C 部分依赖于（A，B）。

（3）传递函数依赖。

设（X，Y，Z）是关系 R 中互不相同的属性集合，存在 $X \to Y(Y ! \to X), Y \to Z$，则称 Z 传递依赖于 X。

比如通过学号可推出系名，通过系名可推出系主任，但是通过系主任推不出学号，系主任主要依赖于系名。这种情况可以说系主任传递依赖于学号。

通过 A 可得到 B，通过 B 可得到 C，但是通过 C 得不到 A，那么就可以说 C 传递依赖于 A。

2. 第一范式

第一范式（1NF）的核心原则是属性不可分割。如表 4-2 所示，商品列中的数据不是原子数据项，是可以分割的，明显不符合第一范式。

表 4-2　不符合第一范式的表格设计

ID	商　品	商　家　ID	用　户　ID
001	5 台计算机	×××旗舰店	00001

对表 4-2 进行修改，使表格符合第一范式的要求，如表 4-3 所示。

表 4-3　符合第一范式的表格设计

ID	商　品	数　量	商　家　ID	用　户　ID
001	计算机	5 台	×××旗舰店	00001

实际上，第一范式是所有关系型数据库的最基本要求，在关系型数据库（RDBMS），如 SQL Server、Oracle、MySQL 中创建数据表时，如果数据表的设计不符合这个最基本的要求，那么操作一定是不能成功的。也就是说，只要在 RDBMS 中已经存在的数据表，一定是符合第一范式的。

3. 第二范式

第二范式（2NF）的核心原则是不能存在部分函数依赖。

如表 4-1 所示，该表格明显存在部分函数依赖。这张表的主键是（学号，课名），分数确实完全依赖于（学号，课名），但是姓名并不完全依赖于（学号，课名）。

将表格进行调整，如表 4-4 和表 4-5 所示，即去掉部分函数依赖，符合第二范式。

表 4-4　学号-课名-分数表

学　号	课　名	分数（单位：分）
1	高等数学	95
1	大学英语	87
1	普通化学	76
2	高等数学	72
2	大学英语	98
2	计算机基础	82
3	高等数学	88
3	法学基础	84

表 4-5　学号-姓名-系名

学　号	姓　名	系　名	系　主　任
1	李小明	经济系	王强
2	张莉莉	经济系	王强
3	高芳芳	法律系	刘玲

4. 第三范式

第三范式（3NF）的核心原则是不能存在传递函数依赖。

表 4-5 中存在传递函数依赖，通过系主任不能推出学号，将表格进行进一步拆分，使其符合第三范式，如表 4-6 和表 4-7 所示。

表 4-6　学号-姓名表

学　号	姓　名	系　名
1	李小明	经济系
2	张莉莉	经济系
3	高芳芳	法律系

表 4-7　系名-系主任

系　名	系 主 任
经济系	王强
法律系	刘玲

关系模型示意图如图 4-1 所示，严格遵循第三范式（3NF），从图 4-1 中可以看出，模型较为松散、零碎，物理表数量多，但数据冗余程度低。由于数据分布于众多的表中，因此这些数据可以更为灵活地被应用，功能性较强。关系模型主要应用于 OLTP（On-Line Transaction Processing，联机事务处理）系统中，OLTP 是传统的关系型数据库的主要应用，主要是基本的、日常的事务处理，如银行交易等。为了保证数据的一致性以及避免冗余，大部分业务系统的表都是遵循第三范式的。

规范化带来的好处是显而易见的，但是在数据仓库的建设中，规范化程度越高，意味着划分的表越多，在查询数据时就会出现更多的表连接操作。

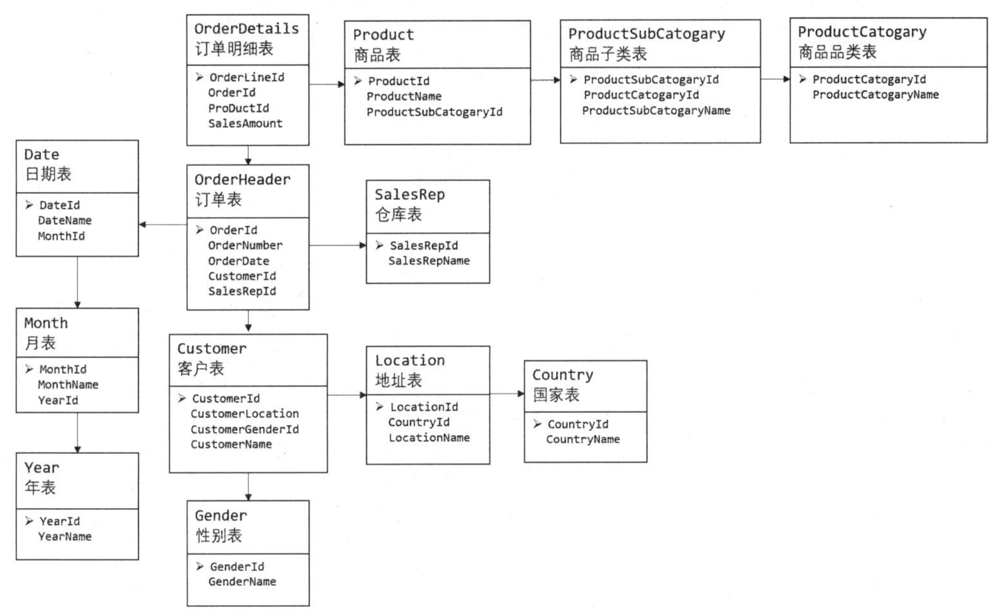

图 4-1　关系模型示意图

4.1.3　维度模型

当今的数据处理大致可以分成两大类：联机事务处理（OLTP）和联机分析处理（On-Line Analytical Processing，OLAP）。OLTP 已经讲过，是传统的关系型数据库的主要应用，主要是基本的、日常的事务处理。而 OLAP 是数据仓库系统的主要应用，支持复杂的分析操作，侧重决策支持，并且可提供直观、易懂的查询结果。二者的主要区别如表 4-8 所示。

表 4-8　OLTP 与 OLAP 的主要区别

对 比 属 性	OLTP	OLAP
读特性	每次查询只返回少量记录	对大量记录进行汇总
写特性	随机、低延时写入用户的输入	批量导入
使用场景	用户，Java EE 项目	内部分析师，为决策提供支持
数据表征	最新数据状态	随时间变化的历史状态
数据规模	GB	TB 到 PB

维度模型是一种将大量数据结构化的逻辑设计手段，包含维度和度量指标。维度模型不像关系模型，关系模型的目的是消除冗余数据，而维度模型是面向分析设计，最终目的是提高查询性能，最终结果会增加数据冗余，并且违反三范式。

维度建模是数据仓库领域的另一位大师——Ralph Kimball 所支持和倡导的数据仓库建模理论。维度模型将复杂的业务通过事实和维度两个概念进行呈现。事实通常对应业务过程，而维度通常对应业务过程发生时所处的环境。

一个典型的维度模型示意图如图 4-2 所示，其中位于中心的 SalesOrder 为事实表，保存的是下单这个业务过程的所有记录。位于周围的每张表都是维度表，包括 Date（日期）、Customer（客户）、Product（商品）和 Location（地址）等，这些维度表就组成了每个订单发生时所处的环境，即何人、何时、在何地下单了何种产品。从图 4-2 中可以看出，维度模型相对清晰、简洁。

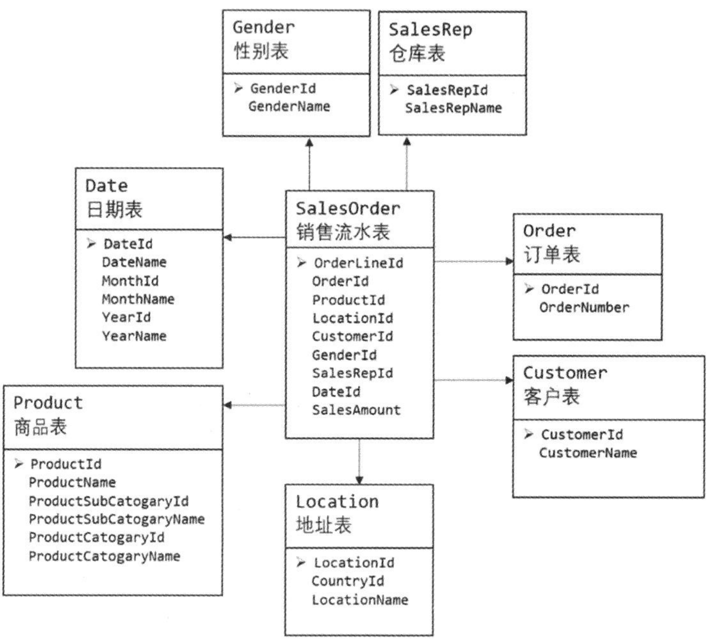

图 4-2　维度模型示意图

维度模型主要应用于 OLAP 系统中，通常以某一张事实表为中心进行表的组织，主要面向查询，可能存在数据的冗余，但是用户能方便地得到数据。

关系模型虽然数据冗余程度低，但是在大规模数据中进行跨表分析统计查询时，会造成多表关联，这会大大降低执行效率。

在本项目中，我们将主要采用维度建模的理论，应用事实表和维度表的概念，将实时数据整理划分为事实表和维度表。通过这种构建方式，可以大大提高数据的组织性。

4.1.4　维度建模理论之事实表

在数据仓库维度建模理论中，通常将表分为事实表和维度表两类。事实表加维度表，能够描述一个完整的业务事件。

事实表是指存储有事实记录的表。事实表中的每行数据代表一个业务事件，如下单、支付、退款、评价等。“事实”这个术语表示的是业务事件中的度量值，如可统计次数、个数、金额等。举例，2020 年 5 月 21 日，宋老师在京东花费 2500 元买了一部手机，在这个业务事件中，涉及的维度有时间、用户、商品、商家，涉及的事实度量则是 2500 元、一部。

事实表作为数据仓库建模的核心，需要根据业务过程来设计，包含了引用的维度和业务过程有关的度量。事实表的每一行数据包括具有可加性的数值型的度量值和与维度表相连接的外键，并且通常都具有两个和两个以上的外键。

事实表的特征有以下 3 点。

（1）通常数据量较大。

（2）内容相对比较窄，列数通常比较少，主要是一些外键 ID 和度量值字段。

（3）经常会发生变化，每天都会增加新数据。

作为度量业务过程的事实，一般为整形或浮点型的十进制数值，有可加性、半可加性和不可加性 3 种类型。

（1）可加性度量。最灵活最有用的事实度量是完全可加的，可加性度量可以按照与事实表关联的任意维度汇总，如订单金额。

（2）半可加性度量。半可加度量可以对某些维度汇总，但不能对所有维度汇总。差额是常见的半可加事实，除了时间维度，差额可以跨所有维度进行汇总操作。

（3）不可加度量。一些度量是完全不可加的，如比率。对非可加度量，一种好的方法是分解为可加的组件来实现聚集。

事务事实表用来记录各业务过程，它保存的是各业务过程的原子操作事件，即最细粒度的操作事件。粒度是指事实表中一行数据所表达的业务细节程度。

事务事实表可用于分析与各业务过程相关的各项统计指标，由于其保存了最细粒度的记录，可以提供最大限度的灵活性，可以支持无法预期的各种细节层次的统计需求。

设计事务事实表时可遵循 4 个步骤：选择业务过程→声明粒度→确定维度→确定事实。

（1）选择业务过程。

在业务系统中，挑选我们感兴趣的业务过程，业务过程可以概括为一个个不可拆分的行为事件，如电商交易中的下单、取消订单、付款、退单等，都是业务过程。在通常情况下，一个业务过程对应一张事务事实表。

（2）声明粒度。

业务过程确定后，需要为每个业务过程声明粒度，即精确定义每张事务事实表的每行数据表示什么。应该尽可能地选择最细粒度，以此来应对各种细节程度的统计需求。

典型的粒度声明，如订单事实表中一行数据表示的是一个订单中的一个商品项。

（3）确定维度。

确定维度是指确定与每张事务事实表相关的维度有哪些。

因为维度的丰富程度决定了维度模型能够支持的指标丰富程度，所以在确定维度时，应尽量多地选择与业务过程相关的环境信息。

（4）确定事实。

此处的“事实”一词，指的是每个业务过程的度量值（通常是可累加的数字类型的值，如次数、个数、件数、金额等）。

经过上述 4 个步骤，事务事实表就基本设计完成了。第一步选择业务过程可以确定有哪些事务事实表，第二步可以确定每张事务事实表的每行数据是什么，第三步可以确定每张事务事实表的维度外键，第四步可以确定每张事务事实表的度量值字段。

事务事实表可以保存所有业务过程的最细粒度的操作事件，故理论上可以支撑与各业务过程相关的各种统计粒度的需求。但对于某些特定类型的需求，其逻辑可能会比较复杂，或者效率会较为低下。

（1）存量型指标。

例如，商品库存，账户余额等。此处以电商中的虚拟货币为例，虚拟货币业务包含的业务过程主要包括获取货币和使用货币，两个业务过程各自对应一张事务事实表，一张存储所有的获取货币的原子操作事件，另一张存储所有使用货币的原子操作事件。

假定现有一个需求，要求统计截至当日的各用户虚拟货币余额。由于获取货币和使用货币均会影响到余额，故需要对两张事务事实表进行聚合，且需要区分两者对余额的影响（加或减），另外需要对两张表全表数据聚合才能得到统计结果。

可以看到，不论是从逻辑上还是效率上考虑，这都不是一个好的方案。

（2）多事务关联统计。

举例，现需要统计最近 30 天，用户下单到支付的时间间隔的平均值。统计思路应该是找到下单事务事实表和支付事务事实表，过滤出最近 30 天的记录，然后按照订单 id 对两张事实表进行关联，之后用支付时间减去下单时间，然后再求平均值。

逻辑上虽然并不复杂，但是其效率较低，因为下单事务事实表和支付事务事实表均为大表，大表与大表的关联操作应尽量避免。

可以看到，在上述两种场景下事务事实表的表现并不理想。下面要介绍的另外两种类型的事实表就是为了弥补事务事实表的不足的。

在实时数据仓库里，数据都是实时产生的，像一条水流一样从数据源头流出，经过各种过滤、分流和处理的操作，最终得到计算结果。我们将实时数据比喻成水流，水流在流过一个地方之后，不会停留也不会重复流过，所以在实时数据仓库中，只保留事务事实表。一个事务操作，如下单操作，形成了一条实时数据，被采集到了实时数据仓库中，这一类的操作数据在实时数据仓库中就形成了一个事实表。

4.1.5 维度建模理论之维度表

维度表也称维表，有时也称查找表，是与事实表相对应的一种表。维度表保存了维度的属性值，可以与事实表做关联，相当于将事实表中经常重复出现的属性抽取、规范出来，用一张表进行管理。维度表一般是对事实的描述信息。每一张维度表对应现实世界中的一个对象或者概念，如用户、商品、日期和地区等。举例，订单状态表、商品分类表等，如表 4-9 和表 4-10 所示。

维度表通常具有以下 3 点特征。

（1）维表的范围很宽，通常具有很多属性，列比较多。

（2）跟事实表相比，行数相对较少，通常小于 10 万条。

（3）内容相对固定，不会轻易发生修改。

表 4-9　订单状态表

订单状态编号	订单状态名称
1	未支付
2	支付
3	发货中
4	已发货
5	已完成

表 4-10　商品分类表

商品分类编号	分 类 名 称
1	服装
2	保健
3	电器
4	图书

使用维度表可以大大缩小事实表的大小，也便于维度的管理和维护，增加、删除和修改维度的属性，不必对事实表的大量记录进行改动。维度表可以为多个事实表服务，减少重复工作。

维度表设计步骤如下所示。

（1）确定维度（表）。

在设计事实表时，已经确定了与每个事实表相关的维度，理论上每个相关维度均需对应一张维度表。需要注意的是，可能存在多个事实表与同一个维度都相关的情况，这种情况需保证维度的唯一性，即只创建一张维度表。另外，如果某些维度表的维度属性很少，如只有一个国家名称，则可不创建该维度表，而把该表的维度属性直接增加到与之相关的事实表中，这个操作称为维度退化。

（2）确定主维表和相关维表。

此处的主维表和相关维表均指业务系统中与某维度相关的表。例如，业务系统中与商品相关的表有 sku_info、spu_info、base_trademark、base_category3、base_category2、base_category1 等，其中 sku_info 就称为商品维度的主维表，其余表称为商品维度的相关维表。维度表的粒度通常与主维表相同。

（3）确定维度属性。

确定维度属性即确定维度表字段。维度属性主要来自业务系统中与该维度对应的主维表和相关维表。维度属性可以直接从主维表或相关维表中选择，也可以通过进一步加工得到。

在确定维度属性时，需要遵循以下要求。

（1）尽可能生成丰富的维度属性。

维度属性是后续做分析统计时的查询约束条件、分组字段的基本来源，是数据易用性的关键。维度属性的丰富程度直接影响到数据模型能够支持的指标的丰富程度。

（2）尽量不使用编码，而使用明确的文字说明，一般可以编码和文字共存。

（3）尽量沉淀出通用的维度属性。

有些维度属性的获取需要进行比较复杂的逻辑处理，如需要通过多个字段拼接得到。为避免后续每次使用时的重复处理，可将这些维度属性沉淀到维度表中。

在实时数据仓库中，对维度表的设计有两大难点，是否对维度表进行规范化？如何应对维度表中数据的变化？

规范化是指使用一系列范式设计数据库的过程，其目的是减少数据冗余，增强数据的一致性。通常情况下，在进行规范化后，一张表的字段会拆分到多张表。

反规范化是指将多张表的数据冗余到一张表中，其目的是减少表之间的关联操作，提高查询性能。

通常在离线数据仓库中，我们采用的都是反规范化的维度表设计思路，将主维表和相关维表冗余至一张表中，如将品牌表、品类表冗余进商品表中，形成一张具有品牌和品类维度的商品表。反规范化的设计可以提高离线数据仓库的数据查询效率，避免大量的表关联操作。落实到实际操作中，离线数据仓库中会每日一次将维度数据全量导入到 HDFS 中，然后每日做一次全量的主维表和相关维表的关联操作，即可得到反规范化的维度数据。

而在实时数据仓库中，我们监控的是业务数据中所有表的变动数据。假如我们沿用离线数据仓库中的反规范化维度表设计思路，需要关联的主维表或相关维表中某张表的数据发生了变化，那么就需要将变动后的维表与其他表的历史数据重新关联，得到最新的维度表数据。

此时，我们就会面临一个问题，在实时计算过程中，如何获取维度表的历史数据呢？

可以想到的一个思路是，一旦检测到某个维度表的数据发生了变化，那么就使用 Maxwell 对相关维表的所有数据进行一次整体采集，发送至 Kafka 中。再由 Flink 对采集到的最新的全量维度表数据进行关联计算。这个解决方案，表面上可行，实际上存在诸多问题。

问题一：若维度表数据发生频繁变化，那么在 Kafka 中就存储大量的冗余维度数据。

问题二：Maxwell 对业务数据的去全量采集命令，需要手动执行，这个命令交给谁去调度执行可以达到及时采集的效果呢？

问题三：在实时数据仓库中，数据以流的形式存在，如果不同流中的数据进入程序的时间差异过大，就会出现关联不上的情况。如何保证采集的历史数据和变化数据可以关联上？

以上三个问题解决起来都十分棘手，显而易见，在实时数据仓库中不能采用反规范化的维度表设计思路。

在本项目中，我们不再对业务数据库中采集到的维度表进行合并，仅过滤掉一些不需要的字段，然后将维度表数据写入到 HBase 中。最终，业务数据库中的维度表和 HBase 中的维度表是一一对应的。

利用 HBase 的 Phoenix 客户端提供的 upsert 语法，将维度表数据写入 HBase，实现幂等写入。当维度表数据发生变动时，可以将采集到的变动数据覆盖 HBase 中的相同主键的旧数据。这样就可以保证在 HBase 中保存的是一份全量最新的维度数据。

看到这里读者可能会发现，这种解决方案会使实时数据仓库中不会保存历史维度数据，违背了数据仓库建设的记录数据变化情况的准则。我们应该了解到，实时数据仓库分析计算的都是实时产生的最新数据，本就不考虑历史数据的情况。当用户需要分析历史数据时，完全可以在离线数据仓库中完成，更加高效方便。因此，以上方案是完全可行且合理的。

4.2 数据仓库建模实践

4.2.1 名词概念

在做具体的建模计划之前，我们首先来了解一些在数据仓库建模过程中会用到的常用名词解释，其中也包含在数据仓库建模理论讲解中曾经提到的一些概念，在这里再次做简单讲解，温故而知新。

● 宽表

宽表从字面意义上讲就是字段比较多的表。通常是指将业务主题相关的指标与维度、属性关联在一起的表。

● 粒度

粒度是设计数据仓库的一个重要方面。粒度是指数据仓库的数据单位中保存数据的细化或综合程度的级别。细化程度越高，粒度级就越小；相反，细化程度越低，粒度级就越大。

笼统地说，粒度就是维度的组合。

● 退化维度

将一些常用的维度属性直接写到事实表中的维度操作称为维度退化。

● 维度层次

维度中的一些描述属性以层次方式或一对多的方式相互关联，可以理解为包含连续主从关系的属性层次。层次的最底层代表维度中描述最低级别的详细信息，最高层代表最高级别的概要信息。维度常常有多个这样的嵌入式层次结构。

● 下钻

数据明细从粗粒度到细粒度的过程，会细化某些维度。下钻是商业用户分析数据的最基本的方法。下钻仅需要在查询上增加一个维度属性，附加在 SQL 的 GROUP BY 语句中。属性可以来自任何与查询使用的事实表关联的维度。下钻不需要存在层次的定义或是下钻路径。

● 上卷

数据的汇总聚合，从细粒度到粗粒度的过程，会无视某些维度。

● 规范化

按照三范式设计，使用事实表和维度表的方式管理数据称为规范化。规范化常用于 OLTP 系统的设计。

通过规范化处理，将重复属性移至自身所属的表中，删除冗余数据。我们上文中提到的雪花模型就是典型的数据规范化处理。

- 反规范化

将维度的属性合并到单个维度中的操作称为反规范化。反规范化会产生包含全部信息的宽表，形成数据冗余；实现用维表的空间换取简明性和查询性能的效果，常用于 OLAP 系统的设计。

- 业务过程

业务过程是组织完成的操作型活动，如获得订单、付款、退货等。多数事实表关注某一业务过程的结果，过程的选择是非常重要的，过程定义了特定的设计目标，以及对粒度、维度、事实的定义。每个业务过程对应企业数据仓库总线矩阵的一行。

- 数据域

数据域是联系较为紧密的数据主题的集合，通常是根据业务类别、数据来源、数据用途等多个维度，对企业的业务数据进行的区域划分。将同类型数据存放在一起，便于快速查找需要的内容。不同使用目的的数据，分类标准不同。例如，电商行业通常可以划分为交易域、流量域、用户域、互动域、工具域等。

- 业务总线矩阵

企业数据仓库的业务总线矩阵是用于设计并与企业数据仓库总线架构交互的基本工具。矩阵的行表示业务过程，列表示维度。矩阵中的点表示维度与给定的业务过程是否存在关联关系。

4.2.2 为什么要分层

数据仓库中的数据要想发挥最大的作用，必须进行分层，数据仓库分层的优点如下。

- 把复杂问题简单化。可以将一个复杂的任务分解成多个步骤来完成，每一层只处理单一的步骤。
- 减少重复开发。规范数据分层，通过使用中间层数据，可以大大减少重复计算量，增加计算结果的复用性。
- 隔离原始数据。使真实数据与最终统计数据解耦。
- 清晰数据结构。每个数据分层都有它的作用域，这样我们在使用表的时候，更方便定位和理解。
- 数据血缘追踪。我们最终向业务人员展示的是一张能直观看到结果的数据表，但是这张表的数据来源可能有很多，如果结果表出现了问题，我们可以快速定位到问题位置，并清楚危害的范围。

数据仓库如何分层取决于设计者对数据仓库的整体规划，不过大部分的思路是相似的。本书将数据仓库分为五层，如图 4-3 所示。

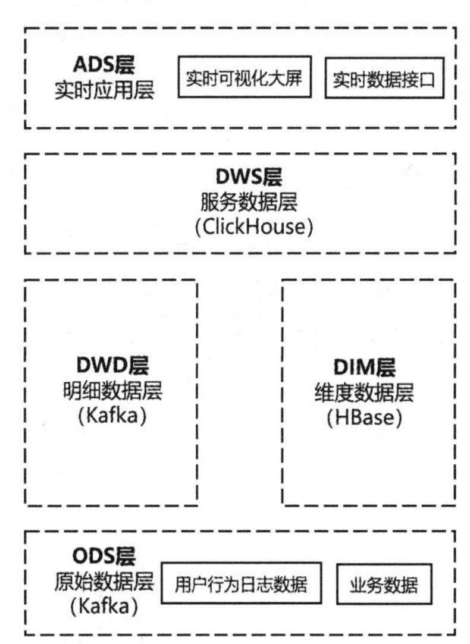

图 4-3 实时数据仓库分层规划

- ODS（Operation Data Store）层：原始数据层。以 Kafka 为存储介质，主要存放的是通过数据采集工具采集到的各类原始数据，在本项目中，包括用户行为日志数据和业务数据，对这两类数据的采集过程即为 ODS 层的搭建过程。原始数据不做任何处理，只过滤掉部分非法数据。
- DWD（Data Warehouse Detail）层：明细数据层。实时计算引擎 Flink 订阅消息队列 Kafka 中的 ODS 层数据，对数据进行清洗（去除空值、脏数据、超过极限范围的数据）、维度退化、脱敏等。该层主要存储维度模型中的事实表，存储介质依然为 Kafka。
- DIM（Dimension）层：维度数据层。基于维度建模理论进行构建，存放维度模型中的维度表，保存一致性维度信息。存储介质为 HBase。

- DWS（Data Warehouse Service）层：服务数据层。以 DWD 层的数据为基础，按统计粒度、业务过程、窗口等进行轻度汇总。存储介质为 ClickHouse，为 ADS 层提供方便的查询功能。
- ADS（Application Data Store）层：实时应用层。面向实际的数据需求，根据不同的数据应用场景来决定开发方式，如编写实时数据接口进行实时数据大屏展示。

4.2.3 数据仓库构建流程

构建数据仓库的完整流程如图 4-4 所示。

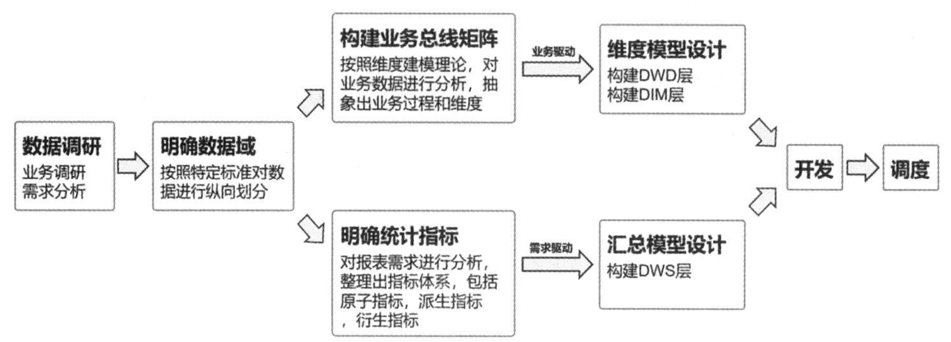

图 4-4 构建完整流程数据仓库

1. 数据调研

数据调研的工作分为两个部分：业务调研和需求分析。这两项工作做得是否充分，直接影响着数据仓库的质量。

（1）业务调研。

业务调研的主要目的是熟悉业务流程和业务数据。

熟悉业务流程要求做到明确每个业务的具体流程，需要将该业务所包含的具体业务过程一一列举出来。

熟悉业务数据要求做到将数据（包括埋点日志和业务数据表）与业务过程对应起来，明确每个业务过程会对哪些表的数据产生影响，以及产生什么影响。产生的影响需要具体到，是新增一条数据，还是修改一条数据，并且需要明确新增的内容或者是修改的逻辑。

以电商的交易业务为例进行演示，交易业务涉及的业务过程有买家下单、买家付款、卖家发货、买家收货等，如图 4-5 所示。

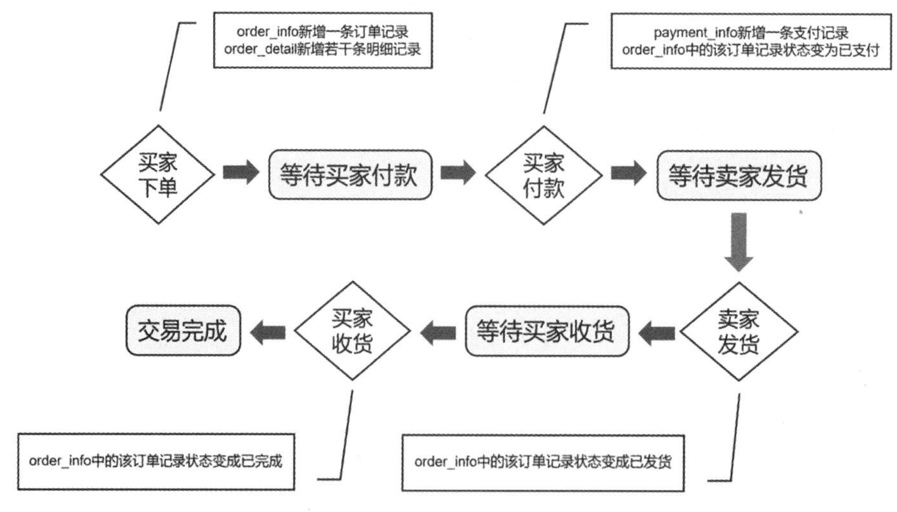

图 4-5 交易业务流程

（2）需求分析。

典型的需求指标，如统计最近一天各省份手机分类订单总额。

分析以上需求时，需要明确需求所需的业务过程及维度，如该需求所需的业务过程就是买家下单，所需的维度有日期，省份，商品分类。

（3）总结。

做完业务分析和需求分析之后，要保证每个需求都能找到与之对应的业务过程及维度。若现有数据无法满足需求，则需要和业务方进行沟通，如某个页面需要新增某个行为的埋点。

2. 明确数据域

数据仓库模型设计，除了横向的分层，通常还需要根据业务情况纵向划分数据域。

划分数据域的意义在于，便于数据的管理和应用。通常可以根据业务过程或者部门进行划分，本项目根据业务过程进行划分，需要注意的是，一个业务过程只能属于一个数据域。

如表 4-11 所示，是本数据仓库项目所需的所有数据域与业务过程划分详情。

表 4-11　数据域与业务过程划分

数 据 域	业 务 过 程
交易域	加购、下单、取消订单、支付成功、退单、退款成功
流量域	页面浏览、启动应用、动作、曝光、错误
用户域	注册、登录
互动域	收藏、评价
工具域	优惠券领取、优惠券使用（下单）、优惠券使用（支付）

3. 构建业务总线矩阵

业务总线矩阵中包含维度模型所需的所有事实（业务过程）和维度，以及各业务过程与各维度的关系。如图 4-6 所示，是一个简单的业务总线矩阵示例。矩阵的行是一个个业务过程，矩阵的列是一个个维度，行列的交点表示业务过程与维度的关系。

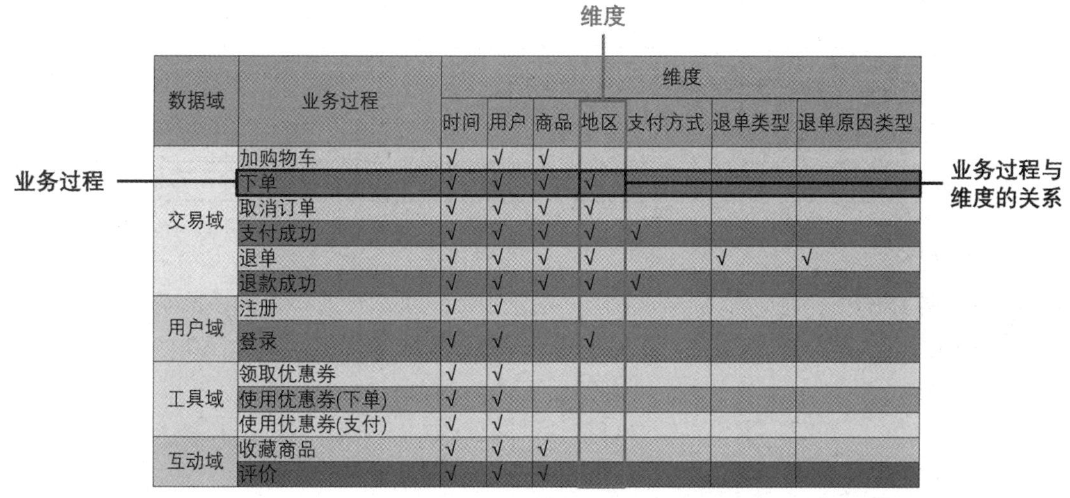

数据域	业务过程	时间	用户	商品	地区	支付方式	退单类型	退单原因类型
交易域	加购物车	√	√	√				
	下单	√	√	√	√			
	取消订单	√	√	√	√			
	支付成功	√	√	√	√	√		
	退单	√	√	√	√		√	√
	退款成功	√	√	√	√	√		
用户域	注册	√	√					
	登录	√	√		√			
工具域	领取优惠券	√	√					
	使用优惠券(下单)	√	√					
	使用优惠券(支付)	√	√					
互动域	收藏商品	√	√	√				
	评价	√	√	√				

图 4-6　业务总线矩阵

一个业务过程对应维度模型中的一张事务事实表，一个维度则对应维度模型中的一张维度表。因此，构建业务总线矩阵的过程就是设计维度模型的过程。

按照事务事实表的设计流程，选择业务过程→声明粒度→确认维度→确认事实，如表 4-12 所示得到最终的业务总线矩阵，后续的 DWD 层与 DIM 层的搭建都需要参考该矩阵。

表 4-12　业务总线矩阵

数据域	业务过程	粒度	维度（主维表）										度量
			用户	商品	地区	活动（具体规则）	优惠券	支付方式	退单类型	退单原因类型	渠道	设备	
交易域	加购物车	一次加购物车的操作	√	√									商品件数
	下单	一个订单中一个商品项	√	√	√	√	√						下单件数/下单原始金额/下单最终金额/活动优惠金额/优惠券优惠金额
	取消订单	一次取消订单操作	√	√	√	√	√						下单件数/下单原始金额/下单最终金额/活动优惠金额/优惠券优惠金额
	支付成功	一个订单中的一个商品项的支付成功操作	√	√	√	√	√	√					支付件数/支付原始金额/支付最终金额/活动优惠金额/优惠券优惠金额
	退单	一次退单操作	√	√	√				√	√			退单件数/退单金额
	退款成功	一次退款成功操作	√	√	√			√					退款件数/退款金额
流量域	页面浏览	一次页面浏览记录	√		√						√	√	浏览时长
	动作	一次动作记录	√	√	√		√				√	√	无事实（次数 1）
	曝光	一次曝光记录	√	√	√	√					√	√	无事实（次数 1）
	启动应用	一次启动记录	√		√						√	√	无事实（次数 1）
	错误	一次错误记录	√	√	√	√	√				√	√	无事实（次数 1）
	页面浏览	一次页面浏览记录	√		√						√	√	独立访客人数
	页面浏览	一次页面浏览记录	√		√						√	√	跳出会话数
用户域	注册	一次注册操作	√										无事实（次数 1）
工具域	领取优惠券	一次优惠券领取操作	√				√						无事实（次数 1）
	使用优惠券（下单）	一次优惠券使用（下单）操作	√				√						无事实（次数 1）
	使用优惠券（支付）	一次优惠券使用（支付）操作	√				√						无事实（次数 1）
互动域	收藏商品	一次收藏商品操作	√	√									无事实（次数 1）
	评价	一次取消收藏商品操作	√	√									无事实（次数 1）

4. 明确统计指标

明确统计指标具体的工作是，深入分析需求，构建指标体系。构建指标体系的主要意义就是指标定义标准化。所有指标的定义都必须遵循同一套标准，这样能有效地避免指标定义存在歧义，指标定义重复等问题。

指标体系的相关概念在 4.2.1 节中已经有过解释，此处我们做更进一步的讲解。

（1）原子指标。

原子指标基于某一业务过程的度量值，是业务定义中不可再拆解的指标，原子指标的核心功能就是对指标的聚合逻辑进行定义。我们可以得出结论，原子指标包含三要素，分别是业务过程、度量值和聚合逻辑。

订单总额就是一个典型的原子指标，其中的业务过程为用户下单，度量值为订单金额，聚合逻辑为 sum()求和。需要注意的是，原子指标只是用来辅助定义指标的一个概念，通常不会有实际统计需求与之对应。

（2）派生指标。

派生指标基于原子指标，其与原子指标的关系如图 4-7 所示。派生指标就是在原子指标的基础上增加修饰限定，如统计周期限定、业务限定、统计粒度限定等。如图 4-7 所示，在订单总额这个原子指标上增加日期限定（窗口时间）、业务限定（手机品类）、粒度限定（省份），就获得了一个派生指标：各窗口各省份手机品类的订单总额。

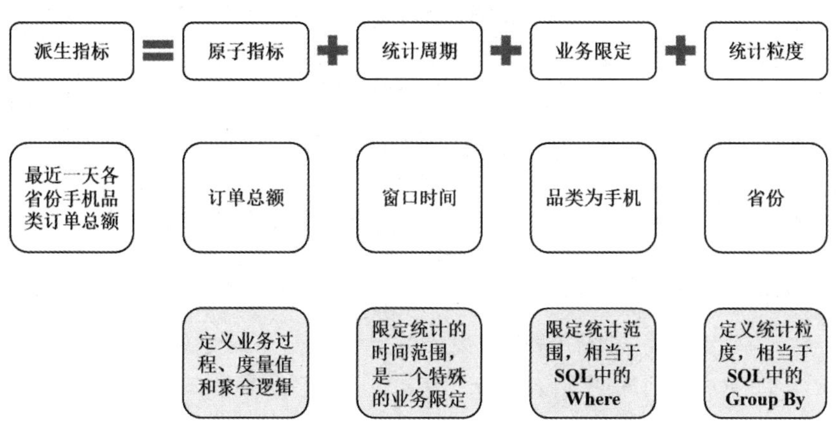

图 4-7　派生指标与原子指标的关系

与原子指标不同，派生指标通常会对应实际的统计需求。

（3）衍生指标。

衍生指标是在一个或多个派生指标的基础上，通过各种逻辑运算复合而成的。例如比率、比例等类型的指标。衍生指标也会对应实际的统计需求。如图 4-8 所示，有两个派生指标，分别是各窗口各版本各渠道各地区各类别开启会话数和各窗口各版本各渠道各地区各类别页面停留时长，通过这两个派生指标之间的逻辑运算，可以得到衍生指标当日各渠道各会话平均停留时长。

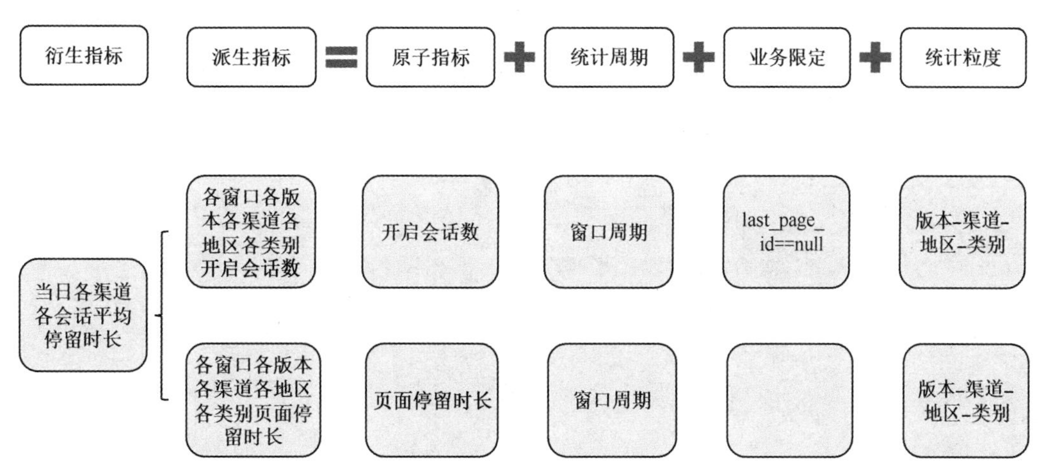

图 4-8　基于派生指标得到衍生指标

通过上述两个具体的案例可以看出，绝大多数的统计需求都可以使用原子指标、派生指标以及衍生指标这套标准来定义。根据以上指标体系，对本数据仓库的需求进行分析，可以发现这些统计需求都直接或间接地对应一个或者是多个派生指标。当统计需求足够多时，必然会出现部分统计需求对应的派生指标相同的情况。这种情况下，我们就可以考虑将这些公共的派生指标保存下来，这样做的主要目的就是减少重复计算，提高数据的复用性。

这些公共的派生指标统一保存在数据仓库的 DWS 层。因此，DWS 层的设计就可以参考我们根据现有的统计需求整理出的派生指标。

针对本项目的具体指标分析将在第 9 章展开。

5. 维度模型设计

维度模型的设计，参照上文中得到的业务总线矩阵即可。事实表存储在 DWD 层，维度表存储在 DIM 层。

6. 汇总模型设计

汇总模型的设计参考上述整理出的指标体系（主要是派生指标）即可。汇总表与派生指标的对应关系是一张汇总表通常包含业务过程相同、统计周期相同、统计粒度相同的多个派生指标。请思考：汇总表与事实表的对应关系是什么？一张事实表可能会产生多张汇总表，但是一张汇总表只能来源于一张事实表。

4.3 本章总结

本章是整个实时数据仓库的理论基础，概述了数据仓库的基本建模理论。实时数据仓库的建模理论实际上是从离线数据仓库的建模理论发展而来的。离线数据仓库的发展较实时数据仓库更早，所以理论发展更为完善。时至今日，离线数据仓库的建模理论已经发展成为一套庞大的理论体系，可以指导超大规模的离线数据仓库的建设，大大提高了开发效率并提高数据组织性，为业务决策提供强大的支持。容易想到的是，实时数据仓库是否也可以借鉴离线数据仓库的整套理论呢？答案是可行的。众多的互联网企业发现参考离线数据仓库的理论模型后，可以大大优化实时计算的整体架构，提高数据应用效率。读者学习本章后，对后续代码开发也是很有益处的。

第5章

构建 ODS 层之用户行为数据采集

经过第 4 章数据仓库建模理论的讲解，我们已经知道根据数据仓库建模理论构建数据仓库的重要性，并且完成了本项目的分层规划，了解了 ODS 层中将要存储的是原始数据，主要包括用户行为数据和业务数据。在本章中，我们将带领读者完成 ODS 层的用户行为数据采集工作，了解用户行为数据是如何生成的、数据格式是什么样的、采用什么工具采集数据。在本章的最后，还会测试整个数据采集流程，以确保可以准确地采集到数据。

5.1 日志生成

本项目是独立进行数据处理的，要分析计算的日志数据需要自行模拟生成，所以本节主要解决的是日志生成的问题。

5.1.1 数据埋点

用户行为日志的内容主要包括用户的各项行为信息，以及行为所处的环境信息。收集这些信息的主要目的是优化产品及为各项分析统计指标提供数据支撑。通常以埋点的方式收集这些信息。

目前主流的埋点方式有代码埋点（前端或后端）、可视化埋点、全埋点。

代码埋点通过调用埋点 SDK 函数，在需要埋点的业务逻辑功能位置调用接口，上报埋点数据。例如，我们对页面中的某个按钮埋点后，当这个按钮被单击时，可以在这个按钮对应的 OnClick()函数中调用 SDK 函数提供的数据发送接口来发送数据。

可视化埋点只需要研发人员集成采集 SDK 函数，不需要写埋点代码。业务人员可以通过访问分析平台的圈选功能，圈出需要对用户行为进行捕捉的控件，并对该事件命名。圈选完毕后，这些配置会同步到各个用户的终端上，由采集 SDK 函数按照圈选的配置自动进行用户行为数据的采集和发送。

全埋点通过在产品中嵌入采集 SDK 函数，前端自动采集页面上的全部用户行为事件，并上报埋点数据，相当于做了一个统一的埋点，然后通过页面配置需要在系统中分析的数据。

埋点数据上报时机包括两种方式。

方式一，在离开该页面时，上传在这个页面上发生的所有事情（页面、事件、曝光、错误等）。这种方式的优点是，采用批处理方式，减少了服务器接收数据的压力。其缺点是不是特别及时。

方式二，每个事件、动作、错误等产生后立即发送。这种方式的优点是，响应及时。其缺点是，服务器接收数据的压力比较大。

本项目按照方式一进行埋点。

5.1.2 目标数据

日志大致可分为两类：一是页面埋点日志；二是启动日志。

（1）页面埋点日志以页面浏览行为为单位，即一次页面浏览行为会生成一条页面埋点日志。一条完整的页面埋点日志包含一个页面浏览记录、用户在该页面所做的若干个动作记录、若干个该页面的曝光记录，以及一个在该页面发生的报错记录。除了上述行为信息，页面埋点日志还包含这些行为所处的各种环境信息，即用户信息、时间信息、地理位置信息、设备信息、应用信息、渠道信息等。

```
{
  "common": {                          -- 公共信息
    "ar": "230000",                    -- 地区编码
    "ba": "iPhone",                    -- 手机品牌
    "ch": "Appstore",                  -- 渠道
    "is_new": "1",                     -- 是否是首日使用，首次使用的当日，该字段值为 1，过了 24:00，该字
                                          段值置为 0
    "md": "iPhone 8",                  -- 手机型号
    "mid": "YXfhjAYH6As2z9Iq",         -- 设备 id
    "os": "iOS 13.2.9",                -- 操作系统
    "uid": "485",                      -- 会员 id
    "vc": "v2.1.134"                   -- App 版本号
  },
  "actions": [                         -- 动作信息（事件）
    {
      "action_id": "favor_add",        -- 动作类型 id
      "item": "3",                     -- 动作目标 id
      "item_type": "sku_id",           -- 动作目标类型
      "ts": 1585744376605              -- 动作时间戳
    }
  ],
  "displays": [                        -- 曝光信息（页面显示）
    {
      "displayType": "query",          -- 曝光类型
      "item": "3",                     -- 曝光对象 id
      "item_type": "sku_id",           -- 曝光对象类型
      "order": 1,                      -- 曝光顺序
      "pos_id": 2                      -- 曝光位置
    },
    {
      "displayType": "promotion",
      "item": "6",
      "item_type": "sku_id",
      "order": 2,
      "pos_id": 1
    },
    {
      "displayType": "promotion",
      "item": "9",
      "item_type": "sku_id",
      "order": 3,
      "pos_id": 3
```

```
    },
    {
      "displayType": "recommend",
      "item": "6",
      "item_type": "sku_id",
      "order": 4,
      "pos_id": 2
    },
    {
      "displayType": "query ",
      "item": "6",
      "item_type": "sku_id",
      "order": 5,
      "pos_id": 1
    }
  ],
  "page": {                            -- 页面信息
    "during_time": 7648,               -- 停留时间（毫秒）
    "item": "3",                       -- 页面对象 id
    "item_type": "sku_id",             -- 页面对象类型
    "last_page_id": "login",           -- 上页页面类型 id
    "page_id": "good_detail",          -- 页面类型 id
    "sourceType": "promotion"          -- 页面来源类型
  },
  "err":{                              -- 错误信息
    "error_code": "1234",              -- 错误编码
    "msg": "***********"               -- 错误信息
},
  "ts": 1585744374423                  -- 跳入时间戳
}
```

（2）启动日志以启动行为为单位，即一次启动行为生成一条启动日志。一条完整的启动日志包括一个启动记录、一个本次启动时的报错记录，以及启动时所处的环境信息（包括用户信息、时间信息、地理位置信息、设备信息、应用信息、渠道信息等）。

```
{
  "common": {
    "ar": "370000",
    "ba": "Honor",
    "ch": "wandoujia",
    "is_new": "1",
    "md": "Honor 20s",
    "mid": "eQF5boERMJFOujcp",
    "os": "Android 11.0",
    "uid": "76",
    "vc": "v2.1.134"
  },
  "start": {
    "entry": "icon",                   --启动入口
    "loading_time": 18803,             --启动加载时间
    "open_ad_id": 7,                   --开屏广告 id
    "open_ad_ms": 3449,                --广告播放时间
    "open_ad_skip_ms": 1989            --用户跳过广告时间
```

```
  },
"err":{                                    --错误
"error_code": "1234",                      --错误编码
"msg": "***********"                       --错误信息
},
  "ts": 1585744304000
}
```

通过以上两个日志数据，我们可以看到，除了 common（公共信息），一条页面埋点日志通常包含 actions（动作信息）、displays（曝光信息）、page（页面信息）和 err（错误信息）；一条启动日志包含 start（启动信息）和 err（错误信息）。

页面信息中的字段如表 5-1 所示。

表 5-1　页面信息中的字段

字段名称	字段描述	字段值
page_id	页面类型 id	home("首页"), category("分类页"), discovery("发现页"), top_n("热门排行"), favor("收藏页"), search("搜索页"), good_list("商品列表页"), good_detail("商品详情页"), good_spec("商品规格"), comment("评价"), comment_done("评价完成"), comment_list("评价列表"), cart("购物车"), trade("下单结算"), payment("支付页面"), payment_done("支付完成"), orders_all("全部订单"), orders_unpaid("订单待支付"), orders_undelivered("订单待发货"), orders_unreceipted("订单待收货"), orders_wait_comment("订单待评价"), mine("我的"), activity("活动"), login("登录"), register("注册")
last_page_id	上页页面类型 id	同 page_id
item_type	页面对象类型	sku_id("商品 skuId"), keyword("搜索关键词"), sku_ids("多个商品 skuId"), activity_id("活动 id"), coupon_id("优惠券 id")
item	页面对象 id	页面对象 id 值

续表

字段名称	字段描述	字段值
sourceType	页面来源类型	promotion("商品推广"), recommend("算法推荐商品"), query("查询结果商品"), activity("促销活动")
during_time	停留时间（毫秒）	停留时间，以毫秒为单位

动作信息中的字段如表 5-2 所示。

表 5-2　动作信息中的字段

字段名称	字段描述	字段值
action_id	动作类型 id	favor_add("收藏"), favor_cancel("取消收藏"), cart_add("添加购物车"), cart_remove("删除购物车"), cart_add_num("增加购物车商品数量"), cart_minus_num("减少购物车商品数量"), trade_add_address("增加收货地址"), get_coupon("领取优惠券")
item_type	动作目标类型	sku_id("商品"), coupon_id("优惠券 id")
item	动作目标 id	动作目标 id 值
ts	动作时间戳	动作时间戳

曝光信息中的字段如表 5-3 所示。

表 5-3　曝光信息中的字段

字段名称	字段描述	字段值
displayType	曝光类型	promotion("商品推广"), recommend("算法推荐商品"), query("查询结果商品"), activity("促销活动");
item_type	曝光对象类型	sku_id("商品 skuId"), activity_id("活动 id")
item	曝光对象 id	曝光对象 id 值
order	曝光顺序	曝光顺序编号
pos_id	曝光位置	曝光位置编号

启动信息中的字段如表 5-4 所示。

表 5-4　启动信息中的字段

字段名称	字段描述	字段值
entry	启动入口	icon("图标"), notification("通知"), install("安装后启动")
loading_time	启动加载时间	启动加载时间，以毫秒为单位

续表

字 段 名 称	字 段 描 述	字 段 值
open_ad_id	开屏广告 id	开屏广告 id 值
open_ad_ms	广告播放时间	广告播放时间，以毫秒为单位
open_ad_skip_ms	用户跳过广告时间	用户跳过广告时间，以毫秒为单位

错误信息中的字段如表 5-5 所示。

表 5-5　错误信息中的字段

字 段 名 称	字 段 描 述	字 段 值
error_code	错误编码	错误编码值
msg	错误信息	具体报错信息

5.1.3　数据模拟

本项目需要读者模仿前端日志数据落盘过程自行生成模拟日志数据，读者可以在“尚硅谷教育”公众号获取的项目资料中获取这部分代码，可同时获取完整 jar 包。通过后续的日志生成操作，可以在虚拟机的/opt/module/applog/log 目录下生成每天的日志数据。

1. 模拟日志生成

（1）将 application.yml、gmall2023-mock-log-2023-01-10.jar、logback.xml、path.json 上传到 hadoop102 的/opt/module/applog 目录下，并将/opt/module/applog 目录分发给 hadoop103 和 hadoop104 节点服务器。

```
[atguigu@hadoop102 module]$ mkdir applog
[atguigu@hadoop102 applog]$ ls
application.yml  gmall2023-mock-log-2023-01-10.jar  logback.xml  path.json
[atguigu@hadoop102 module]$ xsync applog
```

（2）修改 application.yml 配置文件，通过修改该配置文件中的 mock.date 参数，可以得到不同日期的日志数据，读者也可以根据注释并按照个人要求修改其余参数。

```
[atguigu@hadoop102 applog]$ vim application.yml

# 打开外部配置
logging.config: "./logback.xml"
#业务日期
mock.date: "2023-01-10"

#模拟数据发送模式
mock.type: "log"

##启动次数
mock.startup.count: 200
#设备最大值
mock.max.mid: 500000
#会员最大值
mock.max.uid: 100
#商品最大值
mock.max.sku-id: 35
#页面平均访问时间
```

```
mock.page.during-time-ms: 20000
#错误概率 百分比
mock.error.rate: 3
#每条日志发送延迟 ms
mock.log.sleep: 10
#商品详情来源  用户查询，商品推广，智能推荐，促销活动
mock.detail.source-type-rate: "40:25:15:20"
#领取购物券概率
mock.if_get_coupon_rate: 75
#购物券最大 id
mock.max.coupon-id: 3
#搜索关键词
mock.search.keyword: "图书,小米,iphone11,电视,口红,ps5,苹果手机,小米盒子"
```

（3）修改 path.json 配置文件，通过修改该配置文件，可以灵活地配置用户单击路径。

```
[atguigu@hadoop102 applog]$ vim path.json
[
{"path":["home","good_list","good_detail","cart","trade","payment"],"rate":20 },
 {"path":["home","search","good_list","good_detail","login","good_detail","cart",
     "trade","payment"],"rate":30 },

{"path":["home","search","good_list","good_detail","login","register","good_detail",
     "cart","trade","payment"],"rate":20 },
 {"path":["home","mine","orders_unpaid","trade","payment"],"rate":10 },
 {"path":["home","mine","orders_unpaid","good_detail","good_spec","comment","trade",
     "payment"],"rate":5 },
 {"path":["home","mine","orders_unpaid","good_detail","good_spec","comment","home"],
     "rate":5 },
 {"path":["home","good_detail"],"rate":20 },
 {"path":["home"  ],"rate":10 }
]
```

（4）修改 logback.xml 配置文件，通过修改该配置文件可以配置日志生成路径，修改内容如下。

```
<?xml version="1.0" encoding="UTF-8"?>
<configuration>
    <property name="LOG_HOME" value="/opt/module/applog/log" />
    <appender name="console" class="ch.qos.logback.core.ConsoleAppender">
        <encoder>
            <pattern>%msg%n</pattern>
        </encoder>
    </appender>

    <appender name="rollingFile" class="ch.qos.logback.core.rolling.RollingFileAppender">
        <rollingPolicy class="ch.qos.logback.core.rolling.TimeBasedRollingPolicy">
            <fileNamePattern>${LOG_HOME}/app.%d{yyyy-MM-dd}.log</fileNamePattern>
        </rollingPolicy>
        <encoder>
            <pattern>%msg%n</pattern>
        </encoder>
    </appender>

    <!-- 单独打印某一个包下的日志 -->
    <logger name="com.atgugu.gmall2023.mock.log.util.LogUtil"
```

```
        level="INFO" additivity="false">
        <appender-ref ref="rollingFile" />
        <appender-ref ref="console" />
    </logger>

    <root level="error"  >
        <appender-ref ref="console" />
    </root>
</configuration>
```

（5）修改完配置文件后，将配置文件分发给 hadoop103 和 hadoop104 节点服务器。

```
[atguigu@hadoop102 applog]$ xsync application.yml
[atguigu@hadoop102 applog]$ xsync path.json
[atguigu@hadoop102 applog]$ xsync logback.xml
```

（6）在/opt/module/applog 目录下执行日志生成命令。

```
[atguigu@hadoop102 applog]$ java -jar gmall2023-mock-log-2023-01-10.jar
```

（7）在/opt/module/applog/log 目录下查看生成的日志。

```
[atguigu@hadoop102 log]$ ll
总用量 612
-rw-rw-r-- 1 atguigu atguigu 624881 01月 10 23:12 app.log
```

2. 集群日志生成启动脚本

将日志生成的命令封装成脚本，可以方便用户调用执行，具体操作步骤如下。

（1）在/home/atguigu/bin 目录下创建脚本 lg.sh。

```
[atguigu@hadoop102 bin]$ vim lg.sh
```

（2）脚本思路：通过变量 i 在 hadoop102 和 hadoop103 节点服务器间遍历，分别通过 ssh 命令进入这两台节点服务器，执行 java 命令，运行日志生成 jar 包，在两台节点服务器上分别生成模拟日志文件。

在脚本中编写如下内容。

```
#! /bin/bash

for i in hadoop102 hadoop103
do
    echo "========== $i =========="
    ssh $i "cd /opt/module/applog/; java -jar gmall2023-mock-log-2023-01-10.jar >/dev/null 2>&1
&"
done
```

（3）增加脚本执行权限。

```
[atguigu@hadoop102 bin]$ chmod u+x lg.sh
```

（4）测试执行 lg.sh 脚本。

```
[atguigu@hadoop102 module]$ lg.sh
```

（5）分别在 hadoop102 和 hadoop103 节点服务器的/opt/module/applog/log 目录下查看生成的数据，判断脚本是否生效。

```
[atguigu@hadoop102 log]$ ls
app.log
[atguigu@hadoop103 log]$ ls
app.log
```

注意：当日生成的文件名称是 app.log，当文件生成日期与当前日期不同时会将当前日志文件名称修改为 app.生成日期.log，如 app.2023-01-10.log，并创建新的 app.log 文件。

5.2　采集日志的 Flume

在 5.1 节中，我们成功模拟了用户行为日志，并将日志数据存储到 hadoop102 和 hadoop103 节点服务器的/opt/module/applog/log 路径下，本节需要做的工作就是将日志数据采集到 Kafka 中。如图 5-1 所示，采集日志层 Flume 需要完成的任务为将日志从落盘文件中采集出来，传递给消息队列 Kafka，这期间要保证数据不丢失，并且程序出现故障导致死机后可以快速重启。

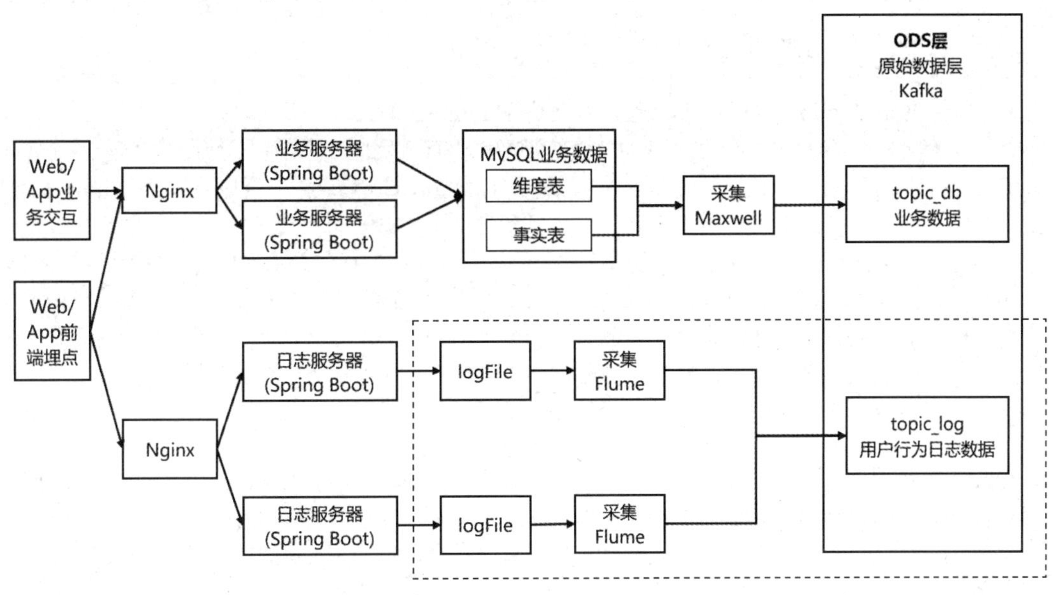

图 5-1　采集日志层 Flume 的流向

5.2.1　Flume 组件

Flume 整体上是 Source-Channel-Sink 的三层架构，其中，Source 层用于完成对日志的收集，将日志封装成 event 传入 Channel 层中；Channel 层主要提供队列的功能，为 Source 层中传入的数据提供简单的缓存功能；Sink 层用于取出 Channel 层中的数据，将数据送入存储文件系统中，或者对接其他的 Source 层。

Flume 以 Agent 为最小独立运行单位，一个 Agent 就是一个 JVM，单个 Agent 由 Source、Sink 和 Channel 三大组件构成。

Flume 将数据表示为 event（事件），event 由一字节数组的主体 body 和一个 Key-Value 结构的报头 header 构成。其中，主体 body 中封装了 Flume 传送的数据，报头 header 中容纳的 Key-Value 信息则为了给数据增加标识，用于跟踪发送事件的优先级，用户可通过拦截器（Interceptor）进行修改。

Flume 的数据流由 event 贯穿始终，这些 event 由 Agent 外部的 Source 生成，Source 捕获事件后会进行特定的格式化，然后 Source 会把事件推入 Channel 中，Channel 中的 event 会由 Sink 来拉取，Sink 拉取 event 后可以将 event 持久化或者推向另一个 Source。

此外，Flume 还有一些使其应用更加灵活的组件：拦截器（Interceptor）、Channel 选择器（Selector）、Sink 组和 Sink 处理器。其功能如下。

- 拦截器可以部署在 Source 和 Channel 之间，用于对事件进行预处理或者过滤，Flume 内置了很多类型的拦截器，用户也可以自定义拦截器。
- Channel 选择器可以决定 Source 接收的一个特定事件写入哪些 Channel 组件中。
- Sink 组和 Sink 处理器可以帮助用户实现负载均衡和故障转移。

5.2.2 Flume 安装

在进行采集日志层的 Flume Agent 配置之前，我们首先需要安装 Flume。Flume 需要安装部署到每台节点服务器上，具体安装步骤如下。

（1）将 apache-flume-1.9.0-bin.tar.gz 上传到 Linux 的/opt/software 目录下。

（2）将 apache-flume-1.9.0-bin.tar.gz 解压缩到/opt/module/目录下。

```
[atguigu@hadoop102 software]$ tar -zxvf apache-flume-1.9.0-bin.tar.gz -C /opt/module/
```

（3）修改 apache-flume-1.9.0-bin 的名称为 flume。

```
[atguigu@hadoop102 module]$ mv apache-flume-1.9.0-bin flume
```

（4）将 lib 文件夹下的 guava-11.0.2.jar 删除以兼容 Hadoop 3.1.3。

```
[atguigu@hadoop102 module]$ rm /opt/module/flume/lib/guava-11.0.2.jar
```

节点服务器在删除 guava-11.0.2.jar 前，一定要配置 Hadoop 环境变量，否则在运行 Flume 程序时会报如下异常。

```
Caused by: java.lang.ClassNotFoundException:com.google.common.collect.Lists
        at java.net.URLClassLoader.findClass(URLClassLoader.java:382)
        at java.lang.ClassLoader.loadClass(ClassLoader.java:424)
        at sun.misc.Launcher$AppClassLoader.loadClass(Launcher.java:349)
        at java.lang.ClassLoader.loadClass(ClassLoader.java:357)
        ... 1 more
```

（5）将 flume/conf 目录下的 flume-env.sh.template 文件的名称修改为 flume-env.sh，并配置 flume-env.sh 文件，在该文件中增加 JAVA_HOME 路径，如下所示。

```
[atguigu@hadoop102 conf]$ mv flume-env.sh.template flume-env.sh
[atguigu@hadoop102 conf]$ vim flume-env.sh
export JAVA_HOME=/opt/module/jdk1.8.0_144
```

（6）将配置好的 Flume 分发到集群中其他节点服务器上。

```
[atguigu@hadoop102 module]$ xsync flume/
```

5.2.3 采集日志 Flume 配置

1. Flume 配置分析

针对本项目，在编写 Flume Agent 配置文件之前，首先需要进行组件选型。

（1）Source。本项目主要从一个实时写入数据的文件夹中读取数据，Source 可以选择 Spooling Directory Source、Exec Source 和 Taildir Source。Taildir Source 相比 Exec Source、Spooling Directory Source 具有很多优势。Taildir Source 可以实现断点续传、多目录监控。Exec Source 可以实时采集数据，但是在 Flume 不运行或者 Shell 命令出错的情况下，数据将会丢失，从而无法记录数据读取位置，不能实现断点续传。Spooling Directory Source 可以实现目录监控配置，但是不能实时采集数据。

（2）Channel。由于采集日志层 Flume 在读取数据后主要将数据送往 Kafka 消息队列中，因此使用 Kafka Channel 是很好的选择，同时，使用 Kafka Channel 可以不配置 Sink，从而提高效率。

（3）拦截器。本项目中使用拦截器对日志数据进行初步清洗，通过自定义 Flume 拦截器，判断日志数据是否具有完整的 JSON 结构，从而可以清洗一部分脏数据。

完整采集日志的 Flume 配置思路如图 5-2 所示，Flume 直接通过 Taildir Source 监控 hadoop102 和 hadoop103 节点服务器上实时生成的日志文件，使用拦截器对日志进行初步清洗，对 JSON 格式的日志进行合法校验，最后通过 Kafka Channel 将校验通过的日志发向 Kafka 的 topic_log 主题。

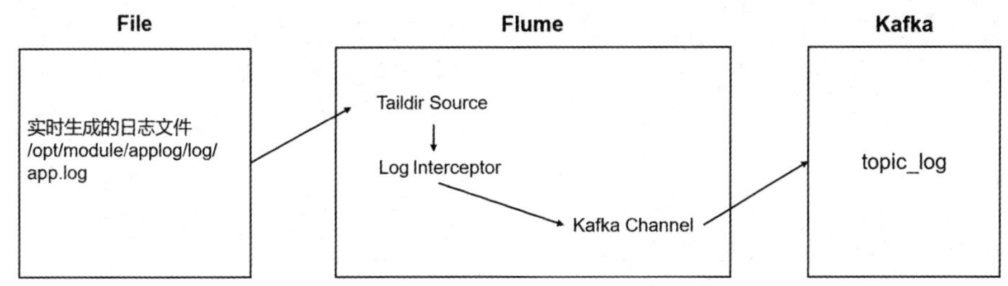

图 5-2　完整采集日志的 Flume 配置思路

2. Flume 的具体配置

在/opt/module/flume/conf 目录下创建 file-flume-kafka.conf 文件。

```
[atguigu@hadoop102 conf]$ vim file-flume-kafka.conf
```

在文件中配置如下内容，加粗的内容是需要特别注意的，其中拦截器的代码在 4.3.4 节中讲解。

```
#为各组件命名
a1.sources = r1
a1.channels = c1

#描述 Source
a1.sources.r1.type = TAILDIR
a1.sources.r1.filegroups = f1
a1.sources.r1.filegroups.f1 = /opt/module/applog/log/app.*
a1.sources.r1.positionFile = /opt/module/flume/taildir_position.json
a1.sources.r1.interceptors =  i1
a1.sources.r1.interceptors.i1.type = com.atguigu.flume.interceptor.log.ETLInterceptor$Builder

#描述 Channel
a1.channels.c1.type = org.apache.flume.channel.kafka.KafkaChannel
a1.channels.c1.kafka.bootstrap.servers = hadoop102:9092,hadoop103:9092
a1.channels.c1.kafka.topic = topic_log
a1.channels.c1.parseAsFlumeEvent = false

#绑定 Source 和 Channel，以及 Sink 和 Channel 的关系
a1.sources.r1.channels = c1
```

注意： com.atguigu.flume.interceptor.log.ETLInterceptor 是笔者自定义的拦截器的全类名。读者需要根据自定义的拦截器进行相应修改。

5.2.4　Flume 的拦截器

本日志采集层 Flume 需要自定义拦截器，通过自定义拦截器过滤 JSON 结构不完整的日志，做到对日志数据的初步清洗。

拦截器的定义步骤如下。

（1）创建 Maven 工程：flume-interceptor。

（2）创建包名：com.atguigu.flume.interceptor.log。

（3）在 pom.xml 文件中添加如下依赖。

```
<dependencies>
    <dependency>
        <groupId>org.apache.flume</groupId>
        <artifactId>flume-ng-core</artifactId>
```

```
            <version>1.9.0</version>
            <scope>provided</scope>
        </dependency>

        <dependency>
            <groupId>com.alibaba</groupId>
            <artifactId>fastjson</artifactId>
            <version>1.2.62</version>
        </dependency>
    </dependencies>

    <build>
        <plugins>
            <plugin>
                <artifactId>maven-compiler-plugin</artifactId>
                <version>2.3.2</version>
                <configuration>
                    <source>1.8</source>
                    <target>1.8</target>
                </configuration>
            </plugin>
            <plugin>
                <artifactId>maven-assembly-plugin</artifactId>
                <configuration>
                    <descriptorRefs>
                        <descriptorRef>jar-with-dependencies</descriptorRef>
                    </descriptorRefs>
                </configuration>
                <executions>
                    <execution>
                        <id>make-assembly</id>
                        <phase>package</phase>
                        <goals>
                            <goal>single</goal>
                        </goals>
                    </execution>
                </executions>
            </plugin>
        </plugins>
    </build>
```

需要注意的是，<scope></scope>中 provided 的含义是在编译时使用该 jar 包，但打包时不用。因为在集群上已经存在 Flume 的 jar 包。

（4）在 com.atguigu.flume.interceptor.log 包中创建 JSONUtils 类名。

```
package com.atguigu.flume.interceptor.log;

import com.alibaba.fastjson.JSON;
import com.alibaba.fastjson.JSONException;

public class JSONUtils {
    public static boolean isJSONValidate(String log){
        try {
```

```
            JSON.parse(log);
            return true;
        }catch (JSONException e){
            return false;
        }
    }
}
```

（5）在 com.atguigu.flume.interceptor.log 包中创建 ETLInterceptor 类。

```
package com.atguigu.flume.interceptor.log;

import com.alibaba.fastjson.JSON;
import org.apache.flume.Context;
import org.apache.flume.Event;
import org.apache.flume.interceptor.Interceptor;

import java.nio.charset.StandardCharsets;
import java.util.Iterator;
import java.util.List;

public class ETLInterceptor implements Interceptor {

    @Override
    public void initialize() {

    }

    @Override
    public Event intercept(Event event) {

        byte[] body = event.getBody();
        String log = new String(body, StandardCharsets.UTF_8);

        if (JSONUtils.isJSONValidate(log)) {
            return event;
        } else {
            return null;
        }
    }

    @Override
    public List<Event> intercept(List<Event> list) {

        Iterator<Event> iterator = list.iterator();

        while (iterator.hasNext()){
            Event next = iterator.next();
            if(intercept(next)==null){
                iterator.remove();
            }
        }
```

```
        return list;
    }

    public static class Builder implements Interceptor.Builder{

        @Override
        public Interceptor build() {
            return new ETLInterceptor();
        }
        @Override
        public void configure(Context context) {

        }

    }

    @Override
    public void close() {

    }
}
```

（6）打包。

拦截器打包完成后，将依赖包上传。拦截器打包完成后，要将其放入 Flume 的 lib 目录下，拦截器压缩包如图 5-3 所示。

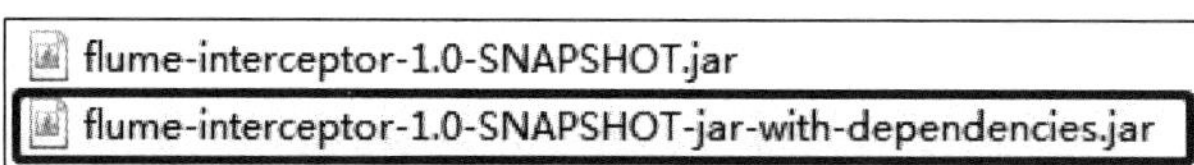

图 5-3　拦截器压缩包

（7）需要先将打好的包放入 hadoop102 节点服务器的/opt/module/flume/lib 目录下。

```
[atguigu@hadoop102 lib]$ ls | grep interceptor
flume-interceptor-1.0-SNAPSHOT-jar-with-dependencies.jar
```

（8）将 Flume 分发到 hadoop103 和 hadoop104 节点服务器。

```
[atguigu@hadoop102 module]$ xsync flume/
```

（9）因为在模拟日志时，lg.sh 脚本在 hadoop102 和 hadoop103 节点服务器上生成了模拟数据，所以分别在 hadoop102 和 hadoop103 两台节点服务器上执行 flume-ng agent 命令，启动上述配置文件，对生成数据进行采集。

在以下命令中，--name 选项用于指定本次命令执行的 Agent 名字，本配置文件中为 a1；--conf-file 选项用于指定 job 配置文件的存储路径；--conf 选项用于指定 Flume 配置文件所在路径。在执行 Flume 采集程序的启动命令之后，由于数据发送的下游目的地 Kafka 还未开启，所以会报错。

```
[atguigu@hadoop102 flume]$ bin/flume-ng agent --name a1 --conf-file conf/file-flume-kafka.conf --conf conf/
```

（10）测试数据是否采集成功。

执行 Kafka 启动脚本，启动 Kafka 集群。

```
[atguigu@hadoop102 module]$ kf.sh start
```

执行以下命令，在 Kafka 中创建对应 topic（如果已经创建，则可以忽略）。

```
[atguigu@hadoop102 kafka]$ bin/kafka-topics.sh --zookeeper hadoop102:2181 /kafka  --create --replication-factor 1 --partitions 1 --topic topic_log
```

启动 Flume 的采集日志程序，采集目标文件夹中生成的日志文件。

```
[atguigu@hadoop102 flume]$ bin/flume-ng agent --name a1 --conf-file conf/file-flume-kafka.conf --conf conf/
```

启动日志生成程序，模拟日志生成。

```
[atguigu@hadoop102 module]$ lg.sh
```

启动 Kafka 的控制台消费者，查看 Flume 将数据发送至 Kafka 的情况。

```
[atguigu@hadoop102 kafka]$ bin/kafka-console-consumer.sh \
--bootstrap-server hadoop102:9092 --from-beginning --topic topic_log
```

若能看到控制台不停地消费日志数据，则表示采集日志层 Flume 配置成功。

5.2.5 采集日志 Flume 启动、停止脚本

同 Kafka 一样，我们将采集日志层 Flume 的启动、停止命令封装成脚本，以方便后续调用执行。

（1）在/home/atguigu/bin 目录下创建脚本 f1.sh。

```
[atguigu@hadoop102 bin]$ vim f1.sh
```

脚本思路：通过匹配输入参数的值，选择是否启动采集程序，启动采集程序后，设置日志不打印，且程序在后台运行。

若停止程序，则通过管道符切割等操作获取程序的编号，并通过 kill 命令停止程序。在脚本中编写如下内容。

```
#! /bin/bash

case $1 in
"start"){
        for i in hadoop102 hadoop103
        do
                echo " --------启动 $i 采集 Flume-------"
                ssh $i "nohup /opt/module/flume/bin/flume-ng agent --conf-file /opt/
                     module/flume/conf/file-flume-kafka.conf --name a1 --conf /opt/
                     module/flume/conf/ -Dflume.root.logger=INFO,console >/opt/module/
                     flume/log1.txt 2>&1  &"
        done
};;
"stop"){
        for i in hadoop102 hadoop103
        do
                echo " --------停止 $i 采集 Flume-------"
                ssh $i "ps -ef | grep file-flume-kafka | grep -v grep |awk  '{print \$2}'
                     | xargs -n1 kill -9 "
        done

};;
esac
```

脚本说明如下。

说明 1：nohup 命令可以在用户退出账户或关闭终端之后继续运行相应的进程。nohup 就是不挂起的意思，即不间断地运行。

说明 2：

①“ps -ef | grep file-flume-kafka”用于获取 Flume 进程，通过查看结果可以发现存在两个进程 id，但

是我们只想获取第一个进程 id 21319。

```
atguigu  21319     1 57 15:14 ?        00:00:03
……
atguigu  21428 11422  0 15:14 pts/1    00:00:00 grep file-flume-kafka
```

② “ps -ef | grep file-flume-kafka | grep -v grep” 用于过滤包含 grep 信息的进程。

```
atguigu  21319     1 57 15:14 ?        00:00:03
……
```

③ “ps -ef | grep file-flume-kafka | grep -v grep |awk '{print \$2}'” 采用 awk，默认用空格分隔后，取第二个字段，获取到 21319 进程 id。

④ “ps -ef | grep file-flume-kafka | grep -v grep |awk '{print \$2}' | xargs kill”，xargs 表示获取前一阶段的运行结果，即 21319，作为下一个命令 kill 的输入参数。实际执行的是 kill 21319。

（2）增加脚本执行权限。

```
[atguigu@hadoop102 bin]$ chmod 777 f1.sh
```

（3）f1 集群启动脚本。

```
[atguigu@hadoop102 module]$ f1.sh start
```

（4）f1 集群停止脚本。

```
[atguigu@hadoop102 module]$ f1.sh stop
```

5.3 本章总结

将用户行为日志从节点服务器的日志文件采集至消息队列 Kafka 之后，ODS 层的用户行为日志数据部分就算建设完成了。数据到达消息队列后，可以采取多种灵活的处理方式，如再对接一层 Flume，将日志存储至分布式存储系统 HDFS 中，即可供离线数据仓库分析使用。通过本章的学习，希望读者可以掌握 Flume 的使用，学会根据使用场景选择不同的 Flume 组件。

第6章

构建 ODS 层之业务数据采集

在第 5 章中，我们对用户行为日志数据进行了实时采集，在实时数据分析中，还有一部分数据的采集与分析十分重要，那就是业务数据。业务数据通常是指各企业在处理业务过程中产生的数据，如用户在电商网站注册、下单和支付等过程产生的数据。业务数据通常存储于 Oracle、MySQL 等关系型数据库中，对业务数据的实时分析一般集中于业务数据的变动情况，所以业务数据的实时采集工作也主要着眼于如何实时地采集变动数据。本章需要完成的业务数据采集流程如图 6-1 中虚线框所示，通过数据采集工具将业务数据采集发送至消息队列 Kafka 的 ODS 层。

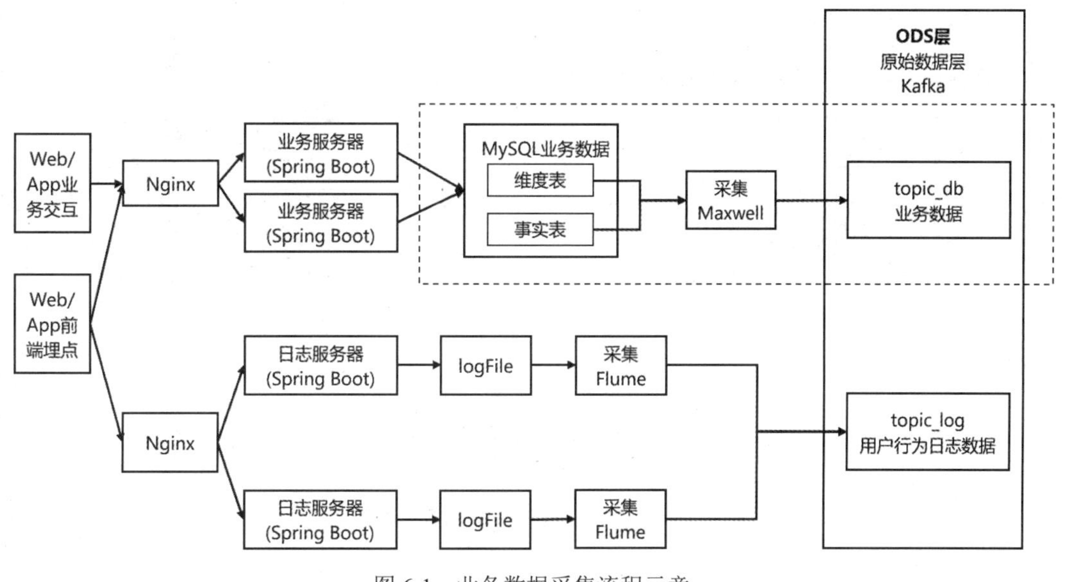

图 6-1　业务数据采集流程示意

6.1　电商业务概述

在进行需求实现之前，先对业务数据仓库的基础理论进行讲解，包含本项目主要涉及的电商相关常识及业务流程、电商业务数据表的结构等。

6.1.1　电商业务流程

如图 6-2 所示，以一个普通用户的浏览足迹为例讲解电商业务流程，用户打开电商网站首页开始浏览，可能通过分类查询，也可能通过全文搜索寻找自己中意的商品，这些商品都存储在后台的管理系统中。

当用户找到自己中意的商品，想要购买时，可能将商品添加到购物车，此时发现需要登录，登录后对商品进行结算，这时购物车的管理和商品订单信息的生成都会对业务数据仓库产生影响，会生成相应的订单数据和支付数据。

订单正式生成后，系统还会对订单进行跟踪处理，直到订单全部完成。

电商的主要业务流程包括用户在前台浏览商品时的商品详情的管理；用户将商品加入购物车进行支付时，用户个人中心和支付服务的管理；用户支付完成后，订单后台服务的管理。这些流程涉及十几张或几十张业务数据表，甚至更多。

数据仓库用于辅助管理者决策，与业务流程息息相关，建设数据模型的首要前提是了解业务流程，只有了解了业务流程才能为数据仓库的建设提供指导方向，从而反过来为业务提供更好的决策数据支撑，让数据仓库的价值实现最大化。

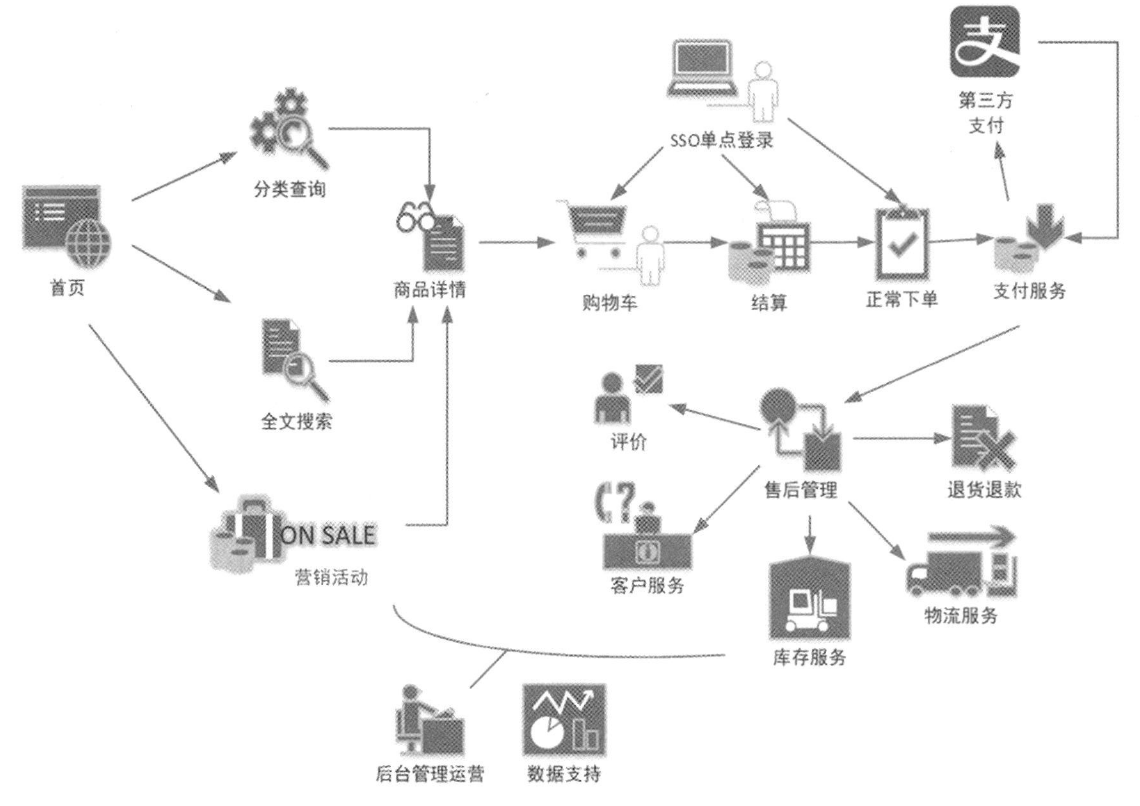

图 6-2　电商业务流程

6.1.2　电商常识

SKU 是 Stock Keeping Unit（存货单位）的简称，现在已经被引申为产品统一编号，每种产品均对应唯一的 SKU。SPU 是 Standard Product Unit（标准产品单位）的简称，是商品信息聚合的最小单位，是一组可复用、易检索的标准化信息集合。通过 SPU 表示一类商品的好处就是该类各型号商品间可以共用商品图片、海报、销售属性等。

例如，iPhone 11 手机就是 SPU。一部白色、128GB 内存的 iPhone 11，就是 SKU。在电商网站的商品详情页中，所有不同类型的 iPhone 11 手机可以共用商品海报和商品图片等信息，避免了数据的冗余。

平台属性是指在对商品进行检索时所选择的属性值，是一类商品的共有属性，如当用户选购手机时，所关注的内存属性、CPU 属性、屏幕尺寸属性等。销售属性是由该商品的卖家管理的，只是这一件商品的属性，如当用户购买一部 iPhone 11 手机时，所选择的外壳颜色、内存大小等属性。

6.1.3 电商表结构

表 6-1～表 6-34 所示为本项目电商业务系统中所有的相关表格。电商表结构对于数据仓库的搭建来说非常重要，在进行数据导入之前，首先要做的就是熟悉电商表结构。

用户可根据如下三步来熟悉电商表结构。

第一步先大概观察所有表格的类型，了解表格大概分为哪几类，以及每张表格里包含哪些数据。通过观察可以发现，所有表格均大体与活动、订单、优惠券、用户，以及包括各类码表等相关。

第二步应认真分析了解每张表格的每一行数据代表的含义，例如，订单表中的一行数据代表的是一条订单信息，用户表中的一行数据代表的是一个用户的信息，评价表中的一行数据代表的是用户对某个商品的一条评价等。

第三步要详细查看每张表格的每个字段的含义及业务逻辑，通过了解每个字段的含义，可以知道每张表格都与哪些表格产生了关联，例如，订单表中出现了 user_id 字段，就可以肯定订单表与用户表有关联。表的业务逻辑是指什么操作会对这张表中的数据进行修改、删除或新增，还以订单表为例，当用户产生下单行为时，会新增一条订单数据，当订单状态发生变化时，订单状态字段就会被修改。

通过以上三步，开发人员可以对所有表了然于胸，对后续数据仓库需求的分析也是大有裨益的。

表 6-1　活动信息表（activity_info）

字 段 名	字 段 说 明
id	活动 id
activity_name	活动名称
activity_type	活动类型（1=满减，2=折扣）
activity_desc	活动描述
start_time	开始时间
end_time	结束时间
create_time	创建时间

表 6-2　活动规则表（activity_rule）

字 段 名	字 段 说 明
id	活动规则 id
activity_id	活动 id
activity_type	活动类型（1=满减，2=折扣）
condition_amount	满减金额，当活动类型为满减时，此字段有值
condition_num	满减件数，当活动类型为折扣时，此字段有值
benefit_amount	优惠金额，当活动类型为满减时，此字段有值
benefit_discount	优惠折扣，当活动类型为折扣时，此字段有值
benefit_level	优惠级别

表 6-3　活动商品关联表（activity_sku）

字 段 名	字 段 说 明
id	编号
activity_id	活动 id
sku_id	商品 id
create_time	创建时间

表 6-4　平台属性表（base_attr_info）

字　段　名	字 段 说 明
id	编号
attr_name	平台属性名称
category_id	分类 id
category_level	分类层级

表 6-5　平台属性值表（base_attr_value）

字　段　名	字 段 说 明
id	编号
value_name	平台属性值名称
attr_id	平台属性 id

表 6-6　一级分类表（base_category1）

字　段　名	字 段 说 明
id	一级分类 id
name	一级分类名称

表 6-7　二级分类表（base_category2）

字　段　名	字 段 说 明
id	二级分类 id
name	二级分类名称
category1_id	一级分类 id

表 6-8　三级分类表（base_category3）

字　段　名	字 段 说 明
id	三级分类 id
name	三级分类名称
category2_id	二级分类 id

表 6-9　编码字典表（base_dic）

字　段　名	字 段 说 明
dic_code	编号
dic_name	编码名称
parent_code	父编号
create_time	创建日期
operate_time	修改日期

表 6-10　省份表（base_province）

字　段　名	字 段 说 明
id	省份 id
name	省份名称
region_id	地区 id
area_code	地区编码
iso_code	旧版 ISO-3166-2 编码，供可视化使用
iso_3166_2	新版 IOS-3166-2 编码，供可视化使用

表 6-11　地区表（base_region）

字 段 名	字 段 说 明
id	地区 id
region_name	地区名称

表 6-12　品牌表（base_trademark）

字 段 名	字 段 说 明
id	品牌 id
tm_name	品牌名称
logo_url	品牌 Logo 的图片路径

表 6-13　购物车表（cart_info）

字 段 名	字 段 说 明
id	编号
user_id	用户 id
sku_id	商品 id
cart_price	放入购物车时的价格
sku_num	加购物车件数
img_url	商品图片地址
sku_name	商品名称（冗余）
is_checked	是否被选中
create_time	加购物车时间
operate_time	修改时间
is_ordered	是否已经下单
order_time	下单时间
source_type	来源类型
source_id	来源类型 id

表 6-14　评价表（comment_info）

字 段 名	字 段 说 明
id	编号
user_id	用户 id
nick_name	用户昵称
head_img	头像
sku_id	商品 id
spu_id	标准产品单位 id
order_id	订单 id
comment	评价（1=好评，2=中评，3=差评）
comment_txt	评价内容
create_time	评价时间
operate_time	修改时间

表 6-15　优惠券信息表（coupon_info）

字 段 名	字 段 说 明
id	编号
coupon_name	优惠券名称

续表

字 段 名	字 段 说 明
coupon_type	优惠券类型（1=现金券，2=折扣券，3=满减券，4=满减打折券）
condition_amount	满减金额，若优惠券类型为满减券，则此字段有值
condition_num	满减件数，若优惠券类型为满减打折券，则此字段有值
activity_id	活动 id
benefit_amount	优惠金额，若优惠券类型为现金券或满减券，则此字段有值
benefit_discount	折扣，若优惠券类型为折扣券或满减打折券，则此字段有值
create_time	创建时间
range_type	范围类型字典码（ 3301=分类券，3302=品牌券，3303=单品券）
limit_num	最多领取次数
taken_count	已领用次数
start_time	领取开始时间
end_time	领取结束时间
operate_time	修改时间
expire_time	过期时间
range_desc	范围描述

表 6-16　优惠券优惠范围表（coupon_range）

字 段 名	字 段 说 明
id	编号
coupon_id	优惠券 id
range_type	范围类型（3301=分类券，3302=品牌券，3303=单品券）
range_id	优惠范围对象 id

表 6-17　优惠券领用表（coupon_use）

字 段 名	字 段 说 明
id	编号
coupon_id	优惠券 id
user_id	用户 id
order_id	订单 id
coupon_status	优惠券状态（1=未使用，2=已使用）
create_time	创建时间
get_time	领取时间
using_time	使用时间
used_time	支付时间
expire_time	过期时间

表 6-18　收藏表（favor_info）

字 段 名	字 段 说 明
id	编号
user_id	用户 id
sku_id	商品 id
spu_id	标准产品单位 id
is_cancel	是否已取消（0=正常，1=已取消）
create_time	收藏时间
cancel_time	取消收藏时间

表 6-19 订单明细表（order_detail）

字 段 名	字 段 说 明
id	编号
order_id	订单 id
sku_id	商品 id
sku_name	商品名称（冗余）
img_url	商品图片地址
order_price	购买价格（下单时的商品价格）
sku_num	购买个数
create_time	创建时间
source_type	来源类型
source_id	来源类型 id
split_total_amount	拆分后商品金额
split_activity_amount	拆分后活动优惠金额
split_coupon_amount	拆分后优惠券优惠金额

表 6-20 订单明细活动关联表（order_detail_activity）

字 段 名	字 段 说 明
id	编号
order_id	订单 id
order_detail_id	订单明细 id
activity_id	活动 id
activity_rule_id	活动规则 id
sku_id	商品 id
create_time	创建时间

表 6-21 订单明细优惠券关联表（order_detail_coupon）

字 段 名	字 段 说 明
id	编号
order_id	订单 id
order_detail_id	订单明细 id
coupon_id	优惠券 id
coupon_use_id	优惠券领用 id
sku_id	商品 id
create_time	创建时间

表 6-22 订单表（order_info）

字 段 名	字 段 说 明
id	编号
consignee	收件人
consignee_tel	收件人电话
total_amount	总金额
order_status	订单状态
user_id	用户 id
payment_way	付款方式
delivery_address	送货地址

续表

字　段　名	字 段 说 明
order_comment	订单备注
out_trade_no	订单交易编号（第三方支付用）
trade_body	订单描述（第三方支付用）
create_time	创建时间
operate_time	修改时间
expire_time	失效时间
process_status	进度状态
tracking_no	物流单编号
parent_order_id	父订单编号
img_url	图片路径
province_id	省份 id
activity_reduce_amount	促销金额
coupon_reduce_amount	优惠券金额
original_total_amount	原价金额
feight_fee	运费
feight_fee_reduce	运费减免
refundable_time	可退款日期（签收后 30 日）

表 6-23　退单表（order_refund_info）

字　段　名	字 段 说 明
id	编号
user_id	用户 id
order_id	订单 id
sku_id	商品 id
refund_type	退款类型
refund_num	退款商品件数
refund_amount	退款金额
refund_reason_type	退款原因类型
refund_reason_txt	退款原因内容
refund_status	退款状态（0=待审批，1=已退款）
create_time	创建时间

表 6-24　订单状态流水表（order_status_log）

字　段　名	字 段 说 明
id	编号
order_id	订单 id
order_status	订单状态
operate_time	修改时间

表 6-25　支付表（payment_info）

字　段　名	字 段 说 明
id	编号
out_trade_no	对外业务编号
order_id	订单 id

续表

字　段　名	字 段 说 明
user_id	用户 id
payment_type	支付类型（微信或支付宝）
trade_no	交易编号
total_amount	支付金额
subject	交易内容
payment_status	支付状态
create_time	创建时间
callback_time	回调时间
callback_content	回调信息

表 6-26　退款表（refund_payment）

字　段　名	字 段 说 明
id	编号
out_trade_no	对外业务编号
order_id	订单 id
sku_id	商品 id
payment_type	支付类型（微信或支付宝）
trade_no	交易编号
total_amount	退款金额
subject	交易内容
refund_status	退款状态
create_time	创建时间
callback_time	回调时间
callback_content	回调信息

表 6-27　SKU 平台属性表（sku_attr_value）

字　段　名	字 段 说 明
id	编号
attr_id	平台属性 id（冗余）
value_id	平台属性值 id
sku_id	商品 id
attr_name	平台属性名称
value_name	平台属性值名称

表 6-28　SKU 信息表（sku_info）

字　段　名	字 段 说 明
id	商品 id
spu_id	标准产品单位 id
price	价格
sku_name	商品名称
sku_desc	商品描述
weight	商品重量
tm_id	品牌 id（冗余）
category3_id	三级分类 id（冗余）

续表

字 段 名	字 段 说 明
sku_default_img	默认显示商品图片（冗余）
is_sale	是否在售（1=是，0=否）
create_time	创建时间

表 6-29　SKU 销售属性值表（sku_sale_attr_value）

字 段 名	字 段 说 明
id	编号
sku_id	商品 id
spu_id	标准产品单位 id（冗余）
sale_attr_value_id	销售属性值 id
sale_attr_id	销售属性 id
sale_attr_name	销售属性名称
sale_attr_value_name	销售属性值名称

表 6-30　SPU 信息表（spu_info）

字 段 名	字 段 说 明
id	标准产品单位 id
spu_name	标准产品单位名称
description	商品描述（后台简述）
category3_id	三级分类 id
tm_id	品牌 id

表 6-31　SPU 销售属性表（spu_sale_attr）

字 段 名	字 段 说 明
id	编号（业务中无关联）
spu_id	标准产品单位 id
sale_attr_id	销售属性 id
sale_attr_name	销售属性名称（冗余）

表 6-32　SPU 销售属性值表（spu_sale_attr_value）

字 段 名	字 段 说 明
id	编号
spu_id	标准产品单位 id
sale_attr_id	销售属性 id
sale_attr_value_name	销售属性值名称
sale_attr_name	销售属性名称（冗余）

表 6-33　用户地址表（user_address）

字 段 名	字 段 说 明
id	编号
user_id	用户 id
province_id	省份 id
user_address	用户地址
consignee	收件人
phone_num	手机号码
is_default	是否是默认

表 6-34　用户表（user_info）

字　段　名	字 段 说 明
id	编号
login_name	用户名称
nick_name	用户昵称
passwd	用户密码
name	用户姓名
phone_num	手机号码
email	邮箱
head_img	头像
user_level	用户级别
birthday	用户生日
gender	性别（M=男，F=女）
create_time	创建时间
operate_time	修改时间
status	状态

图 6-3 和图 6-4 所示为本电商实时数据仓库系统涉及的电商业务数据表关系图。图 6-3 所示为电商业务相关表格关系图。图 6-4 所示为后台管理系统相关表格关系图。前面所述的 34 张表，以订单表、用户表、SKU 信息表、活动规则表和优惠券信息表为中心，延伸出了优惠券领用表、支付表、订单明细表、订单状态流水表、评价表、编码字典表、退款表等。用户表提供用户的详细信息，支付表提供订单的支付详情，订单详情表提供订单的商品数量等信息，SKU 信息表为订单详情表提供商品的详细信息。

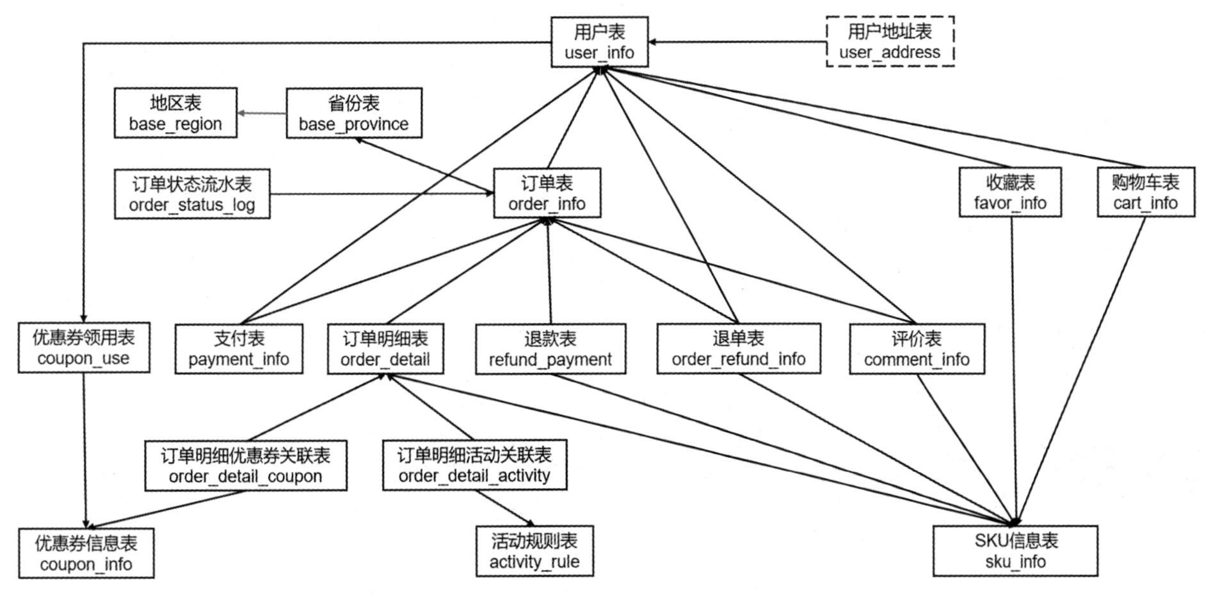

图 6-3　电商业务相关表格关系图

如果只通过图片了解表格之间的关系，熟悉起来会比较困难。建议读者以业务线为主要思路来进行梳理，每条业务线都会涉及一张本业务的主表，如下所示。

- 评价业务涉及的表有评价表。
- 收藏业务涉及的表有收藏表、用户表、SKU 信息表。
- 加购物车业务涉及的表有购物车表、用户表和 SKU 信息表。
- 领用优惠券业务涉及的表有优惠券领用表、用户表、优惠券信息表。

- 下单业务属于比较复杂的业务，涉及的表也比较多，有订单表、用户表、省份表、地区表、订单状态流水表、订单明细表、订单明细优惠券关联表、订单明细活动关联表、优惠券信息表、活动规则表。
- 支付业务涉及的表有支付表、订单表、用户表。
- 退单业务涉及的表有退单表、订单表、用户表、SKU 信息表。
- 退款业务涉及的表有退款表、用户表、订单表、SKU 信息表。
- 评价业务涉及的表有评价表、用户表、订单表、SKU 信息表。

如图 6-4 所示，后台管理系统涉及的表格主要分为三部分，分别是商品部分、活动部分和优惠券部分。商品部分以 SKU 信息表为中心，活动部分以活动商品关联表为中心，优惠券部分以优惠券优惠范围表为中心。

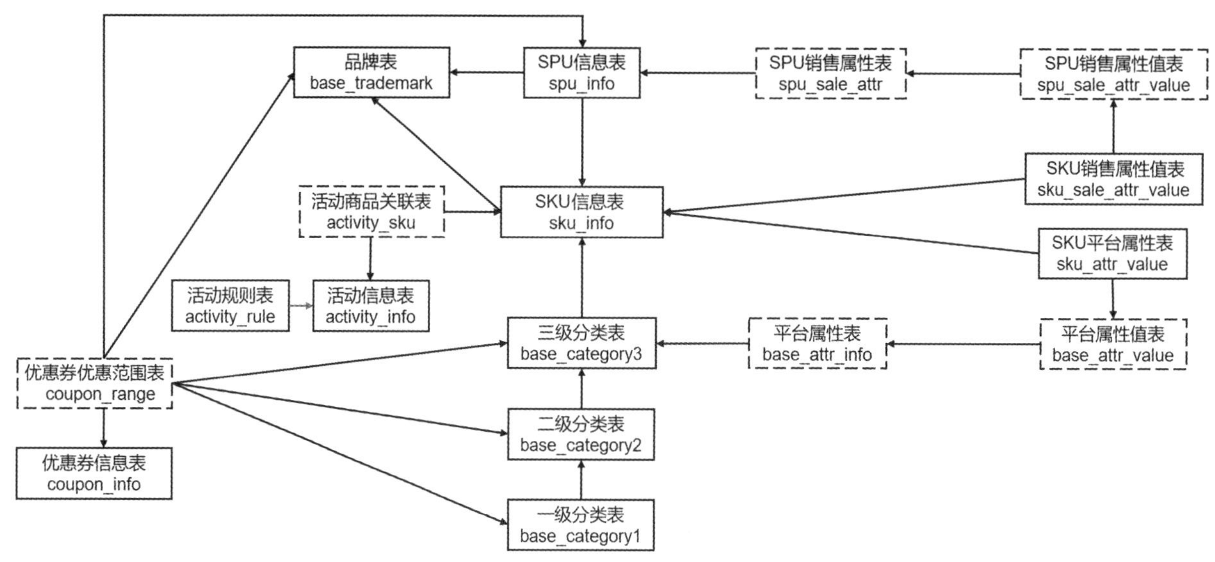

图 6-4　后台管理系统相关表格关系图

注意： 如图 6-3 和图 6-4 所示，虚线边框的表无须同步至数据仓库中。在实际开发环境中，开发人员会根据统计指标来选择需要同步的业务数据表。

6.2　数据同步概述

6.2.1　数据同步策略

数据同步是指将数据从业务数据库或日志服务器同步到大数据存储系统的操作。

对于日志数据，通过 Flume 采集到 Kafka，上文已有提及，不再赘述，此处仅对业务数据的同步策略进行分析。

对于业务数据，与离线数据仓库有所差别，实时数据仓库的 ODS 层位于 Kafka，这就要求 Kafka 中保存数据仓库上线后所有的数据。Kafka 作为消息队列，通常作为数据通道使用，不适合全量同步，因此，对业务数据库进行增量采集，将所有变更操作同步到 Kafka。此外，实时数据仓库注重时效性，通常并不会考虑历史事实数据，因此与事实相关的业务表仅进行增量同步即可。而在统计时可能会用到历史维度数据，因此需要一份历史维度信息，所以与维度相关的业务表需要进行首日全量同步。

6.2.2 数据同步工具选择

讲解过数据同步策略之后，我们应该了解到，在实时数据仓库中，需要用到增量采集技术，还要对维度相关的业务表进行首日全量同步。

CDC，全称 Change Data Capture（改变数据捕获），是一个比较广义的概念。只要能对数据库变动数据进行捕获的应用都称为CDC。业界主要的CDC技术分为两种，分别是基于查询的CDC和基于日志的CDC，如表 6-35 所示为两种 CDC 技术的不同之处。

表 6-35 两种 CDC 技术对比

	基于查询的 CDC	基于日志的 CDC
概念	每次捕获变更需要发起 select 查询，进行全表扫描，过滤出查询之间变更的数据	读取数据存储系统的 log 日志，进行持续监控，如 MySQL 里的 binlog 日志
开源产品	Sqoop、Kafka JDBC Source	Canal、Maxwell、Debezium
执行模式	Batch	Streaming
捕获所有数据变化	×	√
低时延、不增加数据库负载	×	√
不侵入业务（lastupdated 字段）	×	√
捕获删除事件和旧记录的状态	×	√
捕获旧记录的状态	×	√

从表 6-35 中我们看出，要想持续实时高效地采集 MySQL 中的数据变化，并形成数据流进行数据计算，基于日志的 CDC 是不二选择。

业界基于日志的 CDC 技术主要有三种：Canal、Maxwell 和 Debezium。这三种 CDC 技术的工作原理基本相同，都是对 MySQL 的 binlog 日志进行实时监控，以获取数据变动情况，三种 CDC 技术性能也不相上下。但是本项目将选用 Maxwell 作为主要的业务数据变动采集工具，这是因为 Maxwell 和 Debezium 相对于 Canal 具有一个独特功能，即可以在对数据库的数据进行实时采集之前，对数据库中的原始数据进行一次初始化采集，轻松解决了旧数据的同步问题，而 Maxwell 相对于 Debezium 使用更加简便。

在后续的需求实现过程中，我们还会使用内置了 Debezium 的 Flink CDC 技术对 MySQL 中的配置表信息进行实时采集。

6.3 业务数据模拟

在本项目中，业务数据主要存储于 MySQL 中。本节我们将在集群中安装 MySQL 并模拟产生业务数据。

6.3.1 MySQL 安装

1. 安装包准备

（1）使用 rpm 命令配合管道符查看 MySQL 是否已经安装，其中，-q 选项为 query，-a 选项为 all（意思为查询全部安装），如果已经安装 MySQL，则将其卸载。

① 查看 MySQL 是否已经安装。

```
[atguigu@hadoop102 ~]$ rpm -qa | grep -i -E mysql\|mariadb
mariadb-libs-5.5.56-2.el7.x86_64
```

② 卸载 MySQL，-e 选项表示卸载，--nodeps 选项表示无视所有依赖强制卸载。

```
[atguigu@hadoop102 ~]$ sudo rpm -e --nodeps mariadb-libs-5.5.56-2.el7.x86_64
```

（2）将 MySQL 安装包上传至/opt/software 目录下。

```
[atguigu@hadoop102 software]# ls
01_mysql-community-common-5.7.16-1.el7.x86_64.rpm
02_mysql-community-libs-5.7.16-1.el7.x86_64.rpm
03_mysql-community-libs-compat-5.7.16-1.el7.x86_64.rpm
04_mysql-community-client-5.7.16-1.el7.x86_64.rpm
05_mysql-community-server-5.7.16-1.el7.x86_64.rpm
mysql-connector-java-5.1.27-bin.jar
```

2. 安装 MySQL 服务器

（1）使用 rpm 命令安装 MySQL 所需要的依赖，-i 选项为 install，-v 选项为 vision，-h 选项用于展示安装过程。

```
[atguigu@hadoop102 software]$ sudo rpm -ivh 01_mysql-community-common-5.7.16-1.el7. x86_64.rpm
[atguigu@hadoop102 software]$ sudo rpm -ivh 02_mysql-community-libs-5.7.16-1.el7. x86_64.rpm
[atguigu@hadoop102 software]$ sudo rpm -ivh 03_mysql-community-libs-compat-5.7.16-1.el7.
x86_64.rpm
```

（2）安装 mysql-client。

```
[atguigu@hadoop102 software]$ sudo rpm -ivh 04_mysql-community-client-5.7.16-1.el7.
x86_64.rpm
```

（3）安装 mysql-server。

```
[atguigu@hadoop102 software]$ sudo rpm -ivh 05_mysql-community-server-5.7.16-1.el7.
x86_64.rpm
```

注意：如果报如下错误，则表示系统缺少 libaio 依赖。

```
warning: 05_mysql-community-server-5.7.16-1.el7.x86_64.rpm: Header V3 DSA/SHA1 Signature,
key ID 5072e1f5: NOKEY
error: Failed dependencies:
libaio.so.1()(64bit) is needed by mysql-community-server-5.7.16-1.el7.x86_64
```

解决办法：使用以下命令安装缺少的依赖。

```
[atguigu@hadoop102 software]$ sudo yum -y install libaio
```

（4）启动 MySQL。

```
[atguigu@hadoop102 software]$ sudo systemctl start mysqld
```

（5）查看 MySQL 密码。

```
[atguigu@hadoop102 software]$ sudo cat /var/log/mysqld.log | grep password
A temporary password is generated for root@localhost: veObwRCAX7%B
```

（6）登录 MySQL，以 root 用户身份登录，密码为安装服务器端时自动生成的随机密码，在上一步代码的末尾。

```
[atguigu@hadoop102 software]# mysql -uroot -p'veObwRCAX7%B'
```

（7）设置复杂密码（根据 MySQL 密码策略，此密码必须足够复杂）。

```
mysql> set password=password("Qs23=zs32");
```

（8）更改 MySQL 密码策略。

```
mysql> set global validate_password_length=4;
mysql> set global validate_password_policy=0;
```

（9）设置简单好记的密码。

```
mysql> set password=password("000000");
```

（10）进入 mysql 库。

```
mysql> use mysql;
```

（11）查询 user 表。

```
mysql> select user, host from user;
```

（12）修改 user 表，把 host 值修改为%。

```
mysql> update user set host="%" where user="root";
```

（13）刷新。

```
mysql> flush privileges;
```

（14）退出 MySQL。

```
mysql> exit
```

6.3.2　数据模拟流程

业务数据的建库、建表和数据生成通过导入脚本完成。建议读者安装一个数据库可视化工具，本节以 SQLyog 为例进行讲解，SQLyog 的安装包可以在本书提供的公众号中获取，安装过程不再讲解，数据生成步骤如下。

1. 导入建表语句

（1）通过 SQLyog 创建数据库 gmall。

（2）设置数据库编码，如图 6-5 所示。

（3）导入数据库结构脚本 gmall.sql，如图 6-6 和图 6-7 所示。

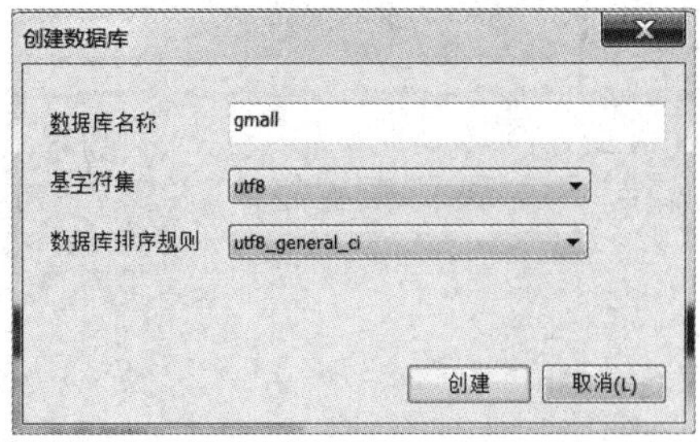

图 6-5　设置数据库编码

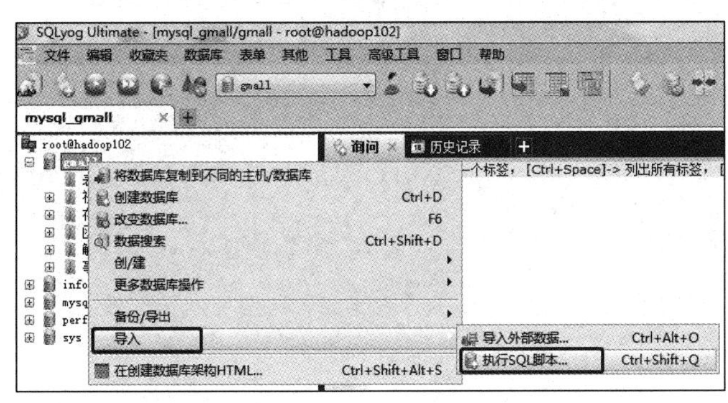

图 6-6　准备导入数据库结构脚本 gmall.sql

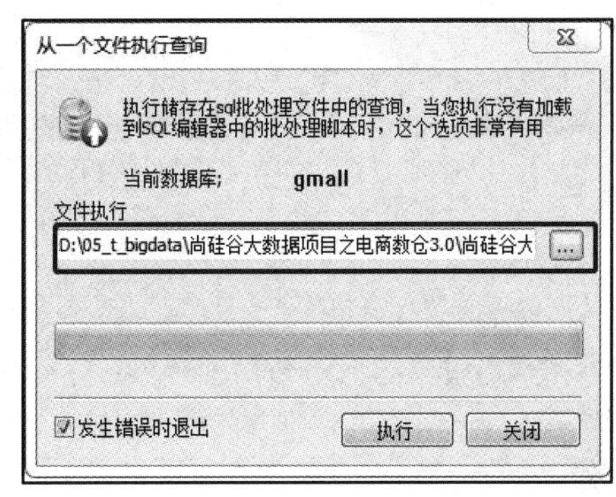

图 6-7　导入数据库结构脚本 gmall.sql

2. 数据生成

（1）在 hadoop102 节点服务器的/opt/module/目录下创建 dblog 文件夹。

```
[atguigu@hadoop102 module]$ mkdir dblog
```

（2）在获取的本书资料中找到 gmall2023-mock-db-2023-01-10.jar 和 application.properties，把 gmall2023-mock-db-2023-01-10.jar 和 application.properties 上传到 hadoop102 节点服务器的/opt/module/dblog 目录下。

（3）根据需求修改 application.properties 的相关配置，通过修改业务日期的配置，可以生成不同日期的业务数据。

```
logging.level.root=info

spring.datasource.driver-class-name=com.mysql.jdbc.Driver
spring.datasource.url=jdbc:mysql://hadoop102:3306/gmall?characterEncoding=utf-8&useSSL=
false&serverTimezone=GMT%2B8
spring.datasource.username=root
spring.datasource.password=000000

logging.pattern.console=%m%n
```

```
mybatis-plus.global-config.db-config.field-strategy=not_null

#业务日期
mock.date=2023-01-10
#是否重置，1 表示重置，0 表示不重置
mock.clear=1
#是否重置用户，1 表示重置，0 表示不重置
mock.clear.user=1

#生成新用户数量
mock.user.count=100
#男性比例
mock.user.male-rate=20
#用户数据变化概率
mock.user.update-rate:20

#取消收藏比例
mock.favor.cancel-rate=10
#收藏数量
mock.favor.count=100

#每个用户添加购物车的概率
mock.cart.user-rate=50
#每次每个用户最多可以向购物车添加多少种商品
mock.cart.max-sku-count=8
#每种商品最多可以买几个
mock.cart.max-sku-num=3

#购物车来源比例：用户查询：商品推广：智能推荐：促销活动
mock.cart.source-type-rate=60:20:10:10

#用户下单比例
mock.order.user-rate=50
#用户从购物车中购买商品的比例
mock.order.sku-rate=50
#是否参加活动
mock.order.join-activity=1
#是否使用购物券
mock.order.use-coupon=1
#购物券领取人数
mock.coupon.user-count=100

#支付比例
mock.payment.rate=70
#支付方式比例：支付宝：微信：银联
mock.payment.payment-type=30:60:10

#评价比例：好：中：差：自动
mock.comment.appraise-rate=30:10:10:50

#退款原因比例：质量问题：商品描述与实际描述不一致：缺货：号码不合适：拍错：不想买了：其他
```

```
mock.refund.reason-rate=30:10:20:5:15:5:5
```

（4）在/opt/module/dblog 目录下执行如下命令，生成 2023-01-10 的数据。

```
[atguigu@hadoop102 dblog]$ java -jar gmall2023-mock-db-2023-01-10.jar
```

（5）在配置文件 application.properties 中修改如下配置，其中，mock.clear 和 mock.clear.user 参数用于决定此次数据模拟是否清空原有数据。在第 2 次模拟数据时，将这两个参数的值修改为 0，表示不清空。

```
mock.clear=0
mock.clear.user=0
```

6.4　Maxwell 数据采集

在 6.2.2 节中，我们得出结论，本项目采用基于日志的 CDC 技术 Maxwell 采集业务数据的原始数据和变动数据。本节将讲解 Maxwell 的工作原理，以及实际的数据采集流程。

6.4.1　MySQL 中的 binlog

MySQL 中的 binlog，全称是 binary log，意为二进制日志。MySQL 中的 binlog 可以说是 MySQL 中最重要的日志，它以事件形式记录了所有的 DDL（Data-Defination Language，数据定义语言）和 DML（Data-Manipulation Language，数据操作语言）语句（除了数据查询语句），其中还包含语句执行所消耗的时间。

开启 MySQL 中的 binlog 会产生大约 1%的性能损耗，但是 binlog 的开启也会起到重要作用。binlog 的两个重要应用场景如下。

- MySQL 的主从复制。在 Master 端开启 binlog，Slave 端可以从 Master 端复制 binlog 来实现与 Master 端的数据一致性。这一点在后面还会详细讲到。
- 数据恢复。通过使用 mysqlbinlog 工具可以从 binlog 中恢复损失的数据。

binlog 主要包含两类文件：二进制日志索引文件和二进制日志文件。二进制日志索引文件的文件名后缀是.index，用于记录所有的二进制文件。二进制日志文件的文件名后缀是.00000*，用于记录数据库中所有的 DDL、DML 语句（除了数据查询语句 select）事件。

在默认情况下，MySQL 是没有开启 binlog 的，需要用户手动开启，开启步骤如下。

（1）找到 MySQL 的配置文件 my.cnf。MySQL 大部分版本的 my.cnf 文件默认存储在/etc 路径下，如果没有找到，可以使用以下命令进行查找。

```
[atguigu@hadoop102 ~]$ sudo find / -name my.cnf
```

（2）修改 my.cnf 文件，在文件中增加如下内容。

```
server-id= 1
log-bin=mysql-bin
binlog_format=row
binlog-do-db=gmall
```

配置说明如下：

- server-id：这个参数用于配置每个 MySQL 主机独一无二的 id 值，当配置两台 MySQL 主机主从复制时，这个参数必须是不同的。
- log-bin：这个参数用来配置 binlog 的文件名前缀，生成的文件名将通过前缀与数字序号后缀构成，如 mysql-bin.123456。
- binlog_fomat：binlog 的格式，有三个属性值可以配置：statement、row 和 mixed。

① statement：语句级，记录每条会修改数据的 SQL 语句。优点是不需要记录每一行的变化，减少了 binglog 日志量，节约 I/O，提升性能。缺点是在进行主从复制同步数据时，会产生数据不一致的情况。例

如，当执行语句中包含使用当前时间的函数时，slave 再次执行相同的语句不会产生相同的结果。

② row：行级，记录每次操作后每行发生变化的数据。优点是非常清楚地记录下每一行修改数据的细节变化，可以保证数据的绝对一致性，不管使用了什么 SQL、引用了什么函数，都不会有数据不一致的问题。缺点是会产生大量的日志内容，占用较大的存储空间。

③ mixed：在 mixed 模式下，一般的语句修改使用 statement 格式保存日志数据，当涉及一些 statement 无法保证一致性的函数或操作时，则采用 row 格式保存。优点是在保证数据一致性的前提下，大大减少了存储空间的占用。缺点是在一些极个别情况下，依然会导致数据不一致，并且不方便对 binlog 进行监控。

由于 Maxwell 是对 MySQL 进行变动数据监控，所以不适用于 statement 模式，采用 row 模式方便采集到每一行数据的变动情况。

- binlog-do-db：配置需要将变动写入 binlog 的数据库 database，若不进行配置，则所有数据库的变化都将写入 binlog。若想设置多个数据库的 binlog 写入，则重复多次此参数配置即可。本项目中，Maxwell 只需要监控 gmall 数据库的 binlog，所以这里只需要配置 gmall 即可。

（3）执行以下命令重启 MySQL 服务。

```
[atguigu@hadoop102 ~]$ sudo systemctl restart mysqld
```

（4）连接 MySQL 客户端。

```
[atguigu@hadoop102 ~]$ mysql -uroot -p000000
mysql: [Warning] Using a password on the command line interface can be insecure.
Welcome to the MySQL monitor.  Commands end with ; or \g.
Your MySQL connection id is 221
Server version: 5.7.16-log MySQL Community Server (GPL)

Copyright (c) 2000, 2016, Oracle and/or its affiliates. All rights reserved.

Oracle is a registered trademark of Oracle Corporation and/or its
affiliates. Other names may be trademarks of their respective
owners.

Type 'help;' or '\h' for help. Type '\c' to clear the current input statement.

mysql>
```

（5）执行以下 SQL 语句，查看 binlog 配置是否成功。

```
mysql> show variables like'%log_bin%'
```

结果如下所示：

```
+---------------------------------+-----------------------------------+
| Variable_name                   | Value                             |
+---------------------------------+-----------------------------------+
| log_bin                         | ON                                |
| log_bin_basename                | /var/lib/mysql/mysql-bin          |
| log_bin_index                   | /var/lib/mysql/mysql-bin.index    |
| log_bin_trust_function_creators | OFF                               |
| log_bin_use_v1_row_events       | OFF                               |
| sql_log_bin                     | ON                                |
+---------------------------------+-----------------------------------+
6 rows in set (0.00 sec)
```

（6）进入 MySQL 的日志存储路径下，查看是否生成 binlog 日志文件，

```
[atguigu@hadoop102 ~]$ sudo ls -l /var/lib/mysql | grep mysql-bin
-rw-r----- 1 mysql mysql  14818717 8月  22 20:22 mysql-bin.000001
-rw-r----- 1 mysql mysql  22535875 8月  23 20:00 mysql-bin.000002
-rw-r----- 1 mysql mysql   4752895 8月  27 10:20 mysql-bin.000003
-rw-r----- 1 mysql mysql  38334147 8月  27 16:14 mysql-bin.000004
-rw-r----- 1 mysql mysql       154 8月  30 11:44 mysql-bin.000005
-rw-r----- 1 mysql mysql  14826159 9月   2 14:45 mysql-bin.000006
-rw-r----- 1 mysql mysql       177 9月   2 14:45 mysql-bin.000007
-rw-r----- 1 mysql mysql  15177461 9月   2 14:52 mysql-bin.000008
```

6.4.2 Maxwell 工作原理

Maxwell 是由美国 Zendesk 公司开源，用 Java 编写的 MySQL 变动数据抓取软件。它会实时监控 MySQL 数据库的数据变动操作（包括 insert、update、delete），并将变动数据以 JSON 格式发送给 Kafka、Kinesi 等流数据处理平台。

在介绍 Maxwell 的工作原理之前，需要首先了解 MySQL 的主从复制。如图 6-8 所示，主机 Master 在每个事务更新数据完成之前，将该操作记录写入 binlog 文件中。从机 Slave 开启一个 I/O 线程，该线程将 Master 的 binlog 复制到 Slave 的中继日志（relay log）中。最后 Slave 重新执行中继日志中的事件，将数据变更为反映自己的数据，从而完成主从复制。

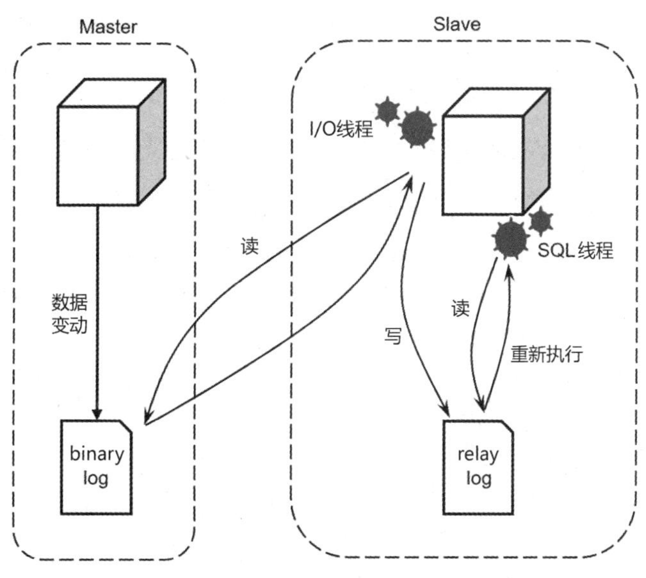

图 6-8　MySQL 主从复制

Maxwell 的工作原理就是伪装成 MySQL 主机的一个从机 Slave，以达到同步数据的目的。首先，Maxwell 模拟 MySQL Slave 的交互协议，伪装成 MySQL 的一个 Slave，向 MySQL Master 发送 dump 协议。其次，MySQL Master 接收到 dump 协议后，将自己的 binlog 日志推送给从机 Slave（Maxwell）。最后 Maxwell 解析 binlog 日志流，并发送至消息队列中，以供后续实时计算程序消费。

Maxwell 监控到 MySQL 的数据变动后，将其输出至 Kafka 中，格式示例如图 6-9 所示。

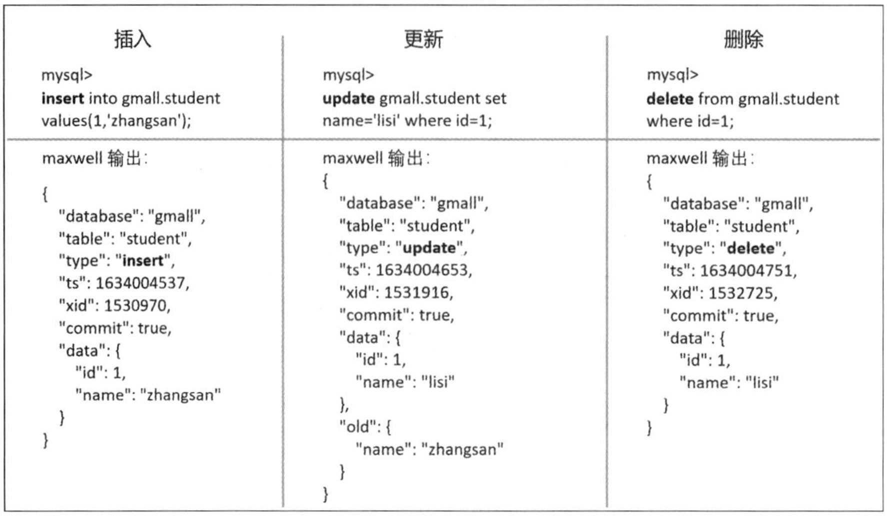

插入	更新	删除
mysql> **insert** into gmall.student values(1,'zhangsan');	mysql> **update** gmall.student set name='lisi' where id=1;	mysql> **delete** from gmall.student where id=1;

maxwell 输出：
{
"database": "gmall",
"table": "student",
"type": "**insert**",
"ts": 1634004537,
"xid": 1530970,
"commit": true,
"data": {
"id": 1,
"name": "zhangsan"
}
}
	maxwell 输出：
	{
	"database": "gmall",
	"table": "student",
	"type": "**update**",
	"ts": 1634004653,
	"xid": 1531916,
	"commit": true,
	"data": {
	"id": 1,
	"name": "lisi"
	},
	"old": {
	"name": "zhangsan"
	}
	}
		maxwell 输出：
		{
		"database": "gmall",
		"table": "student",
		"type": "**delete**",
		"ts": 1634004751,
		"xid": 1532725,
		"commit": true,
		"data": {
		"id": 1,
		"name": "lisi"
		}
		}

图 6-9　Maxwell 输出数据格式示例

Maxwell 输出的 JSON 字段说明如表 6-36 所示。

表 6-36　Maxwell 输出的 JSON 字段说明

字　段	解　释
database	变动数据所属的数据库
table	变动数据所属的表
type	数据变动类型
ts	数据变动发生的时间
xid	事务 id
commit	事务提交标志，可用于重新组装事务
data	对于 insert 类型，表示插入的数据；对于 update 类型，表示修改之后的数据；对于 delete 类型，表示删除的数据
old	对于 update 类型，表示修改之前的数据，只包含变动字段

Maxwell 除了提供监控 MySQL 数据变动的功能，还提供了历史数据的全量同步功能（bootstrap），命令如下。

```
[atguigu@hadoop102 maxwell]$ /opt/module/maxwell/bin/maxwell-bootstrap --database gmall --
table user_info --config /opt/module/maxwell/config.properties
```

采用 bootstrap 功能输出的数据与如图 6-9 中所示的变动数据格式有所不同，如下代码所示。第一条 type 为 bootstrap-start，最后一条 type 为 bootstrap-complete 的内容是 bootstrap 开始和结束的标志，不包含数据，中间的 type 为 bootstrap-insert 的内容，其中的 data 字段才是表格数据，且一次 bootstrap 输出的所有记录的 ts 都相同，为 bootstrap 的开始时间。

```
{
    "database": "fooDB",
    "table": "barTable",
    "type": "bootstrap-start",
    "ts": 1450557744,
    "data": {}
}
{
    "database": "fooDB",
    "table": "barTable",
    "type": "bootstrap-insert",
```

```
    "ts": 1450557744,
    "data": {
        "txt": "hello"
    }
}
{
    "database": "fooDB",
    "table": "barTable",
    "type": "bootstrap-insert",
    "ts": 1450557744,
    "data": {
        "txt": "bootstrap!"
    }
}
{
    "database": "fooDB",
    "table": "barTable",
    "type": "bootstrap-complete",
    "ts": 1450557744,
    "data": {}
}
```

读者应该对 Maxwell 输出数据的格式有所了解，方便后续对数据进行分析解读。

Maxwell 的安装步骤如下。

1. 下载并解压安装包

（1）下载安装包。Maxwell-1.30 及以上的版本不再支持 JDK1.8，若用户集群环境为 JDK1.8 版本，则需要下载 Maxwell-1.29 及以下版本。

（2）将安装包 maxwell-1.29.2.tar.gz 上传至/opt/software 目录下。

（3）将安装包解压至/opt/module 目录下。

```
[atguigu@hadoop102 maxwell]$ tar -zxvf maxwell-1.29.2.tar.gz -C /opt/module/
```

（4）修改名称。

```
[atguigu@hadoop102 module]$ mv maxwell-1.29.2/ maxwell
```

2. 创建 Maxwell 所需数据库和用户

Maxwell 需要在 MySQL 中存储其运行过程中所需的一些数据，包括 binlog 同步的断点位置（Maxwell 支持断点续传）等，故需要在 MySQL 中为 Maxwell 创建数据库及用户。

（1）创建 maxwell 数据库。

```
msyql> CREATE DATABASE maxwell;
```

（2）调整 MySQL 数据库密码级别。

```
mysql> set global validate_password_policy=0;
mysql> set global validate_password_length=4;
```

（3）创建 maxwell 用户并赋予其必要的权限。

```
mysql> CREATE USER 'maxwell'@'%' IDENTIFIED BY 'maxwell';
mysql> GRANT ALL ON maxwell.* TO 'maxwell'@'%';
mysql> GRANT SELECT, REPLICATION CLIENT, REPLICATION SLAVE ON *.* TO 'maxwell'@'%';
```

3. 配置 Maxwell

（1）修改 Maxwell 配置文件名称。

```
[atguigu@hadoop102 maxwell]$ cd /opt/module/maxwell
```

```
[atguigu@hadoop102 maxwell]$ cp config.properties.example config.properties
```

（2）修改 Maxwell 配置文件。

```
[atguigu@hadoop102 maxwell]$ vim config.properties

#Maxwell 数据发送目的地，可选配置有 stdout、file、kafka、kinesis、pubsub、sqs、rabbitmq、redis
producer=kafka
#目标 Kafka 集群地址
kafka.bootstrap.servers=hadoop102:9092,hadoop103:9092
#目标 Kafka topic，可静态配置，如 maxwell，也可动态配置，如%{database}_%{table}
kafka_topic=maxwell

#MySQL 相关配置
host=hadoop102
user=maxwell
password=maxwell
jdbc_options=useSSL=false&serverTimezone=Asia/Shanghai
```

通过修改 Maxwell 配置文件，可以决定 Maxwell 采集的 MySQL 数据库的地址、采集数据发送的 Kafka 地址和 Kafka topic。在启动 Maxwell 时，需要指定配置文件的地址，所以用户可以配置多个不同的配置文件，以监控不同的 MySQL 主机。

4. Maxwell 的启停

若 Maxwell 发送数据的目的地为 Kafka 集群，在启动 Maxwell 前，需要先确保 Kafka 集群为启动状态。

（1）启动 Maxwell。

```
[atguigu@hadoop102 ~]$ /opt/module/maxwell/bin/maxwell --config /opt/module/maxwell/config.properties --daemon
```

（2）停止 Maxwell。

```
[atguigu@hadoop102 ~]$ ps -ef | grep maxwell | grep -v grep | grep maxwell | awk '{print $2}' | xargs kill -9
```

（3）编写 Maxwell 启停脚本。

① 创建并编辑 Maxwell 启停脚本。

```
[atguigu@hadoop102 bin]$ vim mxw.sh
```

② 脚本内容如下，根据脚本传入参数判断是执行启动命令还是停止命令。

```
#!/bin/bash

MAXWELL_HOME=/opt/module/maxwell

status_maxwell(){
    result=`ps -ef | grep maxwell | grep -v grep | wc -l`
    return $result
}

start_maxwell(){
    status_maxwell
    if [[ $? -lt 1 ]]; then
        echo "启动 Maxwell"
        $MAXWELL_HOME/bin/maxwell --config $MAXWELL_HOME/config.properties --daemon
    else
        echo "Maxwell 正在运行"
    fi
}
```

```
stop_maxwell(){
    status_maxwell
    if [[ $? -gt 0 ]]; then
        echo "停止 Maxwell"
        ps -ef | grep maxwell | grep -v grep | awk '{print $2}' | xargs kill -9
    else
        echo "Maxwell 未在运行"
    fi
}

case $1 in
    start )
        start_maxwell
    ;;
    stop )
        stop_maxwell
    ;;
    restart )

       stop_maxwell
       start_maxwell
    ;;
esac
```

③ 为脚本增加可执行权限。

```
[atguigu@hadoop102 bin]$ chmod +x mxw.sh
```

④ 执行以下命令，启动 Maxwell。

```
[atguigu@hadoop102 bin]$ mxw.sh start
```

⑤ 执行以下命令，停止 Maxwell。

```
[atguigu@hadoop102 bin]$ mxw.sh stop
```

6.4.3 业务数据采集

如图 6-10 所示，Maxwell 将表格变动数据发送至对应的 Kakfa topic 中，然后离线数据仓库和实时数据仓库就可以根据各自需要来订阅 topic，处理 topic 中的数据。离线数据仓库可以消费 topic 中的数据存储至分布式存储系统 HDFS 中，实时数据仓库则使用实时计算引擎（如 Flink）订阅 topic，对数据进行分析计算。

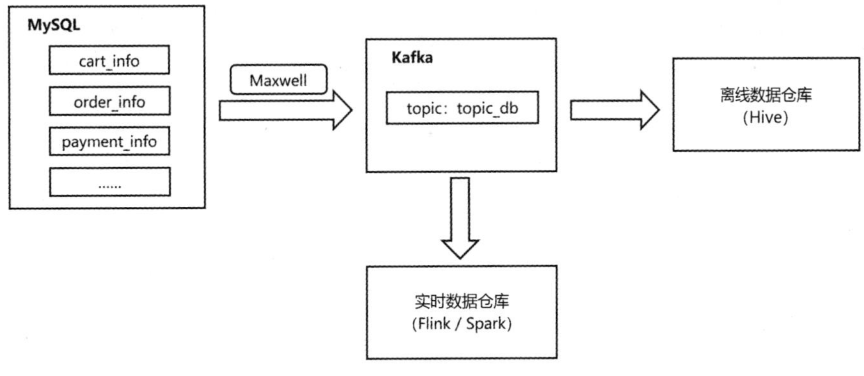

图 6-10　业务数据采集示意

业务数据采集工作的关键在于 Maxwell 的配置文件编写，在配置文件中，指定数据要发送到的 Kafka 集群地址和 topic，指定要监控的 MySQL 的相关配置。在配置文件中，还可以配置过滤器，指定采集固定的数据库和表，在本项目中，我们需要采集 gmall 数据库中所有表的变动数据，所以不配置过滤器。

在实际生产环境中，Maxwell 进程一旦开启就不会关闭，这也是实时数据仓库的特点，大部分进程和计算任务都需要持续不断地运行下去。

配置文件的修改和数据采集测试过程如下。

1. 配置 Maxwell

（1）修改 Maxwell 配置文件的名称。

```
[atguigu@hadoop102 maxwell]$ cd /opt/module/maxwell
[atguigu@hadoop102 maxwell]$ cp config.properties.example config.properties
```

（2）修改 Maxwell 配置文件，将目标 topic 配置为 topic_db。

```
[atguigu@hadoop102 maxwell]$ vim config.properties

#Maxwell 数据发送目的地，可选配置有 stdout、file、kafka、kinesis、pubsub、sqs、rabbitmq、redis
producer=kafka
#目标 Kafka 集群地址
kafka.bootstrap.servers=hadoop102:9092,hadoop103:9092
#目标 Kafka topic，可静态配置，如 maxwell，也可动态配置，如%{database}_%{table}
kafka_topic=topic_db

#MySQL 相关配置
host=hadoop102
user=maxwell
password=maxwell
jdbc_options=useSSL=false&serverTimezone=Asia/Shanghai
```

2. 数据采集测试

（1）若 Maxwell 发送数据的目的地为 Kafka 集群，则需要先确保 Kafka 集群为启动状态。执行 Maxwell 启动脚本。

```
[atguigu@hadoop102 bin]$ mxw.sh start
```

（2）启动一个 Kafka 控制台消费者，消费 topic_db 主题。

```
[atguigu@hadoop102 kafka]$ bin/kafka-console-consumer.sh --bootstrap-server hadoop102:9092 --
topic maxwell
```

（3）模拟生成业务数据。

```
[atguigu@hadoop102 dblog]$ java -jar gmall2023-mock-db-2023-01-10.jar
```

（4）观察 Kafka 控制台消费者，收到 Maxwell 采集的变动数据。


```
{"database":"gmall","table":"comment_info","type":"insert","ts":1634023510,"xid":1653373
,"xoffset":11998,"data":{"id":1447825655672463369,"user_id":289,"nick_name":null,"head_im
g":null,"sku_id":11,"spu_id":3,"order_id":18440,"appraise":"1204","comment_txt":"评论内容:
12897688728191593794966121429786132276125164551411","create_time":"2023-01-16   15:25:09",
"operate_time":null}}
{"database":"gmall","table":"comment_info","type":"insert","ts":1634023510,"xid":16533
73,"xoffset":11999,"data":{"id":1447825655672463370,"user_id":774,"nick_name":null,"he
ad_img":null,"sku_id":25,"spu_id":8,"order_id":18441,"appraise":"1204","comment_txt":"
评论内容: 67552221621263422568447438734865327666683661982185","create_time":"2023-01-16
15:25:09","operate_time":null}}
```

6.4.4 首日全量同步

实时计算不考虑历史的事实数据，但要考虑历史维度数据。因此，要对与维度相关的业务表进行一次首日全量同步。我们使用 Maxwell 的 bootstrap 命令完成数据的首日全量同步。

需要进行首日全量数据同步的与维度相关的业务表有如下几个。

```
activity_info
activity_rule
activity_sku
base_category1
base_category2
base_category3
base_province
base_region
base_trademark
coupon_info
coupon_range
sku_info
spu_info
user_info
```

（1）编写业务数据首日全量脚本。

切换到 /home/atguigu/bin 目录，创建 mysql_to_kafka_init.sh 脚本。

```
[atguigu@hadoop102 maxwell]$ cd ~/bin
[atguigu@hadoop102 bin]$ vim mysql_to_kafka_init.sh
```

在脚本中添加如下内容。

```
#!/bin/bash

# 该脚本的作用是初始化所有的业务数据，只需要执行一次

MAXWELL_HOME=/opt/module/maxwell

import_data() {
   $MAXWELL_HOME/bin/maxwell-bootstrap --database gmall --table $1 --config $MAXWELL_HOME/
config.properties
}

case $1 in
"activity_info")
  import_data activity_info
  ;;
"activity_rule")
  import_data activity_rule
  ;;
"activity_sku")
  import_data activity_sku
  ;;
"base_category1")
  import_data base_category1
  ;;
"base_category2")
```

```
  import_data base_category2
  ;;
"base_category3")
  import_data base_category3
  ;;
"base_province")
  import_data base_province
  ;;
"base_region")
  import_data base_region
  ;;
"base_trademark")
  import_data base_trademark
  ;;
"coupon_info")
  import_data coupon_info
  ;;
"coupon_range")
  import_data coupon_range
  ;;
"sku_info")
  import_data sku_info
  ;;
"spu_info")
  import_data spu_info
  ;;
"user_info")
  import_data user_info
  ;;
"all")
  import_data activity_info
  import_data activity_rule
  import_data activity_sku
  import_data base_category1
  import_data base_category2
  import_data base_category3
  import_data base_province
  import_data base_region
  import_data base_trademark
  import_data coupon_info
  import_data coupon_range
  import_data sku_info
  import_data spu_info
  import_data user_info
  ;;
esac
```

为脚本增加执行权限。

```
[atguigu@hadoop102 bin]$ chmod +x mysql_to_kafka_init.sh
```

（2）启动业务数据采集通道，包括 Maxwell 和 Kafka。

```
[atguigu@hadoop102 bin]$ kf.sh start
[atguigu@hadoop102 bin]$ mxw.sh start
```

（3）启动一个 Kafka 的控制台消费者，观察数据是否写入 Kafka。

```
[atguigu@hadoop102 bin]$ kafka-console-consumer.sh --bootstrap-server hadoop102:9092 --
topic topic_db
```

（4）执行脚本。

```
[atguigu@hadoop102 bin]$ mysql_to_kafka_init.sh all
```

（5）观察 Kafka 的控制台消费者是否消费到数据。

```
[atguigu@hadoop103 ~]$ kafka-console-consumer.sh --bootstrap-server hadoop102:9092 --
topic topic_db

{"database":"gmall","table":"activity_info","type":"bootstrap-start","ts":1648101770, "data":{}}
{"database":"gmall","table":"activity_info","type":"bootstrap-insert","ts":1648101770, "data":
{"id":1,"activity_name":" 联 想 专 场 ","activity_type":"3101","activity_desc":" 联 想 满 减
","start_time":"2023-01-22 07:49:12","end_time":"2023-01-23 07:49:15","create_time":null}}
{"database":"gmall","table":"activity_info","type":"bootstrap-insert","ts":1648101770, "data":
{"id":2,"activity_name":"Apple 品牌日","activity_type":"3101","activity_desc": "Apple 品牌日
","start_time":"2023-01-10 13:00:00","end_time":"2023-01-12 13:00:00","create_time": null}}
{"database":"gmall","table":"activity_info","type":"bootstrap-insert","ts":1648101770, "data":
{"id":3,"activity_name":" 女 神 节 ","activity_type":"3102","activity_desc":" 满 件 打 折
","start_time":"2023-03-08 14:00:00","end_time":"2023-03-09 13:00:00","create_time":null}}
```

6.5　本章总结

本章我们主要完成了业务数据的采集工作。通过学习本章，希望读者能对实时数据仓库中业务数据的采集有一些了解，并初步掌握 Maxwell 的应用。

第7章 构建DIM层

在将原始数据采集至ODS层后，本章将构建实时数据仓库项目的DIM层。DIM层中主要保存的是维度表数据。维度表数据为事实表数据提供相关维度信息，因此采集的事实表数据通常需要与维度表数据进行关联。业务数据中的维度表被Maxwell采集至Kafka后，与同样保存在Kafka的事实表数据关联，过程比较复杂，且会出现许多难题。所以经过考虑，我们决定将维度表数据保存至HBase中，并通过Phoenix工具实现维度表数据的实时查询。接下来，就请读者跟随本书内容，完成DIM层的构建吧。

7.1 开发环境准备

维度表数据被Maxwell采集至Kafka中，再使用Flink将Kafka中的数据保存至HBase中。采用IntelliJ IDEA作为Flink的实时计算程序的开发工具。本节主要进行IDEA开发环境的准备，以及HBase的安装部署。

7.1.1 IDEA开发环境准备

在进行代码的编写之前，先介绍一下我们使用的开发环境和工具。集成开发环境（IDE）采用IntelliJ IDEA，安装包获取和具体安装流程参见官网。安装IntelliJ IDEA之后，还需要安装一个插件——Maven，用来管理项目依赖。

以上运行环境的配置和部署如果有任何问题，欢迎访问尚硅谷IT教育官网，获取全套教学视频。

在准备好开发环境之后，开始搭建我们的实时数据仓库项目。

笔者使用的版本为IDEA 2022.2.3，不同版本的操作略有差异，请读者自行探索。

（1）打开IDEA，创建一个Maven工程，命名为gmall-realtime-2023，并输入GroupId，如图7-1所示。

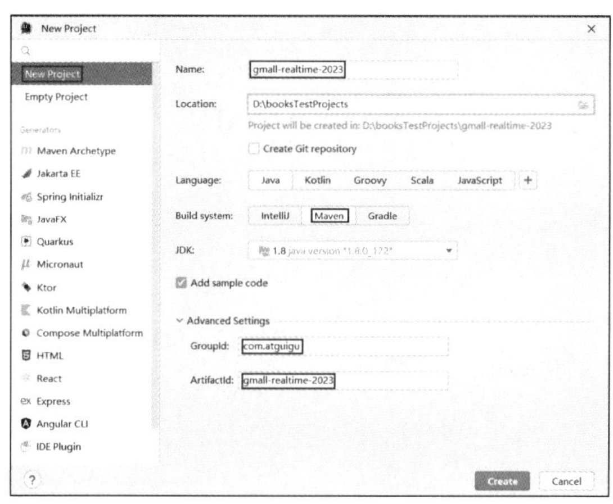

图7-1 创建Maven工程并命名

（2）在项目目录下，找到 src 目录，将其删除。在项目名称 gmall-realtime-2023 上单击右键，创建一个新的 Module，如图 7-2 所示。

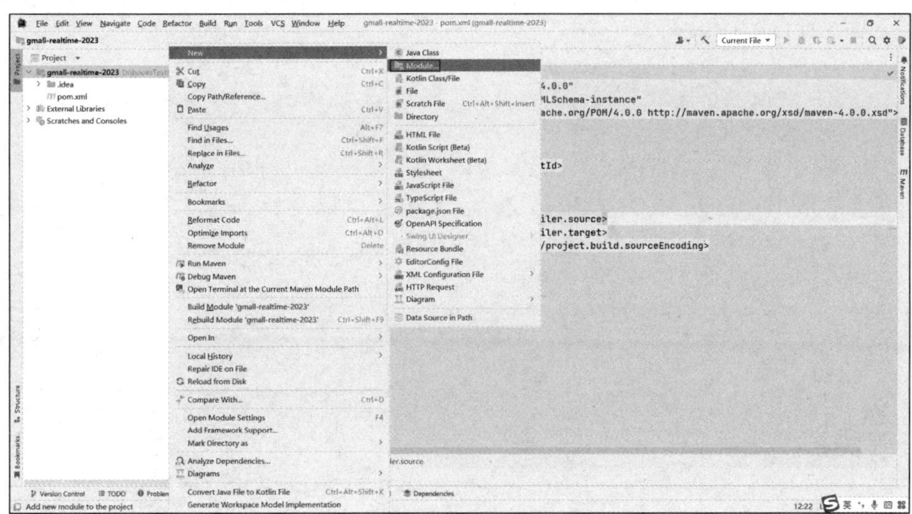

图 7-2　创建新的 Module

（3）将新创建的 Module 命名为 gmall-realtime，如图 7-3 所示。

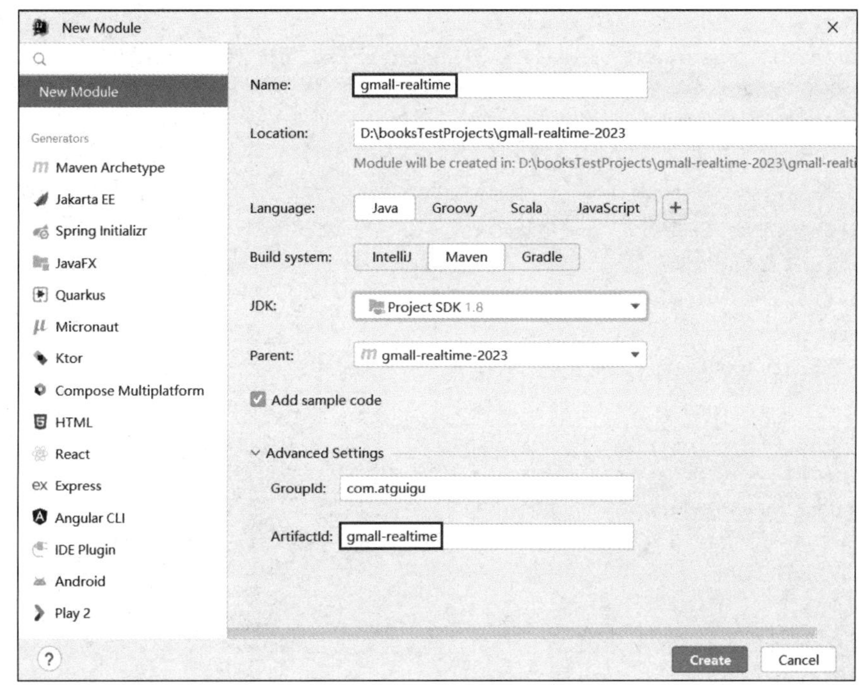

图 7-3　新 Module 命名

（4）在项目目录下，打开 pom.xml 文件，导入以下依赖，其中<properties>标签设置属性，<denpendencies>标签引入需要的依赖。我们需要添加的最重要的依赖是 Flink 的相关组件，包括 flink-java、flink-streaming-java，以及 flink-clients（客户端，也可以省略）。另外，为了方便查看运行日志，我们引入 slf4j 和 log4j 进行日志管理。其他依赖的含义参见代码注释。

另外，还可以增加<build>下<plugins>标签引入插件。我们引入 maven-assembly-plugin 来进行项目的打包。

```
<properties>
    <java.version>1.8</java.version>
```

```
    <maven.compiler.source>${java.version}</maven.compiler.source>
    <maven.compiler.target>${java.version}</maven.compiler.target>
    <flink.version>1.13.0</flink.version>
    <scala.version>2.12</scala.version>
    <hadoop.version>3.1.3</hadoop.version>
</properties>

<dependencies>
    <dependency>
        <groupId>org.apache.flink</groupId>
        <artifactId>flink-java</artifactId>
        <version>${flink.version}</version>
    </dependency>

    <dependency>
        <groupId>org.apache.flink</groupId>
        <artifactId>flink-streaming-java_${scala.version}</artifactId>
        <version>${flink.version}</version>
    </dependency>

    <dependency>
        <groupId>org.apache.flink</groupId>
        <artifactId>flink-connector-kafka_${scala.version}</artifactId>
        <version>${flink.version}</version>
    </dependency>

    <dependency>
        <groupId>org.apache.flink</groupId>
        <artifactId>flink-clients_${scala.version}</artifactId>
        <version>${flink.version}</version>
    </dependency>

    <dependency>
        <groupId>org.apache.flink</groupId>
        <artifactId>flink-json</artifactId>
        <version>${flink.version}</version>
    </dependency>

    <dependency>
        <groupId>com.alibaba</groupId>
        <artifactId>fastjson</artifactId>
        <version>1.2.68</version>
    </dependency>

    <!--如果保存检查点到 HDFS 上，需要引入此依赖-->
    <dependency>
        <groupId>org.apache.hadoop</groupId>
        <artifactId>hadoop-client</artifactId>
        <version>${hadoop.version}</version>
    </dependency>
```

```
    <dependency>
        <groupId>org.projectlombok</groupId>
        <artifactId>lombok</artifactId>
        <version>1.18.20</version>
    </dependency>

    <!--Flink 默认使用的是 slf4j 记录日志，相当于一个日志的接口，我们这里使用 log4j 作为具体的日志实现-->
    <dependency>
        <groupId>org.slf4j</groupId>
        <artifactId>slf4j-api</artifactId>
        <version>1.7.25</version>
    </dependency>

    <dependency>
        <groupId>org.slf4j</groupId>
        <artifactId>slf4j-log4j12</artifactId>
        <version>1.7.25</version>
    </dependency>

    <dependency>
        <groupId>org.apache.logging.log4j</groupId>
        <artifactId>log4j-to-slf4j</artifactId>
        <version>2.14.0</version>
    </dependency>
</dependencies>

<build>
    <plugins>
        <plugin>
            <groupId>org.apache.maven.plugins</groupId>
            <artifactId>maven-assembly-plugin</artifactId>
            <version>3.0.0</version>
            <configuration>
                <descriptorRefs>
                    <descriptorRef>jar-with-dependencies</descriptorRef>
                </descriptorRefs>
            </configuration>
            <executions>
                <execution>
                    <id>make-assembly</id>
                    <phase>package</phase>
                    <goals>
                        <goal>single</goal>
                    </goals>
                </execution>
            </executions>
        </plugin>
    </plugins>
</build>
```

（5）在 gmall-realtime 下，创建相关的 package 包结构，如图 7-4 所示。app 包中编写各分层的 Flink 程序代码和自定义函数代码，bean 包中编写项目中会用到的各类 JavaBean，common 包中编写公共常量，utils

包中编写各工具类。

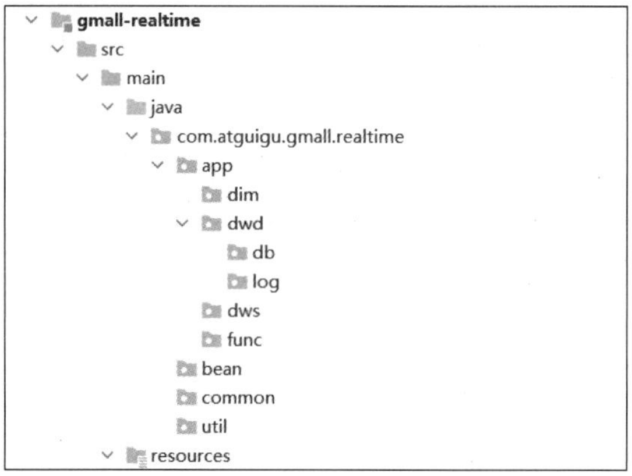

```
gmall-realtime
  src
    main
      java
        com.atguigu.gmall.realtime
          app
            dim
            dwd
              db
              log
            dws
            func
          bean
          common
          util
      resources
```

图 7-4　包结构

（6）在 gmall-realtime 的 resources 目录下创建 log4j.properties 文件，写入如下内容。

```
log4j.appender.stdout=org.apache.log4j.ConsoleAppender
log4j.appender.stdout.target=System.out
log4j.appender.stdout.layout=org.apache.log4j.PatternLayout
log4j.appender.stdout.layout.ConversionPattern=%d{yyyy-MM-dd HH:mm:ss} %10p (%c:%M) - %m%n

log4j.rootLogger=error,stdout
```

7.1.2　HBase 与 Phoenix

在实时计算中，一般把维度数据写入方便主键查询的数据库，如 HBase、Redis、MySQL 等，本项目中我们选用了 HBase。

HBase 是一个分布式、可扩展、支持海量数据存储的 NoSQL 数据库。底层物理存储是以 Key-Value 的数据格式存储的，且 HBase 中的所有数据文件都存储在 HDFS 上。HBase 需要 ZooKeeper 提供协调服务，需要 HDFS 提供存储服务，因此在安装部署 HBase 之前，需要确保 ZooKeeper 和 Hadoop 已经安装部署完成。

在安装部署 HBase 后，还需要安装 Phoenix。Phoenix 是 HBase 的开源 SQL 工具。可以使用标准 JDBC API 代替 HBase 客户端 API 来创建表、插入数据和查询 HBase 数据，大大降低了 HBase 的使用门槛。

1. HBase 安装部署

（1）保证 ZooKeeper 集群的正常部署并启动。

```
[atguigu@hadoop102 zookeeper-3.5.7]$ zk.sh start
```

（2）保证 Hadoop 集群的正常部署并启动。

```
[atguigu@hadoop102 hadoop-3.1.3]$ sbin/start-dfs.sh
[atguigu@hadoop103 hadoop-3.1.3]$ sbin/start-yarn.sh
```

（3）将 HBase 安装包解压缩至指定目录，并将解压后的目录重命名为 hbase。

```
[atguigu@hadoop102 software]$ tar -zxvf hbase-2.0.5-bin.tar.gz -C /opt/module
[atguigu@hadoop102 software]$ mv /opt/module/hbase-2.0.5 /opt/module/hbase
```

（4）配置环境变量。

```
[atguigu@hadoop102 ~]$ sudo vim /etc/profile.d/my_env.sh
```

增加以下内容。

```
#HBASE_HOME
export HBASE_HOME=/opt/module/hbase
export PATH=$PATH:$HBASE_HOME/bin
```

（5）修改 HBase 对应的配置文件。

① hbase-env.sh 文件的修改内容如下。

```
export HBASE_MANAGES_ZK=false
```

② hbase-site.xml 文件的修改内容如下。

```
<configuration>
 <property>
  <name>hbase.rootdir</name>
  <value>hdfs://hadoop102:8020/hbase</value>
 </property>

 <property>
  <name>hbase.cluster.distributed</name>
  <value>true</value>
 </property>

 <property>
  <name>hbase.zookeeper.quorum</name>
      <value>hadoop102,hadoop103,hadoop104</value>
 </property>
</configuration>
```

③ 在 regionservers 文件中增加如下内容。

```
hadoop102
hadoop103
hadoop104
```

④ 将 HBase 分发至其他节点服务器。

```
[atguigu@hadoop102 module]$ xsync hbase/
```

（6）启动 HBase 服务。

① 启动方式 1，语句如下。

```
[atguigu@hadoop102 hbase]$ bin/hbase-daemon.sh start master
[atguigu@hadoop102 hbase]$ bin/hbase-daemon.sh start regionserver
```

提示：如果集群中的节点服务器间的时间不同步，会导致 regionserver 无法启动，并抛出 ClockOutOfSyncException 异常。读者可参考 3.2.1 节中的相关内容。

② 启动方式 2，语句如下。

```
[atguigu@hadoop102 hbase]$ bin/start-hbase.sh
```

（7）停止 HBase 服务，语句如下。

```
[atguigu@hadoop102 hbase]$ bin/stop-hbase.sh
```

（8）访问 HBase 页面。

HBase 服务启动成功后，可以通过“host:port”方式来访问 HBase 页面。

2. Phoenix 安装部署

（1）上传并解压 Phoenix 安装包，将解压后的安装包重命名为 phoenix。

```
[atguigu@hadoop102  software]$  tar  -zxvf  apache-phoenix-5.0.0-HBase-2.0-bin.tar.gz  -C
/opt/module/
[atguigu@hadoop102 software]$ cd /opt/module/
[atguigu@hadoop102 module]$ mv apache-phoenix-5.0.0-HBase-2.0-bin phoenix
```

（2）进入到解压后的安装包内，将 server 包先复制到 HBase 安装目录的 lib 目录下，再将其分发至其他节点服务器。

```
[atguigu@hadoop102 module]$ cd /opt/module/phoenix/
```

```
[atguigu@hadoop102 phoenix]$ cp /opt/module/phoenix/phoenix-5.0.0-HBase-2.0-server.jar /opt/
module/hbase/lib/
[atguigu@hadoop102 phoenix]$ xsync /opt/module/hbase/lib/phoenix-5.0.0-HBase-2.0-server.jar
```

（3）配置环境变量。

```
[atguigu@hadoop102 ~]$ sudo vim /etc/profile.d/my_env.sh
```

增加以下内容。

```
# PHOENIX_HOME
export PHOENIX_HOME=/opt/module/phoenix
export PHOENIX_CLASSPATH=$PHOENIX_HOME
export PATH=$PATH:$PHOENIX_HOME/bin
```

（4）打开 HBase 安装目录下的 conf/hbase-site.xml 文件。

```
[atguigu@hadoop102 phoenix]$ vim /opt/module/hbase/conf/hbase-site.xml
```

增加 Phoenix 相关配置如下。

```
<property>
    <name>phoenix.schema.isNamespaceMappingEnabled</name>
    <value>true</value>
</property>

<property>
    <name>phoenix.schema.mapSystemTablesToNamespace</name>
    <value>true</value>
</property>
```

分发修改后的配置文件。

```
[atguigu@hadoop102 phoenix]$ xsync /opt/module/hbase/conf/hbase-site.xml
```

（5）打开 Phoenix 安装目录下的 bin/hbase-site.xml 文件。

```
[atguigu@hadoop102 phoenix]$ vim bin/hbase-site.xml
```

增加配置如下。

```
<property>
    <name>phoenix.schema.isNamespaceMappingEnabled</name>
    <value>true</value>
</property>

<property>
    <name>phoenix.schema.mapSystemTablesToNamespace</name>
    <value>true</value>
</property>
```

（6）配置修改完毕后，重启 HBase 集群。

```
[atguigu@hadoop102 ~]$ stop-hbase.sh
[atguigu@hadoop102 ~]$ start-hbase.sh
```

（7）执行以下命令，即可开启 Phoenix 的查询客户端。

```
[atguigu@hadoop101  phoenix]$  /opt/module/phoenix/bin/sqlline.py  hadoop102,hadoop103,
hadoop104:2181
```

3. IDEA 中 Phoenix 环境准备

（1）需要引入 Phoenix 胖客户端（Thick Client）的关键依赖，如下所示。

```
<dependency>
<groupId>org.apache.phoenix</groupId>
    <artifactId>phoenix-spark</artifactId>
    <version>5.0.0-HBase-2.0</version>
    <exclusions>
```

```
        <exclusion>
            <groupId>org.glassfish</groupId>
            <artifactId>javax.el</artifactId>
        </exclusion>
    </exclusions>
</dependency>
```

（2）在 Maven 工程的 resources 目录下创建 hbase-site.xml 文件，如图 7-5 所示。

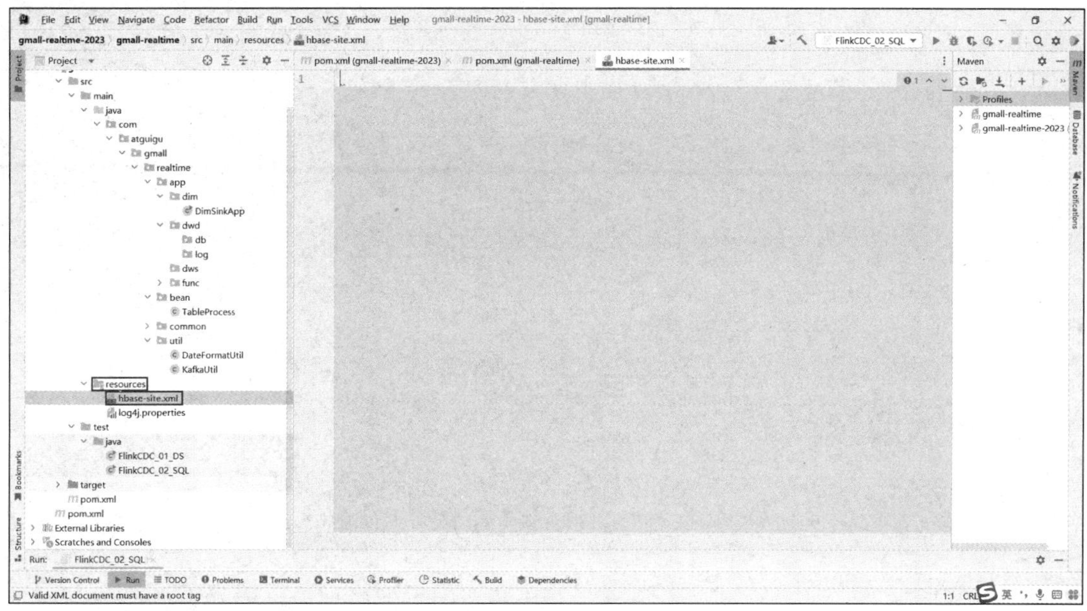

图 7-5　创建 hbase-site.xml 文件

在文件中添加如下内容。

```
<configuration>
<property>
    <name>hbase.rootdir</name>
    <value>hdfs://hadoop102:8020/HBase</value>
</property>

<property>
    <name>hbase.cluster.distributed</name>
    <value>true</value>
</property>

<property>
    <name>hbase.zookeeper.quorum</name>
    <value>hadoop102,hadoop103,hadoop104</value>
</property>

<property>
    <name>hbase.unsafe.stream.capability.enforce</name>
    <value>false</value>
</property>

<property>
    <name>hbase.wal.provider</name>
```

```
    <value>filesystem</value>
</property>

<!-- 注意：为了开启 HBase 的 Namespace 和 Phoenix 的 schema 映射，需要增加以下两项配置。另外，在节点服务器 HBase 和 Phoenix 的 hbase-site.xml 配置文件中，也需要增加这两项配置-->
<property>
    <name>phoenix.schema.isNamespaceMappingEnabled</name>
    <value>true</value>
</property>

<property>
    <name>phoenix.schema.mapSystemTablesToNamespace</name>
    <value>true</value>
</property>
</configuration>
```

以上配置增加完毕，即可编写程序连接 Phoenix 客户端，查询 HBase 中的数据了，具体操作将在 7.3.3 节中详细展示。

7.2 关键技术解读

7.1 节是项目开发的环境准备过程，本节将讲解 DIM 层开发中使用的关键技术。

7.2.1 Flink CDC

Flink 社区开发了 flink-cdc-connectors 组件，这是一个可以从 MySQL、PostgreSQL 等数据库直接读取全量数据和增量变更数据的 Source 组件，目前也已开源。Flink CDC 支持的数据库连接器如表 7-1 所示。

表 7-1 Flink CDC 支持的数据库连接器

连 接 器	数 据 库	数据库版本	Flink 版 本
MySQL CDC	MySQL	MySQL：5.7，8.0.x JDBC Driver：8.0.16	1.11 及以上
Postgres CDC	PostgreSQL	PostgreSQL：9.6，10，11，12 JDBC Driver：8.0.16	1.11 及以上

本项目中使用 MySQL 的 Flink CDC 连接器。在使用 Flink CDC 前，需要确保 MySQL 已经开启了 binlog 服务，此前在使用 Maxwell 时已经开启过，此处不再重复操作。

Flink CDC 共有两种应用方式，分别是 DataStream 方式和 Flink SQL 方式。两种方式的区别是：在 DataStream 方式中，读取 MySQL 的变动数据后，会形成一个数据流 DataStream；在 Flink SQL 方式中，会将 MySQL 的变动数据注册为一张动态表，用户可以使用标准 SQL 的方式查询分析。下面将分别介绍两种方式下，应该导入哪些关键依赖，以及如何简单地编写代码。

1. DataStream 方式的应用

（1）导入关键依赖如下，其他所需依赖参见 7.1.1 节。

```
<dependencies>
    <dependency>
        <groupId>com.ververica</groupId>
        <artifactId>flink-connector-mysql-cdc</artifactId>
```

```
        <version>2.1.0</version>
    </dependency>

    <!-- 如果不引入 flink-table 相关依赖，则会报错：Caused by: java.lang.ClassNotFoundException: org.apache.flink.connector.base.source.reader.RecordEmitter 引入如下依赖可以解决这个问题（也可以引入某些其他的 flink-table 相关依赖）-->
    <dependency>
        <groupId>org.apache.flink</groupId>
        <artifactId>flink-table-api-java-bridge_2.12</artifactId>
        <version>1.13.0</version>
    </dependency>
</dependencies>
```

（2）编写代码。

```
import com.ververica.cdc.connectors.mysql.source.MySqlSource;
import com.ververica.cdc.connectors.mysql.table.StartupOptions;
import com.ververica.cdc.debezium.JsonDebeziumDeserializationSchema;
import org.apache.flink.api.common.eventtime.WatermarkStrategy;
import org.apache.flink.api.common.restartstrategy.RestartStrategies;
import org.apache.flink.api.common.time.Time;
import org.apache.flink.runtime.state.hashmap.HashMapStateBackend;
import org.apache.flink.streaming.api.CheckpointingMode;
import org.apache.flink.streaming.api.datastream.DataStreamSource;
import org.apache.flink.streaming.api.environment.CheckpointConfig;
import org.apache.flink.streaming.api.environment.StreamExecutionEnvironment;

public class FlinkCDC_01_DS {
    public static void main(String[] args) throws Exception {
        // 1.准备流处理环境
        StreamExecutionEnvironment env = StreamExecutionEnvironment.getExecutionEnvironment();
        env.setParallelism(1);

        // 2.开启检查点，Flink-CDC 会将读取的 binlog 的位置信息，以状态的方式保存在检查点中， 从检查点 Checkpoint 或者保存点 Savepoint 启动程序可以做到断点续传

        // 2.1 开启检查点 Checkpoint,每隔 5 秒做检查点,并指定检查点的一致性语义
        env.enableCheckpointing(3000L, CheckpointingMode.EXACTLY_ONCE);
        // 2.2 设置超时时间为 1 分钟
        env.getCheckpointConfig().setCheckpointTimeout(60 * 1000L);
        // 2.3 设置两次重启的最小时间间隔
        env.getCheckpointConfig().setMinPauseBetweenCheckpoints(3000L);
        // 2.4 设置任务关闭时保留最后一次检查点数据
        env.getCheckpointConfig().enableExternalizedCheckpoints(
                CheckpointConfig.ExternalizedCheckpointCleanup.RETAIN_ON_CANCELLATION);
        // 2.5 指定从检查点自动重启
        env.setRestartStrategy(RestartStrategies.failureRateRestart(
                3, Time.days(1L), Time.minutes(1L)
        ));
        // 2.6 设置状态后端
        env.setStateBackend(new HashMapStateBackend());
        env.getCheckpointConfig().setCheckpointStorage(
                "hdfs://hadoop102:8020/flinkCDC"
```

```
        );
        // 2.7 设置访问 HDFS 的用户名
        System.setProperty("HADOOP_USER_NAME", "atguigu");

        // 3.创建 Flink-MySQL-CDC 的 Source
        MySqlSource<String> mySqlSource = MySqlSource.<String>builder()
                .hostname("hadoop102")
                .port(3306)
                .databaseList("gmall") // 设置监控数据库
                .tableList("gmall.base_category1") // 设置监控数据表
                .username("root")
                .password("000000")
                .deserializer(new JsonDebeziumDeserializationSchema()) // 将数据转换成 JSON 格式
                .startupOptions(StartupOptions.initial())
                .build();

        // 4.使用 CDC Source 从 MySQL 读取数据
        DataStreamSource<String> mysqlDS =
                env.fromSource(
                        mySqlSource,
                        WatermarkStrategy.noWatermarks(),
                        "MysqlSource");


        // 5.打印输出
        mysqlDS.print();

        // 6.执行任务
        env.execute();
    }
}
```

运行以上代码，IDEA 控制台输出如下内容。


```
{"before":null,"after":{"id":7,"name":"厨具"},"source":{"version":"1.5.4.Final", "connector":
"mysql","name":"mysql_binlog_source","ts_ms":1670419309011,"snapshot":"false","db":"gmal
l","sequence":null,"table":"base_category1","server_id":0,"gtid":null,"file":"","pos":0,
"row":0,"thread":null,"query":null},"op":"r","ts_ms":1670419309011,"transaction":null}
{"before":null,"after":{"id":6,"name":"电脑办公"},"source":{"version":"1.5.4.Final", "connector":
"mysql","name":"mysql_binlog_source","ts_ms":1670419309010,"snapshot":"false","db":"gmal
l","sequence":null,"table":"base_category1","server_id":0,"gtid":null,"file":"","pos":0,
"row":0,"thread":null,"query":null},"op":"r","ts_ms":1670419309011,"transaction":null}
{"before":null,"after":{"id":5,"name":"家居家装"},"source":{"version":"1.5.4.Final", "connector":
"mysql","name":"mysql_binlog_source","ts_ms":1670419309010,"snapshot":"false","db":"gmal
l","sequence":null,"table":"base_category1","server_id":0,"gtid":null,"file":"","pos":0,
"row":0,"thread":null,"query":null},"op":"r","ts_ms":1670419309010,"transaction":null}
{"before":null,"after":{"id":4,"name":"数码"},"source":{"version":"1.5.4.Final", "connector":
"mysql","name":"mysql_binlog_source","ts_ms":1670419309010,"snapshot":"false","db":"gmal
l","sequence":null,"table":"base_category1","server_id":0,"gtid":null,"file":"","pos":0,
"row":0,"thread":null,"query":null},"op":"r","ts_ms":1670419309010,"transaction":null}
{"before":null,"after":{"id":3,"name":"家用电器"},"source":{"version":"1.5.4.Final", "connector":
"mysql","name":"mysql_binlog_source","ts_ms":1670419309010,"snapshot":"false","db":"gmal
l","sequence":null,"table":"base_category1","server_id":0,"gtid":null,"file":"","pos":0,
"row":0,"thread":null,"query":null},"op":"r","ts_ms":1670419309010,"transaction":null}
```

```
...
一月 10, 2023 9:21:49 下午 com.github.shyiko.mysql.binlog.BinaryLogClient connect
信息: Connected to hadoop102:3306 at mysql-bin.000087/154 (sid:6309, cid:79)
```

2. Flink SQL 方式的应用

（1）导入关键依赖如下，其他所需依赖参见 7.1.1 节。

```
<dependencies>
    <dependency>
        <groupId>com.ververica</groupId>
        <artifactId>flink-connector-mysql-cdc</artifactId>
        <version>2.1.0</version>
    </dependency>

    <dependency>
        <groupId>org.apache.flink</groupId>
        <artifactId>flink-table-planner-blink_2.12</artifactId>
        <version>1.13.0</version>
</dependency>
</dependencies>
```

（2）编写代码。

```
import org.apache.flink.streaming.api.environment.StreamExecutionEnvironment;
import org.apache.flink.table.api.bridge.java.StreamTableEnvironment;

public class FlinkCDC_02_SQL {
    public static void main(String[] args) throws Exception {
        // 1.准备环境
        // 1.1 流处理环境
        StreamExecutionEnvironment env = StreamExecutionEnvironment.getExecutionEnvironment();
        env.setParallelism(1);
        // 1.2 表执行环境
        StreamTableEnvironment tableEnv = StreamTableEnvironment.create(env);

        // 2.创建动态表
        tableEnv.executeSql("CREATE TABLE user_info (\n" +
                "id INT,\n" +
                "name STRING,\n" +
                "age INT,\n" +
                "primary key(id) not enforced\n" +
                ") WITH (" +
                "'connector' = 'mysql-cdc'," +
                "'hostname' = 'hadoop102'," +
                "'port' = '3306'," +
                "'username' = 'root'," +
                "'password' = '000000'," +
```

```
                "'database-name' = 'gmall'," +
                "'table-name' = 'base_category1'" +
                ")");

        tableEnv.executeSql("select * from user_info").print();

        // 3.执行任务
        env.execute();
    }
}
```

运行以上代码，IDEA 控制台输出如下内容。

```
+----+-------------+--------------------------------+-------------+
| op |          id |                           name |         age |
+----+-------------+--------------------------------+-------------+
| +I |          10 |                           钟表 |      (NULL) |
| +I |          11 |                           鞋靴 |      (NULL) |
| +I |          12 |                           母婴 |      (NULL) |
| +I |          15 |                           珠宝 |      (NULL) |
| +I |          16 |                       汽车用品 |      (NULL) |
| +I |          17 |                       运动健康 |      (NULL) |
十二月 08, 2022 2:05:06 下午 com.github.shyiko.mysql.binlog.BinaryLogClient connect
信息: Connected to hadoop102:3306 at mysql-bin.000088/154 (sid:6369, cid:25)
```

7.2.2 配置表设计

在 ODS 层的构建中，我们将所有的业务数据统一写入至 Kafka 的 topic_db 主题中，为了方便后续使用维度表数据，我们需要将维度表数据全部保存至 HBase。那么我们将面临一系列的问题，如何让实时计算程序知道 Kafka 中哪些数据是维度表数据？应该写入到 HBase 的哪些表呢？

为了解决以上问题，我们可以创建一个配置文件，在配置文件中写明哪些数据需要保存至 HBase。但是这时又出现了一个问题，若业务数据中新增了一张维度表，程序如果想读取这张新表的数据，就需要修改配置文件，然后重启计算程序，这样做的成本是巨大的。因此我们需要一种动态配置方案，把这些配置信息长期保存起来，一旦配置发生变更，实时计算程序即可收到通知。

为此，我们提出了以下三个解决方案。

- 使用 ZooKeeper 存储配置信息，通过 ZooKeeper 的监听功能感知数据变化。
- 使用 MySQL 数据库存储配置信息，周期性地同步 MySQL 中的配置文件数据。
- 使用 MySQL 数据库存储配置信息，使用 Flink CDC 监控配置文件变动情况。

在本项目中，选择使用第 3 种解决方案。在 MySQL 中构建一张配置表，通过 Flink CDC 将配置表中的信息读取到程序中，并且实时监控配置表的变动情况。读取到的信息形成配置流，将配置流作为广播流与主流进行连接。主流参照配置流的信息，决定将流中的哪些数据保存至 HBase 的哪些表中。

方案确定以后，接下来需要准备配置表。我们将为配置表设计七个字段，如下所示。

- source_table：作为数据源的业务数据表名。
- operate_type：要筛选的原始数据的操作类型，“insert”或“update”。
- sink_table：作为数据目的地的 Phoenix 表名。
- sink_type：该行所属层级，“dim”或“dwd”。
- sink_columns：Phoenix 表字段。

- sink_pk：Phoenix 表主键。
- sink_extend：Phoenix 建表扩展，即建表时一些额外的配置语句。

将 source_table 作为配置表的主键，可以通过它获取唯一的目标表名、字段、主键和建表扩展，从而得到完整的 Phoenix 建表语句。

其中 sink_type 字段的存在，是因为本配置表还需要为 DWD 层的一些事实表的构建服务，sink_type 字段起到区分数据所属层级的作用，若该字段值为"dim"，则说明该行数据是 DIM 层的配置信息。

配置表创建过程如下。

（1）创建数据库 gmall_config。

```
[atguigu@hadoop102 ~]$ mysql -uroot -p000000 -e"create database gmall_config charset utf8
default collate utf8_general_ci"
```

（2）在 gmall_config 库中创建配置表 table_process。以下建表语句只为展示表格结构，无须执行。在第（4）步执行的脚本文件中包含建表语句。

```
DROP TABLE IF EXISTS `table_process`;
CREATE TABLE `table_process` (
  `source_table` varchar(200) NOT NULL COMMENT '来源表',
  `operate_type` varchar(200) NOT NULL COMMENT '筛选操作类型',
  `sink_table` varchar(200) NOT NULL COMMENT '输出表',
  `sink_type` varchar(200) NOT NULL COMMENT '所属层级，dim 或 dwd',
  `sink_columns` varchar(2000) COMMENT '输出字段',
  `sink_pk` varchar(200) COMMENT '主键字段',
  `sink_extend` varchar(200) COMMENT '建表扩展',
  PRIMARY KEY (`sink_table`)
) ENGINE=InnoDB DEFAULT CHARSET=utf8;
```

（3）打开 MySQL 的配置文件 my.cnf。

```
[atguigu@hadoop102 ~]$ sudo vim /etc/my.cnf
```

在文件中增加如下内容。

```
binlog-do-db=gmall_config
```

重启 MySQL。

```
[atguigu@hadoop102 ~]$ sudo systemctl restart mysqld
```

（4）将本书附赠资料中的 table_process.sql 文件上传至 atguigu 用户的家目录/home/atguigu 下，在该目录下启动 MySQL 客户端，执行以下操作。

```
mysql> use gmall_config;
Database changed
mysql> source /home/atguigu/table_process.sql
Query OK, 0 rows affected (0.00 sec)
Query OK, 0 rows affected (0.00 sec)
Query OK, 0 rows affected (0.00 sec)
Query OK, 0 rows affected (0.00 sec)
Query OK, 0 rows affected (0.01 sec)
Query OK, 1 row affected (0.00 sec)
Query OK, 1 row affected (0.00 sec)
Query OK, 1 row affected (0.00 sec)
Query OK, 1 row affected (0.00 sec)
Query OK, 1 row affected (0.01 sec)
Query OK, 1 row affected (0.00 sec)
```

（5）数据导入后，配置表数据如图 7-6 所示。

对象　table_process @gmall_confi...

开始事务　文本 ·　筛选　排序　导入　导出

source_table	operate_type	sink_table	sink_type	sink_columns	sink_pk	sink_extend
activity_info	ALL	dim_activity_info	dim	id,activity_name,acti	id	(Null)
activity_rule	ALL	dim_activity_rule	dim	id,activity_id,activity	id	(Null)
activity_sku	ALL	dim_activity_sku	dim	id,activity_id,sku_id,c	id	(Null)
base_category1	ALL	dim_base_category1	dim	id,name	id	(Null)
base_category2	ALL	dim_base_category2	dim	id,name,category1_i	id	(Null)
base_category3	ALL	dim_base_category3	dim	id,name,category2_i	id	(Null)
base_province	ALL	dim_base_province	dim	id,name,region_id,ar	(Null)	(Null)
base_region	ALL	dim_base_region	dim	id,region_name	(Null)	(Null)
base_trademark	ALL	dim_base_trademark	dim	id,tm_name	id	(Null)
coupon_info	ALL	dim_coupon_info	dim	id,coupon_name,cou	id	(Null)
coupon_range	ALL	dim_coupon_range	dim	id,coupon_id,range_	id	(Null)
financial_sku_cost	ALL	dim_financial_sku_cost	dim	id,sku_id,sku_name,b	id	(Null)
sku_info	ALL	dim_sku_info	dim	id,spu_id,price,sku_n	id	SALT_BUCKETS = 4
spu_info	ALL	dim_spu_info	dim	id,spu_name,descrip	id	SALT_BUCKETS = 3
user_info	ALL	dim_user_info	dim	id,login_name,name,	id	SALT_BUCKETS = 3
comment_info	insert	dwd_interaction_comment	dwd	id,user_id,sku_id,ord	(Null)	(Null)
favor_info	insert	dwd_interaction_favor_add	dwd	id,user_id,sku_id,cre	(Null)	(Null)
coupon_use	insert	dwd_tool_coupon_get	dwd	id,coupon_id,user_ic	(Null)	(Null)
coupon_use	update	dwd_tool_coupon_order	dwd	id,coupon_id,user_ic	(Null)	{"data": {"coupon_st
coupon_use	update	dwd_tool_coupon_pay	dwd	id,coupon_id,user_ic	(Null)	{"data": {"used_time
user_info	insert	dwd_user_register	dwd	id,create_time	(Null)	(Null)

图 7-6　配置表数据

7.3　DIM 层代码编写

DIM 层的构建主要分为三步：第一步，接收 Kafka 数据，初步过滤原始数据，将不符合 JSON 格式的非法数据过滤掉；第二步，根据配置表中的信息，将过滤后的数据继续分流处理；第三步，将处理后的数据保存至对应的 Phoenix 表中。DIM 层构建过程如图 7-7 所示。

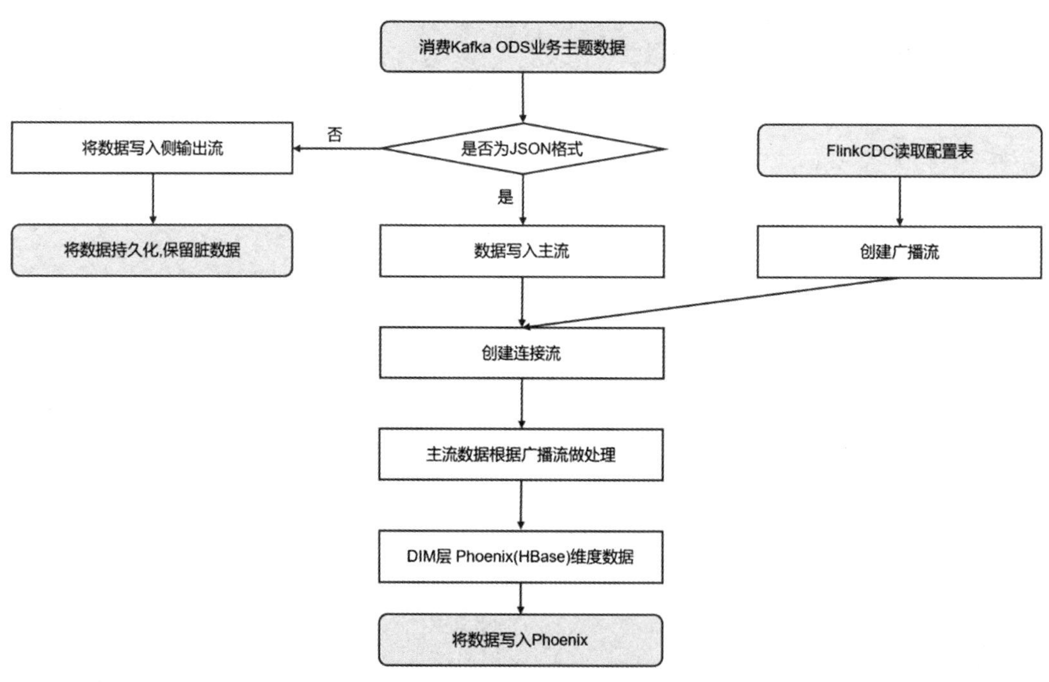

图 7-7　DIM 层构建过程

7.3.1　接收 Kafka 数据过滤脏数据

构建 DIM 层的第一步是接收 Kafka 的 topic_db 数据，对数据进行初步清洗。因为 topic_db 中的数据是由 Maxwell 采集的，数据的格式为 JSON，若 JSON 格式不完整，后续将不能被解析，所以我们要对数据进行 JSON 格式完整性验证。具体代码编写过程如下。

（1）创建 KafkaUtil 工具类。

与 Kafka 交互需要使用 Flink 提供的 FlinkKafkaConsumer、FlinkKafkaProducer 类，为了提高代码的复用性，将消费 Kafka 数据的操作过程封装至 KafkaUtil 工具类中。

在 utils 包下创建类 KafkaUtil，并编写读取数据的方法 getKafkaConsumer(String topic, String groupId)，代码如下。

```
public class KafkaUtil {
    static String BOOTSTRAP_SERVERS = "hadoop102:9092, hadoop103:9092, hadoop104:9092";
    static String DEFAULT_TOPIC = "default_topic";

    public  static  FlinkKafkaConsumer<String>   getKafkaConsumer(String  topic,  String
groupId) {
        Properties prop = new Properties();
        prop.setProperty("bootstrap.servers", BOOTSTRAP_SERVERS);
        prop.setProperty(ConsumerConfig.GROUP_ID_CONFIG, groupId);

        FlinkKafkaConsumer<String> consumer = new FlinkKafkaConsumer<>(topic,
                new KafkaDeserializationSchema<String>() {
                    @Override
                    public boolean isEndOfStream(String nextElement) {
                        return false;
                    }

                    @Override
                    public String deserialize(ConsumerRecord<byte[], byte[]> record) throws
Exception {
                        if(record != null && record.value() != null) {
                            return new String(record.value());
                        }
                        return null;
                    }

                    @Override
                    public TypeInformation<String> getProducedType() {
                        return TypeInformation.of(String.class);
                    }
                }, prop);
        return consumer;
    }
}
```

（2）在 dim 包下创建类 DimSinkApp，作为 DIM 层构建的主程序，主要代码都将在此类中编写。在本节中，先从 Kafka 中读取数据并简单地转换数据格式，清洗掉不包含有效信息的数据和格式不完整的数据。

```
public class DimSinkApp {
    public static void main(String[] args) throws Exception {
        // 1. 环境准备
        StreamExecutionEnvironment env = StreamExecutionEnvironment.getExecutionEnvironment();
        env.setParallelism(4);

        // 2. 状态后端设置
        env.enableCheckpointing(3000L, CheckpointingMode.EXACTLY_ONCE);
```

```
        env.getCheckpointConfig().setCheckpointTimeout(60 * 1000L);
        env.getCheckpointConfig().setMinPauseBetweenCheckpoints(3000L);
        env.getCheckpointConfig().enableExternalizedCheckpoints(
                CheckpointConfig.ExternalizedCheckpointCleanup.RETAIN_ON_CANCELLATION
        );
        env.setRestartStrategy(RestartStrategies.failureRateRestart(
                10, Time.of(1L, TimeUnit.DAYS), Time.of(3L, TimeUnit.MINUTES)
        ));
        env.setStateBackend(new HashMapStateBackend());
        env.getCheckpointConfig().setCheckpointStorage("hdfs://hadoop102:8020/gmall/ck");
        System.setProperty("HADOOP_USER_NAME", "atguigu");

        // 3. 读取业务主流
        String topic = "topic_db";
        String groupId = "dim_sink_app";
        DataStreamSource<String>   gmallDS   =   env.addSource(KafkaUtil.getKafkaConsumer(topic,
groupId));

        // 4. 主流 ETL
        SingleOutputStreamOperator<String> filterDS = gmallDS.filter(
                jsonStr ->
                {
                    try {
                        JSONObject jsonObj = JSON.parseObject(jsonStr);
                        jsonObj.getJSONObject("data");
                        String type = jsonObj.getString("type");
                        return !type.equals("bootstrap-start")
                                && !type.equals("bootstrap-complete");
                    } catch (Exception exception) {
                        exception.printStackTrace();
                        return false;
                    }
                });

        // 5. 主流数据结构转换
        SingleOutputStreamOperator<JSONObject> jsonDS = filterDS.map(JSON::parseObject);

        env.execute();
    }
}
```

7.3.2 动态拆分维度表数据

利用 Flink CDC，读取 MySQL 中配置表的数据，封装成配置流，并将配置流广播出去。主流与配置流连接，主流按照配置流中的信息动态拆分维度表数据。具体过程如下。

1. 导入依赖

在 pom.xml 文件中增加以下依赖。若在 Flink CDC 测试时已导入相关依赖，此处请勿重复导入。

```
<dependency>
    <groupId>org.apache.flink</groupId>
```

```
    <artifactId>flink-connector-jdbc_${scala.version}</artifactId>
    <version>${flink.version}</version>
</dependency>

<dependency>
    <groupId>com.ververica</groupId>
    <artifactId>flink-connector-mysql-cdc</artifactId>
    <version>2.1.0</version>
</dependency>

<dependency>
    <groupId>org.apache.phoenix</groupId>
    <artifactId>phoenix-spark</artifactId>
    <version>5.0.0-HBase-2.0</version>
    <exclusions>
        <exclusion>
            <groupId>org.glassfish</groupId>
            <artifactId>javax.el</artifactId>
        </exclusion>
    </exclusions>
</dependency>

<!-- 如果不引入 flink-table 相关依赖，则会报错：
Caused by: java.lang.ClassNotFoundException:
org.apache.flink.connector.base.source.reader.RecordEmitter
引入以下依赖可以解决这个问题（引入某些其他的 flink-table 相关依赖也可以）
-->
<dependency>
    <groupId>org.apache.flink</groupId>
    <artifactId>flink-table-api-java-bridge_2.12</artifactId>
    <version>1.13.0</version>
</dependency>
```

2. 实体类与常量

（1）在 bean 包下创建配置表实体类 TableProcess，用于在使用 Flink CDC 读取配置表信息之后封装数据。

```
package com.atguigu.gmall.realtime.bean;
import lombok.Data;

@Data
public class TableProcess {
    // 来源表
    String sourceTable;

    // 要筛选的操作类型
    String operateType;

    // 输出表
    String sinkTable;

    // 所属层级，dim 或 dwd
    String sinkType;
```

```
    // 输出字段
    String sinkColumns;

    // 主键字段
    String sinkPk;

    // 建表扩展
    String sinkExtend;
}
```

（2）在 common 包下定义一个项目中常用的配置常量类 GmallConfig。

```
package com.atguigu.gmall.realtime.common;

public class GmallConfig {

    // Phoenix 库名
    public static final String HBASE_SCHEMA = "GMALL2023_REALTIME";

    // Phoenix 驱动
    public static final String PHOENIX_DRIVER = "org.apache.phoenix.jdbc.PhoenixDriver";

    // Phoenix 连接参数
    public static final String PHOENIX_SERVER = "jdbc:phoenix:hadoop102,hadoop103,hadoop104:2181";
}
```

3. 读取配置表形成广播流

在 DIM 层主程序 DimSinkApp 下继续编写代码，读取配置表数据，封装为流并广播出去。在代码中，广播流的形成需要直接调用 DataStream 的 broadcast 方法，传入一个映射状态描述器（MapStateDescriptor），用来说明流的名称和类型，就可以得到一个广播流。将要处理的主流与广播流进行连接操作，就可以得到广播连接流。

```
// 6. FlinkCDC 读取配置流并广播流
// 6.1 FlinkCDC 读取配置表信息
MySqlSource<String> mySqlSource = MySqlSource.<String>builder()
        .hostname("hadoop102")
        .port(3306)
        .databaseList("gmall_config") // 配置数据库名称
        .tableList("gmall_config.table_process") // 配置数据表名称
        .username("root")
        .password("000000")
        .deserializer(new JsonDebeziumDeserializationSchema()) // 将数据转换成 JSON 格式
        .startupOptions(StartupOptions.initial())
        .build();

// 6.2 封装为流
DataStreamSource<String> mysqlDSSource = env.fromSource(mySqlSource, WatermarkStrategy.
noWatermarks(), "MysqlSource").setParallelism(1);

// 6.3 广播配置流
MapStateDescriptor<String, TableProcess> tableConfigDescriptor = new MapStateDescriptor<String,
TableProcess>("table-process-state", String.class, TableProcess.class);
BroadcastStream<String> broadcastDS = mysqlDSSource.broadcast(tableConfigDescriptor);
```

```
// 7. 将主流 filterDS 与广播流 broadcastDS 连接，形成广播连接流 connectedStream
BroadcastConnectedStream<JSONObject, String> connectedStream = jsonDS.connect(broadcastDS);
```

4. 创建连接池工具类

与连接其他关系型数据库相同，若想连接 Phoenix，可以使用阿里巴巴的连接池工具 Druid。为了提升效率，减少频繁创建和销毁连接带来的性能损耗，需要创建连接池工具类。

（1）在 pom.xml 文件中添加 Druid 连接池依赖。

```
<dependency>
    <groupId>com.alibaba</groupId>
    <artifactId>druid</artifactId>
    <version>1.1.16</version>
</dependency>
```

（2）在 utils 包下创建 Druid 连接池工具类 DruidDSUtil。

```
package com.atguigu.gmall.realtime.util;

import com.alibaba.druid.pool.DruidDataSource;
import com.alibaba.druid.pool.DruidPooledConnection;
import com.atguigu.gmall.realtime.common.GmallConfig;

import java.sql.SQLException;

public class DruidDSUtil {
    private static DruidDataSource phoenixDataSource;

    static {
        // 创建连接池
        phoenixDataSource = new DruidDataSource();
        // 设置驱动全类名
        phoenixDataSource.setDriverClassName(GmallConfig.PHOENIX_DRIVER);
        // 设置连接 url
        phoenixDataSource.setUrl(GmallConfig.PHOENIX_SERVER);
        // 设置初始化连接池时，池中连接的数量
        phoenixDataSource.setInitialSize(5);
        // 设置同时活跃的最大连接数
        phoenixDataSource.setMaxActive(20);
        // 设置空闲时的最小连接数，必须介于 0 和最大连接数之间，默认为 0
        phoenixDataSource.setMinIdle(1);
        // 设置没有空余连接时的等待时间，超时抛出异常，-1 表示一直等待
        phoenixDataSource.setMaxWait(-1);
        // 验证连接是否可用使用的 SQL 语句
        phoenixDataSource.setValidationQuery("select 1");
        // 指明连接是否被空闲连接回收器（如果有）进行检验，如果检测失败，则连接将被从池中去除
        // 注意，默认值为 true，如果没有设置 validationQuery，则报错
        // testWhileIdle is true, validationQuery not set
        phoenixDataSource.setTestWhileIdle(true);
        // 借出连接时，是否测试，设置为 false，不测试，否则很影响性能
        phoenixDataSource.setTestOnBorrow(false);
        // 归还连接时，是否测试
        phoenixDataSource.setTestOnReturn(false);
        // 设置空闲连接回收器每隔 30s 运行一次
```

```
        phoenixDataSource.setTimeBetweenEvictionRunsMillis(30 * 1000L);
        // 设置池中连接空闲 30min 被回收，默认值即为 30 min
        phoenixDataSource.setMinEvictableIdleTimeMillis(30 * 60 * 1000L);
    }
    public static DruidPooledConnection getPhoenixConn() throws SQLException {
        return phoenixDataSource.getConnection();
    }
}
```

5. 自定义函数 MyBroadcastFunction

主流与广播流连接后，会得到广播连接流 connectedStream，类型为 BroadcastConnectedStream。要想处理广播连接流，需要调用 process 方法，并在方法中传入广播处理函数 BroadcastProcessFunction。广播处理函数中包含两个关键方法，分别是 processBroadcastElement 方法和 processElent 方法，其中 processBroadcastElement 方法用于处理广播流中的数据，processElent 方法用于处理主流数据。

我们需要自定义一个广播处理函数 MyBroadcastFunction，并在其中重写 processBroadcastElement 方法和 processElent 方法，两个方法的逻辑过程如图 7-8 所示。

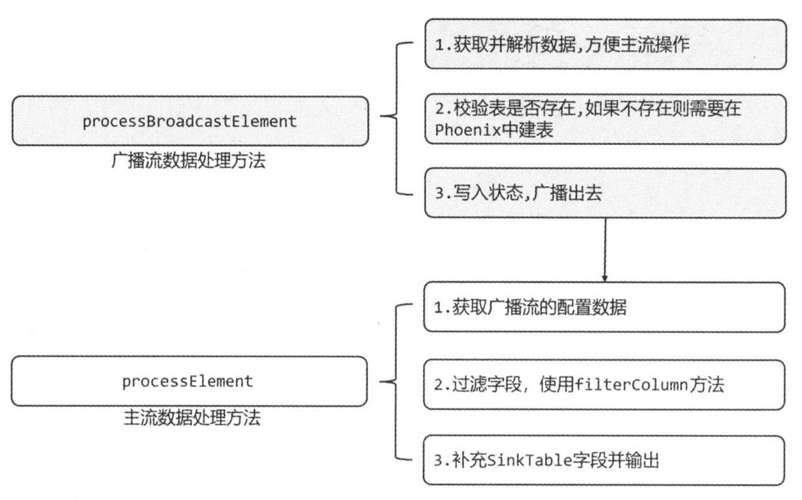

图 7-8 MyBroadcastFunction 逻辑过程

从图 7-9 可以得知，主流数据的处理依赖广播流中的数据，当主流中的数据先到来，但是广播流中的配置表数据尚未加载时，就会导致主流数据丢失。这在实际开发环境中是有可能发生的。当我们在实际开发环境中启动程序时，主流读取 Kafka 的 topic_db 主题数据和广播流读取的配置表数据是无法保证加载的先后顺序的。

针对上述问题，我们考虑在 Flink 应用初始化时，将配置表数据预加载至内存中，当主流数据先到达且无法从广播流状态中获取对应数据时，就可以读取内存中的配置表数据。ProcessFunction 的 open 方法就可以实现我们的需求。

ProcessFunction 的声明周期由 open 方法开始，从 close 方法结束。open 方法是 ProcessFuncion 的初始化方法，像文件 IO 流的创建、数据库连接的创建、配置文件的读取等这样一次性的操作都适合在 open 方法中完成。

落实到我们当前的程序中，在 MyBroadcastFunction 的 open 方法中，通过 JDBC 的方式读取 MySQL 中的配置表数据，并将数据存储到一个 HashMap 类型的成员变量 configMap 中。当主流数据获取不到对应的状态时，即可访问 configMap，避免了主流数据丢失。当配置表的数据发生变化时，将变化同步至 configMap，保证 configMap 和状态中的配置信息保持一致。当程序发生故障重启时，会再次通过 JDBC 从配置表重新加载数据，保证了 configMap 中始终是最新的数据。

（1）在 func 包下创建自定义广播处理函数 MyBroadcastFunction，实现接口 BroadcastProcessFunction，如下所示。

```
package com.atguigu.gmall.realtime.app.func;

import com.alibaba.fastjson.JSONObject;
import com.atguigu.gmall.realtime.bean.TableProcess;
import org.apache.flink.api.common.state.MapStateDescriptor;
import org.apache.flink.streaming.api.functions.co.BroadcastProcessFunction;
import org.apache.flink.util.Collector;

public class MyBroadcastFunction extends BroadcastProcessFunction<JSONObject, String, JSONObject> {

   private MapStateDescriptor<String, TableProcess> tableConfigDescriptor;

public MyBroadcastFunction(MapStateDescriptor<String, TableProcess> tableConfigDescriptor) {
      this.tableConfigDescriptor = tableConfigDescriptor;
}

   @Override
   public void processElement(JSONObject jsonObj, ReadOnlyContext readOnlyContext, Collector<JSONObject> out) throws Exception {

   }

   @Override
   public void processBroadcastElement(String jsonStr, Context context, Collector<JSONObject> out) throws Exception {

   }
}
```

（2）重写接口 BroadcastProcessFunction 下的 open()方法，在方法中预加载配置表数据。

```
// 定义预加载配置对象
HashMap<String, String> configMap = new HashMap<>();

@Override
public void open(Configuration parameter) throws Exception {
   super.open(parameter);

   // 预加载配置信息
   Connection conn = DriverManager.getConnection("jdbc:mysql://hadoop102:3306/gmall_config?" +
         "user=root&password=000000&useUnicode=true&" +
         "characterEncoding=utf8&serverTimeZone=Asia/Shanghai&useSSL=false");

   String sql = "select * from gmall_config.table_process where sink_type='dim'";
   PreparedStatement preparedStatement = conn.prepareStatement(sql);
   ResultSet rs = preparedStatement.executeQuery();
   ResultSetMetaData metaData = rs.getMetaData();
   while (rs.next()) {
      JSONObject jsonValue = new JSONObject();
      for (int i = 1; i <= metaData.getColumnCount(); i++) {
```

```
            String columnName = metaData.getColumnName(i);
            String columnValue = rs.getString(i);
            jsonValue.put(columnName, columnValue);
        }

        String key = jsonValue.getString("source_table");
        configMap.put(key, jsonValue.toJSONString());
    }

    rs.close();
    preparedStatement.close();
    conn.close();
}
```

（3）编写 MyBroadcastFunction 的 processBroadcastElement 方法。其中加粗部分方法的代码将在第（5）步编写。

```
@Override
public void processBroadcastElement(String jsonStr, Context context, Collector<JSONObject> out)
throws Exception {

    JSONObject jsonObj = JSON.parseObject(jsonStr);

    BroadcastState<String, TableProcess> tableConfigState = context.getBroadcastState
(tableConfigDescriptor);

    String op = jsonObj.getString("op");

    // 若操作类型是删除，则清除广播状态中的对应值
    if ("d".equals(op)) {
        TableProcess before = jsonObj.getObject("before", TableProcess.class);
        String sinkTable = before.getSinkTable();
        // 只有输出类型为 "dim" 时才进行后续操作
        if ("dim".equals(sinkTable)) {
            String sourceTable = before.getSourceTable();
            tableConfigState.remove(sourceTable);

          // 清除 configMap 中的对应值
            configMap.remove(sourceTable);
        }
    // 操作类型为更新或插入，利用 Map key 的唯一性直接写入，状态中保留的是插入或更新的值
    } else {
        TableProcess config = jsonObj.getObject("after", TableProcess.class);
        String sinkType = config.getSinkType();
        // 只有输出类型为 "dim" 时才进行后续操作
        if("dim".equals(sinkType)) {
            String sourceTable = config.getSourceTable();
            String sinkTable = config.getSinkTable();
            String sinkColumns = config.getSinkColumns();
            String sinkPk = config.getSinkPk();
            String sinkExtend = config.getSinkExtend();

            tableConfigState.put(sourceTable , config);
```

```
    // 将修改同步到 configMap
        configMap.put(sourceTable, JSON.toJSONString(config));

        checkTable(sinkTable, sinkColumns, sinkPk, sinkExtend);
    }
  }
}
```

（4）在 utils 包下创建工具类 PhoenixUtil，方便后续在 Phoenix 中执行建表语句和插入语句。

```
package com.atguigu.gmall.realtime.util;

import java.sql.*;

public class PhoenixUtil {
    /**
     * 用于执行 Phoenix 建表语句或插入语句
     * @param sql 待执行的语句
     */
    public static void executeSQL(String sql) {

        DruidPooledConnection conn = null;
        try {
            conn = DruidDSUtil.getPhoenixConn();
        } catch (SQLException sqlException) {
            sqlException.printStackTrace();
            System.out.println("从 Druid 连接池获取连接对象异常");
        }

        PreparedStatement ps = null;
        try {
            //获取数据库操作对象
            ps = conn.prepareStatement(sql);
            //执行 SQL 语句
            ps.execute();
        } catch (Exception e) {
            e.printStackTrace();
            System.out.println("Phoenix 建表语句或插入语句执行异常");
        } finally {
            close(ps, conn);
        }
    }

    /**
     * 用于释放资源
     * @param ps 数据库操作对象
     * @param conn 连接对象
     */
    public static void close(PreparedStatement ps, Connection conn) {
        if (ps != null) {
            try {
                ps.close();
```

```
            } catch (SQLException e) {
                e.printStackTrace();
            }
        }
        if (conn != null) {
            try {
                conn.close();
            } catch (SQLException e) {
                e.printStackTrace();
            }
        }
    }
}
```

（5）在自定义广播处理函数 MyBroadcastFunction 中创建方法 checkTable，用于校验广播流中的 sinkTable 是否存在，若不存在则根据广播流中的信息在 Phoenix 中创建该表。建表前要先创建命名空间 GMALL2023_REALTIM，如下所示。

```
[atguigu@hadoop101  phoenix]$  /opt/module/phoenix/bin/sqlline.py  hadoop102,hadoop103,
hadoop104:2181
0: jdbc:phoenix:> create schema GMALL2023_REALTIME;
```

checkTable()方法如下。

```
/**
 * Phoenix 建表函数
 *
 * @param sinkTable 目标表名  eg. test
 * @param sinkColumns 目标表字段  eg. id,name,sex
 * @param sinkPk 目标表主键  eg. id
 * @param sinkExtend 目标表建表扩展字段  eg. ""
 * eg. create table if not exists mydb.test(id varchar primary key, name varchar, sex
varchar)...
 */
private void checkTable(String sinkTable, String sinkColumns, String sinkPk, String
sinkExtend) {
    // 封装建表 SQL 语句
    StringBuilder sql = new StringBuilder();
    sql.append("create table if not exists " + GmallConfig.HBASE_SCHEMA
            + "." + sinkTable + "(\n");
    String[] columnArr = sinkColumns.split(",");
    // 为主键及扩展字段赋默认值
    if (sinkPk == null) {
        sinkPk = "id";
    }
    if (sinkExtend == null) {
        sinkExtend = "";
    }
    // 遍历添加字段信息
    for (int i = 0; i < columnArr.length; i++) {
        sql.append(columnArr[i] + " varchar");
        // 判断当前字段是否为主键
        if (sinkPk.equals(columnArr[i])) {
            sql.append(" primary key");
        }
```

```
        // 如果当前字段不是最后一个字段，则追加","
        if (i < columnArr.length - 1) {
            sql.append(",\n");
        }
    }
    sql.append(")");
    sql.append(sinkExtend);
    String createStatement = sql.toString();

    PhoenixUtil.executeSQL(createStatement);
}
```

（6）编写 MyBroadcastFunction 的 processElement 方法，加粗部分方法在第（7）步编写代码。

```
@Override
public void processElement(JSONObject jsonObj, ReadOnlyContext readOnlyContext, Collector
<JSONObject> out) throws Exception {

    ReadOnlyBroadcastState<String, TableProcess> tableConfigState = readOnlyContext.
getBroadcastState(tableConfigDescriptor);

    // 获取配置信息
    String sourceTable = jsonObj.getString("table");
    TableProcess tableConfig = tableConfigState.get(sourceTable);

    // 状态中没有获取到配置信息时通过 configMap 获取
    if (tableConfig == null) {
        tableConfig = JSON.parseObject(configMap.get(sourceTable), TableProcess.class);
    }

    if (tableConfig != null) {
        JSONObject data = jsonObj.getJSONObject("data");
        String sinkTable = tableConfig.getSinkTable();

        // 根据 sinkColumns 过滤数据
        String sinkColumns = tableConfig.getSinkColumns();
        filterColumns(data, sinkColumns);

        // 将目标表名加入到主流数据中
        data.put("sinkTable", sinkTable);

        out.collect(data);
    }
}
```

（7）编写 MyBroadcastFunction 的 filterColumns 方法，方法的作用是校验字段，过滤掉数据中多余的字段。

```
private void filterColumns(JSONObject data, String sinkColumns) {
    Set<Map.Entry<String, Object>> dataEntries = data.entrySet();
    dataEntries.removeIf(r -> !sinkColumns.contains(r.getKey()));
}
```

至此，自定义广播连接函数 MyBroadcastFunction 的代码编写完毕。

6. 主程序代码

在主程序 DimSinkApp 中，用广播连接流 connectedStream 调用 process 方法，并传入自定义广播连接函数 MyBroadcastFunction 作为参数，提取主流数据中的维度表数据，得到维度表数据流 dimDS。

```
// 8.处理维度表数据
SingleOutputStreamOperator<JSONObject> dimDS = connectedStream.process(
      new MyBroadcastFunction(tableConfigDescriptor)
);
```

7.3.3 将流中的数据保存至 Phoenix

经过 7.3.2 节对数据的处理，我们从 Kafka 的 topic_db 主题数据中提取出了维度表数据，并在每一条数据中添加了 sinkTable 字段，根据 sinkTable 字段可以确认在后续操作中，这条数据需要被保存至 Phoenix 的哪一个维度表中。本节的主要工作就是将维度表数据流 dimDS 保存至 Phoenix。

在 Flink 中，将数据流写入外部存储系统的过程称为 Sink 操作。DataStream 调用 addSink 方法，并传入一个 SinkFunction 作为参数，即可将数据流写入外部存储系统。Flink 官方提供了一部分框架的 Sink 连接器，遗憾的是不包含 Phoenix 需要我们自定义实现 Phoenix 的 Sink 连接器。

创建自定义 Sink 连接器 MyPhoenixSink，实现 RichSinkFunction 接口，重写关键方法 open 和 invoke，程序流程分析如图 7-9 所示。

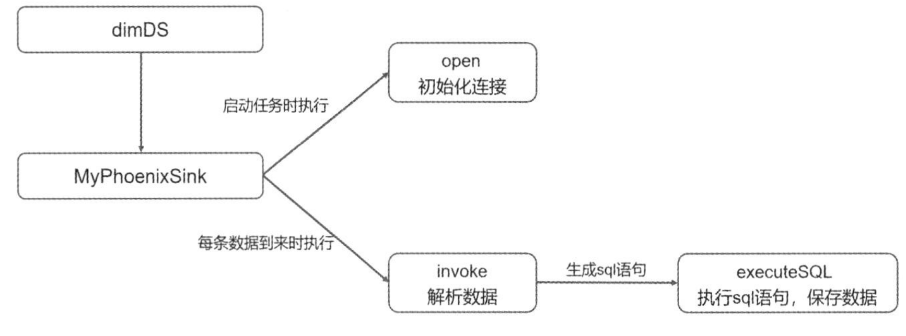

图 7-9　程序流程分析

open 方法在首次初始化 MyPhoenixSink 类时调用，在这个方法中我们执行一些创建连接的操作。invoke 方法会随着数据流中一条条数据的到达反复执行，在这个方法中我们主要执行数据保存的工作。

代码编写过程如下。

（1）创建自定义 Sink 连接器 MyPhoenixSink，实现 RichSinkFunction 接口。在 open 方法中初始化 Druid 连接，在 invoke 方法中调用工具类 PhoenixUtil 的 executeSql(String sql, Connection conn)方法，将维度数据写出至 Phoenix 的维度表中。

```
package com.atguigu.gmall.realtime.app.func;

import com.alibaba.fastjson.JSONObject;
import com.atguigu.gmall.realtime.common.GmallConfig;
import com.atguigu.gmall.realtime.util.PhoenixUtil;
import org.apache.commons.lang3.StringUtils;
import org.apache.flink.configuration.Configuration;
import org.apache.flink.streaming.api.functions.sink.RichSinkFunction;

import java.util.Collection;
import java.util.Set;

public class MyPhoenixSink extends RichSinkFunction<JSONObject> {
```

```
    @Override
    public void open(Configuration parameters) throws Exception {
        super.open(parameters);
    }

    @Override
    public void invoke(JSONObject jsonObj, Context context) throws Exception {
        // 获取目标表表名
        String sinkTable = jsonObj.getString("sinkTable");
        // 获取 id 字段的值
        String id = jsonObj.getString("id");

        // 清除 JSON 对象中的 sinkTable 字段
        // 以便可将该对象直接用于 HBase 表的数据写入
        jsonObj.remove("sinkTable");

        // 获取字段名
        Set<String> columns = jsonObj.keySet();
        // 获取字段对应的值
        Collection<Object> values = jsonObj.values();
        // 拼接字段名
        String columnStr = StringUtils.join(columns, ",");
        // 拼接字段值
        String valueStr = StringUtils.join(values, "','");
        // 拼接插入语句
        String sql = "upsert into " + GmallConfig.HBASE_SCHEMA
                + "." + sinkTable + "(" +
                columnStr + ") values ('" + valueStr + "')";

        PhoenixUtil.executeSQL(sql);
    }
}
```

（2）在主程序 DimSinkApp 中继续编写代码，调用 addSink 方法，传入自定义 Sink 连接器 MyPhoenixSink 作为参数，将 7.3.2 节中获得的维度表数据流 dimDS 保存至 Phoenix 的维度表中。

```
// 9. 将数据写入 Phoenix 表
dimDS.addSink(new MyPhoenixSink());
// 10. 执行
env.execute();
```

至此，DIM 层的主要代码就编写完毕了。

7.3.4 测试

代码编写完成后需要进行测试，测试过程如下。

（1）启动 HDFS、ZooKeeper、Kafka、Maxwell 和 HBase。

```
[atguigu@hadoop102 ~]$ start-dfs.sh
[atguigu@hadoop102 ~]$ zk.sh start
[atguigu@hadoop102 ~]$ kf.sh start
[atguigu@hadoop102 ~]$ mxw.sh start
[atguigu@hadoop102 ~]$ start-hbase.sh
```

（2）运行 IDEA 中的 DimSinkApp。

（3）执行 mysql_to_kafka_init.sh 脚本，将维度表数据通过 Maxwell 采集至 Kafka 中。

```
[atguigu@hadoop102 ~]$ mysql_to_kafka_init.sh all
```

（4）观察 IDEA 中的程序运行情况。

（5）开启一个 Phoenix 客户端。

```
[atguigu@hadoop101 phoenix]$ bin/sqlline.py hadoop102,hadoop103,hadoop104:2181
0: jdbc:phoenix:hadoop102,hadoop103,hadoop104>
```

执行以下命令，查看 Phoenix 中是否出现维度表，如图 7-10 所示。

```
0: jdbc:phoenix:hadoop102,hadoop103,hadoop104> !tables
```

0: jdbc:phoenix:hadoop102,hadoop103,hadoop104> !tables

TABLE_CAT	TABLE_SCHEM	TABLE_NAME	TABLE_TYPE	REMARKS	TYPE_NAME	SELF_REFERENCING_COL_NAM
	SYSTEM	CATALOG	SYSTEM TABLE			
	SYSTEM	FUNCTION	SYSTEM TABLE			
	SYSTEM	LOG	SYSTEM TABLE			
	SYSTEM	SEQUENCE	SYSTEM TABLE			
	SYSTEM	STATS	SYSTEM TABLE			
	GMALL2023_REALTIME	DIM_ACTIVITY_INFO	TABLE			
	GMALL2023_REALTIME	DIM_ACTIVITY_RULE	TABLE			
	GMALL2023_REALTIME	DIM_ACTIVITY_SKU	TABLE			
	GMALL2023_REALTIME	DIM_BASE_CATEGORY1	TABLE			
	GMALL2023_REALTIME	DIM_BASE_CATEGORY2	TABLE			
	GMALL2023_REALTIME	DIM_BASE_CATEGORY3	TABLE			
	GMALL2023_REALTIME	DIM_BASE_PROVINCE	TABLE			
	GMALL2023_REALTIME	DIM_BASE_REGION	TABLE			
	GMALL2023_REALTIME	DIM_BASE_TRADEMARK	TABLE			
	GMALL2023_REALTIME	DIM_COUPON_INFO	TABLE			
	GMALL2023_REALTIME	DIM_COUPON_RANGE	TABLE			
	GMALL2023_REALTIME	DIM_FINANCIAL_SKU_COST	TABLE			
	GMALL2023_REALTIME	DIM_SKU_INFO	TABLE			
	GMALL2023_REALTIME	DIM_SPU_INFO	TABLE			
	GMALL2023_REALTIME	DIM_USER_INFO	TABLE			

图 7-10　Phoenix 中出现维度表

执行以下命令，查看 DIM_ACTIVITY_INFO 中是否存在有效数据，如图 7-11 所示。

```
0: jdbc:phoenix:> select * from GMALL2023_REALTIME.DIM_ACTIVITY_INFO;
```

ID	ACTIVITY_NAME	ACTIVITY_TYPE	ACTIVITY_DESC	START_TIME	END_TIME	CREATE_TIME
1	联想专场	3101	联想满减	2023-01-10 00:00:00	2023-01-11 23:59:59	
2	Apple品牌日	3101	Apple品牌日	2023-01-10 00:00:00	2023-01-11 23:59:59	
3	女神节	3102	满件打折	2023-03-08 00:00:00	2023-03-09 23:59:59	

图 7-11　维度表 DIM_ACTIVITY_INFO 查询结果

7.4　本章总结

本章我们正式搭建起项目开发的 IDE 环境，并在其中编写完成 DIM 层的数据处理代码。后面的 DWD 层、DWS 层和 ADS 层都将继续在此环境中开发。通过学习本章，读者可以初步掌握实时代码的编写规范和测试方法。本章的所有代码编写完成后才进行最终测试，读者在学习过程中，可以跟随内容编写代码，每个阶段都尝试测试运行，对中间产生的数据流执行打印测试，检验代码编写是否正确，避免在最后的测试阶段发现问题，不方便进行故障排查。在本章的学习中，Flink CDC 的使用和配置表的作用是关键知识点，读者掌握这两个知识点后，可以在今后的实时开发中解决很多问题。

第8章 构建DWD层

在第 7 章中，我们借助 Flink，将存储于 Kafka 中 ODS 层数据中的维度表数据，拆分存储到了 HBase 中。ODS 层数据包含用户行为数据和业务数据，业务数据又包含维度表数据和事实表数据，维度表数据已经在第 7 章得到了分析处理。在本章中，将分析处理剩余的 ODS 层数据。DWD 层的构建同 DIM 层有相似之处，依然采用 Flink 作为实时计算引擎，先消费 Kafka 中的 ODS 层数据，再将分析后的结果数据发送至 Kafka。本章还将面临众多实时计算的难题，通过解决这些难题，相信读者可以对实时计算有更深入的了解。

8.1 概述

DWD 层的构建基于 4.2.3 节中的业务总线矩阵。本项目构建的业务总线矩阵如表 8-1 所示。业务总线矩阵的每一行都代表一个业务过程，对应一张事务事实表，每一列代表一个维度，对应一张维度表。本章要针对每一个业务过程构建事务事实表。

表 8-1 业务总线矩阵

数据域	业务过程	粒度	维度（主维表）										度量
			用户	商品	地区	活动（具体规则）	优惠券	支付方式	退单类型	退单原因类型	渠道	设备	
交易域	加购物车	一次加购物车的操作	√	√									商品件数
	下单	一个订单中一个商品项	√	√	√	√	√						下单件数/下单原始金额/下单最终金额/活动优惠金额/优惠券优惠金额
	取消订单	一次取消订单操作	√	√	√	√	√						下单件数/下单原始金额/下单最终金额/活动优惠金额/优惠券优惠金额
	支付成功	一个订单中的一个商品项的支付成功操作	√	√	√	√	√	√					支付件数/支付原始金额/支付最终金额/活动优惠金额/优惠券优惠金额
	退单	一次退单操作	√	√	√				√	√			退单件数/退单金额
	退款成功	一次退款成功操作	√	√	√			√					退款件数/退款金额
流量域	页面浏览	一次页面浏览记录	√		√						√	√	浏览时长
	动作	一次动作记录	√	√	√		√				√	√	无事实（次数 1）
	曝光	一次曝光记录	√	√	√	√					√	√	无事实（次数 1）

续表

数据域	业务过程	粒度	维度（主维表）										度量
			用户	商品	地区	活动（具体规则）	优惠券	支付方式	退单类型	退单原因类型	渠道	设备	
流量域	启动应用	一次启动记录	√		√						√	√	无事实（次数 1）
	错误	一次错误记录	√	√	√	√	√				√	√	无事实（次数 1）
	页面浏览	一次页面浏览记录	√		√						√	√	独立访客人数
	页面浏览	一次页面浏览记录	√		√						√	√	跳出会话数
用户域	注册	一次注册操作	√										无事实（次数 1）
工具域	领取优惠券	一次优惠券领取操作	√				√						无事实（次数 1）
	使用优惠券（下单）	一次优惠券使用（下单）操作	√				√						无事实（次数 1）
	使用优惠券（支付）	一次优惠券使用（支付）操作	√				√						无事实（次数 1）
互动域	收藏商品	一次收藏商品操作	√	√									无事实（次数 1）
	评价	一次取消收藏商品操作	√	√									无事实（次数 1）

我们将事实表划分为几个数据域，包括交易域、流量域、用户域、互动域和工具域，如表 8-2 所示。

表 8-2　数据域划分

数据域	业务过程
交易域	加购、下单、取消订单、支付成功、退单、退款成功
流量域	页面浏览、启动、动作、曝光、错误
用户域	注册、登录
互动域	收藏、评价
工具域	优惠券领取、优惠券使用（下单）、优惠券使用（支付）

DWD 层的构建借助实时计算引擎 Flink，消费 Kafka 中的 ODS 层数据，形成事实表后再发送至 Kafka 中的 DWD 层，供后续层级计算使用。每一个事实表在 Kafka 中会成为一个主题 topic，主题的命名规范是 dwd_数据域_事实。

8.2　流量域五大事务事实表

在第 5 章中，我们采集了用户行为日志数据，并且了解了用户行为日志的分类和数据格式。用户行为日志数据被统一发送至 Kafka 主题的 topic_log 中，包含五个重要的业务过程，我们需要对 topic_log 中的数据进行清洗拆分，将数据分别发送至各业务过程对应的事务事实表中。

8.2.1　思路梳理

1. 任务分析

对本节的任务进行初步分析，主要内容如下。

（1）数据清洗。

数据传输过程中可能会发生部分数据丢失，导致一些数据的 JSON 数据结构不再完整，这样的数据称为脏数据，我们需要过滤这些脏数据。

（2）新老访客状态标记修复。

用户行为日志数据 common 字段下的 is_new 字段是用来标记新老访客状态的，1 表示新访客，0 表示老访客。前端埋点采集到的数据可靠性无法保证，可能会出现老访客被标记为新访客的问题，因此需要对该标记进行校正修复。

（3）分流。

本节需要对用户行为日志数据进行分流拆分，生成以下 5 张事务事实表写入 Kafka。

- 流量域页面浏览事务事实表。
- 流量域启动事务事实表。
- 流量域动作事务事实表。
- 流量域曝光事务事实表。
- 流量域错误事务事实表。

2. 思路及关键技术点

（1）数据清洗。

对流中数据进行解析，将字符串转换为 JSONObject 对象，如果解析报错，则必然为 JSON 数据结构不完整的脏数据。定义一个侧输出流，将脏数据发送至侧输出流，写入 Kafka 脏数据主题。

（2）新老访客状态标记修复。

在介绍如何修复标记之前，我们首先来熟悉一下前端埋点新老访客状态标记的设置规则。以某数据公司提供的第三方埋点服务中新老访客状态标记设置规则为例，不同类型客户端的新老访客状态标记设置规则如下所示。

Web 端：用户第一次访问页面的当天（即第一天），JS SDK 会在网页的 cookies 中设置一个首日访问的标记，并设置在第一天 24 点前，该标记始终为 true，即第一天触发的网页端的所有事件中，is_new 字段都为 1。第一天之后，该标记则为 false，即第一天之后触发的网页端所有事件中，is_new 字段都为 0。

小程序端：用户第一天访问页面时，小程序 SDK 会在 storage 缓存中创建一个首日为 true 的标记，并且设置在第一天 24 点前，该标记均为 true。即第一天触发的小程序端的所有事件中，is_new 字段都为 1。第一天后，该标记则为 false，即第一天后触发的小程序端的所有事件中，is_new 字段都为 0。

App 端：用户安装 App 后，第一次打开 App 的当天，Android 或 iOS SDK 会在手机本地缓存内，创建一个首日为 true 的标记，并且设置在第一天 24 点前，该标记均为 true。即第一天触发的 App 端所有事件中，is_new 字段都为 1。第一天后，该标记则为 false，即第一天后触发的 App 端的所有事件中，is_new 字段都为 0。

本项目模拟生成的是 App 端日志数据。对于此类日志，如果首日后用户清除了手机本地缓存中的标记，再次启动 App 会重新设置一个首日为 true 的标记，导致本应为 0 的 is_new 字段被设置为 1，可能会给相关指标带来误差。因此，有必要对新老访客状态标记进行修复。

在了解了用户行为日志数据中 is_new 字段的设置规则后，决定利用 Flink 的状态编程，为日志数据中的每个 mid 在状态后端维护一个键控状态（KeyedState），记录首次访问页面的日期。

Flink 读取 Kafka 中 topic_log 下的数据，数据流源源不断地发送过来。每到来一条数据，均对 is_new 字段和数据的 mid 对应的键控状态进行判断，流程如图 8-1 所示。

① 若 is_new 字段值为 1，则继续判断键控状态。

a. 若键控状态为 null，则认为本次是该访客首次访问 App，将日志中 ts 对应的日期更新到键控状态中，不对 is_new 字段做修改。

b. 若键控状态不为 null，且首次访问日期不是当日，则说明该访客非首次访问，将 is_new 字段修改为 0。

c. 若键控状态不为 null，且首次访问日期是当日，则说明该访客为当日新访客，不做操作。

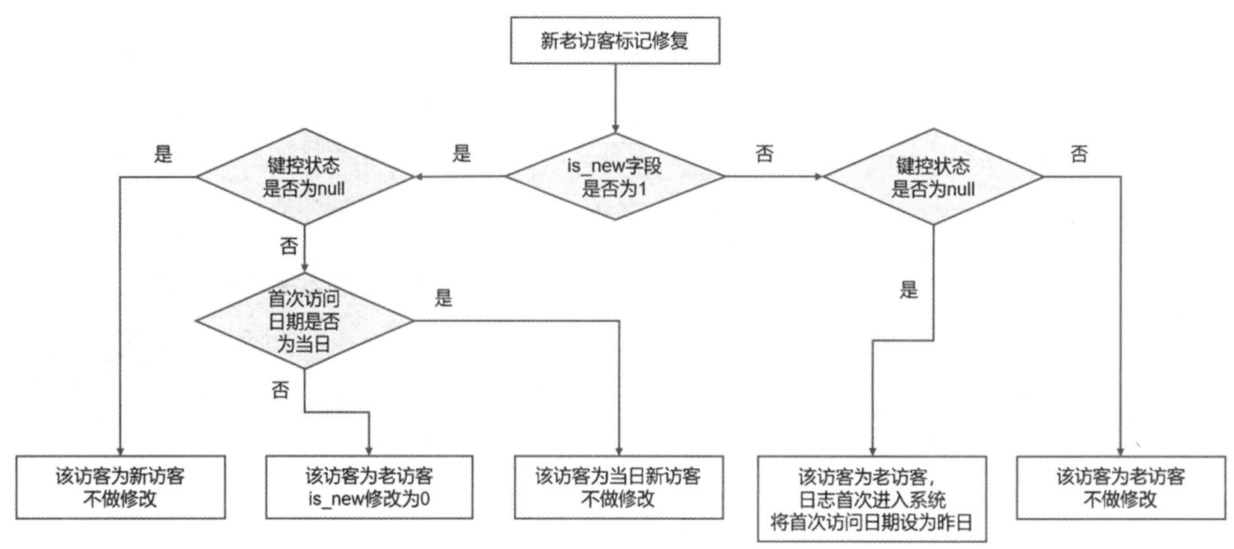

图 8-1　新老访客标记修复流程

② 若 is_new 字段值为 0，则继续判断键控状态。

a. 若键控状态为 null，则说明该访客是老访客，但本次是该访客的页面日志首次进入程序。此时，我们需要将键控状态中的该访客的首次访问页面日期设置为昨日。这样，当该访客的前端新老访客状态标记发生丢失，日志中本应为 0 的 is_new 字段被设置为 1 时，Flink 程序就可以纠正被误判的访客状态标记。

b. 若键控状态不为 null，则说明该访客为老访客，且已经维护过首次访问日期的键控状态，所以不做修改。

（3）利用侧输出流实现数据拆分。

① 日志结构分析。

前端埋点获取的 JSON 字符串（日志）可能存在 common、start、page、displays、actions、err、ts 7 种字段。

- common 对应的是公共信息，是所有日志都有的字段。
- start 对应的是启动信息，是启动日志才有的字段。
- page 对应的是页面信息，是页面日志才有的字段。
- displays 对应的是曝光信息，是曝光日志才有的字段，曝光日志可以归为页面日志，因此必然有 page 字段。
- actions 对应的是动作信息，动作日志才有的字段，同样属于页面日志，必然有 page 字段。动作信息和曝光信息可以同时存在。
- err 对应的是错误信息，是所有日志都可能有的字段。
- ts 对应的是时间戳（单位：毫秒），是所有日志都有的字段。

综上所述，我们可以将前端埋点获取的日志分为两大类：启动日志和页面日志。二者都有 common 字段和 ts 字段，都可能有 err 字段。页面日志一定有 page 字段，一定没有 start 字段，可能有 displays 和 actions 字段；启动日志一定有 start 字段，一定没有 page、displays 和 actions 字段。

② 日志分流思路分析。

本节将按照内容，将日志分为以下 5 类。

- 启动日志。
- 页面日志。
- 曝光日志。
- 动作日志。

● 错误日志。

日志分流流程如图 8-2 所示。

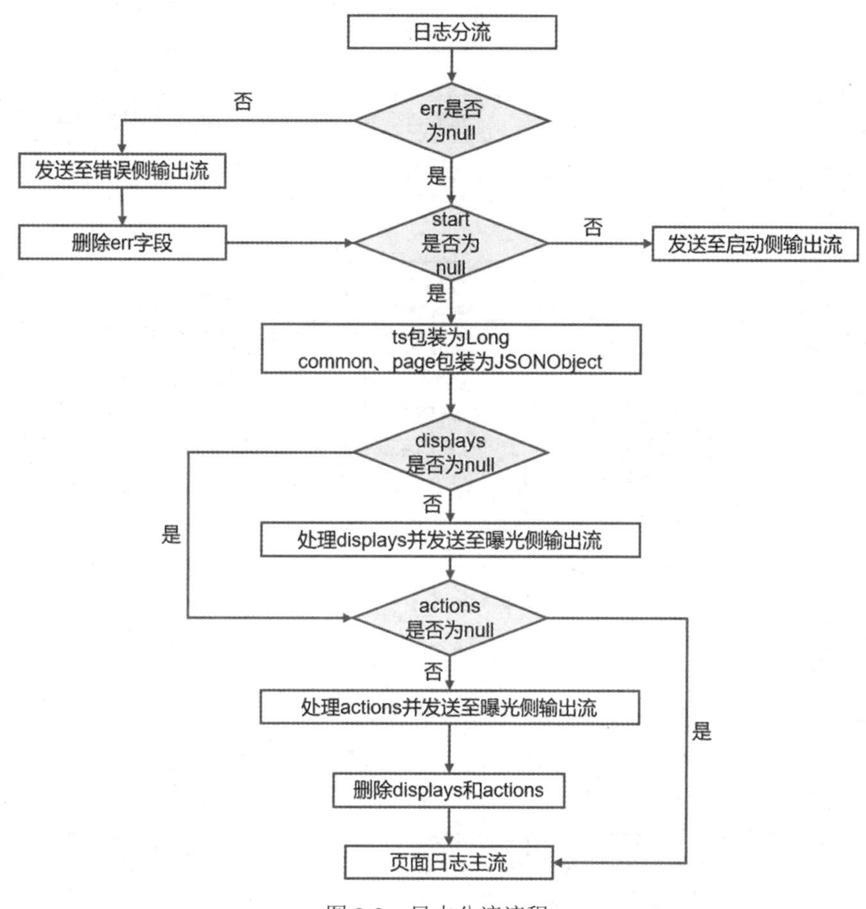

图 8-2 日志分流流程

a. 因为所有日志数据都可能拥有 err 字段，所以首先尝试获取日志的 err 字段，若返回值不为 null，则将整个日志数据发送至错误侧输出流。然后删掉 JSONObject 对象中的 err 字段。

b. 尝试获取日志的 start 字段，若返回值不为 null，则说明该日志为启动日志，将其发送至启动侧输出流；若返回值为 null，则说明该日志为页面日志，进行下一步。

c. 若该日志为页面日志，则其必然有 page 字段、common 字段和 ts 字段，获取它们的值，将 ts 字段值封装为包装类 Long，其余两个字段的值封装为 JSONObject 对象。

d. 继续尝试获取该日志的 displays 字段，若返回值不为 null，将其值封装为 JSONArray 对象，然后遍历该数组，依次获取每个元素（记为 display），封装为 JSONObject 对象。再创建一个空的 JSONObject，将 display、common、page 和 ts 添加到该 JSONObject 对象中，获得处理好的曝光数据，发送至曝光侧输出流。动作日志的处理与曝光日志相同（注意：一条页面日志可能既有曝光数据又有动作数据，二者没有任何关系，因此曝光数据不为 null 时，仍要对动作数据进行处理）。

e. 动作日志和曝光日志处理结束后，删除 displays 和 actions 字段，此时主流的 JSONObject 中只有 common 字段、page 字段和 ts 字段，即为最终的页面日志。

f. 处理结束后，页面日志数据位于主流，其余四种日志分别位于对应的侧输出流，将五条流的数据写入 Kafka 对应的主题即可。

3. 流程图解

将上述的思路分析进行整理，流量域五大事务事实表的分流构建流程如图 8-3 所示。

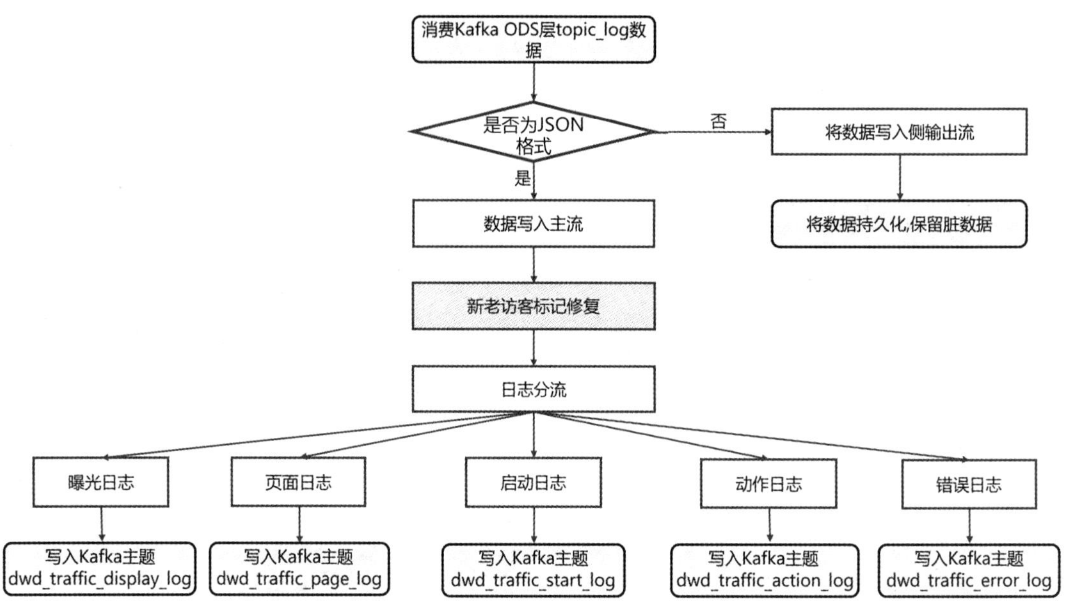

图 8-3　流量域五大事务事实表构建流程

8.2.2　代码编写

下面我们根据上节中梳理的需求实现思路来编写代码。

（1）在 KafkaUtil 工具类中补充 getKafkaProducer 方法，用于创建一个 Flink 的 Kafka 生产者 FlinkKafkaProducer。

```
public static FlinkKafkaProducer<String> getKafkaProducer(String topic) {

    Properties prop = new Properties();
    prop.setProperty("bootstrap.servers", BOOTSTRAP_SERVERS);
    prop.setProperty(ProducerConfig.TRANSACTION_TIMEOUT_CONFIG, 60 * 15 * 1000 + "");

    FlinkKafkaProducer<String> producer = new FlinkKafkaProducer<String> (DEFAULT_TOPIC, new
KafkaSerializationSchema<String>() {

        @Override
        public ProducerRecord<byte[], byte[]> serialize(String jsonStr, @Nullable Long
timestamp) {
            return new ProducerRecord<byte[], byte[]>(topic, jsonStr.getBytes());
        }
    }, prop, FlinkKafkaProducer.Semantic.EXACTLY_ONCE);

    return producer;
}
```

（2）在 utils 包下创建工具类 DateFormatUtil，用于将日期格式化。

```
package com.atguigu.gmall.realtime.util;

import java.time.LocalDateTime;
import java.time.LocalTime;
import java.time.ZoneId;
import java.time.ZoneOffset;
```

```
import java.time.format.DateTimeFormatter;
import java.util.Date;

public class DateFormatUtil {

    // 定义 yyyy-MM-dd 格式的日期格式化对象
    private static final DateTimeFormatter dtf = DateTimeFormatter.ofPattern("yyyy-MM-dd");

    // 定义 yyyy-MM-dd HH:mm:ss 格式的日期格式化对象
    private static final DateTimeFormatter dtfFull = DateTimeFormatter.ofPattern("yyyy-MM-dd
HH:mm:ss");

    /**
     * 将格式化日期字符串转换为时间
     * @param dtStr 格式化日期字符串
     * @param isFull 标记，表示日期字符串是否包含 HH:mm:ss 部分
     * @return 格式化日期字符串转换得到的时间戳
     */
    public static Long toTs(String dtStr, boolean isFull) {

        // 定义日期对象
        LocalDateTime localDateTime = null;
        // 判断日期字符串是否包含 HH:mm:ss 部分
        if (!isFull) {
            // 日期字符串不全，补充 HH:mm:ss 部分
            dtStr = dtStr + " 00:00:00";
        }
        // 将格式化日期字符串转换为 LocalDateTime 类型的日期对象
        localDateTime = LocalDateTime.parse(dtStr, dtfFull);

        return localDateTime.toInstant(ZoneOffset.of("+8")).toEpochMilli();
    }

    /**
     * 将不包含 HH:mm:ss 部分的格式化日期字符串转换为时间戳
     * @param dtStr 格式化日期字符串
     * @return 转换后的时间戳
     */
    public static Long toTs(String dtStr) {
        return toTs(dtStr, false);
    }

    /**
     * 将时间戳转换为 yyyy-MM-dd 格式的格式化日期字符串
     * @param ts 时间戳
     * @return 格式化日期字符串
     */
    public static String toDate(Long ts) {
        Date dt = new Date(ts);
        LocalDateTime localDateTime = LocalDateTime.ofInstant(dt.toInstant(), ZoneId.
systemDefault());
```

```
        return dtf.format(localDateTime);
    }

    /**
     * 将时间戳转换为 yyyy-MM-dd HH:mm:ss 格式的格式化日期字符串
     * @param ts 时间戳
     * @return 格式化日期字符串
     */
    public static String toYmdHms(Long ts) {
        Date dt = new Date(ts);
        LocalDateTime  localDateTime  =  LocalDateTime.ofInstant(dt.toInstant(),  ZoneId.
systemDefault());
        return dtfFull.format(localDateTime);
    }
}
```

（3）在 dwd 包下创建 log 包，编写分析 ODS 层用户行为日志数据的 DWD 层程序。在 log 包下创建流量域五大事务事实表分流主程序 BaseLogApp，代码如下。

```
package com.atguigu.gmall.realtime.app.dwd.log;

import com.alibaba.fastjson.JSON;
import com.alibaba.fastjson.JSONArray;
import com.alibaba.fastjson.JSONObject;
import com.atguigu.gmall.realtime.util.DateFormatUtil;
import com.atguigu.gmall.realtime.util.KafkaUtil;
import org.apache.flink.api.common.restartstrategy.RestartStrategies;
import org.apache.flink.api.common.state.ValueState;
import org.apache.flink.api.common.state.ValueStateDescriptor;
import org.apache.flink.api.common.time.Time;
import org.apache.flink.configuration.Configuration;
import org.apache.flink.runtime.state.hashmap.HashMapStateBackend;
import org.apache.flink.streaming.api.CheckpointingMode;
import org.apache.flink.streaming.api.datastream.DataStream;
import org.apache.flink.streaming.api.datastream.DataStreamSource;
import org.apache.flink.streaming.api.datastream.KeyedStream;
import org.apache.flink.streaming.api.datastream.SingleOutputStreamOperator;
import org.apache.flink.streaming.api.environment.CheckpointConfig;
import org.apache.flink.streaming.api.environment.StreamExecutionEnvironment;
import org.apache.flink.streaming.api.functions.KeyedProcessFunction;
import org.apache.flink.streaming.api.functions.ProcessFunction;
import org.apache.flink.util.Collector;
import org.apache.flink.util.OutputTag;

import java.util.concurrent.TimeUnit;

public class BaseLogApp {
    public static void main(String[] args) throws Exception {

        // 1. 初始化环境
        StreamExecutionEnvironment env = StreamExecutionEnvironment.getExecutionEnvironment();
        env.setParallelism(4);
```

```
        // 2. 启用状态后端
        env.enableCheckpointing(3000L, CheckpointingMode.EXACTLY_ONCE);
        env.getCheckpointConfig().setCheckpointTimeout(60 * 1000L);
        env.getCheckpointConfig().setMinPauseBetweenCheckpoints(3000L);
        env.getCheckpointConfig().enableExternalizedCheckpoints(
                CheckpointConfig.ExternalizedCheckpointCleanup.RETAIN_ON_CANCELLATION
        );
        env.setRestartStrategy(RestartStrategies
                .failureRateRestart(10,
                        Time.of(3L, TimeUnit.DAYS),
                        Time.of(1L, TimeUnit.MINUTES)));
        env.setStateBackend(new HashMapStateBackend());
        env.getCheckpointConfig().setCheckpointStorage("hdfs://hadoop102:8020/gmall/ck");
        System.setProperty("HADOOP_USER_NAME", "atguigu");

        // 3. 从 Kafka 读取 topic_log 的数据
        String topic = "topic_log";
        String groupId = "base_log_consumer";
        DataStreamSource<String>  source  =  env.addSource(KafkaUtil.getKafkaConsumer(topic,
groupId));

        // 4. 数据清洗，转换结构
        // 4.1 定义错误侧输出流
        OutputTag<String> dirtyStreamTag = new OutputTag<String>("dirtyStream") {
        };

        // 4.2 分流（过滤脏数据），转换主流数据结构
        SingleOutputStreamOperator<JSONObject> cleanedStream = source.process(
                new ProcessFunction<String, JSONObject>() {
                    @Override
                    public void processElement(String jsonStr, Context ctx, Collector<JSONObject>
out) throws Exception {
                        try {
                            JSONObject jsonObj = JSON.parseObject(jsonStr);
                            out.collect(jsonObj);
                        } catch (Exception e) {
                            ctx.output(dirtyStreamTag, jsonStr);
                        }
                    }
                }
        );

        // 4.3 将脏数据写出至 Kafka 指定主题
        DataStream<String> dirtyStream = cleanedStream.getSideOutput(dirtyStreamTag);
        String dirtyTopic = "dirty_data";
        dirtyStream.addSink(KafkaUtil.getKafkaProducer(dirtyTopic));

        // 5. 新老访客状态标记修复
        // 5.1 按照 mid 对数据进行分组
        KeyedStream<JSONObject, String> keyedStream = cleanedStream.keyBy(r -> r.getJSONObject
("common").getString("mid"));
```

```
        // 5.2 新老访客状态标记修复
        SingleOutputStreamOperator<JSONObject> fixedStream = keyedStream.process(
                new KeyedProcessFunction<String, JSONObject, JSONObject>() {

                    ValueState<String> firstViewDtState;

                    @Override
                    public void open(Configuration param) throws Exception {
                        super.open(param);
                        firstViewDtState  =  getRuntimeContext().getState(new  ValueStateDescriptor
<String>(
                                "lastLoginDt", String.class
                        ));
                    }

                    @Override
                    public void processElement(JSONObject jsonObj, Context ctx, Collector<JSONObject> out)
throws Exception {
                        String isNew = jsonObj.getJSONObject("common").getString("is_new");
                        String firstViewDt = firstViewDtState.value();
                        Long ts = jsonObj.getLong("ts");
                        String dt = DateFormatUtil.toDate(ts);

                        if ("1".equals(isNew)) {
                            if (firstViewDt == null) {
                                firstViewDtState.update(dt);
                            } else {
                                if (!firstViewDt.equals(dt)) {
                                    isNew = "0";
                                    jsonObj.getJSONObject("common").put("is_new", isNew);
                                }
                            }
                        } else {
                            if (firstViewDt == null) {
                                // 将首次访问日期置为昨日
                               String yesterday = DateFormatUtil.toDate(ts - 1000 * 60 * 60 * 24);
                                firstViewDtState.update(yesterday);
                            }
                        }

                        out.collect(jsonObj);
                    }
                }
        );

        // 6. 日志分流
        // 6.1 定义启动、曝光、动作、错误侧输出流
        OutputTag<String> startTag = new OutputTag<String>("startTag") {
        };
        OutputTag<String> displayTag = new OutputTag<String>("displayTag") {
```

```
        };
        OutputTag<String> actionTag = new OutputTag<String>("actionTag") {
        };
        OutputTag<String> errorTag = new OutputTag<String>("errorTag") {
        };

        // 6.2 分流
        SingleOutputStreamOperator<String> separatedStream = fixedStream.process(
                new ProcessFunction<JSONObject, String>() {
                    @Override
                    public    void    processElement(JSONObject    jsonObj,    Context    context,
Collector<String> out) throws Exception {

                        // 6.2.1 收集错误数据
                        JSONObject error = jsonObj.getJSONObject("err");
                        if (error != null) {
                            context.output(errorTag, jsonObj.toJSONString());
                        }

                        // 剔除 "err" 字段
                        jsonObj.remove("err");

                        // 6.2.2 收集启动数据
                        JSONObject start = jsonObj.getJSONObject("start");
                        if (start != null) {
                            context.output(startTag, jsonObj.toJSONString());
                        } else {
                            // 获取 "page" 字段
                            JSONObject page = jsonObj.getJSONObject("page");
                            // 获取 "common" 字段
                            JSONObject common = jsonObj.getJSONObject("common");
                            // 获取 "ts"
                            Long ts = jsonObj.getLong("ts");

                            // 6.2.3 收集曝光数据
                            JSONArray displays = jsonObj.getJSONArray("displays");
                            if (displays != null) {
                                for (int i = 0; i < displays.size(); i++) {
                                    JSONObject display = displays.getJSONObject(i);
                                    JSONObject displayObj = new JSONObject();
                                    displayObj.put("display", display);
                                    displayObj.put("common", common);
                                    displayObj.put("page", page);
                                    displayObj.put("ts", ts);
                                    context.output(displayTag, displayObj.toJSONString());
                                }
                            }

                            // 6.2.4 收集动作数据
                            JSONArray actions = jsonObj.getJSONArray("actions");
                            if (actions != null) {
                                for (int i = 0; i < actions.size(); i++) {
```

```
                        JSONObject action = actions.getJSONObject(i);
                        JSONObject actionObj = new JSONObject();
                        actionObj.put("action", action);
                        actionObj.put("common", common);
                        actionObj.put("page", page);
                        context.output(actionTag, actionObj.toJSONString());
                    }
                }

                // 6.2.5 收集页面数据
                jsonObj.remove("displays");
                jsonObj.remove("actions");
                out.collect(jsonObj.toJSONString());
            }

        }
    }
);

// 打印主流和各侧输出流查看分流效果
// separatedStream.print("page>>>");
// separatedStream.getSideOutput(startTag).print("start!!!");
// separatedStream.getSideOutput(displayTag).print("display@@@");
// separatedStream.getSideOutput(actionTag).print("action###");
// separatedStream.getSideOutput(errorTag).print("error$$$");

// 7. 将数据输出到 Kafka 的不同主题
// 7.1 提取各侧输出流
DataStream<String> startDS = separatedStream.getSideOutput(startTag);
DataStream<String> displayDS = separatedStream.getSideOutput(displayTag);
DataStream<String> actionDS = separatedStream.getSideOutput(actionTag);
DataStream<String> errorDS = separatedStream.getSideOutput(errorTag);

// 7.2 定义不同日志输出到Kafka的主题名称
String page_topic = "dwd_traffic_page_log";
String start_topic = "dwd_traffic_start_log";
String display_topic = "dwd_traffic_display_log";
String action_topic = "dwd_traffic_action_log";
String error_topic = "dwd_traffic_error_log";

separatedStream.addSink(KafkaUtil.getKafkaProducer(page_topic));
startDS.addSink(KafkaUtil.getKafkaProducer(start_topic));
displayDS.addSink(KafkaUtil.getKafkaProducer(display_topic));
actionDS.addSink(KafkaUtil.getKafkaProducer(action_topic));
errorDS.addSink(KafkaUtil.getKafkaProducer(error_topic));

env.execute();
    }
}
```

在 hadoop102 节点服务器启动 Kafka 的控制台消费者，分别消费上述五个事务事实表主题的数据。然后启动 BaseLogApp，启动日志采集 Flume，执行日志数据生成脚本，结果如下。

（1）消费 dwd_traffic_page_log 主题数据。

```
[atguigu@hadoop102 ~]$ kafka-console-consumer.sh --bootstrap-server hadoop102:9092,hadoop103:9092,hadoop104:9092 --topic dwd_traffic_page_log
```

部分输出如下。


```
{"common":{"ar":"310000","uid":"978","os":"Android 11.0","ch":"wandoujia","is_new":"1","md":"Redmi k30","mid":"mid_484122","vc":"v2.1.132","ba":"Redmi"},"page":{"page_id":"good_detail","item":"32","during_time":6644,"item_type":"sku_id","last_page_id":"good_list","source_type":"query"},"ts":1645529249000}
```


（2）消费 dwd_traffic_start_log 主题数据。

```
[atguigu@hadoop103 ~]$ kafka-console-consumer.sh --bootstrap-server hadoop102:9092,hadoop103:9092,hadoop104:9092 --topic dwd_traffic_start_log
```

部分输出如下。


```
{"common":{"ar":"440000","uid":"642","os":"Android 11.0","ch":"xiaomi","is_new":"0","md":"Xiaomi Mix2 ","mid":"mid_282857","vc":"v2.1.134","ba":"Xiaomi"},"start":{"entry":"icon","open_ad_skip_ms":1903,"open_ad_ms":7458,"loading_time":17237,"open_ad_id":5},"ts":1645529246000}
```


（3）消费 dwd_traffic_display_log 主题数据。

```
[atguigu@hadoop104 ~]$ kafka-console-consumer.sh --bootstrap-server hadoop102:9092,hadoop103:9092,hadoop104:9092 --topic dwd_traffic_display_log
```

部分输出如下。


```
{"common":{"ar":"110000","uid":"78","os":"Android 11.0","ch":"xiaomi","is_new":"0","md":"Xiaomi Mix2 ","mid":"mid_528077","vc":"v2.1.134","ba":"Xiaomi"},"display":{"display_type":"query","item":"13","item_type":"sku_id","pos_id":4,"order":8},"page":{"page_id":"home","during_time":7020},"ts":1645529246000}
```


（4）消费 dwd_traffic_action_log 主题数据。

```
[atguigu@hadoop103 ~]$ kafka-console-consumer.sh --bootstrap-server hadoop102:9092,hadoop103:9092,hadoop104:9092 --topic dwd_traffic_action_log
```

部分输出如下。


```
{"common":{"ar":"370000","uid":"890","os":"Android 11.0","ch":"xiaomi","is_new":"1","md":"Huawei P30","mid":"mid_667663","vc":"v2.1.132","ba":"Huawei"},"action":{"item":"2","action_id":"get_coupon","item_type":"coupon_id","ts":1645529251456},"page":{"page_id":"good_detail","item":"30","during_time":4913,"item_type":"sku_id","last_page_id":"good_list","source_type":"activity"}}
```


（5）消费 dwd_traffic_error_log 主题数据。

```
[atguigu@hadoop104 ~]$ kafka-console-consumer.sh --bootstrap-server hadoop102:9092,hadoop103:9092,hadoop104:9092 --topic dwd_traffic_error_log
```

部分输出如下。


```
{"common":{"ar":"310000","uid":"121","os":"iOS 13.2.9","ch":"Appstore","is_new":"0", "md":"iPhone Xs","mid":"mid_542919","vc":"v2.1.134","ba":"iPhone"},"err":{"msg":" Exception in thread \\ java.net.SocketTimeoutException\\n \\tat com.atgugu.gmall2023.mock.bean.log.AppError.main(AppError.java:xxxxxx)","error_code":1489},"page":{"page_id":"cart","during_time":7429,"last_page_id":"good_detail"},"ts":1645529252000}
```


8.3 交易域加购事务事实表

本节需要从 ODS 层的业务数据中，提取出用户加购操作数据，并将数据发送至 Kafka 的 DWD 层对应的加购事务事实表的主题中。在 8.2 节中，我们采用 Flink 的 DataStream API 编写代码。Flink 为用户提供了以表为中心的声明式编程——Table API，可以将动态变化的数据流转化为动态表（Dynamic Table）。在 Table API 的基础上，Flink 支持用户直接使用 SQL 语言来编写数据处理逻辑，也就是 Flink SQL。从本节起，我们将使用 Flink SQL 构建 DWD 层的事实表，希望可以带领读者认识更多样的需求实现思路。

8.3.1 思路梳理

1. 任务分析

消费 Kafka 的 topic_db 主题的数据，从中提取用户加购操作数据，生成加购表，并将字典表中的相关维度退化到加购表中，将最终数据写入到 Kafka 对应的主题中。

2. 思路及关键技术点

（1）思路分析。

本节加购事务事实表的构建使用 Flink SQL 来实现。首先，需要从 Kafka 中读取 topic_db 主题的数据，注册为一张表（Table）；然后，从这张表中查询筛选出加购数据；最后，需要用加购数据关联 MySQL 中的字典表，将字典表的维度退化至加购数据中。

topic_db 的数据来自 Kafka，字典表的数据来自 MySQL，我们需要 Kafka 和 MySQL 的连接器来读取数据或者将数据写入数据库。

加购数据与来自 MySQL 的字典表数据关联的过程，面临时效性的问题，我们如何确保参与关联的字典表数据是最新的呢？其中一种思路是，每来到一条加购数据，就去 MySQL 中查询一次最新的字典表数据，确保数据是最新的。但是如此一来，又会造成极大的性能消耗，频繁地查询 MySQL，也会对 MySQL 造成极大的负担。Flink 为用户提供了查询缓存（Lookup Cache）和维表连接（Lookup Join），可以解决以上问题。

（2）关键技术点。

① Kafka 的 SQL 连接器。

Kafka 的 SQL 连接器，可以从 Kafka 的主题中读取数据并转换成表，也可以将表数据写入 Kafka 的主题中。Flink 针对 Kafka 有两种连接器：Kafka 连接器和 Upsert Kafka 连接器。其中 Upsert Kafka 连接器支持以更新插入的方式向 Kafka 写入数据，而本节中的数据操作类型仅为插入，所以使用 Kafka 连接器即可。

要创建一个连接到 Kafka 的表，需要在 CREATE TABLE 的 DDL（Data Define Language，数据定义语言）中的 WITH 子句里指定连接器为 Kafka，并定义必要的配置参数。

具体示例如下所示。

```
CREATE TABLE KafkaTable (
  `user` STRING,
  `url` STRING,
  `ts` TIMESTAMP(3) METADATA FROM 'timestamp'
) WITH (
  'connector' = 'kafka',
  'topic' = 'events',
  'properties.bootstrap.servers' = 'localhost:9092',
  'properties.group.id' = 'testGroup',
  'scan.startup.mode' = 'earliest-offset',
  'format' = 'csv'
)
```

WITH 子句中的参数讲解如下。

- connector：指定使用的连接器，可以是 kafka 或者 upsert-kafka。
- topic：指定要连接的 Kafka 主题。

- properties.bootstrap.servers：以逗号分隔的 Kafka Broker 列表。
- properties.group.id：指定消费者组 id。
- format：指定 Kafka 消息中 value 部分的序列化和反序列化方式，format 和 value.format 二者必有其一。
- scan.startup.mode：指定 Kafka 消费者启动模式，共有以下 5 种取值。

a. earliest-offset：从偏移量最早的位置开始读取数据。

b. latest-offset：从偏移量最新的位置开始读取数据。

c. group-offsets：从 Zookeeper 或 Kafka Broker 中维护的消费者组偏移量开始读取数据。

d. timestamp：从用户为每个分区提供的时间戳开始读取数据。

e. specific-offsets：从用户为每个分区提供的偏移量开始读取数据。

默认值为 group-offsets。需要注意的是，latest-offset 与 Kafka 官方提供的配置项 latest 不同，Flink 会将偏移量置为最新位置，覆盖掉 Zookeeper 或 Kafka 中维护的偏移量。与官方提供的 latest 相对应的是此处的 group-offsets。

② JDBC 连接器。

Flink 提供的 JDBC 连接器可以通过 JDBC 驱动程序向任意的关系型数据库读/写数据，如 MySQL、PostgreSQL、Derby 等。

JDBC 连接器作为 TableSink 向数据库写入数据时，运行的模式取决于创建表的 DDL 是否定义了主键。如果有主键，那么 JDBC 连接器就将以更新插入（Upsert）模式运行，可以向外部数据库发送按照指定键的更新和删除操作；如果没有定义主键，就将在追加模式下运行，不支持更新和删除操作。

下面是一个 DDL 具体示例：

```
CREATE TABLE MyUserTable (
   id BIGINT,
   name STRING,
   age INT,
   status BOOLEAN,
   PRIMARY KEY (id) NOT ENFORCED
) WITH (
   'connector' = 'jdbc',
   'url' = 'jdbc:mysql://localhost:3306/mydatabase',
   'table-name' = 'users'
);
```

WITH 子句中的参数如下所示。

- connector：指定连接器类型，此处为 jdbc。
- url：指定连接数据库的 url。
- table-name：指定连接数据库的表名。
- lookup.cache.max-rows：查询缓存中的最大记录条数。
- lookup.cache.ttl：查询缓存每条记录的最大存活时间。
- username：指定访问数据库的用户名。
- password：指定访问数据库的密码。
- driver：指定数据库驱动全类名。需要注意的是，通常驱动器全类名可以省略，但是自动获取的驱动是 com.mysql.jdbc.Driver，Flink CDC 2.1.0 要求驱动器版本必须为 MySQL 8 及以上，在 mysql-connector -8.x 中 com.mysql.jdbc.Driver 已过时，更新为 com.mysql.cj.jdbc.Driver。若省略该参数，控制台打印的警告如下。

```
Loading class `com.mysql.jdbc.Driver'. This is deprecated. The new driver class is
`com.mysql.cj.jdbc.Driver'. The driver is automatically registered via the SPI and manual
```

```
loading of the driver class is generally unnecessary.
```

③ 查询缓存。

JDBC 连接器可以在时态表关联中作为一个可查找的数据源（又称为维表）。并且，当前只支持同步的查找模式。

在默认情况下，Lookup Cache 未启用，可以通过设置 lookup.cache.max-rows 和 lookup.cache.ttl 参数来启用。

Lookup Cache 的主要目的是用于提高时态表关联中 JDBC 连接器的性能。默认情况下，Lookup Cache 不开启，所有请求都会发送至外部数据库。当 Lookup Cache 被启用时，每个 TaskManager 将维护一个缓存。Flink 将优先查找缓存，只有当缓存未查找到时，才向外部数据库发送请求，并使用返回的数据更新缓存。如果缓存中的记录条数达到了 lookup.cache.max-rows 规定的最大行数，将清除存活时间最长的记录。如果缓存中的记录存活时间超过了 lookup.cache.ttl 规定的最大存活时间，同样会被清除。

缓存中的记录未必是最新的，用户可以将 lookup.cache.ttl 设置为一个更小的值来获得时效性更好的数据，但这样做会增加发送至数据库的请求数量。开发者需要在吞吐量和正确性之间寻求平衡。

④ 维表连接。

Lookup Join 通常在 Flink SQL 表和外部系统的查询结果进行关联时使用。这种关联要求一张表（主表）有处理时间字段，而另一张表（维表）由 Lookup 连接器（JDBC 连接器就是一种 Lookup 连接器）生成。

下面是一个 Lookup Join 的具体示例。

```
-- 创建 Orders 动态表，该表为 append-only 表，即仅包含新增数据
CREATE TABLE Orders (
    order_id    STRING,
    price       DECIMAL(32,2),
    currency    STRING,
    order_time  TIMESTAMP(3),
    WATERMARK FOR order_time AS order_time
) WITH (/* ... */);

-- Customers 是一张基于 JDBC Connector 构建的表，可用于 Lookup Join
CREATE TEMPORARY TABLE Customers (
  id INT,
  name STRING,
  country STRING,
  zip STRING
) WITH (
  'connector' = 'jdbc',
  'url' = 'jdbc:mysql://mysqlhost:3306/customerdb',
  'table-name' = 'customers'
);

-- 把 Customers 表的信息补充到 Orders 表的每一条数据中
SELECT o.order_id, o.total, c.country, c.zip
FROM Orders AS o
  JOIN Customers FOR SYSTEM_TIME AS OF o.proc_time AS c
    ON o.customer_id = c.id;
```

Lookup Join 做的是维表关联，而维表数据是有时效性的，那么我们就需要一个时间字段来对数据的版本进行标识。因此，Flink 要求我们提供处理时间用作版本字段。

此处选择调用 PROCTIME 函数获取系统时间，将其作为处理时间字段。该函数调用示例如下。

```
tableEnv.sqlQuery("select PROCTIME() proc_time")
            .execute()
```

```
                .print();
// 结果
+----+-------------------------+
| op |               proc_time |
+----+-------------------------+
| +I | 2022-04-09 15:45:50.752 |
+----+-------------------------+
1 row in set
```

⑤ 表状态的存活时间。

在 Flink SQL 中，两表做普通关联时，底层会将两张表的数据保存到状态中，默认情况下状态永远不会清空，这样会对内存造成极大的压力。表状态的 TTL 是空闲状态被保留的最短时间，假设 TTL 为 10 秒，若状态中的数据在 10 秒内未被更新，则未来的某个时间会被清除（故 TTL 是最短存活时间）。TTL 默认值为 0，表示永远不会清空状态。

字典表是作为维度表被 Flink 程序维护的，字典表与加购表不存在业务上的滞后关系，而 Lookup Join 是由主表触发的，即主表数据到来后去维表中查询对应的维度信息，如果缓存未命中，就要从外部系统中获取数据，这就要求主表数据在状态中需要等待一段时间。本程序中将 TTL 设置为 5 秒，主表数据会在状态中保存至少 5 秒。而维表的缓存存活时间是由建表时指定的相关参数决定的，与此处的 TTL 无关。

3. 流程图解

交易域加购事务事实表构建流程如图 8-4 所示。

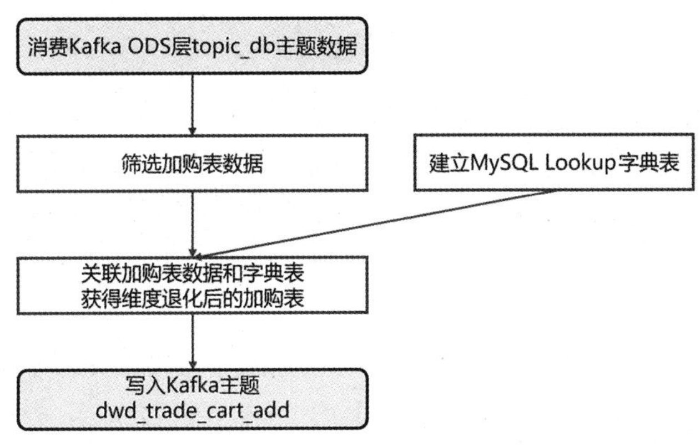

图 8-4　交易域加购事务事实表构建流程

8.3.2　编写代码

（1）要想在 Flink 程序中使用 Table API 和 SQL，需要补充相关依赖。JDBC 连接器需要的依赖，已经包含在 Flink CDC 的依赖中，不可重复引入。

```
<dependency>
    <groupId>org.apache.flink</groupId>
    <artifactId>flink-table-planner-blink_${scala.version}</artifactId>
    <version>${flink.version}</version>
</dependency>
```

（2）在工具类 KafkaUtil 中补充 getKafkaDDL 方法和 getKafkaSinkDDL 方法，分别用于获取连接对应 Kafka topic 的 DDL 和获取向对应 Kafka topic 写入数据的 DDL。

```
/**
 * Kafka-Source DDL 语句
 *
 * @param topic   数据源主题
 * @param groupId 消费者组
 * @return 拼接好的 Kafka 数据源 DDL 语句
 */
public static String getKafkaDDL(String topic, String groupId) {

    return " with ('connector' = 'kafka', " +
          " 'topic' = '" + topic + "'," +
          " 'properties.bootstrap.servers' = '" + BOOTSTRAP_SERVERS + "', " +
          " 'properties.group.id' = '" + groupId + "', " +
          " 'format' = 'json', " +
          " 'scan.startup.mode' = 'group-offsets')";
}

/**
 * Kafka-Sink DDL 语句
 *
 * @param topic 写入到 Kafka 的目标主题
 * @return 拼接好的 Kafka-Sink DDL 语句
 */
public static String getKafkaSinkDDL(String topic) {
    return "WITH ( " +
          "  'connector' = 'kafka', " +
          "  'topic' = '" + topic + "', " +
          "  'properties.bootstrap.servers' = '" + BOOTSTRAP_SERVERS + "', " +
          "  'format' = 'json' " +
          ")";
}
```

（3）在 utils 包下创建工具类 MysqlUtil。编写 mysqlLookUpTableDDL 方法和 getBaesDicLookUpDDL 方法，用于将 MySQL 数据库中的字典表读取为 Flink 的 Lookup 表。

```
package com.atguigu.gmall.realtime.util;

public class MysqlUtil {
public static String getBaseDicLookUpDDL() {

        return "create table `base_dic`(\n" +
              "`dic_code` string,\n" +
              "`dic_name` string,\n" +
              "`parent_code` string,\n" +
              "`create_time` timestamp,\n" +
              "`operate_time` timestamp,\n" +
              "primary key(`dic_code`) not enforced\n" +
              ")" + MysqlUtil.mysqlLookUpTableDDL("base_dic");
    }

public static String mysqlLookUpTableDDL(String tableName) {

        String ddl = "WITH (\n" +
```

```
            "'connector' = 'jdbc',\n" +
            "'url' = 'jdbc:mysql://hadoop102:3306/gmall',\n" +
            "'table-name' = '" + tableName + "',\n" +
            "'lookup.cache.max-rows' = '10',\n" +
            "'lookup.cache.ttl' = '1 hour',\n" +
            "'username' = 'root',\n" +
            "'password' = '000000',\n" +
            "'driver' = 'com.mysql.cj.jdbc.Driver'\n" +
            ")";
        return ddl;
    }
}
```

（4）在 dwd 包下创建 db 包，用于编写所有业务数据的分析代码。在 db 包下创建类 DwdTradeCartAdd，编写构建交易域加购事务事实表的主程序。

```
package com.atguigu.gmall.realtime.app.dwd.db;

import com.atguigu.gmall.realtime.util.KafkaUtil;
import com.atguigu.gmall.realtime.util.MysqlUtil;
import org.apache.flink.api.common.restartstrategy.RestartStrategies;
import org.apache.flink.api.common.time.Time;
import org.apache.flink.configuration.Configuration;
import org.apache.flink.runtime.state.hashmap.HashMapStateBackend;
import org.apache.flink.streaming.api.CheckpointingMode;
import org.apache.flink.streaming.api.environment.CheckpointConfig;
import org.apache.flink.streaming.api.environment.StreamExecutionEnvironment;
import org.apache.flink.table.api.Table;
import org.apache.flink.table.api.bridge.java.StreamTableEnvironment;

import java.time.ZoneId;

public class DwdTradeCartAdd {
    public static void main(String[] args) throws Exception {

        // 1. 环境准备
        StreamExecutionEnvironment env = StreamExecutionEnvironment.getExecutionEnvironment();
        env.setParallelism(4);
        StreamTableEnvironment tableEnv = StreamTableEnvironment.create(env);

        // 设定 Table 中的时区为本地时区
        tableEnv.getConfig().setLocalTimeZone(ZoneId.of("GMT+8"));

        // 获取配置对象
        Configuration configuration = tableEnv.getConfig().getConfiguration();
        // 为状态中存储的数据设置过期时间
        configuration.setString("table.exec.state.ttl", "5 s");

        // 2. 启用检查点和状态后端，并配置必要的参数
        env.enableCheckpointing(3000L, CheckpointingMode.EXACTLY_ONCE);
        env.getCheckpointConfig().setMinPauseBetweenCheckpoints(3000L);
        env.getCheckpointConfig().setCheckpointTimeout(60 * 1000L);
        env.getCheckpointConfig().enableExternalizedCheckpoints(
```

```
        CheckpointConfig.ExternalizedCheckpointCleanup.RETAIN_ON_CANCELLATION
);
env.setRestartStrategy(RestartStrategies.failureRateRestart(
        3, Time.days(1), Time.minutes(1)
));
env.setStateBackend(new HashMapStateBackend());
env.getCheckpointConfig().setCheckpointStorage("hdfs://hadoop102:8020/ck");
System.setProperty("HADOOP_USER_NAME", "atguigu");

// 3. 从 Kafka 读取业务数据，封装为 Flink SQL 表，表名为 topic_db
tableEnv.executeSql("" +
        "create table topic_db(\n" +
        "`database` string,\n" +
        "`table` string,\n" +
        "`type` string,\n" +
        "`data` map<string, string>,\n" +
        "`old` map<string, string>,\n" +
        "`ts` string,\n" +
        "`proc_time` as PROCTIME()\n" +
        ")" + KafkaUtil.getKafkaDDL("topic_db", "dwd_trade_cart_add"));

// 4. 从表 topic_db 中筛选出购物车表数据，注册为表 cart_add
Table cartAdd = tableEnv.sqlQuery("" +
        "select\n" +
        "data['id'] id,\n" +
        "data['user_id'] user_id,\n" +
        "data['sku_id'] sku_id,\n" +
        "data['source_id'] source_id,\n" +
        "data['source_type'] source_type,\n" +
        "if(`type` = 'insert',\n" +
        "data['sku_num'],cast((cast(data['sku_num'] as int) - cast(`old`['sku_num'] as
int)) as string)) sku_num,\n" +
        "ts,\n" +
        "proc_time\n" +
        "from `topic_db` \n" +
        "where `table` = 'cart_info'\n" +
        "and (`type` = 'insert'\n" +
        "or (`type` = 'update' \n" +
        "and `old`['sku_num'] is not null \n" +
        "and cast(data['sku_num'] as int) > cast(`old`['sku_num'] as int)))");
tableEnv.createTemporaryView("cart_add", cartAdd);

// 5. 建立 MySQL Lookup 字典表，表名为 base_dic（如 MysqlUtil 类中所写）
tableEnv.executeSql(MysqlUtil.getBaseDicLookUpDDL());

// 6. 关联 cart_add 表与 base_dic 表，获得结果表，表名为 result_table
Table resultTable = tableEnv.sqlQuery("select\n" +
        "cadd.id,\n" +
        "user_id,\n" +
        "sku_id,\n" +
        "source_id,\n" +
```

```
            "source_type,\n" +
            "dic_name source_type_name,\n" +
            "sku_num,\n" +
            "ts\n" +
            "from cart_add cadd\n" +
            "join base_dic for system_time as of cadd.proc_time as dic\n" +
            "on cadd.source_type=dic.dic_code");
    tableEnv.createTemporaryView("result_table", resultTable);

    // 7. 创建以 Kafka Connector 为连接器的 dwd_trade_cart_add 表
    tableEnv.executeSql("" +
            "create table dwd_trade_cart_add(\n" +
            "id string,\n" +
            "user_id string,\n" +
            "sku_id string,\n" +
            "source_id string,\n" +
            "source_type_code string,\n" +
            "source_type_name string,\n" +
            "sku_num string,\n" +
            "ts string\n" +
            ")" + KafkaUtil.getKafkaSinkDDL("dwd_trade_cart_add"));

    // 8. 将结果表 result_table 写入 dwd_trade_cart_add 表
    tableEnv.executeSql("" +
            "insert into dwd_trade_cart_add select * from result_table");
  }
}
```

在 hadoop102 节点服务器启动 Kafka 的控制台消费者，消费 dwd_trade_cart_add 主题的数据。

```
[atguigu@hadoop102  ~]$  kafka-console-consumer.sh  --bootstrap-server  hadoop102:9092,
hadoop103:9092,hadoop104:9092 --topic dwd_trade_cart_add
```

运行上述主程序，启动 Maxwell，执行业务数据生成脚本，部分输出如下。

```
{"id":"30458","user_id":"65","sku_id":"24","source_id":null,"source_type_code":"2401","s
ource_type_name":"用户查询","sku_num":"3","ts":"1648121627"}
```

8.4 交易域下单事务事实表

在电商行业中，用户下单和取消订单是经常发生的行为，下单和取消订单是需要重点分析的交易域业务过程。本节将要构建的是交易域下单事务事实表。

8.4.1 思路梳理

1. 任务分析

用户每一次下单操作，会在业务数据库的订单表中插入一条数据，同时，还会在订单明细表、订单明细活动关联表、订单明细优惠券关联表中插入对应的若干条数据。

筛选订单表数据中类型为 insert 的数据，将其与订单明细表、订单明细活动关联表、订单明细优惠券关联表和字典表进行关联，获得用户下单明细数据，写入 Kafka 的 DWD 层的交易域下单事务事实表对应主题中。

2. 思路及关键技术点

（1）关键技术点。

① left join 实现过程。

在分析离线数据时，两张表之间的关联操作是很容易实现的。假设 A 表作为主表，与 B 表做等值左外连接，在离线数据分析的场景下，A 表和 B 表的数据都是完整的，可以一次性计算得到计算结果。在实时数据分析的场景下，当 A 表的数据进入算子时，B 表的数据可能还未能到达，此时会先生成一条 B 表字段均为 null 的关联数据 ab1，并带有标记+I（Insert）。等待一段时间后，B 表数据到来，需要先将之前的数据撤回，所以会产生一条与 ab1 的数据内容相同，但是标记为-D（Delete）的数据，然后再生成一条关联后的数据 ab2，并标记为+I（Insert）。

可以看到，两表关联之后的结果表的数据是动态变化的，这样的表转换为流后被称为撤回流。更新操作对撤回流来说对应着两个消息：之前数据的撤回（删除）和新数据的插入。

② Kafka Connector 与 Upsert Kafka Connector。

在 8.3.1 节中，我们已经了解到，Flink SQL 连接到 Kafka 的连接器共有两种：Kafka 连接器和 Upsert Kafka 连接器。

正常情况下，Kafka 作为保持数据顺序的消息队列，读取和写入的都应该是流式数据，对应在表中就是仅追加模式。如果我们想要将有更新操作（如 left join）的结果表写入 Kafka，就会由于 Kafka 无法识别撤回或更新插入消息而导致异常。

为了解决这个问题，Flink 专门增加了一个 Upsert Kafka Connector，这个连接器支持以更新插入的方式向 Kafka 读写数据。

Kafka Connector 与 Upsert Kafka Connector 的主要区别有如下两处。

区别一：建表语句的主键。

Kafka Connector 要求通过其创建的表不能定义主键，如果在 DDL 中设置了主键，运行代码会出现如下报错信息。

```
Caused by: org.apache.flink.table.api.ValidationException: The Kafka table 'default_catalog.default_database.normal_sink_topic' with 'json' format doesn't support defining PRIMARY KEY constraint on the table, because it can't guarantee the semantic of primary key.
```

Upsert Kafka Connector 要求通过其创建的表必须定义主键，如果在 DDL 中没有设置主键，运行代码会出现如下报错信息。

```
Caused by: org.apache.flink.table.api.ValidationException: 'upsert-kafka' tables require to define a PRIMARY KEY constraint. The PRIMARY KEY specifies which columns should be read from or write to the Kafka message key. The PRIMARY KEY also defines records in the 'upsert-kafka' table should update or delete on which keys.
```

DDL 中设置主键的语法如下。

```
primary key(id) not enforced
```

注意： not enforced 表示不对来往数据做约束校验，由于 Flink 并不是数据的主人，所以只支持 not enforced 模式。

如果没有 not enforced，会出现如下报错信息。

```
Exception in thread "main" org.apache.flink.table.api.ValidationException: Flink doesn't support ENFORCED mode for PRIMARY KEY constaint. ENFORCED/NOT ENFORCED  controls if the constraint checks are performed on the incoming/outgoing data. Flink does not own the data therefore the only supported mode is the NOT ENFORCED mode
```

区别二：对表中数据操作类型的要求。

Kafka Connector 不能消费带有 Upsert 和 Delete 数据操作类型的表，如 left join 生成的动态表。如果对这类表进行消费，会出现如下报错信息。

```
Exception in thread "main" org.apache.flink.table.api.TableException: Table sink 'default_catalog.default_database.normal_sink_topic' doesn't support consuming update and delete changes which is produced by node TableSourceScan(table=[[default_catalog, default_database, Unregistered_DataStream_Source_9]], fields=[l_id, tag_left, tag_right])
```

Upsert Kafka Connector 将 Insert 和 Update_After 类型的数据作为正常的 Kafka 消息写入，并将 Delete 类型的数据以 value 为空的 Kafka 消息写入（表示对应 key 的消息被删除）。Flink 将根据主键字段的值对数据进行分区，因此同一主键的更新和删除消息将被发送至同一分区，从而保证同一主键的消息有序。

下面是一个通过 Upsert Kafka Connector 创建表的例子。可以看到，与 Kafka Connector 的不同之处在于，必须定义主键和 connector 参数指定为“upsert-kafka”。

```
CREATE TABLE pageviews_per_region (
  user_region STRING,
  pv BIGINT,
  uv BIGINT,
  PRIMARY KEY (user_region) NOT ENFORCED
) WITH (
  'connector' = 'upsert-kafka',
  'topic' = 'pageviews_per_region',
  'properties.bootstrap.servers' = '...',
  'key.format' = 'avro',
  'value.format' = 'avro'
);
```

③ Flink SQL 中的处理时间函数。

Flink SQL 提供了几个可以获取当前时间戳的函数，如下所示。

- localtimestamp：返回本地时区的当前时间戳，返回类型为 TIMESTAMP(3)。在流处理模式下，会对每条记录计算一次时间。而在批处理模式下，仅在查询开始时计算一次时间，所有数据使用相同的时间。
- current_timestamp：返回本地时区的当前时间戳，返回类型为 TIMESTAMP_LTZ(3)。在流处理模式下会对每条记录计算一次时间。而在批处理模式下，仅在查询开始时计算一次时间，所有数据使用相同的时间。
- now：与 current_timestamp 相同。
- current_row_timestamp：返回本地时区的当前时间戳，返回类型为 TIMESTAMP_LTZ(3)。无论在流处理模式下，还是批处理模式下，都会对每行数据计算一次时间。

函数测试查询语句如下。

```
tableEnv.sqlQuery("select localtimestamp," +
             "current_timestamp," +
             "now()," +
             "current_row_timestamp()")
             .execute()
             .print();
```

查询结果如下。

```
+----+-------------------------+-------------------------+-------------------------
+-------------------------+
| op |          localtimestamp |       current_timestamp |                  EXPR$2 |
EXPR$3 |
+----+-------------------------+-------------------------+-------------------------
+-------------------------+
| +I | 2023-01-10 20:42:28.529 | 2023-01-10 20:42:28.529 | 2023-01-10 20:42:28.529 |
2023-01-10 20:42:28.529 |
```

```
+----+------------------------+------------------------+------------------------
+------------------------+
1 row in set
```

动态表属于流处理模式，所以四种函数任选其一即可。此处选择 current_row_timestamp。

（2）代码实现思路梳理。

① 设置 TTL。

用户下单行为发生时，订单明细表、订单表、订单明细优惠券关联表和订单明细活动关联表产生数据的操作类型均为 insert，且几乎会同时被采集进实时数据仓库系统中，不会存在业务上的滞后问题，只考虑可能的数据乱序即可，因此将 TTL 设置为 5s。

需要注意的是，前文提到本项目保证了同一分区、同一并行度的数据是有序的。此处的乱序与之并不冲突，以下单业务过程为例，用户完成下单操作时，订单表中会插入一条数据，订单明细表中会插入与之对应的多条数据，本项目业务数据是按照主键分区进入 Kafka 的，虽然同分区数据有序，但是同一张业务表的数据可能进入多个分区，会出现乱序的情况。这样一来，订单表数据与对应的订单明细数据可能被属于其他订单的数据“插队”，因而导致主表或从表数据迟到，可能连接不上，为了应对这种情况，需要让状态中的数据等待一段时间。

② 从 Kafka 的 topic_db 主题读取业务数据。

这一步要调用 PROCTIME 函数获取系统时间，作为与字典表做维表连接所需要的处理时间字段。

③ 筛选订单明细表数据。

应尽可能地保证事实表的粒度为最细粒度，在下单业务过程中，最细粒度的事件为一个订单的一个 SKU 的下单操作。因为订单明细表的粒度与最细粒度相同，所以将其作为主表。筛选操作类型为 insert 的数据。

④ 筛选订单表数据。

订单明细表需要与该表关联获取 user_id 和 province_id 字段。筛选操作类型为 insert 的数据。

⑤ 筛选订单明细活动关联表数据。

订单明细表需要与该表关联获取 activity_id 和 activity_rule_id，所以需要筛选保留这两个字段。筛选操作类型为 insert 的数据。

⑥ 筛选订单明细优惠券关联表数据。

订单明细表需要与该表关联获取 coupon_id 字段，所以需要筛选保留这个字段。筛选操作类型为 insert 的数据。

⑦ 建立 MySQL Lookup 字典表。

通过字典表获取订单来源类型名称。

⑧ 关联上述五张表获得订单宽表，写入 Kafka 主题。

以最细粒度的订单明细表为主表，依次与订单表、订单明细活动关联表、订单明细优惠券关联表和字典表关联，获取必要字段。

订单明细表和订单表的所有记录在另一张表中都有对应数据，采用 innner join 即可。

用户下单时未必参加了活动也未必使用了优惠券，所以订单明细表与订单明细活动关联表、订单明细优惠券关联表未必能成功关联。要保留订单明细独有数据，必须与订单明细活动关联表和订单明细优惠券关联表的关联使用 left join。

订单明细表与字典表的关联是为了获取 source_type 字段对应的 source_type_name 字段，订单明细表数据在字典表中一定有对应数据，采用 innner join 即可。

3. 流程图解

交易域下单事务事实表构建流程如图 8-5 所示。

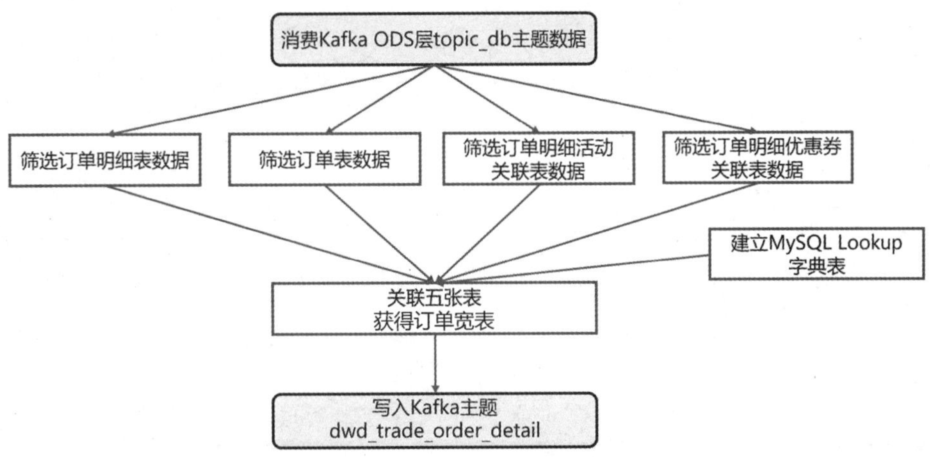

图 8-5　交易域下单事务事实表构建流程

8.4.2　代码编写

（1）在工具类 KafkaUtil 中补充 getUpsertKafkaDDL 方法，用于获取使用 Upsert Kafka Connector 为连接器的 DDL。

```
/**
 * UpsertKafka-Sink DDL 语句
 *
 * @param topic 写入到 Kafka 的目标主题
 * @return 拼接好的 UpsertKafka-Sink DDL 语句
 */
public static String getUpsertKafkaDDL(String topic) {

    return "WITH ( " +
            "  'connector' = 'upsert-kafka', " +
            "  'topic' = '" + topic + "', " +
            "  'properties.bootstrap.servers' = '" + BOOTSTRAP_SERVERS + "', " +
            "  'key.format' = 'json', " +
            "  'value.format' = 'json' " +
            ")";
}
```

（2）在 db 包下创建类 DwdTradeOrderDetail，编写交易域下单事务事实表构建的主程序。

```
package com.atguigu.gmall.realtime.app.dwd.db;

import com.atguigu.gmall.realtime.util.KafkaUtil;
import com.atguigu.gmall.realtime.util.MysqlUtil;
import org.apache.flink.api.common.restartstrategy.RestartStrategies;
import org.apache.flink.api.common.time.Time;
import org.apache.flink.configuration.Configuration;
import org.apache.flink.runtime.state.hashmap.HashMapStateBackend;
import org.apache.flink.streaming.api.CheckpointingMode;
import org.apache.flink.streaming.api.environment.CheckpointConfig;
import org.apache.flink.streaming.api.environment.StreamExecutionEnvironment;
import org.apache.flink.table.api.Table;
import org.apache.flink.table.api.bridge.java.StreamTableEnvironment;
```

```
import java.time.ZoneId;

public class DwdTradeOrderDetail {
    public static void main(String[] args) throws Exception {

        // 1. 环境准备
        StreamExecutionEnvironment env = StreamExecutionEnvironment.getExecutionEnvironment();
        env.setParallelism(4);
        StreamTableEnvironment tableEnv = StreamTableEnvironment.create(env);

        // 获取配置对象
        Configuration configuration = tableEnv.getConfig().getConfiguration();
        // 为状态中存储的数据设置过期时间
        configuration.setString("table.exec.state.ttl", "5 s");

        // 2. 启用状态后端
        env.enableCheckpointing(3000L, CheckpointingMode.EXACTLY_ONCE);
        env.getCheckpointConfig().setCheckpointTimeout(60 * 1000L);
        env.getCheckpointConfig().enableExternalizedCheckpoints(
                CheckpointConfig.ExternalizedCheckpointCleanup.RETAIN_ON_CANCELLATION
        );
        env.getCheckpointConfig().setMinPauseBetweenCheckpoints(3000L);
        env.setRestartStrategy(
                RestartStrategies.failureRateRestart(3, Time.days(1L), Time.minutes(3L))
        );
        env.setStateBackend(new HashMapStateBackend());
        env.getCheckpointConfig().setCheckpointStorage("hdfs://hadoop102:8020/ck");
        System.setProperty("HADOOP_USER_NAME", "atguigu");

        tableEnv.getConfig().setLocalTimeZone(ZoneId.of("GMT+8"));

        // 3. 从 Kafka 读取业务数据，封装为 Flink SQL 表
        tableEnv.executeSql("create table topic_db(" +
                "`database` String,\n" +
                "`table` String,\n" +
                "`type` String,\n" +
                "`data` map<String, String>,\n" +
                "`proc_time` as PROCTIME(),\n" +
                "`ts` string\n" +
                ")" + KafkaUtil.getKafkaDDL("topic_db", "dwd_trade_order_detail"));

        // 4. 读取订单明细表数据
        Table orderDetail = tableEnv.sqlQuery("select \n" +
                "data['id'] id,\n" +
                "data['order_id'] order_id,\n" +
                "data['sku_id'] sku_id,\n" +
                "data['sku_name'] sku_name,\n" +
                "data['create_time'] create_time,\n" +
                "data['source_id'] source_id,\n" +
                "data['source_type'] source_type,\n" +
```

```
        "data['sku_num'] sku_num,\n" +
        "cast(cast(data['sku_num'] as decimal(16,2)) * " +
        "cast(data['order_price'] as decimal(16,2)) as String) split_original_amount,\n" +
        "data['split_total_amount'] split_total_amount,\n" +
        "data['split_activity_amount'] split_activity_amount,\n" +
        "data['split_coupon_amount'] split_coupon_amount,\n" +
        "ts,\n" +
        "proc_time\n" +
        "from `topic_db` where `table` = 'order_detail' " +
        "and `type` = 'insert'\n");
tableEnv.createTemporaryView("order_detail", orderDetail);

// 5. 读取订单表数据
Table orderInfo = tableEnv.sqlQuery("select \n" +
        "data['id'] id,\n" +
        "data['user_id'] user_id,\n" +
        "data['province_id'] province_id\n" +
        "from `topic_db`\n" +
        "where `table` = 'order_info'\n" +
        "and `type` = 'insert'");
tableEnv.createTemporaryView("order_info", orderInfo);

// 6. 读取订单明细活动关联表数据
Table orderDetailActivity = tableEnv.sqlQuery("select \n" +
        "data['order_detail_id'] order_detail_id,\n" +
        "data['activity_id'] activity_id,\n" +
        "data['activity_rule_id'] activity_rule_id\n" +
        "from `topic_db`\n" +
        "where `table` = 'order_detail_activity'\n" +
        "and `type` = 'insert'\n");
tableEnv.createTemporaryView("order_detail_activity", orderDetailActivity);

// 7. 读取订单明细优惠券关联表数据
Table orderDetailCoupon = tableEnv.sqlQuery("select\n" +
        "data['order_detail_id'] order_detail_id,\n" +
        "data['coupon_id'] coupon_id\n" +
        "from `topic_db`\n" +
        "where `table` = 'order_detail_coupon'\n" +
        "and `type` = 'insert'\n");
tableEnv.createTemporaryView("order_detail_coupon", orderDetailCoupon);

// 8. 建立 MySQL Lookup 字典表
tableEnv.executeSql(MysqlUtil.getBaseDicLookUpDDL());

// 9. 关联五张表获得订单宽表
Table resultTable = tableEnv.sqlQuery("select \n" +
        "od.id,\n" +
        "od.order_id,\n" +
        "oi.user_id,\n" +
        "od.sku_id,\n" +
        "od.sku_name,\n" +
```

```
        "oi.province_id,\n" +
        "act.activity_id,\n" +
        "act.activity_rule_id,\n" +
        "cou.coupon_id,\n" +
        "date_format(od.create_time, 'yyyy-MM-dd') date_id,\n" +
        "od.create_time,\n" +
        "od.source_id,\n" +
        "od.source_type,\n" +
        "dic.dic_name source_type_name,\n" +
        "od.sku_num,\n" +
        "od.split_original_amount,\n" +
        "od.split_activity_amount,\n" +
        "od.split_coupon_amount,\n" +
        "od.split_total_amount,\n" +
        "od.ts,\n" +
        "current_row_timestamp() row_op_ts\n" +
        "from order_detail od \n" +
        "join order_info oi\n" +
        "on od.order_id = oi.id\n" +
        "left join order_detail_activity act\n" +
        "on od.id = act.order_detail_id\n" +
        "left join order_detail_coupon cou\n" +
        "on od.id = cou.order_detail_id\n" +
        "join `base_dic` for system_time as of od.proc_time as dic\n" +
        "on od.source_type = dic.dic_code");
tableEnv.createTemporaryView("result_table", resultTable);

// 10. 建立 Upsert Kafka dwd_trade_order_detail 表
tableEnv.executeSql("" +
        "create table dwd_trade_order_detail(\n" +
        "id string,\n" +
        "order_id string,\n" +
        "user_id string,\n" +
        "sku_id string,\n" +
        "sku_name string,\n" +
        "province_id string,\n" +
        "activity_id string,\n" +
        "activity_rule_id string,\n" +
        "coupon_id string,\n" +
        "date_id string,\n" +
        "create_time string,\n" +
        "source_id string,\n" +
        "source_type string,\n" +
        "source_type_name string,\n" +
        "sku_num string,\n" +
        "split_original_amount string,\n" +
        "split_activity_amount string,\n" +
        "split_coupon_amount string,\n" +
        "split_total_amount string,\n" +
        "ts string,\n" +
        "row_op_ts timestamp_ltz(3),\n" +
```

```
            "primary key(id) not enforced\n" +
            ")" + KafkaUtil.getUpsertKafkaDDL("dwd_trade_order_detail"));

        // 11. 将关联结果写入 Upsert Kafka 表
        tableEnv.executeSql("" +
            "insert into dwd_trade_order_detail \n" +
            "select * from result_table");
    }
}
```

在 hadoop102 节点服务器启动 Kafka 的控制台消费者，消费 dwd_trade_order_detail 主题的数据。

```
[atguigu@hadoop102 ~]$ kafka-console-consumer.sh --bootstrap-server hadoop102:9092,
hadoop103:9092,hadoop104:9092 --topic dwd_trade_order_detail
```

运行上述主程序，保证 Maxwell 已经启动，执行业务数据生成脚本，部分输出如下。


```
{"id":"13166","order_id":"4920","user_id":"100","sku_id":"24","sku_name":"金沙河面条 原味银丝挂面 龙须面 方便速食拉面 清汤面 900g","province_id":"15","activity_id":null,"activity_rule_id":null,"coupon_id":null,"date_id":"2023-01-10","create_time":"2023-01-10 19:55:09","source_id":null,"source_type":"2401","source_type_name":"用户查询","sku_num":"2","split_original_amount":"22.0000","split_activity_amount":null,"split_coupon_amount":null,"split_total_amount":"22.0","ts":"1648122909","row_op_ts":"2023-01-10 21:55:10.693Z"}
```


8.5　交易域取消订单事务事实表

本节我们将构建交易域取消订单事务事实表。用户取消订单的业务过程涉及的业务数据表同下单业务过程是相同的，需要注意的是，要筛选合适的操作类型数据。

8.5.1　思路梳理

1. 任务分析

用户在下单后的 15 分钟内是可以取消订单的。用户取消订单后，会修改原来在订单表中插入的数据，将订单状态字段修改为取消订单的标识，将操作时间字段修改为取消订单的时间。用户取消订单的行为，虽然会对订单表产生部分字段的修改，但是不影响与订单明细表、订单明细活动关联表、订单明细优惠券关联表之间的关系。

筛选订单表数据中类型为 update 的数据，将其与订单明细表、订单明细活动关联表、订单明细优惠券关联表和字典表进行关联，获得用户取消订单明细数据，写入 Kafka 的 DWD 层的交易域取消订单事务事实表对应的主题中。

2. 思路及关键技术点

（1）设置 TTL。

当用户下单行为发生时，订单明细表、订单表、订单明细优惠券关联表和订单明细活动关联表产生的数据操作类型均为 insert，且几乎会同时被采集进实时数据仓库系统中，不会存在业务上的滞后问题，只考虑可能的数据乱序即可。而用户取消订单时，只有订单表中的数据发生了变更，产生了一条操作类型为 update 的数据，与这条数据关联的其他三张表的数据很显然已经早早地“流”过了实时计算程序。此时，为了让这条数据与其他三张表的数据成功关联，就需要让这三张表的数据在程序中“等”一段时间。考虑到用户下单后 15 分钟内可以取消订单，将表状态的 TTL 设置为 15 分钟加 5 秒，也就是 905 秒。

（2）从 Kafka 的 topic_db 主题读取业务数据。

这一步要调用 PROCTIME 函数获取系统时间，作为与字典表做维表连接所需要的处理时间字段。

（3）筛选订单明细表数据。

应尽可能地保证事实表的粒度为最细粒度。在取消订单业务过程中，最细粒度的事件为一个订单的一个 SKU 取消订单操作。因为订单明细表的粒度与最细粒度相同，所以将其作为主表。筛选操作类型为 insert 的数据。

（4）筛选订单表数据。

订单明细表需要与该表关联获取 user_id 和 province_id 字段。具体筛选条件有以下三条。

① 数据的操作类型是 update。

② order_status 字段发生变更。

③ 变更后的 order_status 字段值为 1003。

（5）筛选订单明细活动关联表数据。

订单明细表需要与该表关联获取 activity_id 和 activity_rule_id 字段，所以需要筛选保留这两个字段。筛选操作类型为 insert 的数据。

（6）筛选订单明细优惠券关联表数据。

订单明细表需要与该表关联获取 coupon_id 字段，所以需要筛选保留这个字段。筛选操作类型为 insert 的数据。

（7）建立 MySQL Lookup 字典表。

通过字典表获取订单来源类型名称。

（8）关联上述五张表获得订单宽表，写入 Kafka 主题。

以最细粒度的订单明细表为主表，依次与订单表、订单明细活动关联表、订单明细优惠券关联表和字典表关联，获取必要字段。

订单明细表和订单表的所有记录，在另一张表中都有对应数据，采用 innner join 即可。

用户下单时，未必参加了活动，也未必使用了优惠券，所以订单明细表与订单明细活动关联表、订单明细优惠券关联表未必能成功关联。因为要保留订单明细独有数据，所以与订单明细活动关联表和订单明细优惠券关联表的关联使用 left join。

订单明细表与字典表的关联是为了获取 source_type 字段对应的 source_type_name 字段，订单明细表数据在字典表中一定有对应数据，采用 innner join 即可。

3. 流程图解

交易域取消订单事务事实表构建流程如图 8-6 所示。

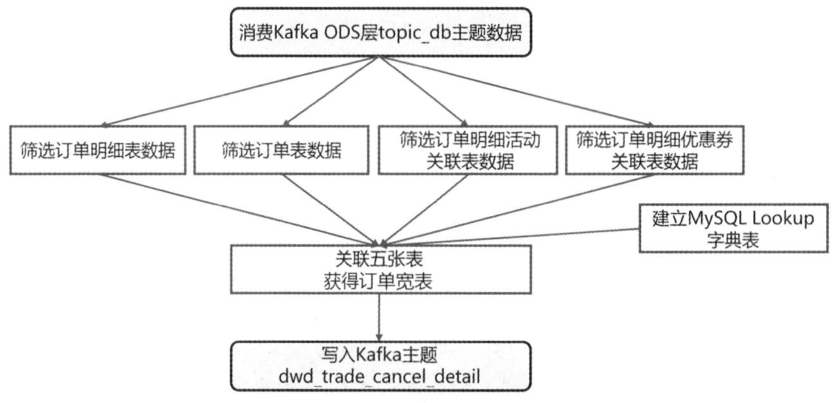

图 8-6　交易域取消订单事务事实表构建流程

8.5.2　代码编写

在 db 包下创建类 DwdTradeCancelDetail，编写构建交易域下单事务事实表的主程序。

```
package com.atguigu.gmall.realtime.app.dwd.db;

import com.atguigu.gmall.realtime.util.KafkaUtil;
import com.atguigu.gmall.realtime.util.MysqlUtil;
import org.apache.flink.api.common.restartstrategy.RestartStrategies;
import org.apache.flink.api.common.time.Time;
import org.apache.flink.runtime.state.hashmap.HashMapStateBackend;
import org.apache.flink.streaming.api.CheckpointingMode;
import org.apache.flink.streaming.api.environment.CheckpointConfig;
import org.apache.flink.streaming.api.environment.StreamExecutionEnvironment;
import org.apache.flink.table.api.Table;
import org.apache.flink.table.api.bridge.java.StreamTableEnvironment;

import java.time.ZoneId;

public class DwdTradeCancelDetail  {

    public static void main(String[] args) throws Exception {

        // 1. 环境准备
        StreamExecutionEnvironment env = StreamExecutionEnvironment.getExecutionEnvironment();
        env.setParallelism(4);
        StreamTableEnvironment tableEnv = StreamTableEnvironment.create(env);

        // 2. 启用检查点和状态后端，并配置必要参数
        env.enableCheckpointing(3000L, CheckpointingMode.EXACTLY_ONCE);
        env.getCheckpointConfig().setCheckpointTimeout(60 * 1000L);
        env.getCheckpointConfig().enableExternalizedCheckpoints(
                CheckpointConfig.ExternalizedCheckpointCleanup.RETAIN_ON_CANCELLATION
        );
        env.getCheckpointConfig().setMinPauseBetweenCheckpoints(3000L);
        env.setRestartStrategy(
                RestartStrategies.failureRateRestart(3, Time.days(1L), Time.minutes(3L))
        );
        env.setStateBackend(new HashMapStateBackend());
        env.getCheckpointConfig().setCheckpointStorage("hdfs://hadoop102:8020/ck");
        System.setProperty("HADOOP_USER_NAME", "atguigu");

        tableEnv.getConfig().setLocalTimeZone(ZoneId.of("GMT+8"));

        // 3. 从 Kafka 读取业务数据，封装为 Flink SQL 表，表名为 topic_db
        tableEnv.executeSql("create table topic_db(" +
                "`database` String,\n" +
                "`table` String,\n" +
                "`type` String,\n" +
                "`data` map<String, String>,\n" +
                "`old` map<String, String>,\n" +
```

```
        "`proc_time` as PROCTIME(),\n" +
        "`ts` string\n" +
        ")" + KafkaUtil.getKafkaDDL("topic_db", "dwd_trade_order_pre_process"));

// 4. 从表 topic_db 中筛选出订单明细表数据，注册为表 order_detail
Table orderDetail = tableEnv.sqlQuery("select \n" +
        "data['id'] id,\n" +
        "data['order_id'] order_id,\n" +
        "data['sku_id'] sku_id,\n" +
        "data['sku_name'] sku_name,\n" +
        "data['create_time'] create_time,\n" +
        "data['source_id'] source_id,\n" +
        "data['source_type'] source_type,\n" +
        "data['sku_num'] sku_num,\n" +
        "cast(cast(data['sku_num'] as decimal(16,2)) * " +
        "cast(data['order_price'] as decimal(16,2)) as String) split_original_amount,\n" +
        "data['split_total_amount'] split_total_amount,\n" +
        "data['split_activity_amount'] split_activity_amount,\n" +
        "data['split_coupon_amount'] split_coupon_amount,\n" +
        "proc_time\n" +
        "from `topic_db` where `table` = 'order_detail'\n" +
        "and `type` = 'insert'\n");
tableEnv.createTemporaryView("order_detail", orderDetail);

// 5. 从表 topic_db 中筛选出订单表数据中的取消订单数据，注册为表 order_cancel_info
Table orderCancelInfo = tableEnv.sqlQuery("select \n" +
        "data['id'] id,\n" +
        "data['user_id'] user_id,\n" +
        "data['province_id'] province_id,\n" +
        "data['operate_time'] operate_time,\n" +
        "ts\n" +
        "from `topic_db`\n" +
        "where `table` = 'order_info'\n" +
        "and `type` = 'update'\n" +
        "and `old`['order_status'] is not null\n" +
        "and data['order_status'] = '1003'");
tableEnv.createTemporaryView("order_cancel_info", orderCancelInfo);

// 6. 从表 topic_db 中筛选出订单明细活动关联表数据，注册为表 order_detail_activity
Table orderDetailActivity = tableEnv.sqlQuery("select \n" +
        "data['order_detail_id'] order_detail_id,\n" +
        "data['activity_id'] activity_id,\n" +
        "data['activity_rule_id'] activity_rule_id\n" +
        "from `topic_db`\n" +
        "where `table` = 'order_detail_activity'\n" +
        "and `type` = 'insert'\n");
tableEnv.createTemporaryView("order_detail_activity", orderDetailActivity);

// 7. 从表 topic_db 中筛选出订单明细优惠券关联表数据，注册为表 order_detail_coupon
Table orderDetailCoupon = tableEnv.sqlQuery("select\n" +
```

```
        "data['order_detail_id'] order_detail_id,\n" +
        "data['coupon_id'] coupon_id\n" +
        "from `topic_db`\n" +
        "where `table` = 'order_detail_coupon'\n" +
        "and `type` = 'insert'\n");
tableEnv.createTemporaryView("order_detail_coupon", orderDetailCoupon);

// 8. 建立MySQL Lookup字典表，表名为base_dic（如MysqlUtil类中所写）
tableEnv.executeSql(MysqlUtil.getBaseDicLookUpDDL());

// 9. 关联以上五张表获得结果表，表名为result_table
Table resultTable = tableEnv.sqlQuery("select\n" +
        "od.id,\n" +
        "od.order_id,\n" +
        "oci.user_id,\n" +
        "od.sku_id,\n" +
        "od.sku_name,\n" +
        "oci.province_id,\n" +
        "act.activity_id,\n" +
        "act.activity_rule_id,\n" +
        "cou.coupon_id,\n" +
        "date_format(oci.operate_time, 'yyyy-MM-dd') operate_date_id,\n" +
        "oci.operate_time,\n" +
        "od.source_id,\n" +
        "od.source_type,\n" +
        "dic.dic_name source_type_name,\n" +
        "od.sku_num,\n" +
        "od.split_original_amount,\n" +
        "od.split_activity_amount,\n" +
        "od.split_coupon_amount,\n" +
        "od.split_total_amount,\n" +
        "oci.ts,\n" +
        "current_row_timestamp() row_op_ts\n" +
        "from order_detail od \n" +
        "join order_cancel_info oci\n" +
        "on od.order_id = oci.id\n" +
        "left join order_detail_activity act\n" +
        "on od.id = act.order_detail_id\n" +
        "left join order_detail_coupon cou\n" +
        "on od.id = cou.order_detail_id\n" +
        "join `base_dic` for system_time as of od.proc_time as dic\n" +
        "on od.source_type = dic.dic_code");
tableEnv.createTemporaryView("result_table", resultTable);

// 10. 建立由Upsert Kafka Connector为连接器的dwd_trade_order_pre_process 表
tableEnv.executeSql("create table dwd_trade_cancel_detail(\n" +
        "id string,\n" +
        "order_id string,\n" +
        "user_id string,\n" +
```

```
            "sku_id string,\n" +
            "sku_name string,\n" +
            "province_id string,\n" +
            "activity_id string,\n" +
            "activity_rule_id string,\n" +
            "coupon_id string,\n" +
            "date_id string,\n" +
            "cancel_time string,\n" +
            "source_id string,\n" +
            "source_type_code string,\n" +
            "source_type_name string,\n" +
            "sku_num string,\n" +
            "split_original_amount string,\n" +
            "split_activity_amount string,\n" +
            "split_coupon_amount string,\n" +
            "split_total_amount string,\n" +
            "ts string,\n" +
            "row_op_ts timestamp_ltz(3),\n" +
            "primary key(id) not enforced" +
            ")" + KafkaUtil.getUpsertKafkaDDL("dwd_trade_cancel_detail"));

        // 11. 将结果表 result_table 写入表 dwd_trade_cancel_detail
        tableEnv.executeSql("" +
            "insert into dwd_trade_cancel_detail \n" +
            "select * from result_table");    }
}
```

在 hadoop102 节点服务器启动 Kafka 的控制台消费者，消费 dwd_trade_cancel_detail 主题的数据。

```
[atguigu@hadoop102 ~]$ kafka-console-consumer.sh --bootstrap-server hadoop102:9092,hadoop103:9092,hadoop104:9092 --topic dwd_trade_cancel_detail
```

运行上述主程序，确保 Maxwell 已经启动，执行业务数据生成脚本，部分输出如下。


```
{"id":"13196","order_id":"4932","user_id":"8","sku_id":"28","sku_name":"索芙特 i-Softto 口红 不掉色唇膏保湿滋润 璀璨金钻哑光唇膏 Z03 女王红 性感冷艳 璀璨金钻哑光唇膏","province_id":"1","activity_id":"3","activity_rule_id":"5","coupon_id":"3","date_id":"2023-01-10","cancel_time":"2023-01-10 19:59:49","source_id":null,"source_type_code":"2401","source_type_name":"用户查询","sku_num":"3","split_original_amount":"387.0000","split_activity_amount":"39.0","split_coupon_amount":"11.12","split_total_amount":"336.88","ts":"1648123189","row_op_ts":"2023-01-10 21:59:50.434Z"}
```


8.6 交易域支付成功事务事实表

本节的主要任务是构建交易域支付成功事务事实表。

8.6.1 思路梳理

1. 任务分析

在构建支付成功事务事实表之前，需要分析用户支付的业务过程。用户在商品成功下单后，首先会在订单表、订单明细表等表中插入订单的相关数据。在用户下单后的 15 分钟内，可以进行支付。当用户发起支付行为后，会在支付表（payment_info）中插入一条数据，但是此时的回调时间（callback_time）、回调内容（callback_content）等字段为空，只有在支付成功后，第三方支付接口才会返回支付成功的回调信息，这时会更新支付表的回调时间、回调内容、支付类型（payment_type）、支付状态（payment_status）字段。我们关心的是用户支付成功的行为，因此需要重点分析的是用户支付成功后补充完字段的完整数据。

在支付表中，仅保留与支付相关的字段，若想在支付成功事务事实表中增加其他维度字段，需要将支付表通过订单编号字段与订单明细事务事实表关联，获取用户、地区、来源类型等其他维度字段。同其他事务事实表相同，支付表还需要与 MySQL 中的字典表关联，将字典表的维度退化至支付成功数据中。

关联结束后，将结果数据写入至 Kafka 的对应主题中。

2. 思路及关键技术点

（1）设置 TTL。

支付成功事务事实表需要将业务数据库中的支付表数据与订单明细表关联。订单明细数据是在下单时生成的，经过一系列的处理，进入订单明细事务事实表主题。通常支付操作在下单 15 分钟内完成即可。因为支付数据可能比订单明细数据最多滞后 15 分钟，所以需要将表状态的 TTL 设置为 15 分钟加 5 秒，也就是 905 秒。

（2）获取订单明细数据。

消费 Kafka 的 dwd_trade_order_detail 主题，获取订单明细数据。

（3）筛选支付成功数据。

经过上述分析，我们已经知道支付成功的数据是第三方支付接口返回回调信息之后，修改生成的数据，即 topic_db 主题中，表来源为 payment_info，操作类型 type 为 update，并且更新后的数据的 payment_type、callback_time、callback_comtent、payment_status 字段不为 null。支付成功后，payment_status 字段会修改为支付成功的状态码 1602。所以只需要筛选 type 为 update、payment_status 为 1602 的数据，即为支付成功数据。

本程序为了去除重复数据，在关联后的宽表中补充了处理时间字段，DWS 层将进行详细介绍。支付成功表是由支付成功数据与订单明细做内连接，然后与字典表做 Lookup Join 得来。这个过程中不会出现回撤数据，关联后表的重复数据来源于订单明细表，因此应按照订单明细表的处理时间字段去重，故支付成功明细表的 row_op_ts 取自订单明细表。

（4）建立 MySQL Lookup 字典表。

通过字典表获取支付类型名称。

（5）关联上述三张表形成支付成功明细数据，写入 Kafka 的支付成功事务事实表主题。

支付成功业务过程的最细粒度为一个 SKU 的支付成功记录，只有 dwd_trade_order_detail 表的粒度与最细粒度相同，因此将其作为主表。

支付成功数据在订单明细表 dwd_trade_order_detail 中必然存在对应数据，且我们只需要 dwd_trade_order_detail 表中与支付成功数据相关的数据，所以订单明细表 dwd_trade_order_detail 与支付成功数据采用内连接 inner join 即可。

支付成功数据与字典表的关联是为了获取 payment_type 字段对应的 payment_type_name 字段，支付成功数据在字典表中一定有对应数据，采用 innner join 即可。

3. 流程图解

交易域支付成功事务事实表构建流程如图 8-7 所示。

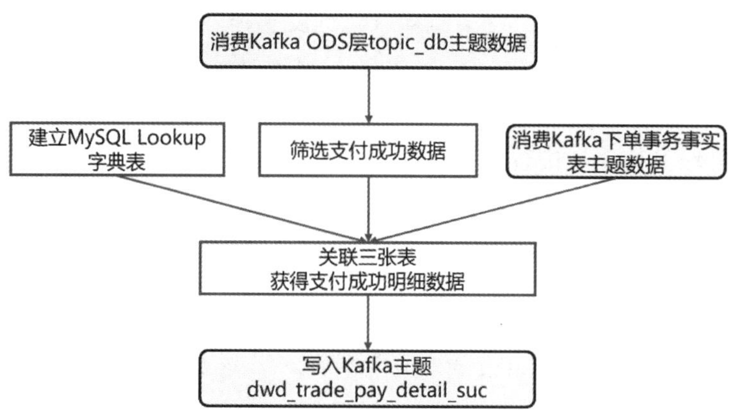

图 8-7　交易域支付成功事务事实表构建流程

8.6.2　代码编写

在 db 包下创建类 DwdTradePayDetailSuc，编写构建交易域支付成功事务事实表的主程序。

```
package com.atguigu.gmall.realtime.app.dwd.db;

import com.atguigu.gmall.realtime.util.KafkaUtil;
import com.atguigu.gmall.realtime.util.MysqlUtil;
import org.apache.flink.api.common.restartstrategy.RestartStrategies;
import org.apache.flink.api.common.time.Time;
import org.apache.flink.configuration.Configuration;
import org.apache.flink.runtime.state.hashmap.HashMapStateBackend;
import org.apache.flink.streaming.api.CheckpointingMode;
import org.apache.flink.streaming.api.environment.CheckpointConfig;
import org.apache.flink.streaming.api.environment.StreamExecutionEnvironment;
import org.apache.flink.table.api.Table;
import org.apache.flink.table.api.bridge.java.StreamTableEnvironment;

import java.time.ZoneId;

public class DwdTradePayDetailSuc {
   public static void main(String[] args) throws Exception {

       // 1. 环境准备
       StreamExecutionEnvironment env = StreamExecutionEnvironment.getExecutionEnvironment();
       env.setParallelism(4);
       StreamTableEnvironment tableEnv = StreamTableEnvironment.create(env);

       tableEnv.getConfig().setLocalTimeZone(ZoneId.of("GMT+8"));

       // 获取配置对象
       Configuration configuration = tableEnv.getConfig().getConfiguration();
       // 为状态中存储的数据设置过期时间
       configuration.setString("table.exec.state.ttl", "905 s");

       // 2. 启用检查点和状态后端，并配置必要参数
       env.enableCheckpointing(3000L, CheckpointingMode.EXACTLY_ONCE);
```

```
        env.getCheckpointConfig().setMinPauseBetweenCheckpoints(3000L);
        env.getCheckpointConfig().setCheckpointTimeout(60 * 1000L);
        env.getCheckpointConfig().enableExternalizedCheckpoints(
                CheckpointConfig.ExternalizedCheckpointCleanup.RETAIN_ON_CANCELLATION
        );
        env.setRestartStrategy(RestartStrategies.failureRateRestart(
                3, Time.days(1), Time.minutes(1)
        ));
        env.setStateBackend(new HashMapStateBackend());
        env.getCheckpointConfig().setCheckpointStorage(
                "hdfs://hadoop102:8020/ck"
        );
        System.setProperty("HADOOP_USER_NAME", "atguigu");

        // 3. 读取 Kafka 的 dwd_trade_order_detail 主题数据，封装为 Flink SQL 表，表名为
dwd_trade_order_detail
        tableEnv.executeSql("" +
                "create table dwd_trade_order_detail(\n" +
                "id string,\n" +
                "order_id string,\n" +
                "user_id string,\n" +
                "sku_id string,\n" +
                "sku_name string,\n" +
                "province_id string,\n" +
                "activity_id string,\n" +
                "activity_rule_id string,\n" +
                "coupon_id string,\n" +
                "date_id string,\n" +
                "create_time string,\n" +
                "source_id string,\n" +
                "source_type_code string,\n" +
                "source_type_name string,\n" +
                "sku_num string,\n" +
                "split_original_amount string,\n" +
                "split_activity_amount string,\n" +
                "split_coupon_amount string,\n" +
                "split_total_amount string,\n" +
                "ts string,\n" +
                "row_op_ts timestamp_ltz(3)\n" +
                ")" + KafkaUtil.getKafkaDDL("dwd_trade_order_detail", "dwd_trade_pay_detail_suc"));

        // 4. 从 Kafka 读取业务数据，封装为 Flink SQL 表，表名为 topic_db
        tableEnv.executeSql("create table topic_db(" +
                "`database` String,\n" +
                "`table` String,\n" +
                "`type` String,\n" +
                "`data` map<String, String>,\n" +
                "`old` map<String, String>,\n" +
                "`proc_time` as PROCTIME(),\n" +
                "`ts` string\n" +
                ")" + KafkaUtil.getKafkaDDL("topic_db", "dwd_trade_pay_detail_suc"));
```

```
        // 5. 从表 topic_db 中筛选出支付成功数据，注册为表 payment_info
        Table paymentInfo = tableEnv.sqlQuery("select\n" +
                "data['user_id'] user_id,\n" +
                "data['order_id'] order_id,\n" +
                "data['payment_type'] payment_type,\n" +
                "data['callback_time'] callback_time,\n" +
                "`proc_time`,\n" +
                "ts\n" +
                "from topic_db\n" +
                "where `table` = 'payment_info'\n"
                //+
                //"and `type` = 'update'\n" +
                //"and data['payment_status']='1602'"
//本项目为了简化模拟数据的复杂程度，在处理支付数据时做了变动，仅插入一条支付状态为已成功的数据，而没有先插入后修改的过程，要看到测试结果，需要注释掉过滤条件。生产环境按照业务场景具体分析即可
        );
        tableEnv.createTemporaryView("payment_info", paymentInfo);

        // 6. 建立 MySQL Lookup 字典表，表名为 base_dic（如 MysqlUtil 类中所写）
        tableEnv.executeSql(MysqlUtil.getBaseDicLookUpDDL());

        // 7.关联以上三张表，获得结果表，表名为 result_table
        Table resultTable = tableEnv.sqlQuery("" +
                "select\n" +
                "od.id order_detail_id,\n" +
                "od.order_id,\n" +
                "od.user_id,\n" +
                "od.sku_id,\n" +
                "od.sku_name,\n" +
                "od.province_id,\n" +
                "od.activity_id,\n" +
                "od.activity_rule_id,\n" +
                "od.coupon_id,\n" +
                "pi.payment_type payment_type_code,\n" +
                "dic.dic_name payment_type_name,\n" +
                "pi.callback_time,\n" +
                "od.source_id,\n" +
                "od.source_type_code,\n" +
                "od.source_type_name,\n" +
                "od.sku_num,\n" +
                "od.split_original_amount,\n" +
                "od.split_activity_amount,\n" +
                "od.split_coupon_amount,\n" +
                "od.split_total_amount split_payment_amount,\n" +
                "pi.ts,\n" +
                "od.row_op_ts row_op_ts\n" +
                "from payment_info pi\n" +
                "join dwd_trade_order_detail od\n" +
                "on pi.order_id = od.order_id\n" +
                "join `base_dic` for system_time as of pi.proc_time as dic\n" +
```

```
        "on pi.payment_type = dic.dic_code");
    tableEnv.createTemporaryView("result_table", resultTable);

    // 8. 建立由 Upsert Kafka Connector 为连接器的 dwd_trade_pay_detail 表
    tableEnv.executeSql("create table dwd_trade_pay_detail_suc(\n" +
            "order_detail_id string,\n" +
            "order_id string,\n" +
            "user_id string,\n" +
            "sku_id string,\n" +
            "sku_name string,\n" +
            "province_id string,\n" +
            "activity_id string,\n" +
            "activity_rule_id string,\n" +
            "coupon_id string,\n" +
            "payment_type_code string,\n" +
            "payment_type_name string,\n" +
            "callback_time string,\n" +
            "source_id string,\n" +
            "source_type_code string,\n" +
            "source_type_name string,\n" +
            "sku_num string,\n" +
            "split_original_amount string,\n" +
            "split_activity_amount string,\n" +
            "split_coupon_amount string,\n" +
            "split_payment_amount string,\n" +
            "ts string,\n" +
            "row_op_ts timestamp_ltz(3),\n" +
            "primary key(order_detail_id) not enforced\n" +
            ")" + KafkaUtil.getUpsertKafkaDDL("dwd_trade_pay_detail_suc"));

    // 9. 将结果表 result_table 写入 dwd_trade_pay_detail_suc 表
    tableEnv.executeSql("" +
            "insert into dwd_trade_pay_detail_suc select * from result_table");
    }
}
```

在 hadoop102 节点服务器启动 Kafka 的控制台消费者，消费 dwd_trade_pay_detail_suc 主题的数据。

```
[atguigu@hadoop102  ~]$  kafka-console-consumer.sh  --bootstrap-server  hadoop102:9092,
hadoop103:9092,hadoop104:9092 --topic dwd_trade_pay_detail_suc
```

运行上述主程序，并运行前置应用 DwdTradeOrderDetail，执行业务数据生成脚本，部分输出如下。


```
{"order_detail_id":"13209","order_id":"4938","user_id":"63","sku_id":"11","sku_name":"Apple iPhone 12 (A2404) 64GB 白色 支持移动联通电信 5G 双卡双待手机 ","province_id":"27","activity_id":"2","activity_rule_id":"4","coupon_id":null,"payment_type_code":"1102","payment_type_name":"微信 ","callback_time":null,"source_id":null,"source_type_code":null,"source_type_name":"智能推荐 ","sku_num":"2","split_original_amount":"16394.0000","split_activity_amount":"1200.0","split_coupon_amount":null,"split_payment_amount":"15194.0","ts":"1648123481","row_op_ts":"2023-01-10 22:04:42.175Z"}
```


8.7　交易域退单事务事实表

本节的主要任务是构建交易域退单事务事实表。

8.7.1 思路梳理

1. 任务分析

在构建退单事务事实表之前，首先分析用户退单的业务过程。用户在购买商品并支付后，可以发起退单请求。退单请求发起后，会在业务数据库的退单表中插入多条数据（每个 SKU 对应一条数据），同时订单表的一条数据会发生修改。

从 Kafka 读取 topic_db 主题的数据，筛选退单表数据和满足条件的订单表数据，建立 MySQL Lookup 字典表，将三张表关联，获得退单明细数据，将数据写入退单事务事实表在 Kafka 中的对应主题。

2. 思路及关键技术点

（1）设置 TTL。

用户发起退单请求时，order_refund_info 会插入多条数据，同时 order_info 表的一条对应数据会发生修改，两张表的数据不会存在时间滞后问题，仅考虑可能发生的数据乱序，将表状态 TTL 设置为 5 秒即可。

（2）筛选退单表数据。

从 Kafka 读取 topic_db 主题的数据，筛选数据来源是退单表、数据操作类型 type 为 insert 的数据。

退单业务过程最细粒度的操作为一个订单中一个 SKU 的退单操作，退单表粒度与最细粒度相同，将其作为主表与其他表关联。

（3）筛选订单表数据。

用户发起退单请求时，订单表中该条订单数据的 order_status 字段值会由 1002（已支付）修改为 1005（退款中）。筛选 topic_db 数据中，数据来源是订单表（order_info）、type 为 update、old 字段下的 order_status 字段的值为 1002 的数据，为与退单业务过程相关的数据相匹配，主要保留 province_id 字段，用来为退单数据提供省份维度。

实际上，将退单表数据与所有来自订单表的数据进行关联，也可以实现需求。对订单表数据进行过滤后，可以大大降低关联数据量。

（4）建立 MySQL Lookup 字典表。

通过字典表获取退款类型名称和退款原因类型名称。

（5）关联上述三张表获得退单明细数据，写入 Kafka 的退单事务事实表主题。

退单表的粒度为退单业务过程的最细粒度，将其作为关联主表。

退单表数据在订单表数据中必然存在对应数据，不存在独有数据，所以两表采用内连接 inner join 即可。

退单表数据与字典表通过内连接关联。

3. 流程图解

交易域退单事务事实表构建流程如图 8-8 所示。

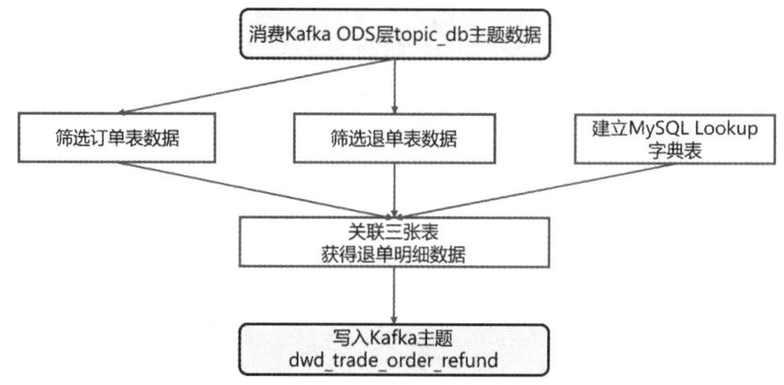

图 8-8 交易域退单事务事实表构建流程

8.7.2 代码编写

在 db 包下创建类 DwdTradeOrderRefund，编写构建交易域退单事务事实表的主程序。

```
package com.atguigu.gmall.realtime.app.dwd.db;

import com.atguigu.gmall.realtime.util.KafkaUtil;
import com.atguigu.gmall.realtime.util.MysqlUtil;
import org.apache.flink.api.common.restartstrategy.RestartStrategies;
import org.apache.flink.api.common.time.Time;
import org.apache.flink.configuration.Configuration;
import org.apache.flink.runtime.state.hashmap.HashMapStateBackend;
import org.apache.flink.streaming.api.CheckpointingMode;
import org.apache.flink.streaming.api.environment.CheckpointConfig;
import org.apache.flink.streaming.api.environment.StreamExecutionEnvironment;
import org.apache.flink.table.api.Table;
import org.apache.flink.table.api.bridge.java.StreamTableEnvironment;

public class DwdTradeOrderRefund {
    public static void main(String[] args) throws Exception {

        // 1. 环境准备
        StreamExecutionEnvironment env = StreamExecutionEnvironment.getExecutionEnvironment();
        env.setParallelism(4);
        StreamTableEnvironment tableEnv = StreamTableEnvironment.create(env);

        // 获取配置对象
        Configuration configuration = tableEnv.getConfig().getConfiguration();
        // 为状态中存储的数据设置过期时间
        configuration.setString("table.exec.state.ttl", "5 s");

        // 2. 启用检查点和状态后端，并配置必要参数
        env.enableCheckpointing(3000L, CheckpointingMode.EXACTLY_ONCE);
        env.getCheckpointConfig().setCheckpointTimeout(60 * 1000L);
        env.getCheckpointConfig().setMinPauseBetweenCheckpoints(3000L);
        env.getCheckpointConfig().enableExternalizedCheckpoints(
                CheckpointConfig.ExternalizedCheckpointCleanup.RETAIN_ON_CANCELLATION
        );
        env.setRestartStrategy(RestartStrategies.failureRateRestart(
                3, Time.days(1), Time.minutes(1)
        ));
        env.setStateBackend(new HashMapStateBackend());
        env.getCheckpointConfig().setCheckpointStorage(
                "hdfs://hadoop102:8020/ck"
        );
        System.setProperty("HADOOP_USER_NAME", "atguigu");

        // 3. 从 Kafka 读取业务数据，封装为 Flink SQL 表，表名为 topic_db
        tableEnv.executeSql("create table topic_db(" +
                "`database` string,\n" +
                "`table` string,\n" +
```

```
        "`type` string,\n" +
        "`data` map<string, string>,\n" +
        "`old` map<string, string>,\n" +
        "`proc_time` as PROCTIME(),\n" +
        "`ts` string\n" +
        ")" + KafkaUtil.getKafkaDDL("topic_db", "dwd_trade_order_refund"));

// 4. 从表 topic_db 中筛选出退单数据，注册为表 order_refund_info
Table orderRefundInfo = tableEnv.sqlQuery("select\n" +
        "data['id'] id,\n" +
        "data['user_id'] user_id,\n" +
        "data['order_id'] order_id,\n" +
        "data['sku_id'] sku_id,\n" +
        "data['refund_type'] refund_type,\n" +
        "data['refund_num'] refund_num,\n" +
        "data['refund_amount'] refund_amount,\n" +
        "data['refund_reason_type'] refund_reason_type,\n" +
        "data['refund_reason_txt'] refund_reason_txt,\n" +
        "data['create_time'] create_time,\n" +
        "proc_time,\n" +
        "ts\n" +
        "from topic_db\n" +
        "where `table` = 'order_refund_info'\n" +
        "and `type` = 'insert'\n");
tableEnv.createTemporaryView("order_refund_info", orderRefundInfo);

// 5. 从表 topic_db 中筛选出订单表数据，并从中筛选出退单相关数据，注册为表 order_info_refund
Table orderInfoRefund = tableEnv.sqlQuery("select\n" +
        "data['id'] id,\n" +
        "data['province_id'] province_id,\n" +
        "`old`\n" +
        "from topic_db\n" +
        "where `table` = 'order_info'\n" +
        "and `type` = 'update'\n" +
        "and data['order_status']='1005'\n" +
        "and `old`['order_status'] is not null");

tableEnv.createTemporaryView("order_info_refund", orderInfoRefund);

// 6. 建立 MySQL Lookup 字典表，表名为 base_dic（如 MysqlUtil 类中所写）
tableEnv.executeSql(MysqlUtil.getBaseDicLookUpDDL());

// 7.关联以上三张表，获得结果表，表名为 result_table
Table resultTable = tableEnv.sqlQuery("select \n" +
        "ri.id,\n" +
        "ri.user_id,\n" +
        "ri.order_id,\n" +
        "ri.sku_id,\n" +
        "oi.province_id,\n" +
        "date_format(ri.create_time,'yyyy-MM-dd') date_id,\n" +
        "ri.create_time,\n" +
```

```
            "ri.refund_type,\n" +
            "type_dic.dic_name,\n" +
            "ri.refund_reason_type,\n" +
            "reason_dic.dic_name,\n" +
            "ri.refund_reason_txt,\n" +
            "ri.refund_num,\n" +
            "ri.refund_amount,\n" +
            "ri.ts,\n" +
            "current_row_timestamp() row_op_ts\n" +
            "from order_refund_info ri\n" +
            "join \n" +
            "order_info_refund oi\n" +
            "on ri.order_id = oi.id\n" +
            "join \n" +
            "base_dic for system_time as of ri.proc_time as type_dic\n" +
            "on ri.refund_type = type_dic.dic_code\n" +
            "join\n" +
            "base_dic for system_time as of ri.proc_time as reason_dic\n" +
            "on ri.refund_reason_type=reason_dic.dic_code");
        tableEnv.createTemporaryView("result_table", resultTable);

        // 8. 创建由 Kafka Connector 为连接器的 dwd_trade_order_refund 表
        tableEnv.executeSql("create table dwd_trade_order_refund(\n" +
            "id string,\n" +
            "user_id string,\n" +
            "order_id string,\n" +
            "sku_id string,\n" +
            "province_id string,\n" +
            "date_id string,\n" +
            "create_time string,\n" +
            "refund_type_code string,\n" +
            "refund_type_name string,\n" +
            "refund_reason_type_code string,\n" +
            "refund_reason_type_name string,\n" +
            "refund_reason_txt string,\n" +
            "refund_num string,\n" +
            "refund_amount string,\n" +
            "ts string,\n" +
            "row_op_ts timestamp_ltz(3)\n" +
            ")" + KafkaUtil.getKafkaSinkDDL("dwd_trade_order_refund"));

        // 9. 将结果表 result_table 写入表 dwd_trade_order_refund
        tableEnv.executeSql("" +
            "insert into dwd_trade_order_refund select * from result_table");
    }
}
```

在 hadoop102 节点服务器启动 Kafka 的控制台消费者，消费 dwd_trade_order_refund 主题的数据。

```
[atguigu@hadoop102  ~]$  kafka-console-consumer.sh  --bootstrap-server  hadoop102:9092,
hadoop103:9092,hadoop104:9092 --topic dwd_trade_order_refund
```

运行上述主程序，执行业务数据生成脚本，部分输出如下。


```
{"id":"793","user_id":"63","order_id":"4938","sku_id":"11","province_id":"27","date_id":
```

```
"2023-01-10","create_time":"2023-01-10    20:06:32","refund_type_code":"1502","refund_type_name":"退货退款","refund_reason_type_code":"1304","refund_reason_type_name":"号码不合适","refund_reason_txt":"退款原因具体: 8089740487","refund_num":"2","refund_amount":"16394.0","ts":"1648123592","row_op_ts":"2023-01-10 22:06:33.333Z"}
```


8.8 交易域退款成功事务事实表

本节的主要任务是构建交易域退款成功事务事实表。

8.8.1 思路梳理

1. 任务分析

用户退款成功后，会在业务数据库的退款表中插入若干条数据（每个 SKU 对应一条数据），同时订单表和退单表的对应数据会发生修改。

从 Kafka 的 topic_db 主题读取数据，筛选退款表数据和满足条件的订单表和退单表数据，建立 MySQL Lookup 字典表，将四张表关联获得退款成功明细数据，将数据写入退款成功事务事实表在 Kafka 对应的主题中。

2. 思路及关键技术点

（1）设置 TTL。

一次退款操作成功时，refund_payment 表会新增数据，订单表和退单表的对应数据会发生修改，几张表的数据不会存在时间滞后问题。因此，仅考虑可能发生的数据乱序，将 TTL 设置为 5 秒即可。

（2）筛选退款表数据中的退款成功数据。

用户发起退款后，会在退款表中插入对应 SKU 的退款数据，但是此时数据的退款状态字段为 0701（商家审核中）、回调时间字段为 null。在经过商家审核、买家退货、退单完成等业务过程后，商家将费用正式退回用户的付款账户后，退款表中对应数据的 refund_status 字段会更改为 0705（退款完成）、callback_time 字段更改为退款成功的回调时间。

退款表所有数据中的退款成功数据应该满足以下条件。

① 数据操作类型 type 为 update。

② refund_status 字段为 0705。

③ callback_time 字段不为 null

（3）筛选订单表数据。

退款成功后，订单表中对应数据的 order_status 字段会更改为 1006（退款完成），所以退款成功对应的订单表数据应该满足以下条件。

① 数据操作类型 type 为 update。

② order_status 字段为 1006。

③ order_status 字段发生了修改。

（4）筛选退单表数据。

退款成功后，退单表中对应数据的 refund_status 字段会更改为 0705（退款完成），所以退款成功对应的订单表数据应该满足以下条件。

① 数据操作类型 type 为 update。

② refund_status 字段为 0705。

③ refund_status 字段发生了修改。

（5）建立 MySQL Lookup 字典表。

通过字典表获取支付类型名称。

（6）关联上述四张表获得退款成功明细数据，写入 Kafka 的退款成功事务事实表主题。

退款表的粒度为退款成功业务过程的最细粒度，即一个 SKU 的退款操作，因此将其作为主表。

退款成功数据在订单表数据中必然存在对应数据，不存在独有数据，所以两表采用内连接 inner join 即可。

退款成功数据在退单表数据中必然存在对应数据，不存在独有数据，所以两表采用内连接 inner join 即可。

退款成功数据与字典表通过内连接关联。

3. 流程图解

交易域退款成功事务事实表构建流程如图 8-9 所示。

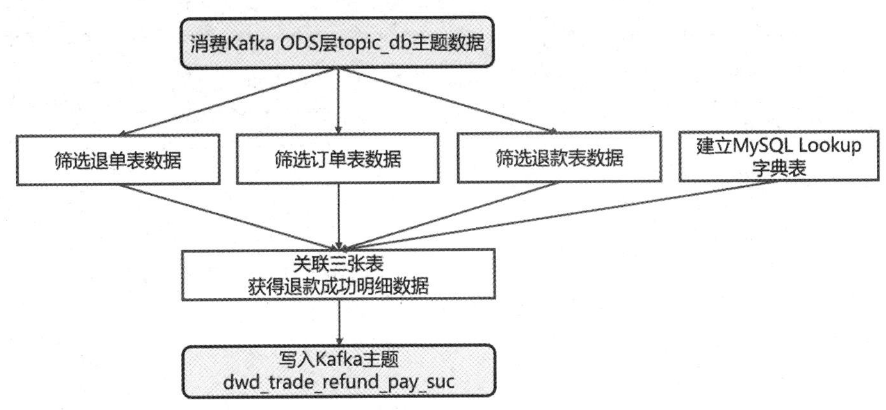

图 8-9　交易域退款成功事务事实表构建流程

8.8.2　代码编写

在 db 包下创建类 DwdTradeRefundPaySuc，编写构建交易域退款成功事务事实表的主程序。

```
package com.atguigu.gmall.realtime.app.dwd.db;

import com.atguigu.gmall.realtime.util.KafkaUtil;
import com.atguigu.gmall.realtime.util.MysqlUtil;
import org.apache.flink.api.common.restartstrategy.RestartStrategies;
import org.apache.flink.api.common.time.Time;
import org.apache.flink.configuration.Configuration;
import org.apache.flink.runtime.state.hashmap.HashMapStateBackend;
import org.apache.flink.streaming.api.CheckpointingMode;
import org.apache.flink.streaming.api.environment.CheckpointConfig;
import org.apache.flink.streaming.api.environment.StreamExecutionEnvironment;
import org.apache.flink.table.api.Table;
import org.apache.flink.table.api.bridge.java.StreamTableEnvironment;

public class DwdTradeRefundPaySuc {
    public static void main(String[] args) throws Exception {

        // 1. 环境准备
        StreamExecutionEnvironment env = StreamExecutionEnvironment.getExecutionEnvironment();
        env.setParallelism(4);
        StreamTableEnvironment tableEnv = StreamTableEnvironment.create(env);
```

```
// 获取配置对象
Configuration configuration = tableEnv.getConfig().getConfiguration();
// 为表关联时状态中存储的数据设置过期时间
configuration.setString("table.exec.state.ttl", "5 s");

// 2. 启用检查点和状态后端，并配置必要参数
env.enableCheckpointing(3000L, CheckpointingMode.EXACTLY_ONCE);
env.getCheckpointConfig().setMinPauseBetweenCheckpoints(3000L);
env.getCheckpointConfig().setCheckpointTimeout(60 * 1000L);
env.getCheckpointConfig().enableExternalizedCheckpoints(
        CheckpointConfig.ExternalizedCheckpointCleanup.RETAIN_ON_CANCELLATION
);
env.setRestartStrategy(RestartStrategies.failureRateRestart(
        3, Time.days(1), Time.minutes(1)
));
env.setStateBackend(new HashMapStateBackend());
env.getCheckpointConfig().setCheckpointStorage(
        "hdfs://hadoop102:8020/ck"
);
System.setProperty("HADOOP_USER_NAME", "atguigu");

// 3. 从 Kafka 读取业务数据，封装为 Flink SQL 表，表名为 topic_db
tableEnv.executeSql("create table topic_db(" +
        "`database` string,\n" +
        "`table` string,\n" +
        "`type` string,\n" +
        "`data` map<string, string>,\n" +
        "`old` map<string, string>,\n" +
        "`proc_time` as PROCTIME(),\n" +
        "`ts` string\n" +
        ")" + KafkaUtil.getKafkaDDL("topic_db", "dwd_trade_refund_pay_suc"));

// 4. 建立 MySQL Lookup 字典表，表名为 base_dic（如 MysqlUtil 类中所写）
tableEnv.executeSql(MysqlUtil.getBaseDicLookUpDDL());

// 5. 从表 topic_db 中筛选出退款成功数据，注册为表 refund_payment
Table refundPayment = tableEnv.sqlQuery("select\n" +
            "data['id'] id,\n" +
            "data['order_id'] order_id,\n" +
            "data['sku_id'] sku_id,\n" +
            "data['payment_type'] payment_type,\n" +
            "data['callback_time'] callback_time,\n" +
            "data['total_amount'] total_amount,\n" +
            "proc_time,\n" +
            "ts\n" +
            "from topic_db\n" +
            "where `table` = 'refund_payment'\n"
           //+
           //"and `type` = 'update'\n" +
           //"and data['refund_status'] = '0701'\n"
           //+
```

```
                //"and `old`['refund_status'] is not null"
//本项目为了简化模拟数据的复杂程度，在处理退款数据时做了变动，为已成功的数据仅插入一条退款状态，而没有先插入后修改的过程，要查看测试结果需要注释掉过滤条件。生产环境按照实际业务场景处理即可
        );

        tableEnv.createTemporaryView("refund_payment", refundPayment);

        // 6. 从表 topic_db 中筛选出订单表数据，并从中筛选出退款成功相关订单数据，注册为表 order_info
        Table orderInfo = tableEnv.sqlQuery("select\n" +
                "data['id'] id,\n" +
                "data['user_id'] user_id,\n" +
                "data['province_id'] province_id,\n" +
                "`old`\n" +
                "from topic_db\n" +
                "where `table` = 'order_info'\n" +
                "and `type` = 'update'\n" +
                "and data['order_status']='1006'\n" +
                "and `old`['order_status'] is not null"
        );

        tableEnv.createTemporaryView("order_info", orderInfo);

        // 7. 从表 topic_db 中筛选出退单表数据，并从中筛选出退款成功相关退单数据，注册为表 order_refund_info
        Table orderRefundInfo = tableEnv.sqlQuery("select\n" +
                        "data['order_id'] order_id,\n" +
                        "data['sku_id'] sku_id,\n" +
                        "data['refund_num'] refund_num,\n" +
                        "`old`\n" +
                        "from topic_db\n" +
                        "where `table` = 'order_refund_info'\n"
                        //+
                        //"and `type` = 'update'\n" +
                        //"and data['refund_status']='0705'\n" +
                        //"and `old`['refund_status'] is not null"
// order_refund_info 表的 refund_status 字段值均为 null
//本项目为了简化模拟数据的复杂程度，没有考虑退单时的状态变化，order_refund_info 表的 refund_status 字段始终为 null，要查看测试结果需要注释掉过滤条件。生产环境按照实际业务场景处理即可
        );

        tableEnv.createTemporaryView("order_refund_info", orderRefundInfo);

        // 8. 关联以上四张表，获得结果表，表名为 result_table
        Table resultTable = tableEnv.sqlQuery("select\n" +
                "rp.id,\n" +
                "oi.user_id,\n" +
                "rp.order_id,\n" +
                "rp.sku_id,\n" +
                "oi.province_id,\n" +
                "rp.payment_type,\n" +
                "dic.dic_name payment_type_name,\n" +
```

```
                "date_format(rp.callback_time,'yyyy-MM-dd') date_id,\n" +
                "rp.callback_time,\n" +
                "ri.refund_num,\n" +
                "rp.total_amount,\n" +
                "rp.ts,\n" +
                "current_row_timestamp() row_op_ts\n" +
                "from refund_payment rp \n" +
                "join \n" +
                "order_info oi\n" +
                "on rp.order_id = oi.id\n" +
                "join\n" +
                "order_refund_info ri\n" +
                "on rp.order_id = ri.order_id\n" +
                "and rp.sku_id = ri.sku_id\n" +
                "join \n" +
                "base_dic for system_time as of rp.proc_time as dic\n" +
                "on rp.payment_type = dic.dic_code\n");
        tableEnv.createTemporaryView("result_table", resultTable);

        // 9. 创建由 Kafka Connector 作为连接器的 dwd_trade_refund_pay_suc 表
        tableEnv.executeSql("create table dwd_trade_refund_pay_suc(\n" +
                "id string,\n" +
                "user_id string,\n" +
                "order_id string,\n" +
                "sku_id string,\n" +
                "province_id string,\n" +
                "payment_type_code string,\n" +
                "payment_type_name string,\n" +
                "date_id string,\n" +
                "callback_time string,\n" +
                "refund_num string,\n" +
                "refund_amount string,\n" +
                "ts string,\n" +
                "row_op_ts timestamp_ltz(3)\n" +
                ")" + KafkaUtil.getKafkaSinkDDL("dwd_trade_refund_pay_suc"));

        // 10. 将结果表 result_table 写入表 dwd_trade_refund_pay_suc
        tableEnv.executeSql("" +
                "insert into dwd_trade_refund_pay_suc select * from result_table");
    }
}
```

在 hadoop102 节点服务器启动 Kafka 的控制台消费者，消费 dwd_trade_refund_pay_suc 主题的数据。

```
[atguigu@hadoop102 ~]$ kafka-console-consumer.sh --bootstrap-server hadoop102:9092,hadoop103:9092,hadoop104:9092 --topic dwd_trade_refund_pay_suc
```

运行上述主程序，执行业务数据生成脚本，部分输出如下。


```
{"id":"63","user_id":"54","order_id":"4939","sku_id":"33","province_id":"32","payment_type_code":"1101","payment_type_name":"支付宝","date_id":"2023-01-10","callback_time":"2023-01-10 20:12:11","refund_num":"2","refund_amount":"976.0","ts":"1648123931","row_op_ts":"2023-01-10 22:12:12.052Z"}
```

8.9　事实表动态分流

从 8.2 节至 8.8 节，我们共构建了 11 张事实表。这 11 张事实表的构建比较复杂，在从 ODS 层筛选出对应业务过程的数据之后，还需要进行一定的拆分、多表关联、维表关联操作。除这 11 张事实表外，我们还需要构建的事实表有工具域优惠券领取事务事实表、工具域优惠券使用（下单）事务事实表、工具域优惠券使用（支付）事务事实表、互动域收藏商品事务事实表、互动域评价事务事实表和用户域用户注册事务事实表。本节将完成以上 6 张事实表的构建。

8.9.1　思路梳理

1. 任务分析

以上事实表涉及的所有维度信息都已经包含在对应的业务数据表中，不需要与其他表关联获取额外的信息，所以这些表的整体构建逻辑是相似的，只需要按照一定的条件筛选出对应业务数据表的变动数据，然后将数据写入对应的 Kafka 主题即可。所以本节将以上事实表的构建合并进行。

在 DIM 层的构建中，我们曾经采用了动态配置表的策略完成多个 DIM 层维度表的分流操作，本节也将使用这个思路。

2. 思路及关键技术点

（1）设计配置表。

本节将继续使用 DIM 层构建的配置表 table_process。

通过读取 table_process 表的一行数据，即可知道，应该从 ODS 层数据中筛选哪个业务数据表的数据、需要筛选的数据操作类型是 insert 还是 update，最终结果数据是发送至 DIM 层的 Phoenix 表中，还是发送至 DWD 层的 Kafka 主题中，最终要发送的数据字段有哪些。

根据 sink_type 字段，我们可以得知这行数据是服务于 DIM 层还是 DWD 层。当 sink_type 字段取值为“dim”时，sink_extend 字段是建表所需的一些额外语句；当 sink_type 字段取值为“dwd”时，sink_extend 字段代表了额外的过滤条件。

当 sink_type 字段取值为“dwd”时，sink_extend 字段的设计规范如下所示。

- 字段为 JSON 格式的字符串。
- JSON 字符串中只包含两个字段，分别是 data 和 old，用于表示主流数据中对应字段的筛选条件。
- 筛选条件以字段中的 Key-Value 键值对的形式展示，其中 Value 中带有 null 或 not null 为非空判断，否则为等值判断。

例如，针对优惠券使用（下单）事务事实表的 sink_extend 字段如下。

```
{"data": {"coupon_status": "1402"}, "old": {"coupon_status": "1401"}}
```

以上内容表示的筛选条件是，主流数据中 data 字段下的 coupon_status 字段值应为 1402，且 old 字段下的 coupon_status 字段值应为 1401。

再例如，针对优惠券使用（支付）事务事实表的 sink_extend 字段如下。

```
{"data": {"used_time": "not null"}}
```

以上内容表示的筛选条件是，主流数据中 data 字段下的 used_time 字段值不为 null。

（2）筛选条件分析。

本节将要构建 6 个事务事实表，需要根据 6 个业务过程的具体逻辑，确定从 topic_db 主题中筛选数据的条件。

① 工具域优惠券领取事务事实表。

工具域优惠券领取事务事实表涉及的业务过程是用户领取优惠券，对应采集到的 ODS 层业务数据是在优惠券领用表中插入一条数据。因此，筛选条件为操作类型为 insert 的 coupon_use 表数据。

② 工具域优惠券使用（下单）事务事实表。

工具域优惠券使用（下单）事务事实表涉及的业务过程是用户使用优惠券下单，对应采集到的 ODS 层的业务数据是在优惠券领用表中变更一条数据，using_time 字段会更新为下单时间，同时 coupon_status 字段会由 1401 更改为 1402。因此，筛选条件为操作类型为 update、data 字段下的 coupon_status 字段值为 1402、old 字段下的 coupon_status 字段值为 1401。

③ 工具域优惠券使用（支付）事务事实表。

工具域优惠券使用（支付）事务事实表涉及的业务过程是用户使用优惠券支付，对应采集到的 ODS 层的业务数据是在优惠券领用表中变更一条数据，used_time 字段会更新为支付时间。使用优惠券支付后，优惠券领用表数据就不会再发生其他变化，因此筛选条件为操作类型为 update、used_time 字段不为 null。

④ 互动域收藏商品事务事实表。

互动域收藏商品事务事实表涉及的业务过程是用户收藏商品，对应采集到的 ODS 层的业务数据是在收藏表中插入一条数据。因此，筛选条件为操作类型为 insert 的 favor_info 表数据。

⑤ 互动域评价事务事实表。

互动域评价事务事实表涉及的业务过程是用户评价商品，对应采集到的 ODS 层的业务数据是在评价表中插入一条数据。因此，筛选条件为操作类型为 insert 的 comment_info 表数据。

⑥ 用户域用户注册事务事实表。

用户域用户注册事务事实表涉及的业务过程是用户注册，对应采集到的 ODS 层的业务数据是在用户表中插入一条数据。因此，筛选条件为操作类型为 insert 的 user_info 表数据。

3. 流程图解

事实表动态分流流程图，如图 8-10 所示。

消费 Kafka 的 topic_db 主题数据，进行初步数据清洗，作为主流。使用 Flink CDC 读取配置表 table_process 的数据形成广播流。将主流和广播流连接，形成广播连接流。自定义广播连接流处理函数，按照广播流中的数据对主流做处理，将数据写入 Kafka 对应的 DWD 层主题。与 DIM 层的构建代码一样，本节同样需要注意配置表数据的预加载，配置表数据的预加载方式相同。

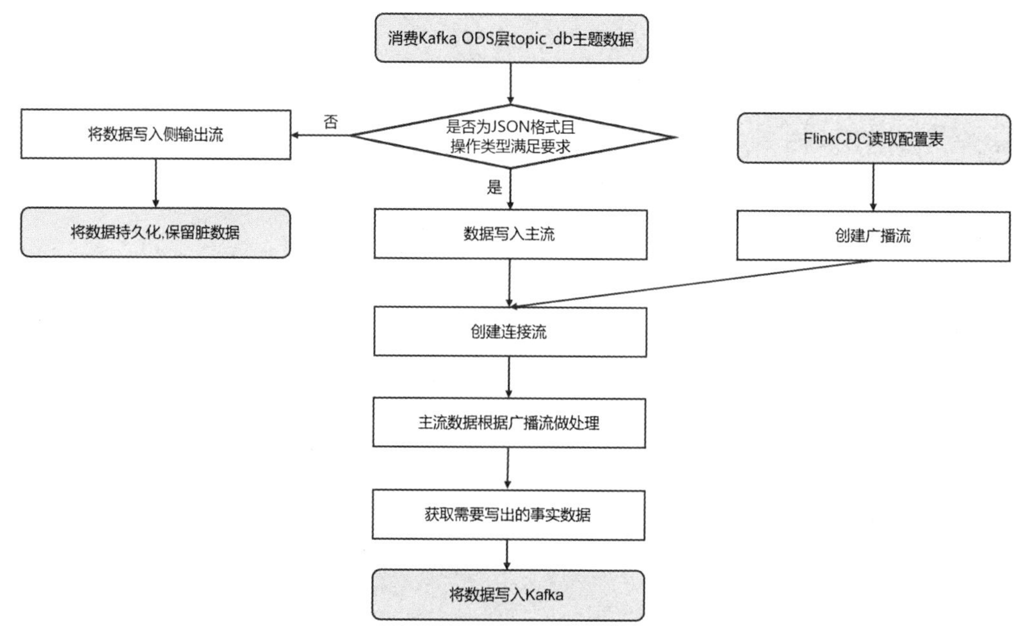

图 8-10　事实表动态分流流程图

8.9.2 代码编写

构建 DIM 层时，我们按照一般思维逻辑顺序编写了代码，并熟悉了广播流和广播处理函数的使用。本节将直接编写广播处理函数和主程序，不再分步讲解。

（1）自定义广播处理函数。

在 DIM 层的自定义广播处理函数中，我们是通过 source_table 字段值作为状态的 key 来实现主流和广播流的数据传递的。由于主流和广播流的数据中都包含有 source_type 信息，所以在确定 sink_type（dim 或 dwd）后，source_table 字段可以唯一标识一条配置表数据。

但是在本节中，source_table 并不能唯一标识一条配置表数据。这是因为当 source_table 为 coupon_use 时，对应了三个业务过程——优惠券领取、优惠券使用（下单）和优惠券使用（支付），所以我们需要对这三个业务过程进行区分。

首先，考虑将 source_table 和 operate_type 作为状态的组合 key，此时 coupon_use:udpate 在状态中依然会对应两条数据，分别是优惠券使用（下单）表和优惠券使用（支付）表的配置信息。针对此特例进行处理。

在处理广播流数据的 processBroadcastElement 方法中，在状态中使用嵌套 JSON 结构处理 coupon_use:udpate 对应的两条数据，分别使用 dwd_coupon_order 和 dwd_coupon_pay 作为对应 key。

在按照广播流数据处理主流数据的 processElement 方法中，当处理到 source_table 为 coupon_use 且 operate_type 为 update 的主流数据时，将会从状态中取出一条嵌套 JSON 数据。继续判断主流数据 data 字段下 used_time 字段是否存在，若存在，则需要按照 dwd_coupon_pay 从嵌套 JSON 中取值；若不存在，则需要按照 dwd_coupon_order 从嵌套 JSON 中取值。

以上是对自定义广播处理函数的思路分析，具体代码如下所示。

```
package com.atguigu.gmall.realtime.app.func;

import com.alibaba.fastjson.JSON;
import com.alibaba.fastjson.JSONObject;
import com.atguigu.gmall.realtime.bean.TableProcess;
import org.apache.flink.api.common.state.BroadcastState;
import org.apache.flink.api.common.state.MapStateDescriptor;
import org.apache.flink.api.common.state.ReadOnlyBroadcastState;
import org.apache.flink.configuration.Configuration;
import org.apache.flink.streaming.api.functions.co.BroadcastProcessFunction;
import org.apache.flink.util.Collector;

import java.sql.*;
import java.util.HashMap;
import java.util.Map;
import java.util.Set;

public class BaseDBBroadcastFunc extends BroadcastProcessFunction<JSONObject, String,
JSONObject> {

    // 广播状态描述器
    private MapStateDescriptor<String, String> tableConfigDescriptor;

    // 预加载配置
    private HashMap<String, String> configMap = new HashMap<>();

    public BaseDBBroadcastFunc(MapStateDescriptor<String, String> tableConfigDescriptor) {
```

```
        this.tableConfigDescriptor = tableConfigDescriptor;
    }

    @Override
    public void open(Configuration parameters) throws Exception {
        super.open(parameters);
        // 通过 JDBC 方式将配置信息预加载到内存对象中
        // 1. 注册驱动，省略
        // 2. 获取连接对象
        Connection    conn    =    DriverManager.getConnection("jdbc:mysql://hadoop102:3306/
gmall_config?" +
                "user=root&password=000000&useUnicode=true&" +
                "characterEncoding=utf8&serverTimeZone=Asia/Shanghai&useSSL=false");
        // 查询语句
        String sql = "select * from gmall_config.table_process where sink_type = 'dwd'";
        // 3. 获取数据库操作对象
        PreparedStatement preparedStatement = conn.prepareStatement(sql);
        // 4. 执行 SQL
        ResultSet rs = preparedStatement.executeQuery();
        // 获取配置表的元数据
        ResultSetMetaData metaData = rs.getMetaData();
        // 5. 解析结果集
        while (rs.next()) {
            // 定义 JSON 对象
            JSONObject jsonValue = new JSONObject();
            // 将所有字段名称及取值添加到 JSON 对象中
            for (int i = 1; i <= metaData.getColumnCount(); i++) {
                String columnName = metaData.getColumnName(i);
                String columnValue = rs.getString(i);
                jsonValue.put(columnName, columnValue);
            }

            // 获取数据源表名称
            String sourceTable = jsonValue.getString("source_table");
            // 获取操作类型
            String operateType = jsonValue.getString("operate_type");
            // 拼接内存预加载配置对象中配置信息的 key
            String key = sourceTable + ":" + operateType;

            // 若是优惠券领用表的更新操作，单独处理
            if ("coupon_use:update".equals(key)) {
                JSONObject jsonParent = null;

                // 若 coupon_use:update 对应的配置不为 null，则取出
                if (configMap.get(key) != null) {
                    jsonParent = JSON.parseObject(configMap.get(key));
                    // 若 coupon_use:update 对应的配置为 null
                } else {
                    jsonParent = new JSONObject();
                }
```

```
            JSONObject sinkExtend = jsonValue.getJSONObject("sink_extend");
            JSONObject data = sinkExtend.getJSONObject("data");

            // 根据 used_time 判断你是否为优惠券支付数据
            if (data.getString("used_time") != null) {
                // 若为优惠券支付数据，则在 coupon_use:update 对应 Value 对象下补充以
dwd_coupon_pay 为 key 的键值对
                jsonParent.put("dwd_coupon_pay", jsonValue);
            } else {
                // 若为优惠券下单数据，则在 coupon_use:update 对应 Value 对象下补充以
dwd_coupon_order 为 key 的键值对
                jsonParent.put("dwd_coupon_order", jsonValue);
            }

            // 将 coupon_use:update 对应的键值对放入预加载配置对象中
            configMap.put(key, jsonParent.toJSONString());
        } else {
            // 若配置项的 key 不为 coupon_use:update，直接放入预加载对象即可
            configMap.put(key, jsonValue.toJSONString());
        }
    }

    // 6. 释放资源
    rs.close();
    preparedStatement.close();
    conn.close();
}

@Override
public void processElement(JSONObject jsonObj, ReadOnlyContext readOnlyContext,
Collector<JSONObject> out) throws Exception {
    ReadOnlyBroadcastState<String, String> tableConfigState = readOnlyContext.
getBroadcastState(tableConfigDescriptor);

    // 获取配置信息
    String sourceTable = jsonObj.getString("table");
    String sourceType = jsonObj.getString("type");
    String key = sourceTable + ":" + sourceType;

    // 从广播状态中获取配置信息
    String tableConfigStr = tableConfigState.get(key);
    // 如果没有获取到，则尝试从初始化对象中获取配置信息
    if (tableConfigStr == null) {
        tableConfigStr = configMap.get(key);
    }

    // 过滤不参与动态分流的数据
    if (tableConfigStr != null) {
        JSONObject data = jsonObj.getJSONObject("data");

        TableProcess tableProcess = null;
```

```
        // coupon_use:update 配置对象单独处理
        if ("coupon_use:update".equals(key)) {
            JSONObject tableConfig = JSON.parseObject(tableConfigStr);
            String usedTime = data.getString("used_time");

            // 判断为优惠券使用（支付）数据还是优惠券使用（下单）数据
            if (usedTime != null) {
                tableProcess = JSON.parseObject(
                        tableConfig.getString("dwd_coupon_pay"), TableProcess.class);
            } else {
                tableProcess = JSON.parseObject(
                        tableConfig.getString("dwd_coupon_order"), TableProcess.class);
            }
        } else {
            tableProcess = JSON.parseObject(tableConfigStr, TableProcess.class);
        }

        // 筛选动态分流的明细表数据
        if (tableProcess != null && tableProcess.getSinkType().equals("dwd")) {
            String sinkTable = tableProcess.getSinkTable();

            // 根据 sinkColumns 过滤字段
            String sinkColumns = tableProcess.getSinkColumns();
            filterColumns(data, sinkColumns);

            // 将目标表名加入到主流数据中
            data.put("sinkTable", sinkTable);

            // 将时间戳加到主流数据中
            Long ts = jsonObj.getLong("ts");
            data.put("ts", ts);

            out.collect(data);
        }
    }
}

private void filterColumns(JSONObject data, String sinkColumns) {
    Set<Map.Entry<String, Object>> dataEntries = data.entrySet();
    dataEntries.removeIf(r -> !sinkColumns.contains(r.getKey()));
}

@Override
public void processBroadcastElement(String jsonStr, Context context, Collector<JSONObject> out)
throws Exception {

    JSONObject jsonObj = JSON.parseObject(jsonStr);

    BroadcastState<String, String> tableConfigState = context.getBroadcastState
(tableConfigDescriptor);
```

```
        String op = jsonObj.getString("op");

        // 若操作类型是删除，则清除广播状态中的对应值
        if ("d".equals(op)) {
            TableProcess before = jsonObj.getObject("before", TableProcess.class);
            String sinkType = before.getSinkType();
            // 只有输出类型为 "dwd" 时才进行后续操作
            if ("dwd".equals(sinkType)) {
                String sourceTable = before.getSourceTable();
                String operateType = before.getOperateType();
                // 判断是否为 coupon_use 更新操作的配置表，若是，则需要特殊处理
                String key = sourceTable + ":" + operateType;
                if (!"coupon_use:update".equals(key)) {
                    // 清除键控状态中的配置信息
                    tableConfigState.remove(key);
                    // 将删除操作同步到 configMap
                    configMap.remove(key);
                } else {
                    String tableProcessState = tableConfigState.get(key);
                    if (tableProcessState != null) {
                        // 获取配置对象
                        JSONObject couponUseConfig = JSON.parseObject(tableProcessState);
                        JSONObject sinkExtend = JSON.parseObject(before.getSinkExtend());
                        String usedTime = sinkExtend.getJSONObject("data").getString("used_
time");

                        // 判断为优惠券使用（支付）数据还是优惠券使用（下单）数据，分别处理
                        if (usedTime != null) {
                            couponUseConfig.remove("dwd_coupon_pay");
                        } else {
                            couponUseConfig.remove("dwd_coupon_order");
                        }
                        tableConfigState.put("coupon_use:update", couponUseConfig.toJSONString());
                        // 将删除操作同步到 configMap
                        configMap.put("coupon_use:update", couponUseConfig.toJSONString());
                    }
                }
            }
            // 操作类型为更新或插入，利用 Map key 的唯一性直接写入，状态中保留的是插入或更新的值
        } else {
            TableProcess config = jsonObj.getObject("after", TableProcess.class);
            String sinkType = config.getSinkType();
            // 只有输出类型为 "dwd" 时才进行后续操作
            if ("dwd".equals(sinkType)) {
                String sourceTable = config.getSourceTable();
                String operateType = config.getOperateType();
                // 判断是否为 coupon_use 更新操作的配置表，若是，则需要特殊处理
                String key = sourceTable + ":" + operateType;
                if (!"coupon_use:update".equals(key)) {
                    tableConfigState.put(key, JSON.toJSONString(config));
```

```
                // 将更新或新增操作同步到 configMap
                configMap.put(key, JSON.toJSONString(config));
            } else {
                String tableProcessState = tableConfigState.get(key);

                // 定义 coupon_use:update 对应的配置对象
                JSONObject couponUseConfig = null;

                // 若广播状态中 coupon_use:update 对应的配置不为 null
                if (tableProcessState != null) {
                    couponUseConfig = JSON.parseObject(tableProcessState);

                    // 若 coupon_use:update 对应的配置为 null
                } else {
                    couponUseConfig = new JSONObject();
                }

                JSONObject sinkExtend = JSON.parseObject(config.getSinkExtend());
                String usedTime = sinkExtend.getJSONObject("data").getString("used_ time");

                // 判断为优惠券使用（支付）数据还是优惠券使用（下单）数据，分别处理
                if (usedTime != null) {
                    couponUseConfig.put("dwd_coupon_pay", JSON.toJSONString(config));
                } else {
                    couponUseConfig.put("dwd_coupon_order", JSON.toJSONString(config));
                }
                tableConfigState.put(key, couponUseConfig.toJSONString());
                // 将更新操作同步到 configMap
                configMap.put(key, couponUseConfig.toJSONString());
            }
        }
    }
  }
}
```

（2）在 KafkaUtil 中补充 getProducerBySchema 方法。

本节要将流中的数据，根据其中包含的不同信息写出到 Kafka 的不同主题。因此，需要自定义序列化器，用于从流中获取主题信息。

```
/**
 * 自定义序列化器获取 FlinkKafkaProducer
 * @param kafkaSerializationSchema 自定义 Kafka 序列化器
 * @param <T> 流中元素的数据类型
 * @return 返回的 FlinkKafkaProducer
 */
public   static   <T>   FlinkKafkaProducer<T>   getProducerBySchema(KafkaSerializationSchema<T>
kafkaSerializationSchema) {
    Properties prop = new Properties();
    prop.setProperty(ProducerConfig.BOOTSTRAP_SERVERS_CONFIG, BOOTSTRAP_SERVERS);
    prop.setProperty(ProducerConfig.TRANSACTION_TIMEOUT_CONFIG, 15 * 60 * 1000 + "");
    return   new   FlinkKafkaProducer<T>(DEFAULT_TOPIC,   kafkaSerializationSchema,   prop,
EXACTLY_ONCE);
}
```

（3）编写主程序，代码如下。

```
package com.atguigu.gmall.realtime.app.dwd.db;

import com.alibaba.fastjson.JSON;
import com.alibaba.fastjson.JSONException;
import com.alibaba.fastjson.JSONObject;
import com.atguigu.gmall.realtime.app.func.BaseDBBroadcastFunc;
import com.atguigu.gmall.realtime.util.KafkaUtil;
import com.ververica.cdc.connectors.mysql.source.MySqlSource;
import com.ververica.cdc.connectors.mysql.table.StartupOptions;
import com.ververica.cdc.debezium.JsonDebeziumDeserializationSchema;
import org.apache.flink.api.common.eventtime.WatermarkStrategy;
import org.apache.flink.api.common.restartstrategy.RestartStrategies;
import org.apache.flink.api.common.state.MapStateDescriptor;
import org.apache.flink.api.common.time.Time;
import org.apache.flink.runtime.state.hashmap.HashMapStateBackend;
import org.apache.flink.streaming.api.CheckpointingMode;
import org.apache.flink.streaming.api.datastream.BroadcastConnectedStream;
import org.apache.flink.streaming.api.datastream.BroadcastStream;
import org.apache.flink.streaming.api.datastream.DataStreamSource;
import org.apache.flink.streaming.api.datastream.SingleOutputStreamOperator;
import org.apache.flink.streaming.api.environment.CheckpointConfig;
import org.apache.flink.streaming.api.environment.StreamExecutionEnvironment;
import org.apache.flink.streaming.connectors.kafka.KafkaSerializationSchema;
import org.apache.kafka.clients.producer.ProducerRecord;

import javax.annotation.Nullable;
import java.util.concurrent.TimeUnit;

public class BaseDBApp {
   public static void main(String[] args) throws Exception {
      // 1. 环境准备
      StreamExecutionEnvironment env = StreamExecutionEnvironment.getExecutionEnvironment();
      env.setParallelism(4);

      // 2. 状态后端设置
      env.enableCheckpointing(3000L, CheckpointingMode.EXACTLY_ONCE);
      env.getCheckpointConfig().setCheckpointTimeout(60 * 1000L);
      env.getCheckpointConfig().setMinPauseBetweenCheckpoints(3000L);
      env.getCheckpointConfig().enableExternalizedCheckpoints(
            CheckpointConfig.ExternalizedCheckpointCleanup.RETAIN_ON_CANCELLATION
      );
      env.setRestartStrategy(RestartStrategies.failureRateRestart(
            10, Time.of(1L, TimeUnit.DAYS), Time.of(3L, TimeUnit.MINUTES)
      ));
      env.setStateBackend(new HashMapStateBackend());
      env.getCheckpointConfig().setCheckpointStorage("hdfs://hadoop102:8020/gmall/ck");
      System.setProperty("HADOOP_USER_NAME", "atguigu");

      // 3. 读取业务主流
      String topic = "topic_db";
```

```
        String groupId = "base_db_app";
        DataStreamSource<String> gmallDS = env.addSource(KafkaUtil.getKafkaConsumer(topic, groupId));

        // 4. 主流数据结构转换
        SingleOutputStreamOperator<JSONObject> jsonDS = gmallDS.map(JSON::parseObject);

        // 5. 主流 ETL
        SingleOutputStreamOperator<JSONObject> filterDS = jsonDS.filter(
                jsonObj ->
                {
                    try {
                        jsonObj.getJSONObject("data");
                        return !jsonObj.getString("type").equals("bootstrap-start")
                                && !jsonObj.getString("type").equals("bootstrap-complete")
                                && !jsonObj.getString("type").equals("bootstrap-insert");
                    } catch (JSONException jsonException) {
                        return false;
                    }
                });

        // 6. Flink CDC 读取配置流并广播流
        // 6.1 Flink CDC 读取配置表信息
        MySqlSource<String> mySqlSource = MySqlSource.<String>builder()
                .hostname("hadoop102")
                .port(3306)
                .databaseList("gmall_config") // set captured database
                .tableList("gmall_config.table_process") // set captured table
                .username("root")
                .password("000000")
                .deserializer(new JsonDebeziumDeserializationSchema()) // converts SourceRecord to JSON String
                .startupOptions(StartupOptions.initial())
                .build();

        // 6.2 封装为流
        DataStreamSource<String> mysqlDSSource = env
                .fromSource(mySqlSource, WatermarkStrategy.noWatermarks(), "base-db-mysql-source")
                .setParallelism(1);

        // 6.3 广播配置流
        MapStateDescriptor<String, String> tableConfigDescriptor =
                new MapStateDescriptor<String, String>("dwd-table-process-state", String.class, String.class);
        BroadcastStream<String> broadcastDS = mysqlDSSource.broadcast(tableConfigDescriptor);

        // 7. 连接流
        BroadcastConnectedStream<JSONObject, String> connectedStream = filterDS.connect(broadcastDS);

        // 8. 处理主流数据
```

```
        SingleOutputStreamOperator<JSONObject> dimDS = connectedStream.process(
                new BaseDBBroadcastFunc(tableConfigDescriptor)
        );

        // 9. 将数据写入 Kafka
        dimDS.addSink(KafkaUtil.<JSONObject>getProducerBySchema(
                new KafkaSerializationSchema<JSONObject>() {
                    @Override
                    public ProducerRecord<byte[], byte[]> serialize(JSONObject jsonObj,
@Nullable Long timestamp) {
                        String topic = jsonObj.getString("sinkTable");
                           // sinkTable 字段不需要写出，清除
                        jsonObj.remove("sinkTable");

                        return new ProducerRecord<byte[], byte[]>(topic, jsonObj.toJSONString().
getBytes());
                    }
                }
        ));

        env.execute();
    }
}
```

在 hadoop102 节点服务器启动 Kafka 的控制台消费者，消费对应主题的数据。运行上述主程序，执行业务数据生成脚本，结果如下。

（1）消费 dwd_interaction_comment 主题数据。

```
[atguigu@hadoop102 ~]$ kafka-console-consumer.sh --bootstrap-server hadoop102:9092,hadoop103:
9092,hadoop104:9092 --topic dwd_interaction_comment
```

部分输出如下。

```
{"create_time":"2023-01-10 20:20:40","user_id":4,"comment":"1201","sku_id":10,"id":
1600827701064634385,"order_id":5035,"ts":1648124440}
```

（2）消费 dwd_interaction_favor_add 主题数据。

```
[atguigu@hadoop102 ~]$ kafka-console-consumer.sh --bootstrap-server hadoop102:9092,hadoop103:
9092,hadoop104:9092 --topic dwd_interaction_favor_add
```

部分输出如下。

```
{"create_time":"2023-01-10 20:20:38","user_id":3,"sku_id":10,"id":1600827691107356676, "ts":
1648124438}
```

（3）消费 dwd_tool_coupon_get 主题数据。

```
[atguigu@hadoop102 ~]$ kafka-console-consumer.sh --bootstrap-server hadoop102:9092,
hadoop103:9092,hadoop104:9092 --topic dwd_tool_coupon_get
```

部分输出如下。

```
{"coupon_id":3,"user_id":100,"get_time":"2023-01-10 20:20:39","id":48097,"ts":1648124439}
```

（4）消费 dwd_tool_coupon_order 主题数据。

```
[atguigu@hadoop102 ~]$ kafka-console-consumer.sh --bootstrap-server hadoop102:9092,hadoop103:
9092,hadoop104:9092 --topic dwd_tool_coupon_order
```

部分输出如下。

```
{"using_time":"2023-01-10 20:20:39","coupon_id":3,"user_id":79,"id":48076,"order_id":
5031,"ts":1648124439}
```

（5）消费 dwd_tool_coupon_pay 主题数据。

```
[atguigu@hadoop102  ~]$  kafka-console-consumer.sh  --bootstrap-server  hadoop102:9092,
hadoop103:9092,hadoop104:9092 --topic dwd_tool_coupon_pay
```

部分输出如下。

```
{"coupon_id":3,"user_id":88,"used_time":"2023-01-10 20:20:40","id":48085,"order_id": 5028,
"ts":1648124440}
```

（6）消费 dwd_user_register 主题数据。

```
[atguigu@hadoop102  ~]$  kafka-console-consumer.sh  --bootstrap-server  hadoop102:9092,
hadoop103:9092,hadoop104:9092 --topic dwd_user_register
```

部分输出如下。

```
{"create_time":"2023-01-10 20:20:37","id":110,"ts":1648124438}
```

8.10 本章总结

本章主要进行了 DWD 层的构建。实时数据仓库的 DWD 层主要存储的是事实表数据。构建过程相似或有关联的事实表，我们选择了合并构建。在本节的代码中，我们大量采用了 Flink SQL，丰富了本项目的编码形式，也为读者提供了更多的需求实现思路。本章的代码使用 DataStream API 同样也可以实现，感兴趣的读者可以自行尝试。

第9章 构建 DWS 层

在第 8 章中，我们基于业务总线矩阵构建了 DWD 层，本章将基于指标体系的设计来构建 DWS 层。我们将继续使用 Flink 作为主要的计算引擎。DWS 层的构建主要为最终的指标展示服务，目的是通过简单的聚合操作就可以得到最终的指标结果，并且能够方便地进行可视化展示。为了达到以上目的，我们需要更详尽地分析指标体系，将可以同时计算的指标合并，提升计算效率，并将结果保存至 OLAP 存储引擎中。本章的数据计算工作同样面临很多难题需要解决，通过学习本章，希望读者可以丰富自己对实时计算的认识，增长更多的开发经验。

9.1 概述

DWS 层的设计主要参考指标体系。在第 4 章中，我们已经讲解过原子指标、派生指标和衍生指标的概念。本节我们以实际指标为例，演示如何构建指标体系。

我们将需要分析的指标分为了几个主题，主题下又划分了几个子主题，如表 9-1 所示。表 9-1 的第三列就是本实时数据仓库项目需要分析的指标，这些指标中有些是衍生指标，有些是派生指标，每个指标都依赖一个或者多个派生指标。如当日各渠道会话平均停留时长，就是一个衍生指标，这个衍生指标依赖两个派生指标，分别是各窗口各版本各渠道各地区各访客类别开启会话数和各窗口各版本各渠道各地区各访客类别页面停留时长。将页面停留时长与开启会话数相除，即可得到平均停留时长。

表 9-1 指标分主题统计表

主　题	子 主 题	衍生指标/派生指标	被依赖的派生指标
流量主题	各渠道流量统计	当日各渠道独立访客数	各窗口各版本各渠道各地区各访客类别独立访客数
		当日各渠道会话总数	各窗口各版本各渠道各地区各访客类别开启会话数
		当日各渠道会话平均浏览页面数	各窗口各版本各渠道各地区各访客类别开启会话数
			各窗口各版本各渠道各地区各访客类别页面数
		当日各渠道会话平均停留时长	各窗口各版本各渠道各地区各访客类别开启会话数
			各窗口各版本各渠道各地区各访客类别页面停留时长
	流量分时统计	当日各小时独立访客数	各窗口各版本各渠道各地区各访客类别独立访客数
		当日各小时页面浏览数	各窗口各版本各渠道各地区各访客类别页面浏览数
		当日各小时新增独立访客数	各窗口各版本各渠道各地区各访客类别独立访客数
	新老访客流量统计	当日各类独立访客数	各窗口各版本各渠道各地区各访客类别独立访客数
		当日各类访客页面浏览数	各窗口各版本各渠道各地区各访客类别页面浏览数
		当日各类访客平均在线时长	各窗口各版本各渠道各地区各访客类别页面停留时长
			各窗口各版本各渠道各地区各访客类别独立访客数

续表

<table>
<tr><th>主　题</th><th>子 主 题</th><th>衍生指标/派生指标</th><th>被依赖的派生指标</th></tr>
<tr><td rowspan="3">流量主题</td><td rowspan="2">新老访客流量统计</td><td rowspan="2">当日各类访客平均访问页面数</td><td>各窗口各版本各渠道各地区各访客类别页面浏览数</td></tr>
<tr><td>各窗口各版本各渠道各地区各访客类别独立访客数</td></tr>
<tr><td>关键词统计</td><td>当日各关键词评分</td><td>各窗口各来源各关键词出现次数</td></tr>
<tr><td rowspan="10">用户主题</td><td>用户变动统计</td><td>当日回流用户数</td><td>各窗口回流用户数</td></tr>
<tr><td rowspan="2">用户新增活跃统计</td><td>当日新增用户数</td><td>各窗口注册用户数</td></tr>
<tr><td>当日活跃用户数</td><td>各窗口登录独立用户数</td></tr>
<tr><td rowspan="5">用户行为漏斗分析</td><td>当日首页浏览人数</td><td>各窗口首页浏览独立访客数</td></tr>
<tr><td>当日商品详情页浏览人数</td><td>各窗口商品详情页浏览独立访客数</td></tr>
<tr><td>当日加购人数</td><td>各窗口独立加购用户数</td></tr>
<tr><td>当日下单人数</td><td>各窗口独立下单用户数</td></tr>
<tr><td>当日支付成功人数</td><td>各窗口独立支付用户数</td></tr>
<tr><td rowspan="2">新增交易用户统计</td><td>当日新增下单人数</td><td>各窗口新增下单人数</td></tr>
<tr><td>当日新增支付成功人数</td><td>各窗口新增支付成功人数</td></tr>
<tr><td rowspan="7">商品主题</td><td rowspan="3">各品牌商品交易统计</td><td>当日各品牌订单金额</td><td>各窗口各 SKU 下单金额</td></tr>
<tr><td>当日各品牌退单数</td><td>各窗口各品牌各品类各用户退单数</td></tr>
<tr><td>当日各品牌退单人数</td><td>各窗口各品牌各品类各用户退单人数</td></tr>
<tr><td rowspan="3">各品类商品交易统计</td><td>当日各品类订单金额</td><td>各窗口各 SKU 下单金额</td></tr>
<tr><td>当日各品类退单数</td><td>各窗口各品牌各品类各用户退单数</td></tr>
<tr><td>当日各品类退单人数</td><td>各窗口各品牌各品类各用户退单人数</td></tr>
<tr><td>各 SPU 商品交易统计</td><td>当日各 SPU 订单金额</td><td>各窗口各 SKU 下单金额</td></tr>
<tr><td rowspan="7">交易主题</td><td rowspan="5">交易综合统计</td><td>当日订单总额</td><td>各窗口各省份订单金额</td></tr>
<tr><td>当日订单数</td><td>各窗口各省份订单数</td></tr>
<tr><td>当日下单人数</td><td>各窗口独立下单用户数</td></tr>
<tr><td>当日退单数</td><td>各窗口各品牌各品类各用户退单数</td></tr>
<tr><td>当日退单人数</td><td>各窗口各品牌各品类各用户退单人数</td></tr>
<tr><td rowspan="2">各省份交易统计</td><td>当日各省份订单数</td><td>各窗口各省份订单数</td></tr>
<tr><td>当日各省份订单金额</td><td>各窗口各省份订单金额</td></tr>
<tr><td rowspan="2">优惠券主题</td><td rowspan="2">优惠券补贴率统计</td><td rowspan="2">当日优惠券补贴率</td><td>各窗口订单明细优惠券减免金额</td></tr>
<tr><td>各窗口订单明细原始金额总和</td></tr>
<tr><td rowspan="2">活动主题</td><td rowspan="2">活动补贴率统计</td><td rowspan="2">当日活动补贴率</td><td>各窗口订单明细活动减免金额</td></tr>
<tr><td>各窗口订单明细原始金额总和</td></tr>
</table>

读者可能有疑问，既然指标只关心各渠道的会话停留时长，在依赖的派生指标中为什么还要保留那么多其他的维度信息呢？这是因为，指标的分析不应只局限于眼前，还应考虑后续多维度分析的可能性，将需要统计的指标保留更多可能会用到的维度。在这个例子中，我们保留了版本、地区、访客类别的维度，这样用户从结果数据中可以进一步统计各地区会话平均停留时长等指标。

读者可能还会有另一个疑问，指标中需要统计的是当日的各渠道独立访客数，依赖的派生指标的统计周期为什么是窗口呢？这是实时计算的特殊性导致的。如果在实时计算中需要统计当日各渠道所有的独立访客数的话，那么我们需要在程序中创建一个状态，利用状态保存各渠道的累积独立访客数，或者创建一个时长是一天的时间窗口，无论哪种方案，都会带来极大的计算负担。我们使用滚动窗口的形式统计每个窗口时间段内的各渠道独立访客数，然后将各窗口的统计数据保存至 OLAP 存储引擎中，用户可以根据自己的需要得到累积的指标值或者分时累积的指标值。

通过表 9-1 我们可以看到，指标依赖的派生指标有很多是重复的，将重复的派生指标剔除掉，并对各派生指标进一步分析。分析派生指标的统计周期、统计粒度和依赖的原子指标，如表 9-2 所示。本章的主要任务，就是参照表 9-2 统计各派生指标。为了避免重复计算、重复读取 DWD 层数据，我们会将统计粒度和业务过程相同的派生指标合并统计，形成一张汇总表。

表 9-2　派生指标依赖的原子指标分析

汇总表	派生指标/被依赖的派生指标	统计周期	统计粒度	原子指标			业务限定
				业务过程	度量值	聚合逻辑	
流量域版本—渠道—地区—访客类别粒度页面浏览各窗口汇总表	各窗口各版本各渠道各地区各访客类别独立访客数	窗口	版本—渠道—地区—访客类别	页面浏览	mid	count(distinct())	独立访客行为
	各窗口各版本各渠道各地区各访客类别开启会话数	窗口	版本—渠道—地区—访客类别	页面浏览	page_id	count()	last_page_id == null
	各窗口各版本各渠道各地区各访客类别页面数	窗口	版本—渠道—地区—访客类别	页面浏览	page_id	count()	
	各窗口各版本各渠道各地区各访客类别页面停留时长	窗口	版本—渠道—地区—访客类别	页面浏览	during_time	sum()	
流量域关键词粒度页面浏览各窗口汇总表	各窗口各关键词出现次数	窗口	关键词	页面浏览	1	count()	
用户域用户登录各窗口汇总表	各窗口 7 日回流用户数	窗口		用户登录	date_id		上次登录日期在 7 日前
	各窗口登录独立用户数	窗口		用户登录	mid	count(distinct())	
用户域用户注册各窗口汇总表	各窗口注册用户数	窗口		用户注册	user_id	count()	
流量域页面浏览各窗口汇总表	各窗口首页浏览独立访客数	窗口		页面浏览	mid	count(distinct())	
	各窗口商品详情页浏览独立访客数	窗口		页面浏览	mid	count(distinct())	
交易域加购各窗口汇总表	各窗口独立加购用户数	窗口		加购	user_id	count(distinct())	
交易域下单各窗口汇总表	各窗口独立下单用户数	窗口		下单	user_id	count(distinct())	
	各窗口新增下单人数	窗口		下单	user_id	count(distinct)	
	各窗口订单明细优惠券减免金额	窗口		下单	coupon_reduce_amount	sum()	优惠券发布时间在 30 日内
	各窗口订单明细原始金额总和	窗口		下单	origin_amount	sum()	优惠券发布时间在 30 日内
	各窗口订单明细活动减免金额	窗口		下单	activity_reduce_amount	sum()	活动发布时间在 30 日内
交易域支付各窗口汇总表	各窗口独立支付用户数	窗口		支付	order_id	count(distinct())	
	各窗口新增支付用户数	窗口		支付	user_id	count(distinct)	
交易域 SKU 粒度下单各窗口汇总表	各窗口各 SKU 下单金额	窗口	SKU	下单	split_total_amount	sum()	
交易域品牌—品类—用户粒度退单各窗口汇总表	各窗口各品牌各品类各用户退单次数	窗口	品牌—品类—用户	退单	order_id	count(distinct())	
交易域省份粒度下单各窗口汇总表	各窗口各省份订单金额	窗口	省份	下单	订单金额	sum()	
	各窗口各省份订单数	窗口	省份	下单	订单数	count(distinct)	

如表 9-2 所示，DWS 层最终的任务是构建各汇总表。汇总表的名称是由数据域、粒度、业务过程和统计周期构成的。汇总表中的数据体现了表 9-2 中统计周期（窗口）、粒度、度量值等信息。表 9-2 中的业务过程列和聚合逻辑列则体现了在构建汇总表时应该消费哪些 DWD 层的 Kafka 主题，以及以怎样的聚合逻辑计算数据。

汇总表数据计算出来后，可以将数据存储在 OLAP 存储引擎中，本项目采用的是 ClickHouse。存储于 ClickHouse 的汇总表的表名命名规范是：dws_数据域_统计粒度_业务过程_统计周期（window）。数据存储在 ClickHouse 之后，用户可以采用灵活的可视化手段得到最终的指标数据展示效果，这部分内容将在第 10 章进行讲解。

9.2 环境准备

在本章的计算过程中，我们将用到两个重要的数据库软件——Redis 和 ClickHouse。在使用之前，我们先要完成安装工作。

9.2.1 安装 Redis

Redis 是一个高性能的 Key-Value 数据库，具有极高的数据读写速度，并且支持丰富的数据类型，如 strings、lists、hashes、sets 和 ordered sets 等，还提供单个命令和多个命令的原子性操作。本项目中将利用 Redis 优秀的读写性能，以及多样化的数据类型实现部分需求。

1. 安装

（1）使用 yum 命令安装新版 gcc 编译器。

```
[atguigu@hadoop102 ~]$ sudo yum -y install gcc-c++
```

（2）将 redis-6.2.1.tar.gz 安装包上传至/opt/software 目录下。

（3）使用如下命令，将 redis-6.2.1.tar.gz 解压至/opt/module 目录下。

```
[atguigu@hadoop102 software]# tar -zxvf redis-6.2.1.tar.gz -C /opt/module/
```

（4）解压后进入安装包的 src 目录下，打开 Makefile 文件。

```
[atguigu@hadoop102 src]$ vim Makefile
```

修改文件中的软件安装路径，如下所示。

```
#修改如下
PREFIX?=/home/atguigu
```

（5）执行以下命令，安装 Redis。

```
[atguigu@hadoop102 src]$ make && make install
```

2. 启动 Redis 服务

（1）在/home/atguigu 目录下，创建 myredis 目录。

```
[atguigu@hadoop102 ~]$ mkdir myredis
[atguigu@hadoop102 ~]$ cd myredis
```

从解压后的 Redis 安装包中复制 redis.conf 文件至 myredis 目录下。

```
[atguigu@hadoop102 myredis]$ cp /opt/module/redis-6.2.1/redis.conf .
```

（2）打开 redis.conf，修改以下配置项。

```
[atguigu@hadoop102 myredis]$ vim redis.conf

# 将bind修改为0.0.0.0，任意IP地址可以连接Redis服务
bind 0.0.0.0
```

```
# protected-mode 默认为 yes，修改为 no
protected-mode no
# 服务在后台启动
daemonize yes
# 端口号
port 6379
# 存放 pid 文件的路径
pidfile /var/run/redis_6379.pid
```

（3）以指定配置文件的方式启动 Redis 服务。

```
[atguigu@hadoop102 myredis]$ redis-server redis.conf
```

3. 客户端访问

（1）使用 redis-cli 命令访问已经启动的 Redis 服务，命令中不指定端口号，默认连接的端口号为 6379。

```
[atguigu@hadoop102 myredis]$ redis-cli
127.0.0.1:6379>
```

（2）如果有多个 Redis 同时启动，或者在配置文件中修改了端口号，则需以指定端口号的形式访问。

```
[atguigu@hadoop102 myredis]$ redis-cli -p 6379
127.0.0.1:6379>
```

（3）如果访问非本服务器下的 Redis 服务，需要通过-h 参数指定主机的 IP 地址来进行访问。

```
[atguigu@hadoop102 myredis]$ redis-cli -h 127.0.0.1 -p 6379
127.0.0.1:6379>
```

（4）通过 ping 命令测试是否连接成功。

```
127.0.0.1:6379> ping
PONG
```

4. 关闭 Redis 服务

（1）如果还未通过客户端访问，可直接执行 redis-cli shutdown 命令关闭 Redis 服务。

```
[atguigu@hadoop102 myredis]$ redis-cli shutdown
```

（2）如果已经进入客户端，直接在客户端执行 shutdown 命令即可。

```
127.0.0.1:6379> shutdown
```

9.2.2 安装 ClickHouse

ClickHouse 是 Yandex 公司于 2016 年开源的列式存储数据库，使用 C++语言编写，主要用于联机分析处理查询，能够使用 SQL 查询实时生成分析数据报告。ClickHouse 和 MySQL 类似，把表级的存储引擎插件化，根据表的不同需求可以设定不同的存储引擎。ClickHouse 目前包括 TinyLog、Memory、MergeTree、ReplacingMergeTree 等 20 多种引擎。读者可以在“尚硅谷教育”公众号后台回复“ClickHouse”关键字获取更详细的课程资料，本书仅对 ClickHouse 的安装做必要讲解。

用户可以安装搭建 ClickHouse 集群，也可以直接使用单机的 ClickHouse。由于本项目使用的是个人计算机模拟项目环境，所以只安装单机的 ClickHouse 即可，在企业实际开发环境中，会安装更高可用的集群环境。

1. 准备工作

（1）确认节点服务器的防火墙处于关闭状态。执行以下命令查看防火墙的状态。

```
[atguigu@hadoop 102 ~]$ sudo systemctl status firewalld
```

（2）执行以下命令，取消 CentOS 系统的打开文件数限制。

打开 hadoop102 节点服务器的/etc/security/limits.conf 文件。

```
[atguigu@hadoop102 ~]$ sudo vim /etc/security/limits.conf
```

在文件的末尾添加以下内容。

```
* soft nofile 65536
* hard nofile 65536
* soft nproc 131072
* hard nproc 131072
```

打开 hadoop102 节点服务器的/etc/security/limits.d/20-nproc.conf 文件。

```
[atguigu@hadoop102 ~]$ sudo vim /etc/security/limits.d/20-nproc.conf
```

在文件的末尾添加以下内容。

```
* soft nofile 65536
* hard nofile 65536
* soft nproc 131072
* hard nproc 131072
```

注意：以上操作会修改节点服务器的系统配置，若修改不当，可能会造成节点服务器无法启动，建议在执行以上操作前，为节点服务器执行快照。

（3）在正式安装 ClickHouse 之前，需要安装一些依赖服务，执行以下命令。

```
[atguigu@hadoop102 ~]$ sudo yum install -y libtool
[atguigu@hadoop102 ~]$ sudo yum install -y *unixODBC*
```

（4）取消 CentOS 系统的 SELINUX 限制。

打开/etc/selinux/config 文件，将文件中的 SELINUX 配置为 disabled。

```
[atguigu@hadoop102 ~]$ sudo vim /etc/selinux/config
SELINUX=disabled
```

重启节点服务器。

```
[atguigu@hadoop102 ~]$ sudo reboot
```

2. 安装

（1）执行以下命令，在 hadoop102 节点服务器的/opt/software 下创建 clickhouse 目录。

```
[atguigu@hadoop102 ~]$ cd /opt/software/
[atguigu@hadoop102 software]$ mkdir clickhouse
```

（2）将本项目附带的 ClickHouse 资料包中的 4 个文件上传至 hadoop102 节点服务器的/opt/software/clickhouse 目录下。

```
[atguigu@hadoop102 clickhouse]$ ll
总用量 1262276
-rw-rw-r-- 1 atguigu atguigu      56708 4月   7 12:42 clickhouse-client-20.4.5.36-2.noarch.rpm
-rw-rw-r-- 1 atguigu atguigu  117222435 4月  7 12:42 clickhouse-common-static-20.4.5.36-2.x86_64.rpm
-rw-rw-r-- 1 atguigu atguigu 1175204526 4 月   7 12:42 clickhouse-common-static-dbg-20.4.5.36-2.x86_64.rpm
-rw-rw-r-- 1 atguigu atguigu      78318 4月   7 12:42 clickhouse-server-20.4.5.36-2.noarch.rpm
```

（3）使用 rpm 命令安装上述 4 个文件。

```
[atguigu@hadoop102 clickhouse]$ sudo rpm -ivh *.rpm
警告：clickhouse-client-20.4.5.36-2.noarch.rpm: 头 V4 RSA/SHA1 Signature, 密钥 ID e0c56bd4: NOKEY
准备中...                          ################################# [100%]
正在升级/安装...
   1:clickhouse-common-static-20.4.5.3################################# [ 25%]
   2:clickhouse-client-20.4.5.36-2    ################################# [ 50%]
   3:clickhouse-server-20.4.5.36-2    ################################# [ 75%]
```

```
Created   symlink   from   /etc/systemd/system/multi-user.target.wants/clickhouse-server.
service to /etc/systemd/system/clickhouse-server.service.
Path to data directory in /etc/clickhouse-server/config.xml: /var/lib/clickhouse/
   4:clickhouse-common-static-dbg-20.4################################### [100%]
```

（4）查看安装情况。

```
[atguigu@hadoop102 clickhouse]$ sudo rpm -qa|grep clickhouse
clickhouse-client-20.4.5.36-2.noarch
clickhouse-common-static-20.4.5.36-2.x86_64
clickhouse-server-20.4.5.36-2.noarch
clickhouse-common-static-dbg-20.4.5.36-2.x86_64
```

（5）打开 ClickHouse 的配置文件/etc/clickhouse-server/config.xml。

```
[atguigu@hadoop102 clickhouse]$ sudo vim /etc/clickhouse-server/config.xml
```

修改配置，将下面的配置项去掉注释，允许外部服务器访问 ClickHouse。

```
<listen host>::</listen host>
```

（6）执行以下命令，启动 ClickHouse 服务。

```
[atguigu@hadoop102 clickhouse]$ sudo systemctl start clickhouse-server
```

（7）禁止 ClickHouse 服务开机自启。

```
[atguigu@hadoop102 clickhouse]$ sudo systemctl disable clickhouse-server
```

（8）使用客户端连接 ClickHouse 服务。-m 指可以在命令行窗口输入多行命令。

```
[atguigu@hadoop102 clickhouse]$ clickhouse-client -m
ClickHouse client version 20.4.5.36 (official build).
Connecting to localhost:9000 as user default.
Connected to ClickHouse server version 20.4.5 revision 54434.

hadoop102 :)
```

（9）创建 gmall_realtime 库并启用，本项目所有表均位于该数据库下，下文不再赘述。

```
hadoop102 :) create database gmall_realtime;
hadoop102 :) use gmall_realtime;
USE gmall_realtime
Ok.
0 rows in set. Elapsed: 0.001 sec.
```

9.3　流量域关键词粒度页面浏览各窗口汇总表

从本节开始，我们将带领读者参照表 9-2 构建各汇总表。本节将要构建的是流量域关键词粒度页面浏览各窗口汇总表。

在电商应用中，有许多页面需要输入关键字，运营人员可以通过关键词的频次来洞察用户的爱好分布。在本电商项目中，仅在搜索页面（page_id 为 search）中会出现关键词页面对象（page_item_type 为 keyword），因此仅统计搜索行为中关键词的出现次数。

9.3.1　思路梳理

1. 任务分析

消费 Kafka 的页面浏览明细主题 dwd_traffic_page_log，筛选出用户的页面搜索行为，使用自定义 UDTF（User Defined Table Function）函数对搜索内容分词。统计各窗口内各关键词出现的频次，写入 ClickHouse 的表中。

2. 思路及关键技术点

本汇总表的构建将继续使用 Flink SQL 实现。任务将分为两个主要部分：对 keyword 进行分词处理和将数据处理结果写入 ClickHouse。

（1）对 keyword 进行分词处理。

对整个分词处理过程进行更细致的步骤划分，共分为以下八个步骤。

① 创建分词工具类。

在分词工具类中定义分词方法，借助 IK 分词器将输入的搜索词参数拆分成多个关键词，返回一个 List 集合。

② 创建自定义 UDTF 函数。

将一个搜索词拆分成多个关键词是“一进多出”的过程，通常需要 UDTF 函数来完成。在 Flink SQL 中，没有提供相关的内置函数，因此需要用户自定义可以实现分词功能的 UDTF 函数。

自定义 UDTF 函数类，继承 Flink 的 TableFunction 抽象类，在类中调用分词工具类的分词方法，实现分词逻辑。

③ 注册自定义 UDTF 函数。

仅仅将 UDTF 函数定义出来，还不能直接在 Flink SQL 中使用，需要将其在代码中进行注册。

④ 消费 Kafka 的页面浏览明细主题 dwd_traffic_page_log，并对消费到的数据设置水位线。

⑤ 筛选 dwd_traffic_page_log 主题的页面浏览明细日志中的搜索行为数据。

满足以下三个条件即为搜索行为数据。

- page 字段下的 item 字段不为 null。
- page 字段下的 last_page_id 为 search。
- page 字段下的 item_type 为 keyword。

⑥ 对筛选出的搜索行为数据中的搜索词，使用自定义 UDTF 函数进行分词。

⑦ 分组、开窗、聚合计算。

对分词后的数据按照拆分后的关键词分组。统计每个关键词出现的频次，补充窗口的起始时间和结束时间。调用 unix_timestamp 函数，获取以秒为单位的当前系统时间戳，转换为毫秒，作为 ClickHouse 表的 ts 字段，用于数据去重。

⑧ 将动态表转换为数据流。

（2）将数据写入 ClickHouse。

① 建表。

要将数据写入 ClickHouse，需要在 ClickHouse 中提前创建对应表。首先，要明确使用的表引擎。为了保证数据不重复，决定使用 ReplacingMergeTree（替换合并树）或者 ReplicatedMergeTree（副本合并树）作为表引擎，二者均可实现数据去重，主要区别如下。

ReplicatedMergeTree（副本合并树）通过对比插入的“数据块”（同一批次写入的数据称为一个数据块）实现去重。如果插入的两批数据相似度达到 ClickHouse 的判断标准，则后插入的数据会被舍弃。ReplicatedMergeTree 的初衷是防止数据丢失，而非对数据去重，因此如果重复数据夹杂在不同的数据块中，则不能实现去重效果。假设向 ClickHouse 写入数据时每 5 条为一批，第一批数据为 ABCDE，第二批数据为 FAGHI，两个批次的数据没有达到 ClickHouse 对数据块是否重复的判断标准，因此第二批次数据中重复的 A 依然会被写入，并未达到去重效果。

ReplacingMergeTree 在建表时需要定义版本字段，它会对比排序字段（在 ClickHouse 中排序字段可以唯一地标识一行数据）相同数据的版本字段。如果在建表时设置了版本字段，且多条排序字段相同数据的版本字段的值不同，则保留版本字段值最大的数据。如果在建表时没有设置版本字段，或者多条排序字段相同数据的版本字段的值相同，则按数据插入顺序保留最后一条。数据的去重只会在数据合并期间进行。合并操作会在后台一个不确定的时间执行，无法预先做出计划。因此，无法保证每时每刻的数据不会重复。

用户可以执行 optimize table xxx final 命令，手动对数据进行合并去重。

在本项目中选择使用 ReplacingMergeTree，主要考虑到虽然 ReplacingMergeTree 的去重效果有一定延迟，但在必要时可以通过 optimize 命令执行去重。需要注意的是，optimize 命令会引发大量读写操作，极其影响性能。所以在生产环境中，不可能在每次查询前都做一次去重操作，不可过多地依赖执行 optimize 命令去重。

② 写出。

利用 Flink 提供的 JDBCSink，将结果数据写出至 ClickHouse 中。需要调用的 JDBCSink 的创建方法如下所示。

```
Jdbc.Sink<T>sink(String  sql,JdbcStatementBuilder<T>  statementBuilder,  JdbcExecutionOptions executionOptions, JdbcConnectionOptions connectionOptions)
```

以上方法会返回 SinkFunction 类型的对象，将其作为 addSink 方法的参数，即可将数据以 JDBC 方式写入数据库。这种方式只能写入数据库中的一张表。对以上方法的参数解读如下。

a. sql：String 类型的任意 DML（Data Manipulation Language，数据操作语言）语句。

b. statementBuilder：构造者类 JDBCStatementBuilder 的对象，用于为数据库操作对象（PreparedStatement 对象）中的占位符传参。核心方法是 accept(PreparedStatement preparedStatement, T obj)，对该方法的参数解读如下。

- preparedStatement：数据库操作对象。
- obj：流中的数据对象。要给占位符传参，就必须将 SQL 中的占位符和流中的数据对象对应起来。然而，不同 SQL 语句的占位符数量可能不同，不可能设置一个统一的数值指定占位符个数，然后简单地通过固定次数的循环完成传参。那么，如何在程序中将占位符和流中的数据对象对应起来呢？可以这样做，用传入方法的流中的数据对象（obj）获取类的 Class 对象，然后通过反射的方式获取所有属性的 Field 对象，再调用 Field 对象的 setObject 方法，将流中数据传递给 SQL 中的占位符，完成传参。
- T：泛型，指定流中数据类型。

c. executionOptions：DML 语句是按照批次执行的，该参数用于设置执行 DML 语句的批次相关参数，可以设置的参数如下。

- withBatchIntervalMs(long intervalMs)：设置批处理时间间隔，单位为毫秒，默认值为 0，表示不会基于时间对批处理进行控制。
- withBatchSize(int size)：设置批次大小（即数据的条数），默认为 5000 条。
- withMaxRetries(int maxRetries)：设置最大重试次数，默认为 3 次。

经过以上设置，批处理触发条件如下（满足其中一个条件即可）。

- 距离上次数据插入经过了 withBatchIntervalMs 方法设置的时间间隔。
- 数据条数达到 withBatchSize 方法设置的批次大小。
- Flink 启动检查点时。

d. connectionOptions：用于设置数据库连接参数，可以设置的参数如下。

- withUrl(String url)：设置连接数据库的 URL。
- withDriverName(String driverName)：设置数据库驱动类的全类名。
- withUsername(String username)：设置连接数据库的用户名。
- withPassword(String password)：设置连接数据库的密码。

（3）TransientSink。

在实体类中某些字段是为了辅助指标计算而设置的，并不会写入到数据库。那么，如何告诉程序哪些字段不需要写入数据库呢？Java 的反射机制提供了解决思路。类的属性对象 Field 可以调用 getAnnotation (Class annotationClass)方法，获取写在类中属性定义语句上方注解中的信息，若注解存在，则返回值不为 null。

定义一个可以写在属性上的注解，对于不需要写入数据库的属性，在实体类中属性定义语句上方添加该注解。为数据库操作对象传参时判断注解是否存在，若是，则跳过属性，即可实现对属性的排除。

这个注解在本节并不会用到，在 9.13 节中对实体类的定义中将会使用到。此处需要先将这个注解定义出来，在 ClickHouse 的工具类中将会使用到。在工具类向 ClickHouse 写入数据的方法中，对属性是否存在注解进行判断，决定是否将此属性值写入数据库。

3. 流程图解

流量域关键词粒度页面浏览各窗口汇总表构建流程图如图 9-1 所示。

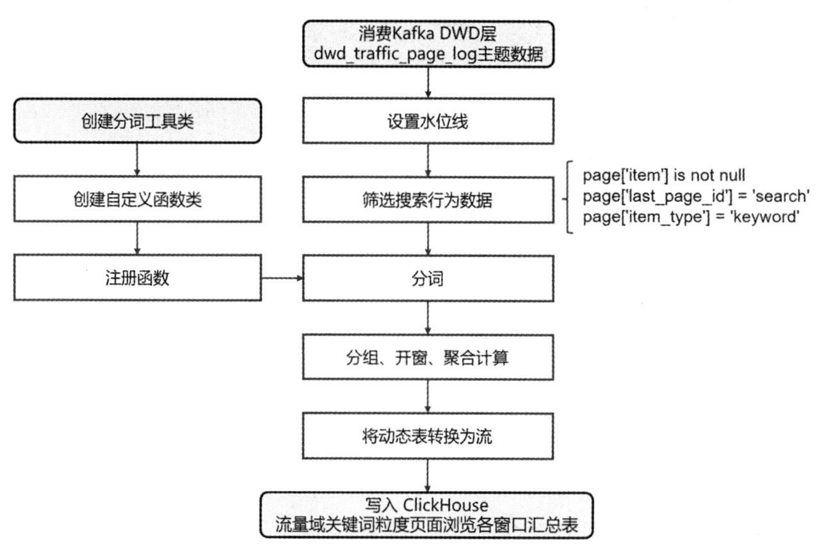

图 9-1　流量域关键词粒度页面浏览各窗口汇总表构建流程图

9.3.2　代码编写

（1）在 ClickHouse 中创建流量域关键词粒度页面浏览各窗口汇总表 dws_traffic_source_keyword_page_view_window，表中的主要字段有窗口起始时间 stt、窗口结束时间 edt、关键词 keyword、关键词出现频次 keyword_count、版本字段 ts，表引擎指定为 ReplacingMergeTree。建表语句如下所示。

```
drop table if exists dws_traffic_keyword_page_view_window;
create table if not exists dws_traffic_keyword_page_view_window
(
    stt           DateTime COMMENT '窗口起始时间',
    edt           DateTime COMMENT '窗口结束时间',
    keyword        String COMMENT '关键词',
    keyword_count UInt64 COMMENT '关键词出现频次',
    ts            UInt64 COMMENT '时间戳'
) engine = ReplacingMergeTree(ts)
      partition by toYYYYMMDD(stt)
      order by (stt, edt, keyword);
```

（2）在 pom.xml 文件中引入 IK 分词器的相关依赖和 ClickHouse 的相关依赖，如下所示。

```
<dependency>
    <groupId>com.janeluo</groupId>
    <artifactId>ikanalyzer</artifactId>
    <version>2012_u6</version>
</dependency>
```

```
<dependency>
    <groupId>ru.yandex.clickhouse</groupId>
    <artifactId>clickhouse-jdbc</artifactId>
    <version>0.3.0</version>
    <exclusions>
        <exclusion>
            <groupId>com.fasterxml.jackson.core</groupId>
            <artifactId>jackson-databind</artifactId>
        </exclusion>
        <exclusion>
            <groupId>com.fasterxml.jackson.core</groupId>
            <artifactId>jackson-core</artifactId>
        </exclusion>
    </exclusions>
</dependency>
```

（3）在 util 包下创建分词工具类 KeywordUtil，并创建分词方法 analyze，在分词方法中调用 IK 分词器对参数进行划分，并返回一个由关键词构成的 List。在类中编写 main 方法对分词方法进行测试。

```
package com.atguigu.gmall.realtime.util;
import org.wltea.analyzer.core.IKSegmenter;
import org.wltea.analyzer.core.Lexeme;

import java.io.IOException;
import java.io.StringReader;
import java.util.ArrayList;
import java.util.List;

public class KeywordUtil {
    public static List<String> analyze(String text){

        List<String> keywordList = new ArrayList<>();
        StringReader reader = new StringReader(text);
        IKSegmenter ikSegmenter = new IKSegmenter(reader,true);

        try {
            Lexeme lexeme = null;
            while((lexeme = ikSegmenter.next())!=null){
                String keyword = lexeme.getLexemeText();
                keywordList.add(keyword);
            }
        } catch (IOException e) {
            e.printStackTrace();
        }

        return keywordList;
    }

    public static void main(String[] args) {
        List<String> list = analyze("Apple iPhoneXSMax (A2104) 256GB 深空灰色 移动联通电信 4G
手机 双卡双待");
        System.out.println(list);
    }
}
```

（4）在 func 包下创建自定义函数类 KeywordUDTF，在 eval 方法中调用分词器工具类 KeywordUtil 的分词方法 analyze。

```
package com.atguigu.gmall.realtime.app.func;

import com.atguigu.gmall.realtime.util.KeywordUtil;
import org.apache.flink.table.annotation.DataTypeHint;
import org.apache.flink.table.annotation.FunctionHint;
import org.apache.flink.table.functions.TableFunction;
import org.apache.flink.types.Row;

@FunctionHint(output = @DataTypeHint("ROW<word STRING>"))
public class KeywordUDTF extends TableFunction<Row> {
    public void eval(String text) {

        for (String keyword : KeywordUtil.analyze(text)) {
            collect(Row.of(keyword));
        }
    }
}
```

（5）在 bean 包下创建实体类 KeywordBean，用于封装统计了关键词频次之后的结果数据。

```
package com.atguigu.gmall.realtime.bean;

import lombok.AllArgsConstructor;
import lombok.Data;
import lombok.NoArgsConstructor;

@Data
@AllArgsConstructor
@NoArgsConstructor
public class KeywordBean {
    // 窗口起始时间
    private String stt;

    // 窗口结束时间
    private String edt;

    // 关键词
    private String keyword;

    // 关键词出现频次
    private Long keyword_count;

    // 时间戳
    private Long ts;
}
```

（6）在 common 包下的常量类 GmallConfig 中添加以下常量。

```
// ClickHouse 驱动
public static final String CLICKHOUSE_DRIVER = "ru.yandex.clickhouse.ClickHouseDriver";

// ClickHouse 连接 URL
public static final String CLICKHOUSE_URL = "jdbc:clickhouse://hadoop102:8123/gmall_realtime";
```

（7）TransientSink 注解。

```
package com.atguigu.gmall.realtime.bean;

import java.lang.annotation.ElementType;
import java.lang.annotation.Retention;
import java.lang.annotation.RetentionPolicy;
import java.lang.annotation.Target;

@Target(ElementType.FIELD)
@Retention(RetentionPolicy.RUNTIME)
public @interface TransientSink {

}
```

（8）在 util 包下创建 ClickHouse 工具类 ClickHouseUtil，工具类主要提供连接获取到 ClickHouse 的 SinkFunction 的方法，在主程序中，只要使用 ClickHouseUtil 工具类的对象调用该方法，并传入要执行 SQL 语句，即可获取 SinkFunction 类对象。

```
package com.atguigu.gmall.realtime.util;

import com.atguigu.gmall.realtime.bean.TransientSink;
import com.atguigu.gmall.realtime.common.GmallConfig;
import org.apache.flink.connector.jdbc.JdbcConnectionOptions;
import org.apache.flink.connector.jdbc.JdbcExecutionOptions;
import org.apache.flink.connector.jdbc.JdbcSink;
import org.apache.flink.connector.jdbc.JdbcStatementBuilder;
import org.apache.flink.streaming.api.functions.sink.SinkFunction;

import java.lang.reflect.Field;
import java.sql.PreparedStatement;
import java.sql.SQLException;

public class ClickHouseUtil {
    public static <T> SinkFunction<T> getJdbcSink(String sql) {

        return JdbcSink.<T>sink(
                sql,
                new JdbcStatementBuilder<T>() {
                    @Override
                    public void accept(PreparedStatement preparedStatement, T obj) throws 
SQLException {
                        Field[] declaredFields = obj.getClass().getDeclaredFields();
                        int skipNum = 0;
                        for (int i = 0; i < declaredFields.length; i++) {
                            Field declaredField = declaredFields[i];
                            TransientSink transientSink = declaredField.getAnnotation(TransientSink.
class);
                            if (transientSink != null) {
                                skipNum++;
                                continue;
                            }
                            declaredField.setAccessible(true);
                            try {
```

```
                        Object value = declaredField.get(obj);
                        preparedStatement.setObject(i + 1 - skipNum, value);
                    } catch (IllegalAccessException e) {
                        System.out.println("ClickHouse 数据插入 SQL 占位符传参异常 ~");
                        e.printStackTrace();
                    }
                }
            }
        },
        JdbcExecutionOptions.builder()
                .withBatchIntervalMs(5000L)
                .withBatchSize(5)
                .build(),
        new JdbcConnectionOptions.JdbcConnectionOptionsBuilder()
                .withDriverName(GmallConfig.CLICKHOUSE_DRIVER)
                .withUrl(GmallConfig.CLICKHOUSE_URL)
                .build()
    );
  }
}
```

（9）在 dws 包下创建构建流量域关键词粒度页面浏览各窗口汇总表的主程序 DwsTrafficKeywordPageViewWindow，并编写主要代码。

```
package com.atguigu.gmall.realtime.app.dws;
import com.atguigu.gmall.realtime.app.func.KeywordUDTF;
import com.atguigu.gmall.realtime.bean.KeywordBean;
import com.atguigu.gmall.realtime.util.ClickHouseUtil;
import com.atguigu.gmall.realtime.util.KafkaUtil;
import org.apache.flink.api.common.restartstrategy.RestartStrategies;
import org.apache.flink.api.common.time.Time;
import org.apache.flink.runtime.state.hashmap.HashMapStateBackend;
import org.apache.flink.streaming.api.CheckpointingMode;
import org.apache.flink.streaming.api.datastream.DataStream;
import org.apache.flink.streaming.api.environment.CheckpointConfig;
import org.apache.flink.streaming.api.environment.StreamExecutionEnvironment;
import org.apache.flink.streaming.api.functions.sink.SinkFunction;
import org.apache.flink.table.api.Table;
import org.apache.flink.table.api.bridge.java.StreamTableEnvironment;

public class DwsTrafficKeywordPageViewWindow {
    public static void main(String[] args) throws Exception {

        // 1. 基本环境准备
        StreamExecutionEnvironment env = StreamExecutionEnvironment.getExecutionEnvironment();
        env.setParallelism(4);
        StreamTableEnvironment tableEnv = StreamTableEnvironment.create(env);
        // 注册自定义函数
        tableEnv.createTemporarySystemFunction("ik_analyze", KeywordUDTF.class);

        // 2. 检查点设置
        env.enableCheckpointing(3000L, CheckpointingMode.EXACTLY_ONCE);
        env.getCheckpointConfig().setMinPauseBetweenCheckpoints(3000L);
        env.getCheckpointConfig().setCheckpointTimeout(60 * 1000L);
```

```
        env.getCheckpointConfig().enableExternalizedCheckpoints(
                CheckpointConfig.ExternalizedCheckpointCleanup.RETAIN_ON_CANCELLATION
        );
        env.setRestartStrategy(
                RestartStrategies.failureRateRestart(
                        3, Time.days(1L), Time.minutes(1L)
                )
        );
        env.setStateBackend(new HashMapStateBackend());
        env.getCheckpointConfig().setCheckpointStorage(
                "hdfs://hadoop102:8020/ck"
        );
        System.setProperty("HADOOP_USER_NAME", "atguigu");

        // 3. 消费 Kafka 的页面浏览明细主题 dwd_traffic_page_log
        String topic = "dwd_traffic_page_log";
        String groupId = "dws_traffic_source_keyword_page_view_window";
        tableEnv.executeSql("create table page_log(\n" +
                "`common` map<string, string>,\n" +
                "`page` map<string, string>,\n" +
                "`ts` bigint,\n" +
                "row_time AS TO_TIMESTAMP(FROM_UNIXTIME(ts/1000, 'yyyy-MM-dd HH:mm:ss')),\n" +
                "WATERMARK FOR row_time AS row_time - INTERVAL '3' SECOND\n" +
                ")" + KafkaUtil.getKafkaDDL(topic, groupId));

        // 4. 从表中筛选搜索行为
        Table searchTable = tableEnv.sqlQuery("select\n" +
                "page['item'] full_word,\n" +
                "row_time\n" +
                "from page_log\n" +
                "where page['item'] is not null\n" +
                "and page['last_page_id'] = 'search'\n" +
                "and page['item_type'] = 'keyword'");
        tableEnv.createTemporaryView("search_table", searchTable);

        // 5. 使用自定义的 UDTF 函数对搜索的内容进行分词
        Table splitTable = tableEnv.sqlQuery("select\n" +
                "keyword,\n" +
                "row_time \n" +
                "from search_table,\n" +
                "lateral table(ik_analyze(full_word))\n" +
                "as t(keyword)");
        tableEnv.createTemporaryView("split_table", splitTable);

        // 6. 分组、开窗、聚合计算
        Table KeywordBeanSearch = tableEnv.sqlQuery("select\n" +
                "DATE_FORMAT(TUMBLE_START(row_time,   INTERVAL   '10'   SECOND),'yyyy-MM-dd
HH:mm:ss') stt,\n" +
                "DATE_FORMAT(TUMBLE_END(row_time,  INTERVAL  '10'  SECOND),'yyyy-MM-dd  HH:mm:ss')
edt,\n" +
                "keyword,\n" +
                "count(*) keyword_count,\n" +
```

```
            "UNIX_TIMESTAMP()*1000 ts\n" +
            "from split_table\n" +
            "GROUP BY TUMBLE(row_time, INTERVAL '10' SECOND),keyword");

        // 7. 将动态表转换为流
        DataStream<KeywordBean> keywordBeanDS = tableEnv.toAppendStream(KeywordBeanSearch,
KeywordBean.class);

        // 8. 将流中的数据写到 ClickHouse 中
        SinkFunction<KeywordBean> jdbcSink = ClickHouseUtil.<KeywordBean>getJdbcSink(
            "insert into dws_traffic_keyword_page_view_window values(?,?,?,?,?)");
        keywordBeanDS.addSink(jdbcSink);

        env.execute();
    }
}
```

启动当前应用和前置应用 BaseLogApp，生成日志数据（为了使窗口闭合，水位线需要足够高，因此可能需要生成若干批次数据，下文同理不再赘述）。在 ClickHouse 中执行查询语句，如下所示。

```
hadoop102 :) select * from dws_traffic_keyword_page_view_window limit 10;
```

9.4 流量域版本—渠道—地区—访客类别粒度页面浏览各窗口汇总表

本节将要构建的是流量域版本—渠道—地区—访客类别粒度页面浏览各窗口汇总表。

9.4.1 思路梳理

1. 任务分析

通过对表 9-2 的分析，决定对业务过程为页面浏览，统计粒度为版本—渠道—地区—访客类别的派生指标合并统计，需要统计会话数、页面浏览数、浏览总时长、独立访客数等四个度量值字段，即四个统计指标。四个指标均可以通过消费 Kafka 的 dwd_traffic_page_log 主题获得。

计算得到四个度量值字段后，将计算结果写入 ClickHouse 中提前创建好的汇总表中。

2. 思路及关键技术点

如何将结果数据写入 ClickHouse，在 9.3 节中已经有详细讲解，本节不再赘述。本节需要着重考虑的是如何计算得到四个统计指标。

（1）消费 Kafka 的页面浏览明细主题 dwd_traffic_page_log，封装为流。

（2）转换数据结构，按照 mid 分组。

（3）利用 Flink 的状态编程，在状态中为每个 mid 维护末次访问日期。

首先，创建实体类对象，将页面浏览数属性值置为 1（只要有一条页面浏览日志，则页面浏览数加一），获取日志中的页面浏览时长，赋值给实体类的页面浏览时长属性。

接下来判断 last_page_id 是否为 null，若 last_page_id 为 null，说明页面是首页，开启了一个新的会话，将实体类的会话数属性值设置为 1，否则设置为 0。

其次，对状态中的末次访问日期进行判断，若末次访问日期为 null 或者不为当日日期，说明该访客未访问过 App 或者今日还未有过访问行为，将独立访客数值设置为 1，并将末次访问日期更新为当日日期；否则，独立访客数保持为 0。

为了减少内存开销，可以将维护的末次访问日期状态的 TTL 设置为 1 日。

最后补充实体类中的维度字段，将日志生成时间 ts 作为事件时间字段，将实体类对象发往下游。

（4）为合并后的流设置水位线。

（5）按照维度字段调用 keyBy()方法分组。

（6）为数据设置滚动窗口。

（7）聚合计算

将度量字段求和，每个窗口数据聚合完毕之后补充窗口起始时间和结束时间字段。

在 ClickHouse 中，表的 ts 字段将作为版本字段用于去重，ReplacingMergeTree 会在数据去重时对比唯一键相同数据的 ts，保留 ts 最大的数据。此处，将 ts 字段置为当前系统时间，这样可以保证数据重复计算时保留的是最后一次计算的结果。

（8）将最终数据写入 ClickHouse。

3. 流程图解

流量域版本—渠道—地区—访客类别粒度页面浏览各窗口汇总表构建流程图如图 9-2 所示。

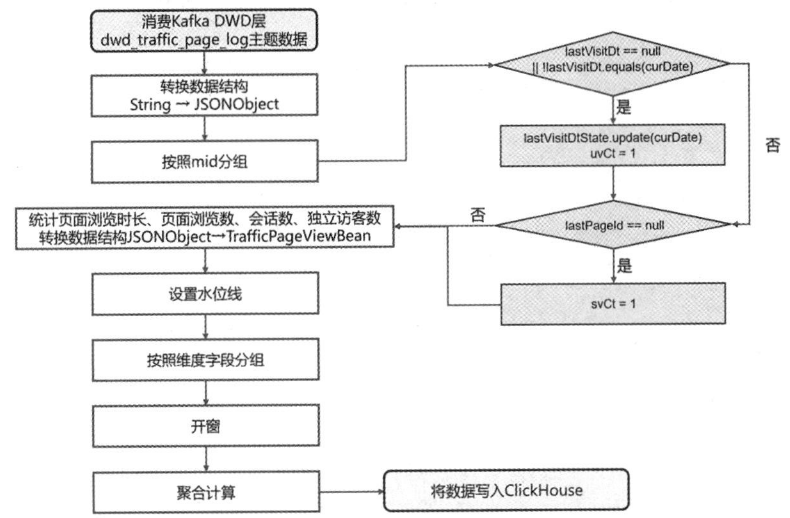

图 9-2　流量域版本—渠道—地区—访客类别粒度页面浏览各窗口汇总表构建流程图

9.4.2　代码编写

（1）在 ClickHouse 中创建流量域版本—渠道—地区—访客类别粒度页面浏览各窗口汇总表 dws_traffic_vc_ch_ar_is_new_page_view_window，表中包括窗口起始时间 stt、窗口结束时间 edt，维度字段版本 vc、渠道 ch、地区 ar、访客类别 is_new，度量字段独立访客数 uv_count、会话数 sc_count、浏览页面数 pv_count、浏览页面时长 dur_sum。为表设置表引擎为 ReplacingMergeTree、排序字段为 stt、edt、vc、ch、ar 和 is_new。建表语句如下所示。

```
drop table if exists dws_traffic_vc_ch_ar_is_new_page_view_window;
create table if not exists dws_traffic_vc_ch_ar_is_new_page_view_window
(
    stt     DateTime COMMENT '窗口起始时间',
    edt     DateTime COMMENT '窗口结束时间',
    vc      String COMMENT 'App 版本号',
    ch      String COMMENT '渠道',
    ar      String COMMENT '地区',
    is_new  String COMMENT '新老访客状态标记',
```

```
    uv_count   UInt64 COMMENT '独立访客数',
    sv_count   UInt64 COMMENT '会话数',
    pv_count   UInt64 COMMENT '页面浏览数',
    dur_sum UInt64 COMMENT '累计访问时长',
    ts      UInt64 COMMENT '时间戳'
) engine = ReplacingMergeTree(ts)
      partition by toYYYYMMDD(stt)
      order by (stt, edt, vc, ch, ar, is_new);
```

（2）在 bean 包下创建实体类 TrafficPageViewBean，用于封装五个指标的计算结果。

```
package com.atguigu.gmall.realtime.bean;

import lombok.AllArgsConstructor;
import lombok.Data;

@Data
@AllArgsConstructor
public class TrafficPageViewBean {
    // 窗口起始时间
    String stt;
    // 窗口结束时间
    String edt;
    // App 版本号
    String vc;
    // 渠道
    String ch;
    // 地区
    String ar;
    // 新老访客状态标记
    String isNew ;
    // 独立访客数
    Long uvCount;
    // 会话数
    Long svCount;
    // 页面浏览数
    Long pvCount;
    // 累计访问时长
    Long durSum;
    // 时间戳
    Long ts;
}
```

（3）在 dws 包下创建构建流量域版本—渠道—地区—访客类别粒度页面浏览各窗口汇总表的主程序 DwsTrafficVcChArIsNewPageViewWindow，并编写主要代码。

```
Package com.atguigu.gmall.realtime.app.dws;

import com.alibaba.fastjson.JSON;
import com.alibaba.fastjson.JSONObject;
import com.atguigu.gmall.realtime.bean.TrafficPageViewBean;
import com.atguigu.gmall.realtime.util.ClickHouseUtil;
import com.atguigu.gmall.realtime.util.DateFormatUtil;
import com.atguigu.gmall.realtime.util.KafkaUtil;
import org.apache.flink.api.common.eventtime.SerializableTimestampAssigner;
```

```
import org.apache.flink.api.common.eventtime.WatermarkStrategy;
import org.apache.flink.api.common.functions.ReduceFunction;
import org.apache.flink.api.common.functions.RichMapFunction;
import org.apache.flink.api.common.restartstrategy.RestartStrategies;
import org.apache.flink.api.common.state.StateTtlConfig;
import org.apache.flink.api.common.state.ValueState;
import org.apache.flink.api.common.state.ValueStateDescriptor;
import org.apache.flink.api.common.time.Time;
import org.apache.flink.api.common.typeinfo.Types;
import org.apache.flink.api.java.tuple.Tuple4;
import org.apache.flink.configuration.Configuration;
import org.apache.flink.runtime.state.hashmap.HashMapStateBackend;
import org.apache.flink.streaming.api.CheckpointingMode;
import org.apache.flink.streaming.api.datastream.*;
import org.apache.flink.streaming.api.environment.CheckpointConfig;
import org.apache.flink.streaming.api.environment.StreamExecutionEnvironment;
import org.apache.flink.streaming.api.functions.windowing.ProcessWindowFunction;
import org.apache.flink.streaming.api.windowing.assigners.TumblingEventTimeWindows;
import org.apache.flink.streaming.api.windowing.windows.TimeWindow;
import org.apache.flink.streaming.connectors.kafka.FlinkKafkaConsumer;
import org.apache.flink.util.Collector;

public class DwsTrafficVcChArIsNewPageViewWindow {
    public static void main(String[] args) throws Exception {
        // 1. 环境准备
        StreamExecutionEnvironment env = StreamExecutionEnvironment.getExecutionEnvironment();
        env.setParallelism(4);

        // 2. 状态后端设置
        env.enableCheckpointing(3000L, CheckpointingMode.EXACTLY_ONCE);
        env.getCheckpointConfig().setCheckpointTimeout(30 * 1000L);
        env.getCheckpointConfig().setMinPauseBetweenCheckpoints(3000L);
        env.getCheckpointConfig().enableExternalizedCheckpoints(
                CheckpointConfig.ExternalizedCheckpointCleanup.RETAIN_ON_CANCELLATION
        );
        env.setRestartStrategy(RestartStrategies.failureRateRestart(
                3, Time.days(1), Time.minutes(1)
        ));
        env.setStateBackend(new HashMapStateBackend());
        env.getCheckpointConfig().setCheckpointStorage(
                "hdfs://hadoop102:8020/ck"
        );
        System.setProperty("HADOOP_USER_NAME", "atguigu");

        // 3. 消费 kafka 的页面浏览主题 dwd_traffic_page_log，封装为流
        String topic = "dwd_traffic_page_log";
        String groupId = "dws_traffic_channel_page_view_window";
        FlinkKafkaConsumer<String>  kafkaConsumer  =  KafkaUtil.getKafkaConsumer(topic,
groupId);
        DataStreamSource<String> pageLogSource = env.addSource(kafkaConsumer);
```

```
        // 4. 转换页面流数据结构
        SingleOutputStreamOperator<JSONObject> jsonObjStream = pageLogSource.map(JSON::
parseObject);

        // 5. 按照 mid 分组
        KeyedStream<JSONObject, String> keyedStream = jsonObjStream.keyBy(jsonObj ->
jsonObj.getJSONObject("common").getString("mid"));

        // 6. 统计独立访客数、会话数、页面浏览数、页面访问时长，并封装为实体类
        SingleOutputStreamOperator<TrafficPageViewBean> mappedStream = keyedStream.map(
                new RichMapFunction<JSONObject, TrafficPageViewBean>() {

                    ValueState<String> lastVisitDtState;

                    public void open(Configuration parameters) throws Exception {
                        super.open(parameters);
                        ValueStateDescriptor<String> stateProperties = new ValueStateDescriptor<>
("log-last-visit-dt", String.class);
                        stateProperties.enableTimeToLive(
                                StateTtlConfig.newBuilder(Time.days(1)).build()
                        );
                        lastVisitDtState = getRuntimeContext().getState(
                                stateProperties
                        );
                    }

                    @Override
                    public TrafficPageViewBean map(JSONObject jsonObj) throws Exception {
                        JSONObject common = jsonObj.getJSONObject("common");
                        JSONObject page = jsonObj.getJSONObject("page");

                        // 获取 ts
                        Long ts = jsonObj.getLong("ts");

                        // 获取维度信息
                        String vc = common.getString("vc");
                        String ch = common.getString("ch");
                        String ar = common.getString("ar");
                        String isNew = common.getString("is_new");

                        // 获取页面访问时长
                        Long duringTime = page.getLong("during_time");
                        Long uvCount = 0L;

                        //
                        String lastVisitDt = lastVisitDtState.value();
                        String curDate = DateFormatUtil.toYmdHms(System.currentTimeMillis());
                        if (lastVisitDt == null || !lastVisitDt.equals(curDate)) {
                            lastVisitDtState.update(curDate);
                            uvCount = 1L;
                        }
```

```
                // 定义变量接受其他度量值
                Long svCount = 0L;
                Long pvCount = 1L;

                // 判断本页面是否开启了一个新的会话
                String lastPageId = page.getString("last_page_id");
                if (lastPageId == null) {
                    svCount = 1L;
                }

                // 封装为实体类
                TrafficPageViewBean trafficPageViewBean = new TrafficPageViewBean(
                        "",
                        "",
                        vc,
                        ch,
                        ar,
                        isNew,
                        uvCount,
                        svCount,
                        pvCount,
                        duringTime,
                        ts
                );
                return trafficPageViewBean;
            }
        }
);

// 7. 设置水位线
SingleOutputStreamOperator<TrafficPageViewBean> withWatermarkStream = mappedStream.
assignTimestampsAndWatermarks(
        WatermarkStrategy
                .<TrafficPageViewBean>forMonotonousTimestamps()
                .withTimestampAssigner(
                        new SerializableTimestampAssigner<TrafficPageViewBean>() {

                            @Override
                            public long extractTimestamp(TrafficPageViewBean
trafficPageViewBean, long recordTimestamp) {
                                return trafficPageViewBean.getTs();
                            }
                        }
                )
);

// 8. 按照维度分组
KeyedStream<TrafficPageViewBean, Tuple4<String, String, String, String>>
keyedBeanStream = withWatermarkStream.keyBy(trafficPageViewBean ->
                Tuple4.of(
```

```
                        trafficPageViewBean.getVc(),
                        trafficPageViewBean.getCh(),
                        trafficPageViewBean.getAr(),
                        trafficPageViewBean.getIsNew()
                    )
            , Types.TUPLE(Types.STRING, Types.STRING, Types.STRING, Types.STRING)
    );

    // 9. 开窗
    WindowedStream<TrafficPageViewBean, Tuple4<String, String, String, String>,
TimeWindow> windowStream = keyedBeanStream.window(TumblingEventTimeWindows.of(
            org.apache.flink.streaming.api.windowing.time.Time.seconds(10L)))
            .allowedLateness(org.apache.flink.streaming.api.windowing.time.Time.seconds
(10L));

    // 10. 聚合计算
    SingleOutputStreamOperator<TrafficPageViewBean> reducedStream = windowStream.reduce(
            new ReduceFunction<TrafficPageViewBean>() {

                @Override
                public TrafficPageViewBean reduce(TrafficPageViewBean value1,
TrafficPageViewBean value2) throws Exception {

                    value1.setUvCount(value1.getUvCount() + value2.getUvCount());
                    value1.setSvCount(value1.getSvCount() + value2.getSvCount());
                    value1.setPvCount(value1.getPvCount() + value2.getPvCount());
                    value1.setDurSum(value1.getDurSum() + value2.getDurSum());
                    return value1;
                }
            },
            new ProcessWindowFunction<TrafficPageViewBean, TrafficPageViewBean,
Tuple4<String, String, String, String>, TimeWindow>() {

                @Override
                public void process(Tuple4<String, String, String, String> key, Context
context, Iterable<TrafficPageViewBean> elements, Collector<TrafficPageViewBean> out)
throws Exception {

                    // 获取窗口起始时间
                    String stt = DateFormatUtil.toYmdHms(context.window().getStart());
                    // 获取窗口终止时间
                    String edt = DateFormatUtil.toYmdHms(context.window().getEnd());
                    for (TrafficPageViewBean element : elements) {
                        // 将窗口起始时间和结束时间补充到 JavaBean 中
                        element.setStt(stt);
                        element.setEdt(edt);
                        // 将 JavaBean 的时间戳设置为当前系统时间，用于 ClickHouse 去重
                        element.setTs(System.currentTimeMillis());
                        // 将数据发送至下游
                        out.collect(element);
                    }
```

```
                }
            }
        );

        // 11. 写入 OLAP 数据库
        reducedStream.addSink(ClickHouseUtil.<TrafficPageViewBean>getJdbcSink(
                "insert  into  dws_traffic_vc_ch_ar_is_new_page_view_window  values
(?,?,?,?,?,?,?,?,?,?,?)"
        ));

        env.execute();
    }
}
```

启动当前应用和前置应用 BaseLogApp，生成日志数据，在 ClickHouse 中执行查询语句，如下所示。

```
hadoop102 :) select * from dws_traffic_vc_ch_ar_is_new_page_view_window limit 10;
```

9.5 流量域页面浏览各窗口汇总表

本节将要构建的是流量域页面浏览各窗口汇总表。与 9.4 节构建的汇总表不同，本节要构建的汇总表不涉及维度字段。

9.5.1 思路梳理

1. 任务分析

通过对表 9-2 的分析，决定对业务过程为页面浏览、无统计粒度的派生指标合并统计，需要统计的是首页浏览独立访客数和商品详情页浏览独立访客数两个统计指标。两个指标均可通过消费 Kafka 的页面浏览明细主题 dwd_traffic_page_log 的数据计算得到。最后将指标的计算结果写入 ClickHouse 提前创建的汇总表中。

2. 思路及关键技术点

两个指标可通过消费同一个 Kafka 主题获得，因此不存在合流的问题。仅需要考虑数据的筛选过滤，以及结果数据的封装等问题即可。具体执行步骤如下。

（1）消费 Kafka 的 dwd_traffic_page_log 主题，封装为流。将流中的数据由 String 转换为 JSONObject，方便使用。

（2）筛选首页浏览日志和商品详情页浏览日志，即筛选 page_id 为 home 或 good_detail 的日志数据。因为本汇总表仅统计这两个页面的独立访客数，所以其他页面浏览日志不需要保留。

（3）为数据流设置水位线。

（4）将数据流按照 mid 字段调用 keyBy 方法分组。

（5）运用 Flink 的状态编程，为每个 mid 维护首页末次访问日期和商品详情页末次访问日期。首先对日志的 page_id 字段进行判断，若 page_id 为 home，当状态中存储的首页末次访问日期为 null（未访问过）或不与日志中的访问日期相同时（之前访问过，但是今天是第一次访问），将 homeUvCount（首页独立访客数）赋值为 1，并将状态中的首页末次访问日期更新为当日。否则不做操作，homeUvCount 保持为 0。若 page_id 为 good_detail，则对状态中的商品详情页末次访问日期进行判断，逻辑同上，决定是否对 goodDetailUvCount（商品详情页独立访客数）进行赋值。当 homeUvCount 和 goodDetailUvCount 两个变量值中至少有一个不为 0 时，将变量值和相关维度信息封装到定义的实体类中，发送至下游，否则舍弃数据。

（6）为数据流开滚动窗口。

（7）对每个窗口内的数据进行聚合，补充窗口起始时间和结束时间字段，并将实体类的 ts 字段设置为当前系统时间，作为版本字段。

（8）将最终数据写入 ClickHouse。

3. 流程图解

流量域页面浏览各窗口汇总表构建流程图如图 9-3 所示。

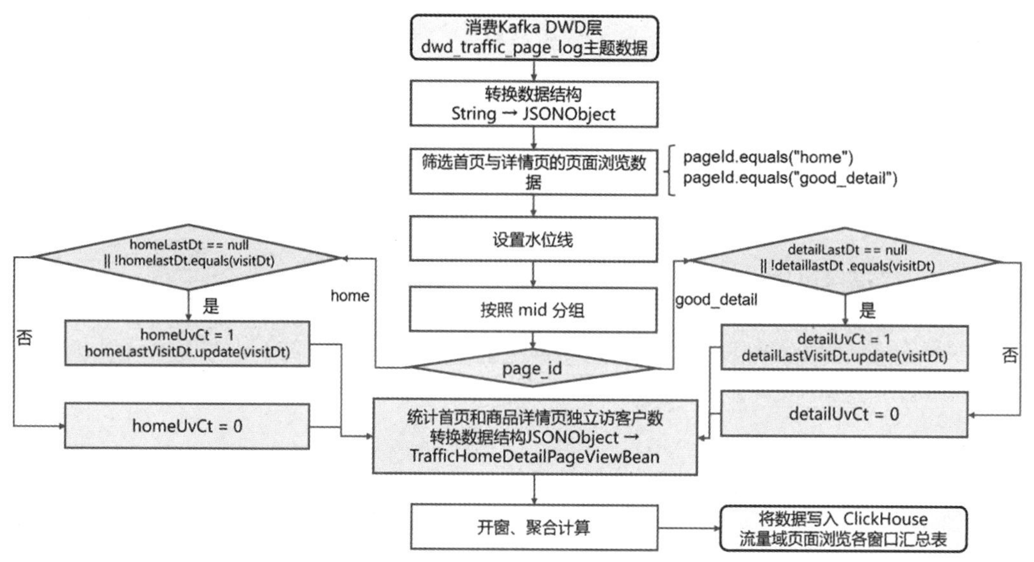

图 9-3　流量域页面浏览各窗口汇总表构建流程图

9.5.2 代码编写

（1）在 ClickHouse 中创建流量域页面浏览各窗口汇总表 dws_traffic_page_view_window。建表语句如下所示。

```
drop table if exists dws_traffic_page_view_window;
create table if not exists dws_traffic_page_view_window
(
   stt               DateTime COMMENT '窗口起始时间',
   edt               DateTime COMMENT '窗口结束时间',
   home_uv_count        UInt64 COMMENT '首页独立访客数',
   good_detail_uv_count UInt64 COMMENT '商品详情页独立访客数',
   ts               UInt64 COMMENT '时间戳'
) engine = ReplacingMergeTree(ts)
     partition by toYYYYMMDD(stt)
     order by (stt, edt);
```

（2）在 bean 包下创建实体类 TrafficHomeDetailPageViewBean，用于封装指标计算结果。

```
package com.atguigu.gmall.realtime.bean;

import lombok.AllArgsConstructor;
import lombok.Data;

@Data
```

```
@AllArgsConstructor
public class TrafficHomeDetailPageViewBean {
    // 窗口起始时间
    String stt;

    // 窗口结束时间
    String edt;

    // 首页独立访客数
    Long homeUvCount;

    // 商品详情页独立访客数
    Long goodDetailUvCount;

    // 时间戳
    Long ts;
}
```

（3）在 dws 包下创建构建流量域页面浏览各窗口汇总表的主程序 DwsTrafficPageViewWindow，并编写主要代码。

```
package com.atguigu.gmall.realtime.app.dws;

import com.alibaba.fastjson.JSON;
import com.alibaba.fastjson.JSONObject;
import com.atguigu.gmall.realtime.bean.TrafficHomeDetailPageViewBean;
import com.atguigu.gmall.realtime.util.ClickHouseUtil;
import com.atguigu.gmall.realtime.util.DateFormatUtil;
import com.atguigu.gmall.realtime.util.KafkaUtil;
import org.apache.flink.api.common.eventtime.SerializableTimestampAssigner;
import org.apache.flink.api.common.eventtime.WatermarkStrategy;
import org.apache.flink.api.common.functions.ReduceFunction;
import org.apache.flink.api.common.restartstrategy.RestartStrategies;
import org.apache.flink.api.common.state.ValueState;
import org.apache.flink.api.common.state.ValueStateDescriptor;
import org.apache.flink.api.common.time.Time;
import org.apache.flink.configuration.Configuration;
import org.apache.flink.runtime.state.hashmap.HashMapStateBackend;
import org.apache.flink.streaming.api.CheckpointingMode;
import org.apache.flink.streaming.api.datastream.AllWindowedStream;
import org.apache.flink.streaming.api.datastream.DataStreamSource;
import org.apache.flink.streaming.api.datastream.KeyedStream;
import org.apache.flink.streaming.api.datastream.SingleOutputStreamOperator;
import org.apache.flink.streaming.api.environment.CheckpointConfig;
import org.apache.flink.streaming.api.environment.StreamExecutionEnvironment;
import org.apache.flink.streaming.api.functions.KeyedProcessFunction;
import org.apache.flink.streaming.api.functions.sink.SinkFunction;
import org.apache.flink.streaming.api.functions.windowing.AllWindowFunction;
import org.apache.flink.streaming.api.windowing.assigners.TumblingEventTimeWindows;
import org.apache.flink.streaming.api.windowing.windows.TimeWindow;
import org.apache.flink.streaming.connectors.kafka.FlinkKafkaConsumer;
import org.apache.flink.util.Collector;
```

```
public class DwsTrafficPageViewWindow {
    public static void main(String[] args) throws Exception {

        // 1. 环境准备
        StreamExecutionEnvironment env = StreamExecutionEnvironment.getExecutionEnvironment();
        env.setParallelism(4);

        // 2. 状态后端设置
        env.enableCheckpointing(3000L, CheckpointingMode.EXACTLY_ONCE);
        env.getCheckpointConfig().setCheckpointTimeout(60 * 1000L);
        env.getCheckpointConfig().setMinPauseBetweenCheckpoints(3000L);
        env.getCheckpointConfig().enableExternalizedCheckpoints(
                CheckpointConfig.ExternalizedCheckpointCleanup.RETAIN_ON_CANCELLATION
        );
        env.setRestartStrategy(
                RestartStrategies.failureRateRestart(
                        3, Time.days(1), Time.minutes(1)
                )
        );
        env.setStateBackend(new HashMapStateBackend());
        env.getCheckpointConfig().setCheckpointStorage(
                "hdfs://hadoop102:8020/ck"
        );
        System.setProperty("HADOOP_USER_NAME", "atguigu");

        // 3. 消费 Kafka 的 dwd_traffic_page_log 主题，封装为流
        String topic = "dwd_traffic_page_log";
        String groupId = "dws_traffic_page_view_window";
        FlinkKafkaConsumer<String>   kafkaConsumer   =   KafkaUtil.getKafkaConsumer(topic,
groupId);
        DataStreamSource<String> source = env.addSource(kafkaConsumer);

        // 4. 转换数据结构 String -> JSONObject
        SingleOutputStreamOperator<JSONObject> mappedStream = source.map(JSON::parseObject);

        // 5. 过滤 page_id 不为 home 或 page_id 不为 good_detail 的数据
        SingleOutputStreamOperator<JSONObject> filteredStream = mappedStream.filter(
                jsonObj -> {
                    JSONObject page = jsonObj.getJSONObject("page");
                    String pageId = page.getString("page_id");
                    return pageId.equals("home") || pageId.equals("good_detail");
                });

        // 6. 设置水位线
        SingleOutputStreamOperator<JSONObject>  withWatermarkDS  =  filteredStream.assign
TimestampsAndWatermarks(
                WatermarkStrategy
                        .<JSONObject>forMonotonousTimestamps()
                        .withTimestampAssigner(
                                new SerializableTimestampAssigner<JSONObject>() {
                                    @Override
```

```
                            public   long   extractTimestamp(JSONObject   element,   long
recordTimestamp) {
                                return element.getLong("ts");
                            }
                        }
                )
        );

        // 7. 按照 mid 分组
        KeyedStream<JSONObject,   String>   keyedStream   =   withWatermarkDS.keyBy(r   ->
r.getJSONObject("common").getString("mid"));

        // 8. 鉴别独立访客，转换数据结构
        SingleOutputStreamOperator<TrafficHomeDetailPageViewBean> uvStream = keyedStream.
process(
            new KeyedProcessFunction<String, JSONObject, TrafficHomeDetailPageViewBean> () {

                private ValueState<String> homeLastVisitDt;
                private ValueState<String> detailLastVisitDt;

                @Override
                public void open(Configuration parameters) throws Exception {

                    super.open(parameters);
                    homeLastVisitDt = getRuntimeContext().getState(
                      new ValueStateDescriptor<String>("home_last_visit_dt", String. class)
                    );
                    detailLastVisitDt = getRuntimeContext().getState(
                      new ValueStateDescriptor<String>("detail_last_visit_dt", String. class)
                    );
                }

                @Override
                public  void  processElement(JSONObject  jsonObj,  Context  ctx,  Collector
<TrafficHomeDetailPageViewBean> out) throws Exception {

                    String homeLastDt = homeLastVisitDt.value();
                    String detailLastDt = detailLastVisitDt.value();

                    JSONObject page = jsonObj.getJSONObject("page");
                    String pageId = page.getString("page_id");
                    Long ts = jsonObj.getLong("ts");
                    String visitDt = DateFormatUtil.toDate(ts);

                    Long homeUvCount = 0L;
                    Long goodDetailUvCount = 0L;

                    if (pageId.equals("home")) {
                        if (homeLastDt == null || !homeLastDt.equals(visitDt)) {
                            homeUvCount = 1L;
                            homeLastVisitDt.update(visitDt);
```

```
                    }
                }

                if (pageId.equals("good_detail")) {
                    if (detailLastDt == null || !detailLastDt.equals(visitDt)) {
                        goodDetailUvCount = 1L;
                        detailLastVisitDt.update(visitDt);
                    }
                }

                if (homeUvCount != 0 || goodDetailUvCount != 0) {
                    out.collect(new TrafficHomeDetailPageViewBean(
                            "",
                            "",
                            homeUvCount,
                            goodDetailUvCount,
                            0L
                    ));
                }
            }
        }
);

// 9. 开窗
AllWindowedStream<TrafficHomeDetailPageViewBean, TimeWindow> windowStream =
uvStream.windowAll(TumblingEventTimeWindows.of(
        org.apache.flink.streaming.api.windowing.time.Time.seconds(10L)));

// 10. 聚合
SingleOutputStreamOperator<TrafficHomeDetailPageViewBean> reducedStream = windowStream.
reduce(
        new ReduceFunction<TrafficHomeDetailPageViewBean>() {
            @Override
            public TrafficHomeDetailPageViewBean reduce(TrafficHomeDetailPageViewBean
value1, TrafficHomeDetailPageViewBean value2) throws Exception {
                value1.setGoodDetailUvCount(
                        value1.getGoodDetailUvCount() + value2.getGoodDetailUvCount()
                );
                value1.setHomeUvCount(
                        value1.getHomeUvCount() + value2.getHomeUvCount()
                );
                return value1;
            }
        },
        new AllWindowFunction<TrafficHomeDetailPageViewBean, TrafficHomeDetailPageViewBean,
TimeWindow>() {

            @Override
            public void apply(TimeWindow window, Iterable<TrafficHomeDetailPage
ViewBean> values, Collector<TrafficHomeDetailPageViewBean> out) throws Exception {
                String stt = DateFormatUtil.toYmdHms(window.getStart());
```

```
                String edt = DateFormatUtil.toYmdHms(window.getEnd());

                for (TrafficHomeDetailPageViewBean value : values) {
                    value.setStt(stt);
                    value.setEdt(edt);
                    value.setTs(System.currentTimeMillis());
                    out.collect(value);
                }
            }
        }
    );

    // 11. 写出到 OLAP 数据库
    SinkFunction<TrafficHomeDetailPageViewBean>     jdbcSink     =     ClickHouseUtil.
<TrafficHomeDetailPageViewBean>getJdbcSink(
            "insert into dws_traffic_page_view_window values(?,?,?,?,?)"
    );
    reducedStream.<TrafficHomeDetailPageViewBean>addSink(jdbcSink);

    env.execute();
  }
}
```

启动当前应用和前置应用 BaseLogApp，生成日志数据，在 ClickHouse 中执行查询语句，如下所示。

```
hadoop102 :) select * from dws_traffic_page_view_window limit 10;
```

9.6　用户域用户登录各窗口汇总表

本节将要构建的是用户域用户登录各窗口汇总表。

9.6.1　思路梳理

1. 任务分析

通过对表 9-2 的分析，决定对业务过程为用户登录、无统计粒度的派生指标合并统计，需要统计的是七日回流用户数和独立登录用户数两个统计指标。两个指标均可通过消费 Kafka 的页面浏览明细主题 dwd_traffic_page_log 获得。最后将指标的计算结果写入 ClickHouse 提前创建的汇总表中。

七日回流用户指的是，之前的活跃用户，七日以上未活跃（流失），今日又活跃的用户。

独立登录用户数指的是，去重后的每日登录用户数。

2. 思路及关键技术点

执行步骤如下。

（1）消费 Kafka 的 dwd_traffic_page_log 主题，封装为流。将流中的数据结构由 String 转换为 JSONObject，方便使用。

（2）筛选用户登录日志数据。

用户的登录情况有以下两种。

情况一：打开应用后自动登录。

情况二：用户打开应用后未能登录，浏览部分页面后跳转到登录页面，登录后继续浏览页面。

情况一的登录操作发生在会话首页，因此，last_page_id 为 null。情况二的登录操作发生之后必然会跳转到其他页面，因此，last_pege_id 为 login。

因为用户登录之后就可以获取 uid 了，所以以上情况发生的条件都需要保证 uid 不为 null。

综上，我们需要筛选 uid 不为 null 且 last_page_id 为 null 的日志，或者 uid 不为 null 且 last_page_id 为 login 的日志。

（3）为数据流设置水位线。

（4）将数据流按照 mid 字段调用 keyBy 方法分组。

（5）运用 Flink 的状态编程，为每个 uid 维护末次登录日期。

首先，对状态中的末次登录日期进行判断，若末次登录日期为 null，说明用户为首次登录，将 uniqueUserCount（独立登录用户数）变量值设置为 1，backCount（七日回流用户数）保持为 0，并将状态中的末次登录日期更新为当日。

若状态中的末次登录日期不为 null，进一步判断如下。

① 若末次登录日期不为当日日期，则将 uniqueUserCount 变量值设置为 1，并将状态中的末次登录日期更新为当日。进一步判断如下。

a. 若末次登录日期与当日日期之差大于等于 8 日，则将 backCount 变量值设置为 1。

b. 若末次登录日期与当日日期之差小于 8 日，则 backCount 变量值保持为 0。

② 若末次登录日期为当日日期，则 uniqueUserCount 和 backCount 的变量值均保持为 0，数据舍弃，不发往下游。

经过以上判断，当 uniqueUserCount 和 backCount 两个变量值中至少有一个不为 0 时，将变量值封装为实体类，发往下游。

（6）为数据流开滚动窗口。

（7）对每个窗口内的数据进行聚合，并补充窗口起始时间和结束时间字段，并将实体类的 ts 字段设置为当前系统时间，作为版本字段。

（8）将最终数据写入 ClickHouse。

3. 流程图解

用户域用户登录各窗口汇总表构建流程图如图 9-4 所示。

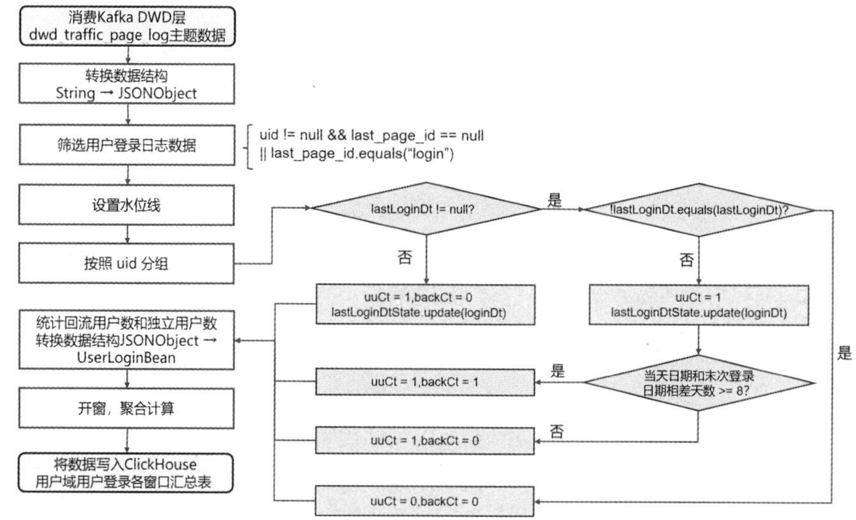

图 9-4　用户域用户登录各窗口汇总表构建流程图

9.6.2　代码编写

（1）在 ClickHouse 中创建用户域用户登录各窗口汇总表 dws_user_user_login_window，建表语句如下所示。

```
drop table if exists dws_user_user_login_window;
create table if not exists dws_user_user_login_window
(
   stt     DateTime COMMENT '窗口起始时间',
   edt     DateTime COMMENT '窗口结束时间',
   back_count UInt64 COMMENT '回流用户数',
   unique_user_count   UInt64 COMMENT '独立用户数',
   ts      UInt64 COMMENT '时间戳'
) engine = ReplacingMergeTree(ts)
     partition by toYYYYMMDD(stt)
     order by (stt, edt);
```

（2）在 bean 包中创建实体类 UserLoginBean，用于封装指标计算结果。

```
package com.atguigu.gmall.realtime.bean;

import lombok.AllArgsConstructor;
import lombok.Data;

@Data
@AllArgsConstructor
public class UserLoginBean {
   // 窗口起始时间
   String stt;

   // 窗口终止时间
   String edt;

   // 回流用户数
   Long backCount;

   // 独立用户数
   Long uniqueUserCount;

   // 时间戳
   Long ts;
}
```

（3）在 dws 包下创建构建用户域用户登录各窗口汇总表的主程序 DwsUserUserLoginWindow，并编写主要代码。

```
package com.atguigu.gmall.realtime.app.dws;

import com.alibaba.fastjson.JSON;
import com.alibaba.fastjson.JSONObject;
import com.atguigu.gmall.realtime.bean.UserLoginBean;
import com.atguigu.gmall.realtime.util.ClickHouseUtil;
import com.atguigu.gmall.realtime.util.DateFormatUtil;
import com.atguigu.gmall.realtime.util.KafkaUtil;
```

```
import org.apache.flink.api.common.eventtime.SerializableTimestampAssigner;
import org.apache.flink.api.common.eventtime.WatermarkStrategy;
import org.apache.flink.api.common.functions.FilterFunction;
import org.apache.flink.api.common.functions.ReduceFunction;
import org.apache.flink.api.common.restartstrategy.RestartStrategies;
import org.apache.flink.api.common.state.ValueState;
import org.apache.flink.api.common.state.ValueStateDescriptor;
import org.apache.flink.api.common.time.Time;
import org.apache.flink.configuration.Configuration;
import org.apache.flink.runtime.state.hashmap.HashMapStateBackend;
import org.apache.flink.streaming.api.CheckpointingMode;
import org.apache.flink.streaming.api.datastream.AllWindowedStream;
import org.apache.flink.streaming.api.datastream.DataStreamSource;
import org.apache.flink.streaming.api.datastream.KeyedStream;
import org.apache.flink.streaming.api.datastream.SingleOutputStreamOperator;
import org.apache.flink.streaming.api.environment.CheckpointConfig;
import org.apache.flink.streaming.api.environment.StreamExecutionEnvironment;
import org.apache.flink.streaming.api.functions.KeyedProcessFunction;
import org.apache.flink.streaming.api.functions.sink.SinkFunction;
import org.apache.flink.streaming.api.functions.windowing.ProcessAllWindowFunction;
import org.apache.flink.streaming.api.windowing.assigners.TumblingEventTimeWindows;
import org.apache.flink.streaming.api.windowing.windows.TimeWindow;
import org.apache.flink.streaming.connectors.kafka.FlinkKafkaConsumer;
import org.apache.flink.util.Collector;

public class DwsUserUserLoginWindow {
    public static void main(String[] args) throws Exception {

        // 1. 环境准备
        StreamExecutionEnvironment env = StreamExecutionEnvironment.getExecutionEnvironment();
        env.setParallelism(4);

        // 2. 状态后端设置
        env.enableCheckpointing(3000L, CheckpointingMode.EXACTLY_ONCE);
        env.getCheckpointConfig().setCheckpointTimeout(60 * 1000L);
        env.getCheckpointConfig().setMinPauseBetweenCheckpoints(3000L);
        env.getCheckpointConfig().enableExternalizedCheckpoints(
                CheckpointConfig.ExternalizedCheckpointCleanup.RETAIN_ON_CANCELLATION
        );
        env.setRestartStrategy(RestartStrategies.failureRateRestart(
                3, Time.days(1), Time.minutes(1)
        ));
        env.setStateBackend(new HashMapStateBackend());
        env.getCheckpointConfig().setCheckpointStorage(
                "hdfs://hadoop102:8020/ck"
        );

        System.setProperty("HADOOP_USER_NAME", "atguigu");

        // 3. 消费 Kafka 的 dwd_traffic_page_log 主题，封装为流
        String topic = "dwd_traffic_page_log";
```

```
        String groupId = "dws_user_user_login_window";
        FlinkKafkaConsumer<String>    kafkaConsumer    =    KafkaUtil.getKafkaConsumer(topic,
groupId);
        DataStreamSource<String> pageLogSource = env.addSource(kafkaConsumer);

        // 4. 转换数据结构
        SingleOutputStreamOperator<JSONObject> mappedStream = pageLogSource.map(JSON::parseObject);

        // 5. 过滤数据，只保留用户 id 不为 null 且 last_page_id 为 null 或为 login 的数据
        SingleOutputStreamOperator<JSONObject> filteredStream = mappedStream.filter(
                new FilterFunction<JSONObject>() {
                    @Override
                    public boolean filter(JSONObject jsonObj) throws Exception {
                        return jsonObj.getJSONObject("common")
                                .getString("uid") != null
                                && (jsonObj.getJSONObject("page")
                                .getString("last_page_id") == null
                                || jsonObj.getJSONObject("page")
                                .getString("last_page_id").equals("login"));
                    }
                }
        );

        // 6. 设置水位线
        SingleOutputStreamOperator<JSONObject>    streamOperator    =    filteredStream.assign
TimestampsAndWatermarks(
                WatermarkStrategy
                        .<JSONObject>forMonotonousTimestamps()
                        .withTimestampAssigner(
                                new SerializableTimestampAssigner<JSONObject>() {
                                    @Override
                                    public    long    extractTimestamp(JSONObject    jsonObj,    long
recordTimestamp) {
                                        return jsonObj.getLong("ts");
                                    }
                                }
                        )
        );

        // 7. 按照 uid 分组
        KeyedStream<JSONObject, String> keyedStream
                = streamOperator.keyBy(r -> r.getJSONObject("common").getString("uid"));

        // 8. 状态编程，保留回流页面浏览记录和独立用户登录记录
        SingleOutputStreamOperator<UserLoginBean> backUniqueUserStream = keyedStream
                .process(
                        new KeyedProcessFunction<String, JSONObject, UserLoginBean>() {

                            private ValueState<String> lastLoginDtState;

                            @Override
```

```
                public void open(Configuration parameters) throws Exception {
                    super.open(parameters);
                    lastLoginDtState = getRuntimeContext().getState(
                      new ValueStateDescriptor<String>("last_login_dt", String.class)
                    );
                }

                @Override
                public void processElement(JSONObject jsonObj, Context ctx,
Collector<UserLoginBean> out) throws Exception {
                    String lastLoginDt = lastLoginDtState.value();

                    // 定义度量，统计回流用户数和独立用户数
                    long backCount = 0L;
                    long uniqueUserCount = 0L;

                    // 获取本次登录日期
                    Long ts = jsonObj.getLong("ts");
                    String loginDt = DateFormatUtil.toDate(ts);

                    if (lastLoginDt != null) {
                        // 判断上次登录日期是否为当日
                        if (!loginDt.equals(lastLoginDt)) {
                            uniqueUserCount = 1L;
                            // 判断是否为回流用户
                            // 计算本次和上次登录时间的差值
                            Long lastLoginTs = DateFormatUtil.toTs(lastLoginDt);
                            long days = (ts - lastLoginTs) / 1000 / 3600 / 24;

                            if (days >= 8) {
                                backCount = 1L;
                            }
                            lastLoginDtState.update(loginDt);
                        }
                    } else {
                        uniqueUserCount = 1L;
                        lastLoginDtState.update(loginDt);
                    }

                    // 若回流用户数和独立用户数均为 0，则本条数据对统计无用，舍弃
                    if(backCount != 0 || uniqueUserCount != 0) {
                        out.collect(new UserLoginBean(
                                "",
                                "",
                                backCount,
                                uniqueUserCount,
                                ts
                        ));
                    }
                }
            }
```

```
        );

    // 9. 开窗
    AllWindowedStream<UserLoginBean, TimeWindow> windowStream = backUniqueUserStream.
windowAll(TumblingEventTimeWindows.of(
            org.apache.flink.streaming.api.windowing.time.Time.seconds(10L)));

    // 10. 聚合
    SingleOutputStreamOperator<UserLoginBean> reducedStream = windowStream.reduce(
            new ReduceFunction<UserLoginBean>() {

                @Override
                public UserLoginBean reduce(UserLoginBean value1, UserLoginBean value2)
throws Exception {
                    value1.setBackCount(value1.getBackCount() + value2.getBackCount());
                    value1.setUniqueUserCount(value1.getUniqueUserCount() + value2.
getUniqueUserCount());
                    return value1;
                }
            },
            new ProcessAllWindowFunction<UserLoginBean, UserLoginBean, TimeWindow>() {

                @Override
                public void process(Context context, Iterable<UserLoginBean> elements,
Collector<UserLoginBean> out) throws Exception {
                    String stt = DateFormatUtil.toYmdHms(context.window().getStart());
                    String edt = DateFormatUtil.toYmdHms(context.window().getEnd());
                    for (UserLoginBean element : elements) {
                        element.setStt(stt);
                        element.setEdt(edt);
                        element.setTs(System.currentTimeMillis());
                        out.collect(element);
                    }
                }
            }
    );

    // 11. 写入 OLAP 数据库
    SinkFunction<UserLoginBean> jdbcSink = ClickHouseUtil.<UserLoginBean>getJdbcSink(
            "insert into dws_user_user_login_window values(?,?,?,?,?)"
    );
    reducedStream.addSink(jdbcSink);

    env.execute();
  }
}
```

执行上述主程序，并启动前置应用 BaseLogApp，然后模拟生成用户行为日志数据。在 ClickHouse 中执行如下查询语句。

```
hadoop102 :) select * from dws_user_user_login_window limit 10;
```

9.7 用户域用户注册各窗口汇总表

本节将要构建的是用户域用户注册各窗口汇总表。

9.7.1 思路梳理

1. 任务分析

本节主要构建业务过程为用户注册的派生指标，即各窗口的注册用户数。

各窗口注册用户数可以通过消费 Kafka 的用户注册事务事实表主题 dwd_user_register 获得。消费 dwd_user_register 主题，统计各窗口注册用户数，并将指标的计算结果写入 ClickHouse 提前创建的汇总表中。

2. 思路及关键技术点

（1）消费 Kafka 的 dwd_user_register 主题，封装为流。将流中的数据结构由 String 转换为 JSONObject，方便使用。

（2）为数据流设置水位线。

（3）将数据流按照 mid 字段调用 keyBy 方法分组。

（4）为数据流设置滚动窗口。

（5）对每个窗口内的数据进行聚合，获得窗口内注册用户数，将注册用户数与窗口起始时间、窗口结束时间字段、当前系统时间的 ts 字段封装为实体类。

（6）将最终数据写入 ClickHouse。

3. 流程图解

用户域用户注册各窗口汇总表构建流程图如图 9-5 所示。

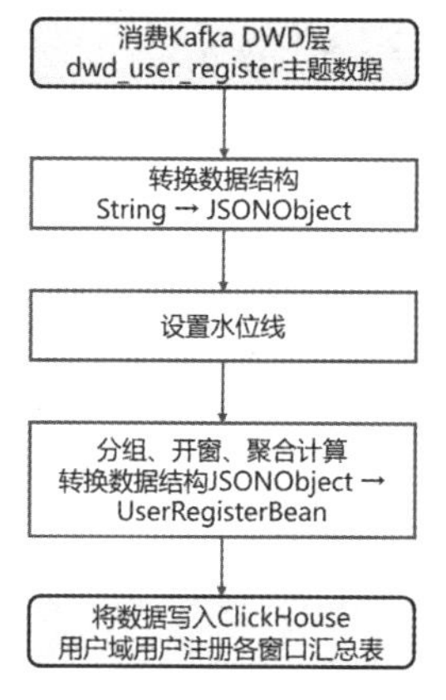

图 9-5 用户域用户注册各窗口汇总表构建流程图

9.7.2 代码编写

（1）在 ClickHouse 中创建用户域用户注册各窗口汇总表 dws_user_user_register_window，建表语句如下所示。

```
drop table if exists dws_user_user_register_window;
create table if not exists dws_user_user_register_window
(
   stt          DateTime COMMENT '窗口起始时间',
   edt          DateTime COMMENT '窗口结束时间',
   register_count Uint64 COMMENT '注册用户数',
   ts          Uint64 COMMENT '时间戳'
) engine = ReplacingMergeTree(ts)
    partition by toYYYYMMDD(stt)
    order by (stt, edt);
```

（2）在 bean 包下创建实体类 UserRegisterBean，用于封装指标计算结果。

```
package com.atguigu.gmall.realtime.bean;

import lombok.AllArgsConstructor;
import lombok.Data;
```

```
@Data
@AllArgsConstructor
public class UserRegisterBean {
    // 窗口起始时间
    String stt;
    // 窗口终止时间
    String edt;
    // 注册用户数
    Long registerCount;
    // 时间戳
    Long ts;
}
```

（3）在 dws 包下创建构建用户域用户注册各窗口汇总表的主程序 DwsUserUserRegisterWindow，并编写主要代码。

```
package com.atguigu.gmall.realtime.app.dws;

import com.alibaba.fastjson.JSON;
import com.alibaba.fastjson.JSONObject;
import com.atguigu.gmall.realtime.bean.UserRegisterBean;
import com.atguigu.gmall.realtime.util.ClickHouseUtil;
import com.atguigu.gmall.realtime.util.DateFormatUtil;
import com.atguigu.gmall.realtime.util.KafkaUtil;
import org.apache.flink.api.common.eventtime.SerializableTimestampAssigner;
import org.apache.flink.api.common.eventtime.WatermarkStrategy;
import org.apache.flink.api.common.functions.AggregateFunction;
import org.apache.flink.api.common.restartstrategy.RestartStrategies;
import org.apache.flink.api.common.time.Time;
import org.apache.flink.runtime.state.hashmap.HashMapStateBackend;
import org.apache.flink.streaming.api.CheckpointingMode;
import org.apache.flink.streaming.api.datastream.AllWindowedStream;
import org.apache.flink.streaming.api.datastream.DataStreamSource;
import org.apache.flink.streaming.api.datastream.SingleOutputStreamOperator;
import org.apache.flink.streaming.api.environment.CheckpointConfig;
import org.apache.flink.streaming.api.environment.StreamExecutionEnvironment;
import org.apache.flink.streaming.api.functions.sink.SinkFunction;
import org.apache.flink.streaming.api.functions.windowing.AllWindowFunction;
import org.apache.flink.streaming.api.windowing.assigners.TumblingEventTimeWindows;
import org.apache.flink.streaming.api.windowing.windows.TimeWindow;
import org.apache.flink.streaming.connectors.kafka.FlinkKafkaConsumer;
import org.apache.flink.util.Collector;

public class DwsUserUserRegisterWindow {
    public static void main(String[] args) throws Exception {

        // 1. 环境准备
        StreamExecutionEnvironment env = StreamExecutionEnvironment.getExecutionEnvironment();
        env.setParallelism(4);

        // 2. 状态后端设置
        env.enableCheckpointing(3000L, CheckpointingMode.EXACTLY_ONCE);
        env.getCheckpointConfig().setCheckpointTimeout(60 * 1000L);
```

```
        env.getCheckpointConfig().setMinPauseBetweenCheckpoints(3000L);
        env.getCheckpointConfig().enableExternalizedCheckpoints(
                CheckpointConfig.ExternalizedCheckpointCleanup.RETAIN_ON_CANCELLATION
        );
        env.setRestartStrategy(RestartStrategies.failureRateRestart(
                3, Time.days(1), Time.minutes(1)
        ));
        env.setStateBackend(new HashMapStateBackend());
        env.getCheckpointConfig().setCheckpointStorage(
                "hdfs://hadoop102:8020/ck"
        );
        System.setProperty("HADOOP_USER_NAME", "atguigu");

        // 3. 消费 Kafka 的 dwd_user_register 主题，封装为流
        String topic = "dwd_user_register";
        String groupId = "dws_user_user_register_window";
        FlinkKafkaConsumer<String>   kafkaConsumer   =   KafkaUtil.getKafkaConsumer(topic,
groupId);
        DataStreamSource<String> source = env.addSource(kafkaConsumer);

        // 4. 转换数据结构
        SingleOutputStreamOperator<JSONObject> mappedStream = source.map(JSON::parseObject);

        // 5. 设置水位线
        SingleOutputStreamOperator<JSONObject>   withWatermarkDS   =   mappedStream.assign
TimestampsAndWatermarks(
                WatermarkStrategy
                        .<JSONObject>forMonotonousTimestamps()
                        .withTimestampAssigner(
                                new SerializableTimestampAssigner<JSONObject>() {
                                    @Override
                                    public   long   extractTimestamp(JSONObject   jsonObj,   long
recordTimestamp) {
                                        return jsonObj.getLong("ts") * 1000L;
                                    }
                                }
                        )
        );

        // 6. 开窗
        AllWindowedStream<JSONObject,  TimeWindow>  windowDS  =  withWatermarkDS.windowAll
(TumblingEventTimeWindows.of(
                org.apache.flink.streaming.api.windowing.time.Time.seconds(10L)));

        // 7. 聚合
        SingleOutputStreamOperator<UserRegisterBean> aggregateDS = windowDS.aggregate(
                new AggregateFunction<JSONObject, Long, Long>() {
                    @Override
                    public Long createAccumulator() {
                        return 0L;
                    }
```

```
                @Override
                public Long add(JSONObject jsonObj, Long accumulator) {
                    accumulator += 1;
                    return accumulator;
                }

                @Override
                public Long getResult(Long accumulator) {
                    return accumulator;
                }

                @Override
                public Long merge(Long a, Long b) {
                    return null;
                }
            },
            new AllWindowFunction<Long, UserRegisterBean, TimeWindow>() {
                @Override
                public void apply(TimeWindow window, Iterable<Long> values, Collector
<UserRegisterBean> out) throws Exception {
                    for (Long value : values) {
                        String stt = DateFormatUtil.toYmdHms(window.getStart());
                        String edt = DateFormatUtil.toYmdHms(window.getEnd());
                        UserRegisterBean userRegisterBean = new UserRegisterBean(
                                stt,
                                edt,
                                value,
                                System.currentTimeMillis()
                        );
                        out.collect(userRegisterBean);
                    }
                }
            }
        );

        // 8. 写入到 OLAP 数据库
        SinkFunction<UserRegisterBean> sinkFunction = ClickHouseUtil.<UserRegisterBean>
getJdbcSink(
                "insert into dws_user_user_register_window values(?,?,?,?)"
        );
        aggregateDS.addSink(sinkFunction);

        env.execute();
    }
}
```

执行上述主程序，并启动前置应用 BaseDBApp，然后模拟生成业务数据。在 ClickHouse 中执行如下查询语句。

```
hadoop102 :) select * from dws_user_user_register_window limit 10;
```

9.8　交易域加购各窗口汇总表

本节将要构建的是交易域加购各窗口汇总表。

9.8.1　思路梳理

1. 任务分析

本节主要构建业务过程为加购的派生指标，即各窗口的独立加购用户数。独立加购用户数指的是对用户 id 去重过的加购用户数。

各窗口独立加购用户数，可以通过消费 Kafka 的加购事务事实表主题 dwd_trade_cart_add 获得。消费 dwd_trade_cart_add 主题，统计各窗口独立加购用户数，并将指标的计算结果写入 ClickHouse 提前创建的汇总表中。

2. 思路及关键技术点

（1）消费 Kafka 的 dwd_trade_cart_add 主题，封装为流。将流中的数据由 String 转换为 JSONObject，方便使用。

（2）为数据流设置水位线。

（3）将数据流按照 mid 字段调用 keyBy 方法分组。

（4）筛选独立用户加购记录。

运用 Flink 的状态编程，为每个用户 id 维护末次加购日期。对状态中的末次加购日期进行判断，若末次加购日期为 null 或者不为当日日期，则保留当前数据并更新状态中的末次加购日期为当日，否则丢弃数据，不做操作。

（5）为数据流设置滚动窗口。

（6）对每个窗口内的数据进行聚合，获得窗口内独立加购用户数，将其与窗口起始时间、窗口结束时间字段、当前系统时间的 ts 字段封装为实体类。

（7）将最终数据写入 ClickHouse。

3. 流程图解

交易域加购各窗口汇总表构建流程图如图 9-6 所示。

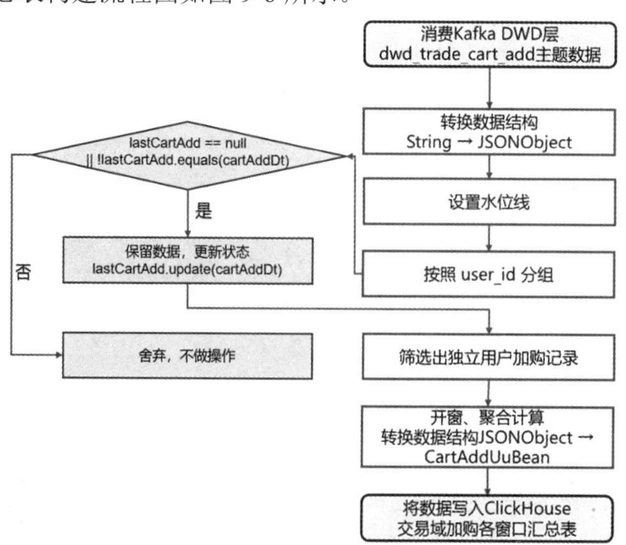

图 9-6　交易域加购各窗口汇总表构建流程图

9.8.2　代码编写

（1）在 ClickHouse 中创建交易域加购各窗口汇总表 dws_trade_cart_add_unique_user_window，建表语句如下所示。

```
drop table if exists dws_trade_cart_add_unique_user_window;
create table if not exists dws_trade_cart_add_unique_user_window
(
   stt           DateTime COMMENT '窗口起始时间',
   edt           DateTime COMMENT '窗口结束时间',
   cart_add_unique_user_count Uint64 COMMENT '独立加购用户数',
   ts            Uint64 COMMENT '时间戳'
) engine = ReplacingMergeTree(ts)
     partition by toYYYYMMDD(stt)
     order by (stt, edt);
```

（2）在 bean 包下创建实体类 CartAddUuBean，用于封装指标计算结果。

```
package com.atguigu.gmall.realtime.bean;

import lombok.AllArgsConstructor;
import lombok.Data;

@Data
@AllArgsConstructor
public class CartAddUuBean {
   // 窗口起始时间
   String stt;

   // 窗口闭合时间
   String edt;

   // 独立加购用户数
   Long cartAddUuCount;

   // 时间戳
   Long ts;
}
```

（3）在 dws 包下创建构建交易域加购各窗口汇总表的主程序 DwsTradeCartAddUuWindow，并编写主要代码。

```
package com.atguigu.gmall.realtime.app.dws;

import com.alibaba.fastjson.JSON;
import com.alibaba.fastjson.JSONObject;
import com.atguigu.gmall.realtime.bean.CartAddUuBean;
import com.atguigu.gmall.realtime.util.ClickHouseUtil;
import com.atguigu.gmall.realtime.util.DateFormatUtil;
import com.atguigu.gmall.realtime.util.KafkaUtil;
import org.apache.flink.api.common.eventtime.SerializableTimestampAssigner;
import org.apache.flink.api.common.eventtime.WatermarkStrategy;
import org.apache.flink.api.common.functions.AggregateFunction;
import org.apache.flink.api.common.restartstrategy.RestartStrategies;
```

```
import org.apache.flink.api.common.state.ValueState;
import org.apache.flink.api.common.state.ValueStateDescriptor;
import org.apache.flink.api.common.time.Time;
import org.apache.flink.configuration.Configuration;
import org.apache.flink.runtime.state.hashmap.HashMapStateBackend;
import org.apache.flink.streaming.api.CheckpointingMode;
import org.apache.flink.streaming.api.datastream.AllWindowedStream;
import org.apache.flink.streaming.api.datastream.DataStreamSource;
import org.apache.flink.streaming.api.datastream.KeyedStream;
import org.apache.flink.streaming.api.datastream.SingleOutputStreamOperator;
import org.apache.flink.streaming.api.environment.CheckpointConfig;
import org.apache.flink.streaming.api.environment.StreamExecutionEnvironment;
import org.apache.flink.streaming.api.functions.KeyedProcessFunction;
import org.apache.flink.streaming.api.functions.sink.SinkFunction;
import org.apache.flink.streaming.api.functions.windowing.AllWindowFunction;
import org.apache.flink.streaming.api.windowing.assigners.TumblingEventTimeWindows;
import org.apache.flink.streaming.api.windowing.windows.TimeWindow;
import org.apache.flink.streaming.connectors.kafka.FlinkKafkaConsumer;
import org.apache.flink.util.Collector;

public class DwsTradeCartAddUuWindow {
public static void main(String[] args) throws Exception {

      // 1. 环境准备
      StreamExecutionEnvironment env = StreamExecutionEnvironment.getExecutionEnvironment();
      env.setParallelism(4);

      // 2. 状态后端设置
      env.enableCheckpointing(3000L, CheckpointingMode.EXACTLY_ONCE);
      env.getCheckpointConfig().setCheckpointTimeout(60 * 1000L);
      env.getCheckpointConfig().setMinPauseBetweenCheckpoints(3000L);
      env.getCheckpointConfig().enableExternalizedCheckpoints(
             CheckpointConfig.ExternalizedCheckpointCleanup.RETAIN_ON_CANCELLATION
      );
      env.setRestartStrategy(
             RestartStrategies.failureRateRestart(
                    3, Time.days(1), Time.minutes(1)
             )
      );
      env.setStateBackend(new HashMapStateBackend());
      env.getCheckpointConfig().setCheckpointStorage(
             "hdfs://hadoop102:8020/ck"
      );

      System.setProperty("HADOOP_USER_NAME", "atguigu");

      // 3. 消费 Kafka 的 dwd_trade_cart_add 主题，封装为流
      String topic = "dwd_trade_cart_add";
      String groupId = "dws_trade_cart_add_unique_user_window";
      FlinkKafkaConsumer<String>   kafkaConsumer   =   KafkaUtil.getKafkaConsumer(topic,
groupId);
```

```
    DataStreamSource<String> source = env.addSource(kafkaConsumer);

    // 4. 转换数据结构
    SingleOutputStreamOperator<JSONObject> mappedStream = source.map(JSON::parseObject);

    // 5. 设置水位线
    SingleOutputStreamOperator<JSONObject>    withWatermarkDS    =    mappedStream.assign
TimestampsAndWatermarks(
            WatermarkStrategy
                    .<JSONObject>forMonotonousTimestamps()
                    .withTimestampAssigner(
                            new SerializableTimestampAssigner<JSONObject>() {
                                @Override
                                public  long  extractTimestamp(JSONObject  jsonObj,  long
recordTimestamp) {
                                    return jsonObj.getLong("ts") * 1000;
                                }
                            }
                    )
    );

    // 6. 按照用户 id 分组
    KeyedStream<JSONObject, String> keyedStream = withWatermarkDS.keyBy(r -> r.getString
("user_id"));

    // 7. 筛选加购独立用户
    SingleOutputStreamOperator<JSONObject> filteredStream = keyedStream.process(
            new KeyedProcessFunction<String, JSONObject, JSONObject>() {

                private ValueState<String> lastCartAddDt;

                @Override
                public void open(Configuration parameters) throws Exception {
                    super.open(parameters);
                    lastCartAddDt = getRuntimeContext().getState(
                            new ValueStateDescriptor<String>("last_cart_add_dt", String.class)
                    );
                }

                @Override
                public  void  processElement(JSONObject  jsonObj,  Context  ctx,  Collector
<JSONObject> out) throws Exception {
                    String lastCartAdd = lastCartAddDt.value();

                    String  cartAddDt  =  DateFormatUtil.toDate(jsonObj.getLong("ts")  *
1000L);
                    if (lastCartAdd == null || !lastCartAdd.equals(cartAddDt)) {
                        out.collect(jsonObj);
                    }
                }
            }
```

```
        );

        // 8. 开窗
        AllWindowedStream<JSONObject, TimeWindow> windowDS = filteredStream.windowAll
(TumblingEventTimeWindows.of(
                org.apache.flink.streaming.api.windowing.time.Time.seconds(10L)));

        // 9. 聚合
        SingleOutputStreamOperator<CartAddUuBean> aggregateDS = windowDS.aggregate(
                new AggregateFunction<JSONObject, Long, Long>() {

                    @Override
                    public Long createAccumulator() {
                        return 0L;
                    }

                    @Override
                    public Long add(JSONObject jsonObj, Long accumulator) {
                        return ++accumulator;
                    }

                    @Override
                    public Long getResult(Long accumulator) {
                        return accumulator;
                    }

                    @Override
                    public Long merge(Long a, Long b) {
                        return null;
                    }
                },
                new AllWindowFunction<Long, CartAddUuBean, TimeWindow>() {

                    @Override
                    public void apply(TimeWindow window, Iterable<Long> values, Collector
<CartAddUuBean> out) throws Exception {
                        String stt = DateFormatUtil.toYmdHms(window.getStart());
                        String edt = DateFormatUtil.toYmdHms(window.getEnd());
                        for (Long value : values) {
                            CartAddUuBean cartAddUuBean = new CartAddUuBean(
                                    stt,
                                    edt,
                                    value,
                                    System.currentTimeMillis()
                            );
                            out.collect(cartAddUuBean);
                        }
                    }
                }
        );
```

```
        // 10. 写入到 OLAP 数据库
        SinkFunction<CartAddUuBean> jdbcSink = ClickHouseUtil. <CartAddUuBean> getJdbcSink(
                "insert into dws_trade_cart_add_unique_user_window values(?,?,?,?)"
        );
        aggregateDS.<CartAddUuBean>addSink(jdbcSink);

        env.execute();
    }
}
```

执行上述主程序，并启动前置应用 DwdTradeCartAdd，然后模拟生成业务数据。在 ClickHouse 中执行如下查询语句。

```
hadoop102 :) select * from dws_trade_cart_add_unique_user_window limit 10;
```

9.9　交易域支付各窗口汇总表

本节将要构建的是交易域支付各窗口汇总表。

9.9.1　思路梳理

1. 任务分析

本节主要构建业务过程为支付的派生指标，即各窗口的独立支付用户数和新增支付用户数。

独立支付用户数指的是对用户 id 去重过的支付用户数。

新增支付用户数指的是今日新增的支付用户。

以上两个指标都可以通过消费 Kafka 的支付成功事务事实表主题 dwd_trade_pay_detail_suc 获得。以上两个指标计算的难点在于如何筛选独立支付用户和新增支付用户，参照本章其他汇总表的构建思路，我们同样可以考虑使用状态编程实现。

2. 思路及关键技术点

（1）消费 Kafka 的 dwd_trade_pay_detail_suc 主题，封装为流。将流中的数据由 String 转换为 JSONObject，方便使用。

（2）为数据流设置水位线。

（3）将数据流按照 mid 字段调用 keyBy 方法分组。

（4）运用 Flink 的状态编程，为每个用户 id 维护末次支付日期。

对状态中的末次支付日期进行判断，若末次支付日期为 null，说明用户为首次支付，将 paymentSucUniqueUserCount（独立支付用户数）和 paymentSucNewUserCount（新增支付用户数）两个变量值均设置为 1。

若末次支付日期不为 null，判断末次支付日期是否为当日，若不是当日日期，则将 paymentSucUniqueUserCount 变量值设置为 1，paymentSucNewUserCount 不变，并将状态中的末次支付日期更新为当日。否则 paymentSucUniqueUserCount 和 paymentSucNewUserCount 变量值均保持为 0，数据舍弃，不发往下游。

（5）为数据流设置滚动窗口。

（6）对每个窗口内的数据进行聚合，获得窗口内独立支付用户数和新增支付用户数，将其与窗口起始时间、窗口结束时间字段、当前系统时间的 ts 字段封装为实体类。

（7）将最终数据写入 ClickHouse。

3. 流程图解

交易域支付各窗口汇总表构建流程图如图 9-7 所示。

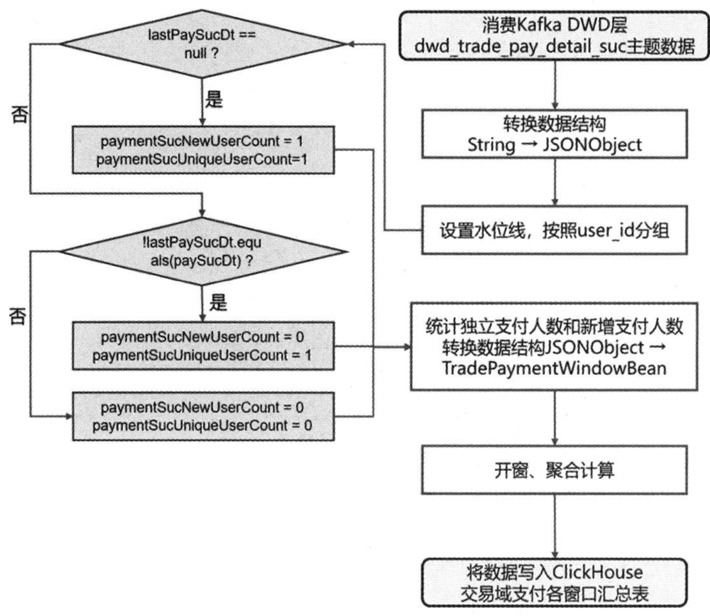

图 9-7　交易域支付各窗口汇总表构建流程图

9.9.2　代码编写

（1）在 ClickHouse 中创建交易域支付各窗口汇总表 dws_trade_payment_suc_window，建表语句如下所示。

```
drop table if exists dws_trade_payment_suc_window;
create table if not exists dws_trade_payment_suc_window
(
    stt                          DateTime COMMENT '窗口起始时间',
    edt                          DateTime COMMENT '窗口结束时间',
    payment_suc_unique_user_count UInt64 COMMENT '支付成功独立用户数',
    payment_suc_new_user_count    UInt64 COMMENT '支付成功新用户数',
    ts                           UInt64 COMMENT '时间戳'
) engine = ReplacingMergeTree(ts)
      partition by toYYYYMMDD(stt)
      order by (stt, edt);
```

（2）在 bean 包下创建实体类 TradePaymentWindowBean，用于封装指标计算结果。

```
package com.atguigu.gmall.realtime.bean;

import lombok.AllArgsConstructor;
import lombok.Data;

@Data
@AllArgsConstructor
public class TradePaymentWindowBean {
    // 窗口起始时间
    String stt;

    // 窗口终止时间
```

```
    String edt;

    // 独立支付用户数
    Long paymentSucUniqueUserCount;

    // 新增支付用户数
    Long paymentSucNewUserCount;

    // 时间戳
    Long ts;
}
```

（3）在 dws 包下创建构建交易域支付各窗口汇总表的主程序 DwsTradePaymentSucWindow，并编写主要代码。

```
package com.atguigu.gmall.realtime.app.dws;

import com.alibaba.fastjson.JSON;
import com.alibaba.fastjson.JSONObject;
import com.atguigu.gmall.realtime.bean.TradePaymentWindowBean;
import com.atguigu.gmall.realtime.util.ClickHouseUtil;
import com.atguigu.gmall.realtime.util.DateFormatUtil;
import com.atguigu.gmall.realtime.util.KafkaUtil;
import org.apache.flink.api.common.eventtime.SerializableTimestampAssigner;
import org.apache.flink.api.common.eventtime.WatermarkStrategy;
import org.apache.flink.api.common.functions.AggregateFunction;
import org.apache.flink.api.common.restartstrategy.RestartStrategies;
import org.apache.flink.api.common.state.ValueState;
import org.apache.flink.api.common.state.ValueStateDescriptor;
import org.apache.flink.api.common.time.Time;
import org.apache.flink.configuration.Configuration;
import org.apache.flink.runtime.state.hashmap.HashMapStateBackend;
import org.apache.flink.streaming.api.CheckpointingMode;
import org.apache.flink.streaming.api.datastream.AllWindowedStream;
import org.apache.flink.streaming.api.datastream.DataStreamSource;
import org.apache.flink.streaming.api.datastream.KeyedStream;
import org.apache.flink.streaming.api.datastream.SingleOutputStreamOperator;
import org.apache.flink.streaming.api.environment.CheckpointConfig;
import org.apache.flink.streaming.api.environment.StreamExecutionEnvironment;
import org.apache.flink.streaming.api.functions.KeyedProcessFunction;
import org.apache.flink.streaming.api.functions.sink.SinkFunction;
import org.apache.flink.streaming.api.functions.windowing.ProcessAllWindowFunction;
import org.apache.flink.streaming.api.windowing.assigners.TumblingEventTimeWindows;
import org.apache.flink.streaming.api.windowing.windows.TimeWindow;
import org.apache.flink.streaming.connectors.kafka.FlinkKafkaConsumer;
import org.apache.flink.util.Collector;

public class DwsTradePaymentSucWindow {

    public static void main(String[] args) throws Exception {

        // 1. 环境准备
        StreamExecutionEnvironment env = StreamExecutionEnvironment.getExecutionEnvironment();
```

```
        env.setParallelism(4);

        // 2. 状态后端设置
        env.enableCheckpointing(3000L, CheckpointingMode.EXACTLY_ONCE);
        env.getCheckpointConfig().setCheckpointTimeout(60 * 1000L);
        env.getCheckpointConfig().setMinPauseBetweenCheckpoints(3000L);
        env.getCheckpointConfig().enableExternalizedCheckpoints(
                CheckpointConfig.ExternalizedCheckpointCleanup.RETAIN_ON_CANCELLATION
        );
        env.setRestartStrategy(RestartStrategies.failureRateRestart(
                3, Time.days(1), Time.minutes(1)
        ));
        env.setStateBackend(new HashMapStateBackend());
        env.getCheckpointConfig().setCheckpointStorage(
                "hdfs://hadoop102:8020/ck"
        );
        System.setProperty("HADOOP_USER_NAME", "atguigu");

        // 3. 消费 Kafka 的 dwd_trade_pay_detail_suc 主题，封装为流
        String topic = "dwd_trade_pay_detail_suc";
        String groupId = "dws_trade_payment_suc_window";
        FlinkKafkaConsumer<String>  kafkaConsumer  =  KafkaUtil.getKafkaConsumer(topic,
groupId);
        DataStreamSource<String> source = env.addSource(kafkaConsumer);

        // 4. 转换数据结构
        SingleOutputStreamOperator<JSONObject> mappedStream = source.map(JSON::parseObject);

        // 5. 设置水位线
        // 经过两次 keyedProcessFunction 处理之后开窗，数据的时间语义会发生紊乱，可能会导致数据无法进
入正确的窗口
        // 因此，使用处理时间去重，在分组统计之前设置一次水位线
        SingleOutputStreamOperator<JSONObject>  withWatermarkSecondStream  =  mappedStream.
assignTimestampsAndWatermarks(
                WatermarkStrategy
                        .<JSONObject>forMonotonousTimestamps()
                        .withTimestampAssigner(
                                new SerializableTimestampAssigner<JSONObject>() {
                                    @Override
                                    public  long  extractTimestamp(JSONObject  jsonObj,  long
recordTimestamp) {
                                        return jsonObj.getLong("ts") * 1000;
                                    }
                                }
                        )
        );

        // 6. 按照用户 id 分组
        KeyedStream<JSONObject,  String>  keyedByUserIdStream  =  withWatermarkSecondStream.
keyBy(r -> r.getString("user_id"));
```

```
        // 7. 统计独立支付人数和新增支付人数
        SingleOutputStreamOperator<TradePaymentWindowBean>    paymentWindowBeanStream    =
keyedByUserIdStream.process(
                new KeyedProcessFunction<String, JSONObject, TradePaymentWindowBean>() {

                    private ValueState<String> lastPaySucDtState;

                    @Override
                    public void open(Configuration parameters) throws Exception {
                        super.open(parameters);
                        lastPaySucDtState = getRuntimeContext().getState(
                                new      ValueStateDescriptor<String>("last_pay_suc_dt_state",
String.class)
                        );
                    }

                    @Override
                    public void processElement(JSONObject jsonObj, Context ctx, Collector
<TradePaymentWindowBean> out) throws Exception {
                        String lastPaySucDt = lastPaySucDtState.value();
                        Long ts = jsonObj.getLong("ts") * 1000;
                        String paySucDt = DateFormatUtil.toDate(ts);

                        Long paymentSucUniqueUserCount = 0L;
                        Long paymentSucNewUserCount = 0L;

                        if (lastPaySucDt == null) {
                            paymentSucUniqueUserCount = 1L;
                            paymentSucNewUserCount = 1L;
                        } else {
                            if (!lastPaySucDt.equals(paySucDt)) {
                                paymentSucUniqueUserCount = 1L;
                            }
                        }
                        lastPaySucDtState.update(paySucDt);

                        TradePaymentWindowBean tradePaymentWindowBean = new TradePaymentWindowBean(
                                "",
                                "",
                                paymentSucUniqueUserCount,
                                paymentSucNewUserCount,
                                ts
                        );

                        long currentWatermark = ctx.timerService().currentWatermark();
                        out.collect(tradePaymentWindowBean);
                    }
                }
        );

        // 8. 开窗
```

```
        AllWindowedStream<TradePaymentWindowBean, TimeWindow> windowDS = paymentWindowBeanStream.
windowAll(TumblingEventTimeWindows.of(
                org.apache.flink.streaming.api.windowing.time.Time.seconds(10L)));

        // 9. 聚合
        SingleOutputStreamOperator<TradePaymentWindowBean> aggregatedDS = windowDS
                .aggregate(
                        new AggregateFunction<TradePaymentWindowBean, TradePaymentWindowBean,
TradePaymentWindowBean>() {
                            @Override
                            public TradePaymentWindowBean createAccumulator() {
                                return new TradePaymentWindowBean(
                                        "",
                                        "",
                                        0L,
                                        0L,
                                        0L
                                );
                            }

                            @Override
                            public TradePaymentWindowBean add(TradePaymentWindowBean value,
TradePaymentWindowBean accumulator) {
                                accumulator.setPaymentSucUniqueUserCount(
                                        accumulator.getPaymentSucUniqueUserCount() + value.
getPaymentSucUniqueUserCount()
                                );
                                accumulator.setPaymentSucNewUserCount(
                                        accumulator.getPaymentSucNewUserCount() + value.
getPaymentSucNewUserCount()
                                );
                                return accumulator;
                            }

                            @Override
                            public TradePaymentWindowBean getResult(TradePaymentWindowBean
accumulator) {
                                return accumulator;
                            }

                            @Override
                            public TradePaymentWindowBean merge(TradePaymentWindowBean a,
TradePaymentWindowBean b) {
                                return null;
                            }
                        },

                        new ProcessAllWindowFunction<TradePaymentWindowBean, TradePaymentWindowBean,
TimeWindow>() {
                            @Override
                            public void process(Context context, Iterable<TradePaymentWindowBean>
```

```
elements, Collector<TradePaymentWindowBean> out) throws Exception {
                                String stt = DateFormatUtil.toYmdHms(context.window().getStart());
                                String edt = DateFormatUtil.toYmdHms(context.window().getEnd());
                                for (TradePaymentWindowBean element : elements) {
                                    element.setStt(stt);
                                    element.setEdt(edt);
                                    element.setTs(System.currentTimeMillis());
                                    out.collect(element);
                                }
                            }
                        }
                );

        // 10. 写出到 OLAP 数据库
        SinkFunction<TradePaymentWindowBean>  jdbcSink  =  ClickHouseUtil.<TradePaymentWindowBean>
getJdbcSink(
                "insert into dws_trade_payment_suc_window values(?,?,?,?,?)"
        );
        aggregatedDS.addSink(jdbcSink);

        env.execute();
    }
}
```

执行上述主程序，并启动前置应用 DwdTradeOrderDetail 和 DwdTradePayDetailSuc，模拟生成业务数据，在 ClickHouse 中执行如下查询语句。

```
hadoop102 :) select * from dws_trade_payment_suc_window limit 10;
```

9.10 交易域下单各窗口汇总表

本节将要构建的是交易域下单各窗口汇总表。

9.10.1 思路梳理

1. 任务分析

本节主要构建业务过程为下单，无统计粒度限制的派生指标，即当日独立下单用户数和当日新增下单用户数。独立下单用户数同独立加购用户数和独立支付用户数一样，都是经过去重的用户数量统计，即如果当日一个用户重复下单多次，也只能算一个独立下单用户。

以上两个指标都可以通过消费 Kafka 的下单事务事实表主题 dwd_trade_order_detail 获得。计算的难点在于独立下单用户和新增下单用户的判定，可以参照 9.9 节对独立支付用户和新增支付用户的判定方法。

2. 思路及关键技术点

（1）消费 Kafka 的 dwd_trade_order_detail 主题，封装为流。过滤掉空数据，并将流中的数据由 String 转换为 JSONObject，方便使用。

（2）为数据流设置水位线。

（3）将数据流按照 mid 字段调用 keyBy 方法分组。

（4）运用 Flink 的状态编程，为每个用户 id 维护末次下单日期。

对状态中的末次下单日期进行判断，若末次下单日期为 null，说明用户为首次下单，将 orderUniqueUserCount（独立下单用户数）和 orderNewUserCount（新增下单用户数）两个变量值均设置为 1。

若末次下单日期不为 null，判断末次下单日期是否为当日，若不是当日日期，则将 orderUniqueUserCount 变量值设置为 1，orderNewUserCount 不变，并将状态中的末次下单日期更新为当日。否则 orderUniqueUserCount 和 orderNewUserCount 变量值均保持为 0，数据舍弃，不发往下游。

（5）为数据流设置滚动窗口。

（6）对每个窗口内的数据进行聚合，获得窗口内独立下单用户数和新增下单用户数，将其与窗口起始时间、窗口结束时间字段、当前系统时间的 ts 字段封装为实体类。

（7）将最终数据写入 ClickHouse。

3. 流程图解

交易域下单各窗口汇总表构建流程图如图 9-8 所示。

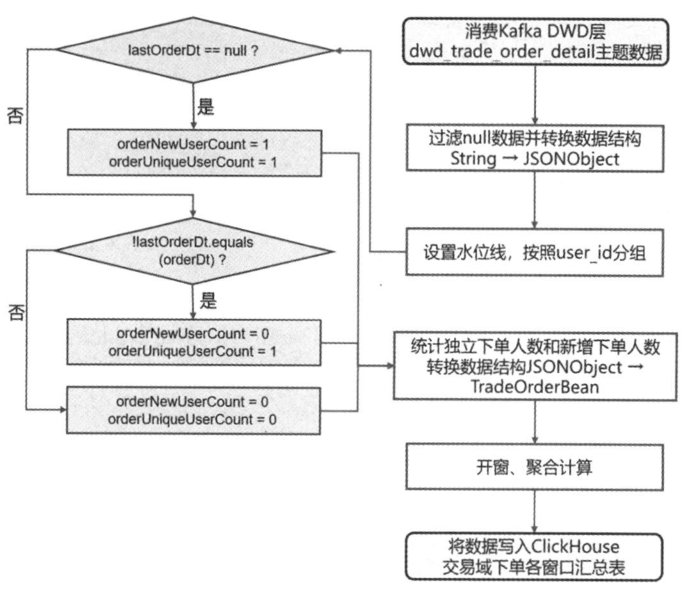

图 9-8　交易域下单各窗口汇总表构建流程图

9.10.2　代码编写

（1）在 ClickHouse 中创建交易域下单各窗口汇总表 dws_trade_order_window，建表语句如下所示。

```
drop table if exists dws_trade_order_window;
create table if not exists dws_trade_order_window
(
    stt                     DateTime COMMENT '窗口起始时间',
    edt                     DateTime COMMENT '窗口结束时间',
    order_unique_user_count UInt64 COMMENT '下单独立用户数',
    order_new_user_count    UInt64 COMMENT '下单新用户数',
    ts                      UInt64 COMMENT '时间戳'
)  engine = ReplacingMergeTree(ts)
      partition by toYYYYMMDD(stt)
      order by (stt, edt);
```

（2）在 bean 包下创建实体类 TradeOrderBean，用来封装指标计算结果。

```
package com.atguigu.gmall.realtime.bean;
```

```
import lombok.AllArgsConstructor;
import lombok.Builder;
import lombok.Data;

@Data
@AllArgsConstructor
@Builder
public class TradeOrderBean {
    // 窗口起始时间
    String stt;

    // 窗口关闭时间
    String edt;

    // 下单独立用户数
    Long orderUniqueUserCount;

    // 下单新用户数
    Long orderNewUserCount;

    // 时间戳
    Long ts;
}
```

（3）在 dws 包下创建构建交易域下单各窗口汇总表的主程序 DwsTradeOrderWindow，并编写主要代码。

```
package com.atguigu.gmall.realtime.app.dws;

import com.alibaba.fastjson.JSON;
import com.alibaba.fastjson.JSONObject;
import com.atguigu.gmall.realtime.bean.TradeOrderBean;
import com.atguigu.gmall.realtime.util.ClickHouseUtil;
import com.atguigu.gmall.realtime.util.DateFormatUtil;
import com.atguigu.gmall.realtime.util.KafkaUtil;
import org.apache.flink.api.common.eventtime.SerializableTimestampAssigner;
import org.apache.flink.api.common.eventtime.WatermarkStrategy;
import org.apache.flink.api.common.functions.FilterFunction;
import org.apache.flink.api.common.functions.ReduceFunction;
import org.apache.flink.api.common.restartstrategy.RestartStrategies;
import org.apache.flink.api.common.state.ValueState;
import org.apache.flink.api.common.state.ValueStateDescriptor;
import org.apache.flink.api.common.time.Time;
import org.apache.flink.configuration.Configuration;
import org.apache.flink.runtime.state.hashmap.HashMapStateBackend;
import org.apache.flink.streaming.api.CheckpointingMode;
import org.apache.flink.streaming.api.datastream.AllWindowedStream;
import org.apache.flink.streaming.api.datastream.DataStreamSource;
import org.apache.flink.streaming.api.datastream.KeyedStream;
import org.apache.flink.streaming.api.datastream.SingleOutputStreamOperator;
import org.apache.flink.streaming.api.environment.CheckpointConfig;
import org.apache.flink.streaming.api.environment.StreamExecutionEnvironment;
import org.apache.flink.streaming.api.functions.KeyedProcessFunction;
import org.apache.flink.streaming.api.functions.sink.SinkFunction;
```

```
import org.apache.flink.streaming.api.functions.windowing.ProcessAllWindowFunction;
import org.apache.flink.streaming.api.windowing.assigners.TumblingEventTimeWindows;
import org.apache.flink.streaming.api.windowing.windows.TimeWindow;
import org.apache.flink.streaming.connectors.kafka.FlinkKafkaConsumer;
import org.apache.flink.util.Collector;

public class DwsTradeOrderWindow {
    public static void main(String[] args) throws Exception {

        // 1. 环境准备
        StreamExecutionEnvironment env = StreamExecutionEnvironment.getExecutionEnvironment();
        env.setParallelism(4);

        // 2. 状态后端设置
        env.enableCheckpointing(3000L, CheckpointingMode.EXACTLY_ONCE);
        env.getCheckpointConfig().setMinPauseBetweenCheckpoints(3000L);
        env.getCheckpointConfig().setCheckpointTimeout(60 * 1000L);
        env.getCheckpointConfig().enableExternalizedCheckpoints(
                CheckpointConfig.ExternalizedCheckpointCleanup.RETAIN_ON_CANCELLATION
        );
        env.setRestartStrategy(RestartStrategies.failureRateRestart(
                3, Time.days(1), Time.minutes(1)
        ));
        env.setStateBackend(new HashMapStateBackend());
        env.getCheckpointConfig().setCheckpointStorage(
                "hdfs://hadoop102:8020/ck"
        );

        System.setProperty("HADOOP_USER_NAME", "atguigu");

        // 3. 消费 Kafka 的 dwd_trade_order_detail 主题，封装为流
        String topic = "dwd_trade_order_detail";
        String groupId = "dws_trade_order_window";
        FlinkKafkaConsumer<String>   kafkaConsumer   =   KafkaUtil.getKafkaConsumer(topic,
groupId);
        DataStreamSource<String> source = env.addSource(kafkaConsumer);

        // 4. 过滤 null 数据并转换数据结构
        SingleOutputStreamOperator<String> filteredDS = source.filter(
                new FilterFunction<String>() {

                    @Override
                    public boolean filter(String jsonStr) throws Exception {
                        if(jsonStr == null) {
                            return false;
                        }
                        JSONObject jsonObj = JSON.parseObject(jsonStr);
                        String userId = jsonObj.getString("user_id");
                        String sourceTypeName = jsonObj.getString("source_type_name");
                        if (userId != null && sourceTypeName != null) {
                            return true;
```

```
                }
                return false;
            }
        }
);
SingleOutputStreamOperator<JSONObject> mappedStream = filteredDS.map(JSON::parseObject);

// 5. 设置水位线
SingleOutputStreamOperator<JSONObject> withWatermarkStream = mappedStream.
assignTimestampsAndWatermarks(
        WatermarkStrategy
                .<JSONObject>forMonotonousTimestamps()
                .withTimestampAssigner(
                        new SerializableTimestampAssigner<JSONObject>() {
                            @Override
                            public long extractTimestamp(JSONObject jsonObj, long
recordTimestamp) {
                                return jsonObj.getLong("ts") * 1000;
                            }
                        }
                )
);

// 6. 按照用户 id 分组
KeyedStream<JSONObject, String> keyedByUserIdStream = withWatermarkStream.keyBy (r ->
r.getString("user_id"));

// 7. 统计当日下单独立用户数和新增下单用户数
SingleOutputStreamOperator<TradeOrderBean> orderBeanStream = keyedByUserIdStream.
process(
        new KeyedProcessFunction<String, JSONObject, TradeOrderBean>() {

            private ValueState<String> lastOrderDtState;

            @Override
            public void open(Configuration parameters) throws Exception {
                super.open(parameters);
                lastOrderDtState = getRuntimeContext().getState(
                        new ValueStateDescriptor<String>("last_order_dt_state", String.class)
                );
            }

            @Override
            public void processElement(JSONObject jsonObj, Context ctx, Collector
<TradeOrderBean> out) throws Exception {
                String lastOrderDt = lastOrderDtState.value();

                Long orderNewUserCount = 0L;
                Long orderUniqueUserCount = 0L;
                Long ts = jsonObj.getLong("ts") * 1000L;
                String orderDt = DateFormatUtil.toDate(ts);
```

```
                    if (lastOrderDt == null) {
                        orderNewUserCount = 1L;
                        orderUniqueUserCount = 1L;
                        lastOrderDtState.update(orderDt);
                    } else {
                        if (!lastOrderDt.equals(orderDt)) {
                            orderUniqueUserCount = 1L;
                            lastOrderDtState.update(orderDt);
                        }
                    }

                    TradeOrderBean tradeOrderBean = new TradeOrderBean(
                            "",
                            "",
                            orderUniqueUserCount,
                            orderNewUserCount,
                            ts
                    );

                    out.collect(tradeOrderBean);
                }
            }
        );

        // 8. 开窗
        AllWindowedStream<TradeOrderBean, TimeWindow> windowDS = orderBeanStream. windowAll
(TumblingEventTimeWindows.of(
                org.apache.flink.streaming.api.windowing.time.Time.seconds(10L)));

        // 9. 聚合
        SingleOutputStreamOperator<TradeOrderBean> reducedStream = windowDS.reduce(
                new ReduceFunction<TradeOrderBean>() {
                    @Override
                    public TradeOrderBean reduce(TradeOrderBean value1, TradeOrderBean value2)
throws Exception {
                        value1.setOrderNewUserCount(
                                value1.getOrderNewUserCount() + value2.getOrderNewUserCount());
                        value1.setOrderUniqueUserCount(
                                value1.getOrderUniqueUserCount() + value2.getOrderUniqueUserCount());
                        return value1;
                    }
                },
                new ProcessAllWindowFunction<TradeOrderBean, TradeOrderBean, TimeWindow>() {
                    @Override
                    public void process(Context context, Iterable<TradeOrderBean> values,
Collector<TradeOrderBean> out) throws Exception {
                        String stt = DateFormatUtil.toYmdHms(context.window().getStart());
                        String edt = DateFormatUtil.toYmdHms(context.window().getEnd());

                        for (TradeOrderBean value : values) {
```

```
                    value.setStt(stt);
                    value.setEdt(edt);
                    value.setTs(System.currentTimeMillis());
                    out.collect(value);
                }
            }
        }
    );

    // 10. 写出到 OLAP 数据库
    SinkFunction<TradeOrderBean> jdbcSink = ClickHouseUtil.<TradeOrderBean>getJdbcSink(
        "insert into dws_trade_order_window values(?,?,?,?,?,?)"
    );
    reducedStream.<TradeOrderBean>addSink(jdbcSink);

    env.execute();
  }
}
```

执行上述主程序，并启动前置应用 DwdTradeOrderDetail，然后模拟生成业务数据。在 ClickHouse 中执行如下查询语句。

```
hadoop102 :) select * from dws_trade_order_window limit 10;
```

9.11　交易域 SKU 粒度下单各窗口汇总表

本节将要构建的是交易域 SKU 粒度下单各窗口汇总表。

9.11.1　思路梳理

1. 任务分析

SKU 粒度是用户下单业务过程的最细粒度，通过统计 SKU 粒度，并保持 SKU 相关的多种维度信息，得到的指标统计结果可以继续聚合得到不同粒度的统计结果。例如，我们统计了今日各 SKU 交易订单数，并在表格中保留了品牌维度信息，则我们可以继续聚合得到各品牌交易的订单数。

本节主要构建业务过程为下单、统计粒度为 SKU 的汇总表。为了后期可以提供更多的指标统计需求，需要在表中保留品牌、一级分类、二级分类、三级分类和 SPU 等维度信息。

消费 Kafka 的订单明细主题，按照唯一键对数据去重，分组开窗聚合，统计各维度各窗口的原始金额、活动减免金额、优惠券减免金额和订单金额，补全维度信息，将数据写入 ClickHouse 的交易域 SKU 粒度下单各窗口汇总表中。

2. 思路及关键技术点

与本章中已经构建完成的其他 DWS 层汇总表相比，本节汇总表的构建需要与 DIM 层的维度表进行关联，以获取多种维度信息。在这个过程中需要解决很多问题，接下来我们一一进行解答。

问题一：频繁查询外部数据源成为性能瓶颈。

对外部数据源的查询常常是流式计算的性能瓶颈。以本程序为例，每次查询都要连接 HBase，得到查询结果后的数据传输需要序列化与反序列化，这些操作会造成非常大的性能消耗。因此，我们选择使用旁路缓存模式对查询进行优化。

旁路缓存模式是一种非常常见的按需分配缓存模式。所有数据查询请求优先访问缓存，若在缓存中命中，则直接将获得的结果数据返回给请求者。若缓存未命中，则查询外部数据源，获得查询结果后，将其返回给请求者并写入缓存以备后续数据查询请求使用。

使用旁路缓存需要注意两点：一是缓存要设置过期时间，避免冷数据常驻缓存，浪费资源；二是要考虑查询的维度数据是否会发生变化，若发生变化，应主动清除缓存。

旁路缓存的介质选择一般有两种：堆缓存和独立缓存服务。

堆缓存的优点是数据访问路径更短，性能更好，查询效率更高。缺点是管理难，无法跨进程维护缓存中的数据。

独立缓存服务，一般可选用如 Redis、Memcache 等高性能数据库作为存储介质。即使这类缓存服务可以提供很高的读写速度，但是由于存在创建查询连接、网络 IO 等性能消耗，相较堆缓存依然略逊一筹。但是独立缓存服务易于维护和扩展，更适合数据会发生变化并且数据量较大的场景，所以本项目选用独立缓存服务，并选择 Redis 作为存储介质。

本项目中旁路缓存的实现过程如图 9-9 所示。

（1）从缓存中查询数据，对获取的查询结果进行判断。

① 若查询结果不为 null，则返回结果。

② 若查询结果为 null，则通过 Phoenix 从 HBase 中查询数据，对获取的查询结果进行判断。

a. 若查询结果不为 null，则将查询结果写入缓存，然后返回结果。

b. 若查询结果为 null，则提示用户没有对应的维度数据。

（2）为缓存中的数据设置超时时间，为 1 天。

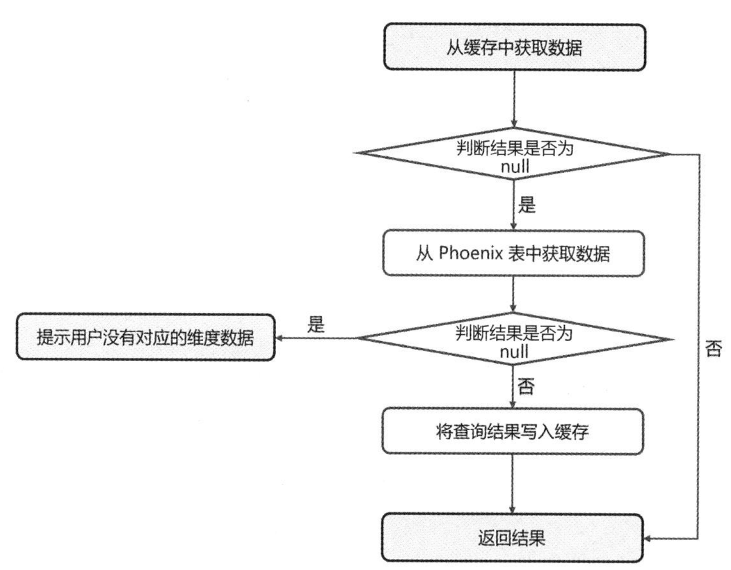

图 9-9　旁路缓存的实现过程

（3）若原维度表中的数据发生变化，则删除对应缓存。如何监测到业务数据库中维度表数据是否发生了变化呢？答案是通过监测采集到的业务数据库变动数据。当采集的变动数据的操作类型是 update 时，说明数据发生了改变，此时应该删除缓存中对应的维度数据。基于以上思路，需要对 7.3 节构建 DIM 层的代码进行修改。

① 在自定义广播连接函数 MyBroadcastFunction 的 processElement 方法内，将操作类型字段添加到 JSON 对象中。

② 在 DimUtil 工具类中添加 deleteCached 方法，用于删除缓存中发生变更的维度数据。

③ 在 MyPhoenixSink 的 invoke 方法中补充对当前数据的操作类型的判断，若操作类型为 update，则

调用 DimUtil 的 deleteCached 方法清除缓存中的当前维度数据。

问题二：同步 IO 阻塞问题。

在默认情况下，Flink 中单个并行子任务只能以同步的方式与外部数据源交互，即将数据查询请求发送至外部数据源，IO 阻塞，等待请求返回，然后继续发送下一个请求。这种方式将大量时间耗费在了等待请求结果返回上。

为了提高处理效率，可以有两种方案：一是增加算子的并行度，这种方案会耗费更多的资源；二是使用异步 IO。

在 Flink1.12 版本中，正式引入了异步 IO，将 IO 操作异步化。在异步模式下，单个并行子任务可以连续发送多个请求，并按照结果返回的先后顺序对请求进行处理，发送请求后不需要阻塞式等待，省去了大量等待时间，大幅提高了流处理的效率。如图 9-10 所示，是同步 IO 与异步 IO 的主要区别。

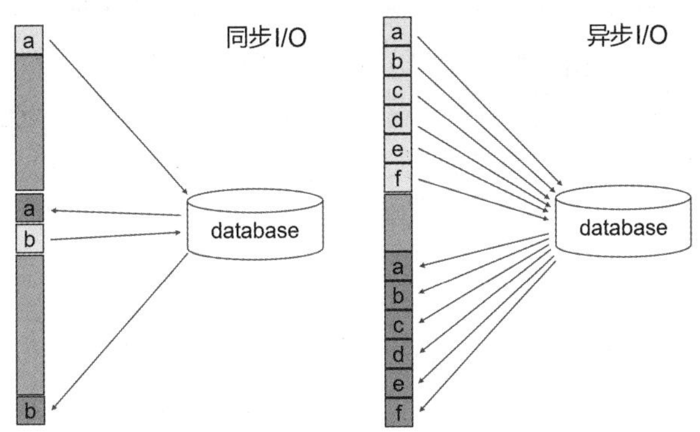

图 9-10　同步 IO 和异步 IO 的区别

异步 IO 是阿里巴巴贡献给 Apache Flink 社区的特性，具有很高的呼声，可用于解决与外部系统交互时的网络延迟问题。

异步 IO 实际上是把对维度表的查询操作托管给单独的线程池完成，这样就不会因为某一个查询造成阻塞，因此单个并行子任务也可以连续发送多个请求，从而提高并发效率。对于涉及网络 IO 的操作，可以显著减少因为请求等待带来的性能损耗。

在 Flink 的异步 IO API 中，要求用户通过继承 RichAsyncFunction 抽象类来实现一套异步查询外部数据源的逻辑。在本项目中，我们自定义了异步 IO 函数类 DimAsyncFunction，令其继承 RichAsyncFunction 抽象类，在类中定义了维度表关联的具体流程，如下。

（1）根据流中对象获取查询维度数据的维度主键。

（2）根据维度主键来获取维度对象。

（3）用第（2）步的查询结果补全流中对象的维度信息。

其中第（1）步和第（3）步，需要根据所查询的维度表，确定获取维度主键的逻辑和补全维度信息的逻辑，因此我们采用了模板方法设计模式。

所谓模板方法设计模式，是指在父类中定义完成某一个功能的核心算法骨架，具体的实现可以延迟到子类中完成。模板方法类一定是抽象类，里面有一套具体的实现流程（可以是抽象方法也可以是普通方法）。这些方法可能由上层模板继承而来。

使用模板方法设计模式的优点在于，在不改变父类核心算法骨架的前提下，每一个子类都可以有不同的实现。我们只需要关注具体方法的实现逻辑而不必在实现流程上分心。

我们定义了模板方法设计模式的模板接口 DimJoinFunction，其中定义了 2 个抽象方法——join 和 getKey。join 方法的作用是使用查询结果补全流中对象的维度信息。getKey 方法用于获取查询维度数据的维度主键。

自定义异步 IO 函数类 DimAsyncFunction 继承了模板接口 DimJoinFunction，当在程序中使用自定义异步 IO 函数类 DimAsyncFunction 时，就需要重写 join 方法和 getKey 方法。

问题三：撤回数据流造成的数据重复问题。

我们在 DWD 层提到，下单事务事实表的构建过程中会形成撤回数据流。这是因为使用 left join 执行双表关联操作时，相同键的数据可能会有多条。在 8.4.1 节中已有相关讲解，不再赘述。撤回数据流在 Kafka 中以 null 值的形式存在，只需要简单判断即可过滤。我们需要考虑的是如何对其余数据去重。

对撤回数据流生成过程进行分析，可以发现，字段内容完整数据的生成一定晚于字段内容不完整数据的生成，要确保统计结果的正确性，我们应保留字段内容最全的数据。基于以上论述，我们可以得出结论，在唯一键相同的数据中，生成时间最晚的数据就是我们需要保留的。

在构建下单事务事实表时，我们调用了 current_row_timestamp 函数为每条数据补充了当前时间字段。所以通过比对唯一键相同的数据的当前时间字段（row_op_ts），即可得到生成时间最晚的数据。

current_row_timestamp 函数返回的时间类型是 TIMESTAMP_LTZ(3)，格式是 yyyy-MM-ddHH:mm:ss.xxx。时间精确到毫秒，本项目中提供的日期格式化工具类 DateFormatUtil 无法实现此类格式时间向时间戳的转化，无法通过直接将时间转化为时间戳的方式完成时间大小比较。因此，我们需要创建时间比较工具类，提供 TIMESTAMP_LTZ(3)格式时间的比较方法。

字符串的比较是通过从左至右依次比较对应位置字符的字典序实现的，字符串比较结果刚好与时间比较结果相同，因此，日期的比较通过字符串的比较来实现。

在确定如何比较时间字段后，接下来需要考虑的问题是如何保留生成时间最晚的数据，将其发往下游，此处提供两种解决方案。

（1）按照唯一键分组，开窗，在窗口闭合前比较窗口中所有数据的时间，将生成时间最晚的数据发送至下游，其他数据舍弃。

（2）按照唯一键分组，对于每个唯一键，维护状态和定时器，当状态中数据为 null 时注册定时器，把数据维护到状态中。此后每来一条数据都比较它和状态中数据的生成时间，状态中只保留生成时间最晚的数据。如果两条数据生成时间相同（系统时间精度不足），则保留后进入算子的数据。Flink 程序并行度和 Kafka 分区数相同，可以保证数据有序，后来的数据就是最新的数据。当然我们不能一直等待更新的数据到来，考虑到可能的数据乱序程度，将定时器设置为 5 秒，当定时器时间到后，认为不会再有更新的数据到达，将状态中的数据直接发送向下游。

两种方案都可行，此处选择方案二。

问题四：维度数据封装问题。

在本程序中，我们需要从 HBase 中根据查询主键获得相关维度的信息。例如，通过 SKU id 在 sku_info 表中查询 sku_name（商品名称）、tm_id（品牌 id）、category3_id（三级分类 id）、spu_id（SPU id）等维度信息，得到的查询结果要以什么形式返回给查询者呢？我们可以发现，查询结果是包含多个字段的，对多个字段值的封装可以选择元组类型、自定义实体类或 JSONObject 类。

具体的类型，可以根据用户的具体需求来确定。因此，在我们编写从 HBase 中查询维度信息的 queryList 方法时，决定使用反射的方式，不明确指定封装类型，而由调用者在调用方法时传入想要封装的类。这种方式最为灵活，方法具有更广泛的可用性。

此外，查询结果可能有多条，结果对象应置于一个集合中。查询结果不是键值对类型，且此处对结果对象的顺序、去重没有要求，因此选择 List、Set 或其实现类均可，这里我们选用 List。最终的返回值类型为 List<T>。

维度查询流程如图 9-11 所示。

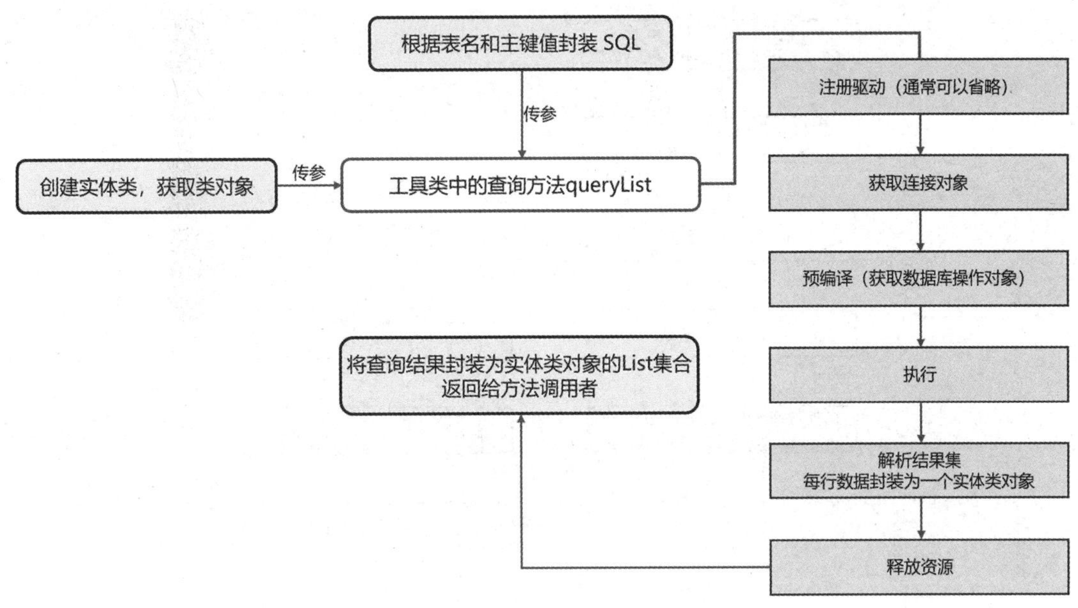

图 9-11　维度查询流程

在解决完以上四个问题后，整个交易域 SKU 粒度下单各窗口汇总表的构建过程逐渐清晰起来了，过程梳理如下所示。

（1）消费 Kafka 的 dwd_trade_order_detail 主题，封装为流。将流中的数据由 String 转换为 JSONObeject，方便使用。过滤掉流中的 null 数据和结构不完整的数据，对数据进行初步清洗。

（2）对数据流按照唯一键订单 id 调用 keyBy 方法分组，对分组后的数据进行去重，运用状态编程，只保留生成时间最晚的数据。

（3）转换数据结构，将 JSONObject 转换为实体类 TradeSkuOrderBean。

（4）为数据流设置水位线。

（5）分组、开窗、聚合

按照 SKU id 调用 keyBy 方法分组，对分组后的数据开启滚动窗口，对窗口内数据的度量字段求和，并在窗口闭合后补充窗口起始时间和结束时间字段，将当前系统时间设置为 ts 字段，并将处理后的实体类对象发往下游。

（6）维度关联，补充维度字段。

① 关联 sku_info 表，获取 sku_name、tm_id、category3_id 和 spu_id 字段值。

② 关联 spu_info 表，获取 spu_name 字段值。

③ 关联 base_trademark 表，获取 tm_name 字段值。

④ 关联 base_category3 表，获取 name（三级分类名称）、category2_id 字段值。

⑤ 关联 base_categroy2 表，获取 name（二级分类名称）、category1_id 字段值。

⑥ 关联 base_category1 表，获取 name（一级分类名称）字段值。

（7）将最终数据写入 ClickHouse。

3. 流程图解

交易域 SKU 粒度下单各窗口汇总表构建流程图如图 9-12 所示。

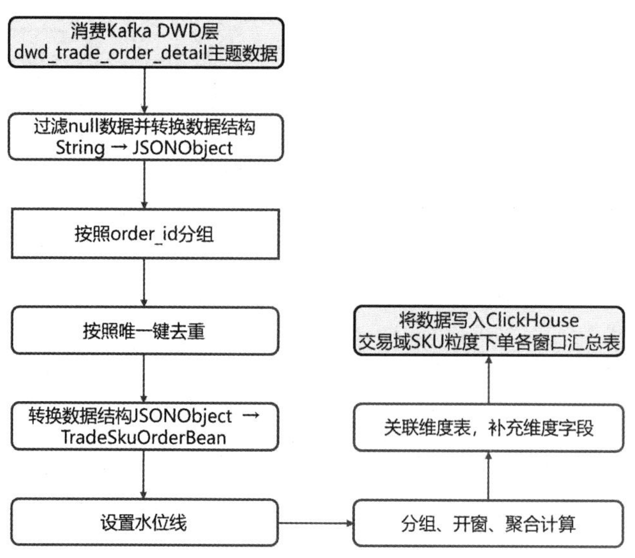

图 9-12　交易域 SKU 粒度下单各窗口汇总表构建流程图

9.11.2　代码编写

1. ClickHouse 建表

在 ClickHouse 中创建交易域 SKU 粒度下单各窗口汇总表 dws_trade_sku_order_window，建表语句如下所示。

```
drop table if exists dws_trade_sku_order_window;
create table if not exists dws_trade_sku_order_window
(
    stt                             DateTime COMMENT '窗口起始时间',
    edt                             DateTime COMMENT '窗口结束时间',
    trademark_id                    String COMMENT '品牌 id',
    trademark_name                  String COMMENT '品牌名称',
    category1_id                    String COMMENT '一级分类 id',
    category1_name                  String COMMENT '一级分类名称',
    category2_id                    String COMMENT '二级分类 id',
    category2_name                  String COMMENT '二级分类名称',
    category3_id                    String COMMENT '三级分类 id',
    category3_name                  String COMMENT '三级分类名称',
    sku_id                          String COMMENT 'sku_id',
    sku_name                        String COMMENT 'sku 名称',
    spu_id                          String COMMENT 'spu_id',
    spu_name                        String COMMENT 'spu 名称',
    order_origin_total_amount       Decimal(38, 20) COMMENT '原始金额',
    order_activity_reduce_amount Decimal(38, 20) COMMENT '活动减免金额',
    order_coupon_reduce_amount      Decimal(38, 20) COMMENT '优惠券减免金额',
    order_amount                    Decimal(38, 20) COMMENT '下单金额',
    ts                              UInt64 COMMENT '时间戳'
) engine = ReplacingMergeTree(ts)
      partition by toYYYYMMDD(stt)
      order by (stt, edt, sku_id, sku_name);
```

2. 使用旁路缓存解决频繁查询外部数据源的问题

（1）在 pom.xml 文件中补充 Redis 相关依赖，用于编写 Redis 工具类 JedisUtil。

```
<dependency>
    <groupId>redis.clients</groupId>
    <artifactId>jedis</artifactId>
    <version>3.3.0</version>
</dependency>
```

（2）在 util 包下创建 Redis 工具类 JedisUtil，创建 Jedis 连接池，获取 Jedis 客户端。

```
package com.atguigu.gmall.realtime.util;

import redis.clients.jedis.Jedis;
import redis.clients.jedis.JedisPool;
import redis.clients.jedis.JedisPoolConfig;

public class JedisUtil {
    private static JedisPool jedisPool;

    static {
        JedisPoolConfig poolConfig = new JedisPoolConfig();
        poolConfig.setMaxTotal(100);
        poolConfig.setMaxIdle(5);
        poolConfig.setMinIdle(5);
        poolConfig.setBlockWhenExhausted(true);
        poolConfig.setMaxWaitMillis(2000);
        poolConfig.setTestOnBorrow(true);
        jedisPool = new JedisPool(poolConfig, "hadoop102", 6379, 10000);
    }

    public static Jedis getJedis() {
        // 获取 Jedis 客户端
        Jedis jedis = jedisPool.getResource();
        return jedis;
    }

    //测试方法
    public static void main(String[] args) {
        Jedis jedis = getJedis();
        String pong = jedis.ping();
        System.out.println(pong);
    }

}
```

（3）在 Phoenix 工具类 PhoenixUtil 中编写查询数据方法 queryList，传入参数为查询数据的 SQL 语句和 class 对象，返回值是封装为集合的查询结果。

```
/**
    * Phoenix 表查询方法
    * @param sql 查询数据的 SQL 语句
    * @param clz 返回的集合元素类型的 class 对象
    * @param <T> 返回的集合元素类型
    * @return 封装为 List<T> 的查询结果
```

```
*/
public static <T> List<T> queryList(String sql, Class<T> clz) {

    DruidPooledConnection conn = null;
    try {
        conn = DruidDSUtil.getPhoenixConn();
    } catch (SQLException sqlException) {
        sqlException.printStackTrace();
        System.out.println("从 Druid 连接池获取连接对象异常");
    }

    List<T> resList = new ArrayList<>();
    PreparedStatement ps = null;
    ResultSet rs = null;

    try {
        //获取数据库操作对象
        ps = conn.prepareStatement(sql);
        //执行 SQL 语句
        rs = ps.executeQuery();

        /**处理结果集
         +-----+----------+
         | ID  | TM_NAME  |
         +-----+----------+
         | 17  | lzls     |
         | 18  | mm       |

         class TM{id,tm_name}
         */
        ResultSetMetaData metaData = rs.getMetaData();
        while (rs.next()){
            //通过反射，创建对象，用于封装查询结果
            T obj = clz.newInstance();
            for (int i = 1; i <= metaData.getColumnCount(); i++) {
                String columnName = metaData.getColumnName(i);
                Object columnValue = rs.getObject(i);
                BeanUtils.setProperty(obj,columnName,columnValue);
            }
            resList.add(obj);
        }

    } catch (Exception e) {
        e.printStackTrace();
        throw new RuntimeException("从phoenix 数据库中查询数据发生异常了~~");
    } finally {
        //释放资源
        if(rs != null){
            try {
                rs.close();
            } catch (SQLException e) {
```

```
            e.printStackTrace();
        }
    }
    if(ps != null){
        try {
            ps.close();
        } catch (SQLException e) {
            e.printStackTrace();
        }
    }
    if(conn != null){
        try {
            conn.close();
        } catch (SQLException e) {
            e.printStackTrace();
        }
    }
  }
  return resList;
}
```

（4）在util包下创建维度查询工具类DimUtil，具体代码如下。

```
package com.atguigu.gmall.realtime.util;

import com.alibaba.fastjson.JSON;
import com.alibaba.fastjson.JSONObject;
import com.atguigu.gmall.realtime.common.GmallConfig;
import org.apache.flink.api.java.tuple.Tuple2;
import redis.clients.jedis.Jedis;

import java.sql.Connection;
import java.util.List;

public class DimUtil {

   public static JSONObject getDimInfo(String tableName, String id) {
       return getDimInfo(tableName, Tuple2.of("ID",id));
}

   /**
    * 查询维度数据优化：旁路缓存
    * 先从Redis中查询维度数据，如果查询到了，那么直接返回；如果在Redis中没有查询到维度数据，那么发送请求，在Phoenix表中查询处理维度数据，并将查询出来的维度数据放到Redis中缓存起来
    * Redis:<K,V>
    * key:       dim:维度表名:主键1_主键2
    * Value:     String
    * TTL:       1day
    */
   public static JSONObject getDimInfo(String tableName, Tuple2<String, String>... columnNameAndValues) {
       // 拼接从Redis中查询维度数据的key
       StringBuilder redisKey = new StringBuilder("dim:" + tableName.toLowerCase() + ":");
```

```
        // 拼接查询 SQL
        StringBuilder selectSql = new StringBuilder("select * from " + GmallConfig.
HBASE_SCHEMA + "." + tableName + " where ");
        // 在 Java 语句中，将可变长参数封装为数据，我们需要对数据进行遍历
        for (int i = 0; i < columnNameAndValues.length; i++) {
            Tuple2<String, String> columnNameAndValue = columnNameAndValues[i];
            String columnName = columnNameAndValue.f0;
            String columnValue = columnNameAndValue.f1;
            selectSql.append(columnName + " = '" + columnValue + "'");
            redisKey.append(columnValue);
            if (i < columnNameAndValues.length - 1) {
                selectSql.append(" and ");
                redisKey.append("_");
            }
        }

        // 操作 Redis 的客户端对象
        Jedis jedis = null;
        // 从 Redis 中查询的维度结果
        String dimJsonStr = null;
        // 方法的返回结果
        JSONObject dimJsonObj = null;

        try {
            jedis = JedisUtil.getJedis();
            // 从 Redis 中获取维度数据
            dimJsonStr = jedis.get(redisKey.toString());
        } catch (Exception e) {
            e.printStackTrace();
            System.out.println("从 Redis 中查询维度数据发生了异常");
        }

        if (dimJsonStr != null && dimJsonStr.length() > 0) {
            // 缓存命中，直接将从 Redis 中查询的结果转换为 JSON 对象
            dimJsonObj = JSON.parseObject(dimJsonStr);
        } else {
            // 在 Redis 中没有命中缓存，发送请求至 Phoenix 表中进行查询
            System.out.println("从 phoenix 表中查询维度的 sql:" + selectSql);

            // 底层还是调用 PhoenixUtil，从 Phoenix 表中进行查询
            List<JSONObject> dimList = PhoenixUtil.queryList(selectSql.toString(),
JSONObject.class);

            if (dimList != null && dimList.size() > 0) {
                // 如果存在维度数据，那么集合中的元素只会有一条
                dimJsonObj = dimList.get(0);
                // 将从 Phoenix 表中查询的数据写到 Redis 中
                if (jedis != null) {
                    jedis.setex(redisKey.toString(), 3600 * 24, dimJsonObj.toJSONString());
                }
```

```
            } else {
                System.out.println("在维度表中没有找到对应的维度数据~~~");
            }
        }

        // 释放资源
        if (jedis != null) {
            jedis.close();
        }
        return dimJsonObj;
    }

    // 没有旁路缓存优化的查询方法
    // 根据维度查询条件，在维度表中查询维度数据
    public static JSONObject getDimInfoNoCache(String tableName, Tuple2<String,
String>... columnNameAndValues) {
        // 拼接查询 SQL
        StringBuilder selectSql = new StringBuilder("select * from " + GmallConfig.HBASE_SCHEMA +
"." + tableName + " where ");
        // 在 Java 语句中，将可变长参数封装为数据，我们需要对数据进行遍历
        for (int i = 0; i < columnNameAndValues.length; i++) {
            Tuple2<String, String> columnNameAndValue = columnNameAndValues[i];
            String columnName = columnNameAndValue.f0;
            String columnValue = columnNameAndValue.f1;
            selectSql.append(columnName + " = '" + columnValue + "'");
            if (i < columnNameAndValues.length - 1) {
                selectSql.append(" and ");
            }
        }
        System.out.println("从 Phoenix 表中查询维度的 sql:" + selectSql);

        // 底层还是调用 PhoenixUtil，从 Phoenix 表中进行查询
        List<JSONObject> dimList = PhoenixUtil.queryList(selectSql.toString(), JSONObject.
class);
        JSONObject dimJsonObj = null;
        if (dimList != null && dimList.size() > 0) {
            // 如果存在维度数据，那么集合中的元素只会有一条
            dimJsonObj = dimList.get(0);
        } else {
            System.out.println("在维度表中没有找到对应的维度数据~~~");
        }
        return dimJsonObj;
    }
}
```

3. 及时清除旁路缓存中的已过期数据

（1）修改 MyBroadcastFunction 中的 processElement 方法。

补充操作类型字段，用于清除过期缓存，当操作类型为 update 时，清除缓存。

```
@Override
public void processElement(JSONObject jsonObj, ReadOnlyContext readOnlyContext, Collector
<JSONObject> out) throws Exception {
```

```
    ReadOnlyBroadcastState<String,  TableProcess>  tableConfigState  =  readOnlyContext.
getBroadcastState(tableConfigDescriptor);

    // 获取配置信息
    String sourceTable = jsonObj.getString("table");
    TableProcess tableConfig = tableConfigState.get(sourceTable);

    // 状态中没有获取到配置信息时，通过 configMap 获取
    if (tableConfig == null) {
        tableConfig = JSON.parseObject(configMap.get(sourceTable), TableProcess.class);
    }

    if (tableConfig != null) {
        JSONObject data = jsonObj.getJSONObject("data");
        // 获取操作类型
        String type = jsonObj.getString("type");
        String sinkTable = tableConfig.getSinkTable();

        // 根据 sinkColumns 过滤数据
        String sinkColumns = tableConfig.getSinkColumns();
        filterColumns(data, sinkColumns);

        // 将目标表名加入到主流数据中
        data.put("sinkTable", sinkTable);

        // 将操作类型加入到 JSONObject 中
        data.put("type", type);

        out.collect(data);
    }
}
```

（2）在 DimUtil 中补充 deleteCached 方法，用于清除过期缓存。

```
public static void deleteCached(String tableName,String id){
    String redisKey = "dim:" + tableName.toLowerCase() + ":"+id;

    Jedis jedis = null;
    try {
        jedis = JedisUtil.getJedis();
        jedis.del(redisKey);
    } catch (Exception e) {
        e.printStackTrace();
        throw new RuntimeException("清除 Redis 中缓存数据时发生了异常~~~");
    }finally {
        if(jedis != null){
            jedis.close();
        }
    }
}
```

（3）修改 MyPhoenixSink 类中的 invoke 方法，补充对操作类型的判断，当操作类型为修改（update）时清除缓存，并补充写入 HBase 之前 JSON 对象中 type 字段的清除操作。

```
@Override
public void invoke(JSONObject jsonObj, Context context) throws Exception {

    // 获取目标表表名
    String sinkTable = jsonObj.getString("sinkTable");
    // 获取操作类型
    String type = jsonObj.getString("type");
    // 获取 id 字段的值
    String id = jsonObj.getString("id");

    // 清除 JSON 对象中的 sinkTable 字段和 type 字段
    // 以便可将该对象直接用于 HBase 表的数据写入
    jsonObj.remove("sinkTable");
    jsonObj.remove("type");

    // 获取字段名
    Set<String> columns = jsonObj.keySet();
    // 获取字段对应的值
    Collection<Object> values = jsonObj.values();
    // 拼接字段名
    String columnStr = StringUtils.join(columns, ",");
    // 拼接字段值
    String valueStr = StringUtils.join(values, "','");
    // 拼接插入语句
    String sql = "upsert into " + GmallConfig.HBASE_SCHEMA
            + "." + sinkTable + "(" +
            columnStr + ") values ('" + valueStr + "')";

    PhoenixUtil.executeSQL(sql);

    // 如果操作类型为 update，则清除 Redis 中的缓存信息
    if ("update".equals(type)) {
        DimUtil.deleteCached(sinkTable, id);
    }
}
```

4. 异步 IO 的应用

（1）编写模板方法设计模式模板接口 DimJoinFunction。

```
package com.atguigu.gmall.realtime.app.func;

import com.alibaba.fastjson.JSONObject;

public interface DimJoinFunction<T> {
    void join(T obj, JSONObject dimJsonObj) throws Exception;

    // 获取维度主键的方法
    String getKey(T obj);
}
```

（2）编写线程池工具类 ThreadPoolUtil。

```
package com.atguigu.gmall.realtime.util;
```

```
import java.util.concurrent.LinkedBlockingDeque;
import java.util.concurrent.ThreadPoolExecutor;
import java.util.concurrent.TimeUnit;

public class ThreadPoolUtil {
    private static ThreadPoolExecutor poolExecutor;

    static {
        System.out.println("---创建线程池---");
        poolExecutor = new ThreadPoolExecutor(
                4, 20, 60 * 5,
                TimeUnit.SECONDS, new LinkedBlockingDeque<Runnable>(Integer.MAX_VALUE));
    }

    public static ThreadPoolExecutor getInstance() {
        return poolExecutor;
    }
}
```

（3）编写异步 IO 函数 DimAsyncFunction。

```
package com.atguigu.gmall.realtime.app.func;

import com.alibaba.fastjson.JSONObject;
import com.atguigu.gmall.realtime.util.DimUtil;
import com.atguigu.gmall.realtime.util.ThreadPoolUtil;
import org.apache.flink.configuration.Configuration;
import org.apache.flink.streaming.api.functions.async.ResultFuture;
import org.apache.flink.streaming.api.functions.async.RichAsyncFunction;

import java.util.Collections;
import java.util.concurrent.ExecutorService;

public abstract class DimAsyncFunction<T> extends RichAsyncFunction<T, T> implements
DimJoinFunction<T> {

    // 表名
    private String tableName;

    // 线程池操作对象
    private ExecutorService executorService;

    public DimAsyncFunction(String tableName) {
        this.tableName = tableName;
    }

    @Override
    public void open(Configuration parameters) throws Exception {
        executorService = ThreadPoolUtil.getInstance();
    }

    @Override
    public void asyncInvoke(T obj, ResultFuture<T> resultFuture) throws Exception {
```

```
        // 从线程池中获取线程，发送异步请求
        executorService.submit(
                new Runnable() {
                    @Override
                    public void run() {
                        try {
                            // 1. 根据流中的对象获取维度的主键
                            String key = getKey(obj);

                            // 2. 根据维度的主键获取维度对象
                            JSONObject dimJsonObj = null;
                            try {
                                dimJsonObj = DimUtil.getDimInfo(tableName, key);
                            } catch (Exception e) {
                                System.out.println("维度数据异步查询异常");
                                e.printStackTrace();
                            }

                            // 3. 将查询出来的维度信息补充到流中的对象属性上
                            if (dimJsonObj != null) {
                                join(obj, dimJsonObj);
                            }
                            resultFuture.complete(Collections.singleton(obj));
                        } catch (Exception e) {
                            e.printStackTrace();
                            throw new RuntimeException("异步维度关联发生了异常");
                        }
                    }
                }
        );
    }
}
```

5. 时间比较工具类

在 util 包下编写时间比较工具类 TimestampLtz3CompareUtil，实现对 TIMESTAMP_LTZ(3)时间类型的比较，供数据去重时调用。

```
package com.atguigu.gmall.realtime.util;

public class TimestampLtz3CompareUtil {

    public static int compare(String timestamp1, String timestamp2) {
        // 数据格式 2023-01-10 10:20:47.302Z
        // 1. 去除末尾的时区标志，'Z' 表示 0 时区
        String cleanedTime1 = timestamp1.substring(0, timestamp1.length() - 1);
        String cleanedTime2 = timestamp2.substring(0, timestamp2.length() - 1);
        // 2. 比较时间
        return cleanedTime1.compareTo(cleanedTime2);
    }

    public static void main(String[] args) {
        System.out.println(compare("2022-04-01 11:10:55.04Z",
                "2022-04-01 11:10:55.039Z"));
```

```
    }
}
```

6. 自定义实体类

编写实体类 TradeSkuOrderBean，用以封装计算结果。

```
package com.atguigu.gmall.realtime.bean;

import lombok.AllArgsConstructor;
import lombok.Builder;
import lombok.Data;

import java.math.BigDecimal;

@Data
@AllArgsConstructor
@Builder
public class TradeSkuOrderBean {
    // 窗口起始时间
    String stt;
    // 窗口结束时间
    String edt;
    // 品牌 id
    String trademarkId;
    // 品牌名称
    String trademarkName;
    // 一级分类 id
    String category1Id;
    // 一级分类名称
    String category1Name;
    // 二级分类 id
    String category2Id;
    // 二级分类名称
    String category2Name;
    // 三级分类 id
    String category3Id;
    // 三级分类名称
    String category3Name;
    // sku_id
    String skuId;
    // sku 名称
    String skuName;
    // spu_id
    String spuId;
    // spu 名称
    String spuName;
    // 原始金额
    BigDecimal originalAmount;
    // 活动减免金额
    BigDecimal activityAmount;
    // 优惠券减免金额
    BigDecimal couponAmount;
```

```
    // 下单金额
    BigDecimal orderAmount;
    // 时间戳
    Long ts;}
```

7. 主程序

编写构建交易域 SKU 粒度下单各窗口汇总表的主程序 DwsTradeSkuOrderWindow，代码如下。

```
package com.atguigu.gmall.realtime.app.dws;

import com.alibaba.fastjson.JSON;
import com.alibaba.fastjson.JSONObject;
import com.atguigu.gmall.realtime.app.func.DimAsyncFunction;
import com.atguigu.gmall.realtime.bean.TradeSkuOrderBean;
import com.atguigu.gmall.realtime.util.ClickHouseUtil;
import com.atguigu.gmall.realtime.util.DateFormatUtil;
import com.atguigu.gmall.realtime.util.KafkaUtil;
import com.atguigu.gmall.realtime.util.TimestampLtz3CompareUtil;
import org.apache.flink.api.common.eventtime.SerializableTimestampAssigner;
import org.apache.flink.api.common.eventtime.WatermarkStrategy;
import org.apache.flink.api.common.functions.FilterFunction;
import org.apache.flink.api.common.functions.ReduceFunction;
import org.apache.flink.api.common.restartstrategy.RestartStrategies;
import org.apache.flink.api.common.state.ValueState;
import org.apache.flink.api.common.state.ValueStateDescriptor;
import org.apache.flink.api.common.time.Time;
import org.apache.flink.api.java.functions.KeySelector;
import org.apache.flink.configuration.Configuration;
import org.apache.flink.runtime.state.hashmap.HashMapStateBackend;
import org.apache.flink.streaming.api.CheckpointingMode;
import org.apache.flink.streaming.api.datastream.*;
import org.apache.flink.streaming.api.environment.CheckpointConfig;
import org.apache.flink.streaming.api.environment.StreamExecutionEnvironment;
import org.apache.flink.streaming.api.functions.KeyedProcessFunction;
import org.apache.flink.streaming.api.functions.sink.SinkFunction;
import org.apache.flink.streaming.api.functions.windowing.ProcessWindowFunction;
import org.apache.flink.streaming.api.windowing.assigners.TumblingEventTimeWindows;
import org.apache.flink.streaming.api.windowing.windows.TimeWindow;
import org.apache.flink.streaming.connectors.kafka.FlinkKafkaConsumer;
import org.apache.flink.util.Collector;

import java.io.IOException;
import java.math.BigDecimal;
import java.time.Duration;
import java.util.concurrent.TimeUnit;

public class DwsTradeSkuOrderWindow {
    public static void main(String[] args) throws Exception {

        // 1. 环境准备
        Configuration conf = new Configuration();
        StreamExecutionEnvironment env = StreamExecutionEnvironment.getExecutionEnvironment();
```

```
        env.setParallelism(4);

        // 2. 状态后端设置
        env.enableCheckpointing(3000L, CheckpointingMode.EXACTLY_ONCE);
        env.getCheckpointConfig().setCheckpointTimeout(60 * 1000L);
        env.getCheckpointConfig().setMinPauseBetweenCheckpoints(3000L);
        env.getCheckpointConfig().enableExternalizedCheckpoints(
                CheckpointConfig.ExternalizedCheckpointCleanup.RETAIN_ON_CANCELLATION
        );
        env.setRestartStrategy(
                RestartStrategies.failureRateRestart(
                        3, Time.days(1L), Time.minutes(1L)
                )
        );
        env.setStateBackend(new HashMapStateBackend());
        env.getCheckpointConfig().setCheckpointStorage(
                "hdfs://hadoop102:8020/ck"
        );
        System.setProperty("HADOOP_USER_NAME", "atguigu");

        // 3. 消费 Kafka 的 dwd_trade_order_detail 主题，封装为流
        String topic = "dwd_trade_order_detail";
        String groupId = "dws_trade_sku_order_window";
        FlinkKafkaConsumer<String>  kafkaConsumer  =  KafkaUtil.getKafkaConsumer(topic, 
groupId);
        DataStreamSource<String> source = env.addSource(kafkaConsumer);

        // 4. 过滤 null 数据和字段不完整数据并转换数据结构
        SingleOutputStreamOperator<String> filteredDS = source.filter(
                new FilterFunction<String>() {
                    @Override
                    public boolean filter(String jsonStr) throws Exception {
                        if (jsonStr == null) {
                            return false;
                        }
                        JSONObject jsonObj = JSON.parseObject(jsonStr);
                        String userId = jsonObj.getString("user_id");
                        String sourceTypeName = jsonObj.getString("source_type_name");
                        return userId != null && sourceTypeName != null;
                    }
                }
        );
        SingleOutputStreamOperator<JSONObject> mappedStream = filteredDS.map(JSON::parseObject);

        // 5. 按照 order_detail_id 分组
        KeyedStream<JSONObject, String> keyedStream = mappedStream.keyBy(r -> r.getString("id"));

        // 6. 去重
        SingleOutputStreamOperator<JSONObject> processedStream = keyedStream.process(
                new KeyedProcessFunction<String, JSONObject, JSONObject>() {
```

```
                private ValueState<JSONObject> lastValueState;

                @Override
                public void open(Configuration parameters) throws Exception {
                    super.open(parameters);
                    lastValueState = getRuntimeContext().getState(
                            new  ValueStateDescriptor<JSONObject>("last_value_state",
JSONObject.class)
                    );
                }

                @Override
                public void processElement(JSONObject jsonObj, Context ctx, Collector
<JSONObject> out) throws Exception {
                    JSONObject lastValue = lastValueState.value();
                    if (lastValue == null) {
                        long currentProcessingTime = ctx.timerService().currentProcessingTime();
                        ctx.timerService().registerProcessingTimeTimer(currentProcessingTime     +
5000L);
                        lastValueState.update(jsonObj);
                    } else {
                        String lastRowOpTs = lastValue.getString("row_op_ts");
                        String rowOpTs = jsonObj.getString("row_op_ts");
                        if (TimestampLtz3CompareUtil.compare(lastRowOpTs, rowOpTs) <= 0) {
                            lastValueState.update(jsonObj);
                        }
                    }
                }

                @Override
                public void onTimer(long timestamp, OnTimerContext ctx, Collector<JSONObject>
out)throws IOException {
                    JSONObject lastValue = this.lastValueState.value();
                    if (lastValue != null) {
                        out.collect(lastValue);
                    }
                    lastValueState.clear();
                }
            }
        );

        // 7. 转换数据结构
        SingleOutputStreamOperator<TradeSkuOrderBean>  javaBeanStream  =  processedStream.
map(
                jsonObj -> {
                    String skuId = jsonObj.getString("sku_id");
                    BigDecimal splitOriginalAmount = new BigDecimal(
                            jsonObj.getString("split_original_amount") == null ? "0.0" :
                                    jsonObj.getString("split_original_amount"));
                    BigDecimal splitActivityAmount = new BigDecimal(
                            jsonObj.getString("split_activity_amount") == null ? "0.0" :
```

```
                        jsonObj.getString("split_activity_amount"));
                BigDecimal splitCouponAmount = new BigDecimal(
                    jsonObj.getString("split_coupon_amount") == null ? "0.0" :
                        jsonObj.getString("split_coupon_amount"));
                BigDecimal splitTotalAmount = new BigDecimal(
                    jsonObj.getString("split_total_amount") == null ? "0.0" :
                        jsonObj.getString("split_total_amount"));
                Long ts = jsonObj.getLong("ts") * 1000L;
                return TradeSkuOrderBean.builder()
                    .skuId(skuId)
                    .originalAmount(splitOriginalAmount)
                    .activityAmount(splitActivityAmount)
                    .couponAmount(splitCouponAmount)
                    .orderAmount(splitTotalAmount)
                    .ts(ts)
                    .build();
            }
        );

        // 8. 设置水位线
        SingleOutputStreamOperator<TradeSkuOrderBean>  withWatermarkDS  =  javaBeanStream.
assignTimestampsAndWatermarks(
            WatermarkStrategy
                .<TradeSkuOrderBean>forBoundedOutOfOrderness(Duration.ofSeconds(5L))
                .withTimestampAssigner(
                    new SerializableTimestampAssigner<TradeSkuOrderBean>() {

                        @Override
                        public  long  extractTimestamp(TradeSkuOrderBean  javaBean,
long recordTimestamp) {
                            return javaBean.getTs();
                        }
                    }
                )
        );

        // 9. 分组
        KeyedStream<TradeSkuOrderBean,  String>  keyedForAggregateStream  =  withWatermarkDS.
keyBy(
            new KeySelector<TradeSkuOrderBean, String>() {

                @Override
                public String getKey(TradeSkuOrderBean javaBean) throws Exception {
                    return javaBean.getSkuId();
                }
            }
        );

        // 10. 开窗
        WindowedStream<TradeSkuOrderBean,  String,  TimeWindow>  windowDS  =  keyedForAggregateStream.
window(TumblingEventTimeWindows.of(
```

```
            org.apache.flink.streaming.api.windowing.time.Time.seconds(10L)));

        // 11. 聚合
        SingleOutputStreamOperator<TradeSkuOrderBean> reducedStream = windowDS
            .reduce(
                new ReduceFunction<TradeSkuOrderBean>() {
                    @Override
                    public    TradeSkuOrderBean    reduce(TradeSkuOrderBean    value1,
TradeSkuOrderBean value2) throws Exception {
                        value1.setOriginalAmount(value1.getOriginalAmount().add(value2.
getOriginalAmount()));
                        value1.setActivityAmount(value1.getActivityAmount().add(value2.
getActivityAmount()));
                        value1.setCouponAmount(value1.getCouponAmount().add(value2.
getCouponAmount()));
                        value1.setOrderAmount(value1.getOrderAmount().add(value2.
getOrderAmount()));
                        return value1;
                    }
                },
                new    ProcessWindowFunction<TradeSkuOrderBean,    TradeSkuOrderBean,
String, TimeWindow>() {

                    @Override
                    public  void  process(String  key,  Context  context,  Iterable
<TradeSkuOrderBean> elements, Collector<TradeSkuOrderBean> out) throws Exception {

                    String stt = DateFormatUtil.toYmdHms(context.window(). getStart());
                    String edt = DateFormatUtil.toYmdHms(context.window(). getEnd());
                        for (TradeSkuOrderBean element : elements) {
                            element.setStt(stt);
                            element.setEdt(edt);
                            element.setTs(System.currentTimeMillis());
                            out.collect(element);
                        }
                    }
                }
            );

        // 12. 维度关联，补充与分组无关的维度字段
        // 12.1 关联 sku_info 表
        SingleOutputStreamOperator<TradeSkuOrderBean>  withSkuInfoStream  =  AsyncDataStream.
unorderedWait(
            reducedStream,
            new DimAsyncFunction<TradeSkuOrderBean>("dim_sku_info".toUpperCase()) {

                @Override
                public void join(TradeSkuOrderBean javaBean, JSONObject jsonObj) throws
Exception {
```

```
                javaBean.setSkuName(jsonObj.getString("sku_name".toUpperCase()));
                javaBean.setTrademarkId(jsonObj.getString("tm_id".toUpperCase()));
                javaBean.setCategory3Id(jsonObj.getString("category3_id".toUpperCase()));
                javaBean.setSpuId(jsonObj.getString("spu_id".toUpperCase()));
            }

            @Override
            public String getKey(TradeSkuOrderBean javaBean) {
                return javaBean.getSkuId();
            }
        },
        60 * 5, TimeUnit.SECONDS
    );
    // 12.2 关联 spu_info 表
    SingleOutputStreamOperator<TradeSkuOrderBean> withSpuInfoStream = AsyncDataStream.
unorderedWait(
        withSkuInfoStream,
        new DimAsyncFunction<TradeSkuOrderBean>("dim_spu_info".toUpperCase()) {
            @Override
            public void join(TradeSkuOrderBean javaBean, JSONObject dimJsonObj)
throws Exception {
                javaBean.setSpuName(
                        dimJsonObj.getString("spu_name".toUpperCase())
                );
            }

            @Override
            public String getKey(TradeSkuOrderBean javaBean) {
                return javaBean.getSpuId();
            }
        },
        60 * 5, TimeUnit.SECONDS
    );

    // 12.3 关联品牌表 base_trademark
    SingleOutputStreamOperator<TradeSkuOrderBean> withTrademarkStream = AsyncDataStream.
unorderedWait(
        withSpuInfoStream,
        new DimAsyncFunction<TradeSkuOrderBean>("dim_base_trademark".toUpperCase()) {
            @Override
            public void join(TradeSkuOrderBean javaBean, JSONObject jsonObj) throws
Exception {
                javaBean.setTrademarkName(jsonObj.getString("tm_name".toUpperCase()));
            }

            @Override
            public String getKey(TradeSkuOrderBean javaBean) {
                return javaBean.getTrademarkId();
            }
        },
        5 * 60, TimeUnit.SECONDS
```

```
        );

        // 12.4 关联三级分类表 base_category3
        SingleOutputStreamOperator<TradeSkuOrderBean>    withCategory3Stream    =    AsyncDataStream.
unorderedWait(
                withTrademarkStream,
                new DimAsyncFunction<TradeSkuOrderBean>("dim_base_category3".toUpperCase()) {
                    @Override
                    public void join(TradeSkuOrderBean javaBean, JSONObject jsonObj) throws
Exception {
                        javaBean.setCategory3Name(jsonObj.getString("name".toUpperCase()));
                        javaBean.setCategory2Id(jsonObj.getString("category2_id".toUpperCase
()));
                    }

                    @Override
                    public String getKey(TradeSkuOrderBean javaBean) {
                        return javaBean.getCategory3Id();
                    }
                },
                5 * 60, TimeUnit.SECONDS
        );

        // 12.5 关联二级分类表 base_category2
        SingleOutputStreamOperator<TradeSkuOrderBean>    withCategory2Stream    =    AsyncDataStream.
unorderedWait(
                withCategory3Stream,
                new DimAsyncFunction<TradeSkuOrderBean>("dim_base_category2".toUpperCase ()) {
                    @Override
                    public void join(TradeSkuOrderBean javaBean, JSONObject jsonObj) throws
Exception {
                        javaBean.setCategory2Name(jsonObj.getString("name".toUpperCase()));
                      javaBean.setCategory1Id(jsonObj.getString("category1_id".toUpperCase ()));
                    }

                    @Override
                    public String getKey(TradeSkuOrderBean javaBean) {
                        return javaBean.getCategory2Id();
                    }
                },
                5 * 60, TimeUnit.SECONDS
        );

        // 12.6 关联一级分类表 base_category1
        SingleOutputStreamOperator<TradeSkuOrderBean>    withCategory1Stream    =    AsyncDataStream.
unorderedWait(
                withCategory2Stream,
                new DimAsyncFunction<TradeSkuOrderBean>("dim_base_category1".toUpperCase()) {
                    @Override
                    public void join(TradeSkuOrderBean javaBean, JSONObject jsonObj) throws
Exception {
```

```
                javaBean.setCategory1Name(jsonObj.getString("name".toUpperCase()));
            }

            @Override
            public String getKey(TradeSkuOrderBean javaBean) {
                return javaBean.getCategory1Id();
            }
        },
        5 * 60, TimeUnit.SECONDS
    );

    // 13. 写出到 OLAP 数据库
    SinkFunction<TradeSkuOrderBean> jdbcSink =
        ClickHouseUtil.<TradeSkuOrderBean>getJdbcSink(
            "insert into dws_trade_sku_order_window values (?,?,?,?,?,?,?,?,?,
?,?,?,?,?,?,?,?,?,?,?,?)"
        );
    withCategory1Stream.<TradeSkuOrderBean>addSink(jdbcSink);

    env.execute();
  }
}
```

执行上述主程序，并启动前置应用 DwdTradeOrderDetail，然后模拟生成业务数据。在 ClickHouse 中执行如下查询语句。

```
hadoop102 :) select * from dws_trade_sku_order_window limit 10;
```

9.12 交易域省份粒度下单各窗口汇总表

本节将要构建的是交易域省份粒度下单各窗口汇总表。

9.12.1 思路梳理

1. 任务分析

本节主要构建的业务过程为下单，统计粒度为省份的派生指标，即当日各省份订单金额和当日各省份订单数。

以上两个指标都可以通过消费 Kafka 的下单事务事实表主题 dwd_trade_order_detail 获得。对下单明细数据中的订单金额和订单数按照省份聚合，并将计算结果写入 ClickHouse 提前创建好的汇总表中。

2. 思路及关键技术点

（1）消费 Kafka 的下单事务事实表 dwd_trade_order_detail 主题，封装为数据流。过滤掉空数据并将流中的数据结构由 String 转换为 JSONObject。

（2）按照 order_detail_id 分组，解决撤回数据流造成的数据重复问题，保留字段内容最全的数据，并将 JSONObject 转换为实体类对象，思路同 9.11 节。

（3）下单事务事实表的粒度为一个订单内的一个 SKU 的下单操作，因此，当一个订单中包含多个 SKU 时，会被拆分成多条下单事务事实表的数据，就会出现重复的 order_id。若想统计各省份的订单数，需要对下单事务事实表中的 order_id 去重。考虑以下三种去重方案。

方案一：相同 order_id 的订单明细数据生成时间相差无几，绝大多数情况下可以进入同一个窗口。因此，可以在窗口内维护一个 Set 集合，存储所有的 order_id，将集合的 size 作为订单数。

方案二：按照 order_id 分组，为每个 order_id 维护一个状态，通过状态去重。为了节省资源，设置状态的 TTL，过期清除。同一个订单的明细数据生成时间几乎没有差别，只要考虑数据传输过程出现的延迟即可，此处将状态的 TTL 设置为 10s。

两种方案均可，此处选择方案二。

（4）为数据流设置水位线。

（5）将数据流按照省份 id 字段调用 keyBy 方法分组。

（6）为数据流设置滚动窗口。

（7）对每个窗口内的数据进行聚合，获得窗口内累积下单次数和累积下单金额，将其与窗口起始时间、窗口结束时间字段、当前系统时间的 ts 字段封装为实体类。

（8）与省份表关联，补全数据中的省份维度信息。

（9）将最终数据写入 ClickHouse。

3. 流程图解

交易域省份粒度下单各窗口汇总表构建流程图如图 9-13 所示。

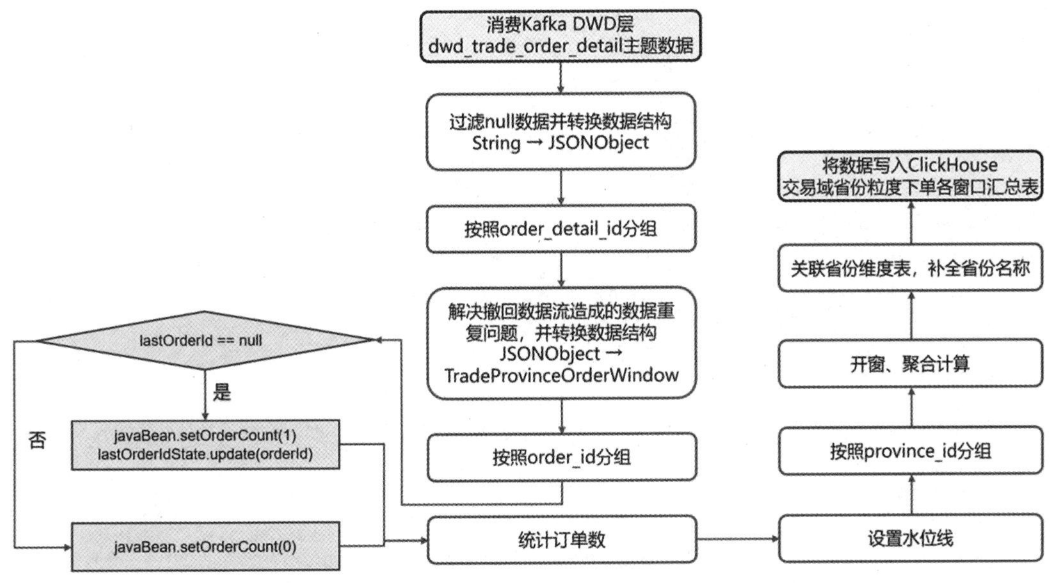

图 9-13　交易域省份粒度下单各窗口汇总表构建流程图

9.12.2　代码编写

（1）在 ClickHouse 中创建交易域省份粒度下单各窗口汇总表 dws_trade_province_order_window，建表语句如下所示。

```
drop table if exists dws_trade_province_order_window;
create table if not exists dws_trade_province_order_window
(
   stt           DateTime COMMENT '窗口起始时间',
   edt           DateTime COMMENT '窗口结束时间',
   province_id   String COMMENT '省份 id',
   province_name String COMMENT '省份名称',
   order_count   UInt64 COMMENT '累计下单次数',
```

```
    order_amount  Decimal(38, 20) COMMENT '累计下单金额',
    ts            UInt64 COMMENT '时间戳'
) engine = ReplacingMergeTree(ts)
      partition by toYYYYMMDD(stt)
      order by (stt, edt, province_id);
```

（2）在 bean 包下创建实体类 TradeProvinceOrderWindow。

```
package com.atguigu.gmall.realtime.bean;

import lombok.AllArgsConstructor;
import lombok.Builder;
import lombok.Data;

import java.math.BigDecimal;

@Data
@AllArgsConstructor
@Builder
public class TradeProvinceOrderWindow {
    // 窗口起始时间
    String stt;

    // 窗口结束时间
    String edt;

    // 省份 id
    String provinceId;

    // 省份名称
    @Builder.Default
    String provinceName = "";

    // 订单 id
    @TransientSink
    String orderId;

    // 累计下单次数
    Long orderCount;

    // 累计下单金额
    BigDecimal orderAmount;

    // 时间戳
    Long ts;
}
```

（3）在 dws 包下创建构建交易域省份粒度下单各窗口汇总表的主程序 DwsTradeProvinceOrderWindow，主要代码如下所示。

```
package com.atguigu.gmall.realtime.app.dws;

import com.alibaba.fastjson.JSON;
import com.alibaba.fastjson.JSONObject;
```

```
import com.atguigu.gmall.realtime.app.func.DimAsyncFunction;
import com.atguigu.gmall.realtime.bean.TradeProvinceOrderWindow;
import com.atguigu.gmall.realtime.util.ClickHouseUtil;
import com.atguigu.gmall.realtime.util.DateFormatUtil;
import com.atguigu.gmall.realtime.util.KafkaUtil;
import com.atguigu.gmall.realtime.util.TimestampLtz3CompareUtil;
import org.apache.flink.api.common.eventtime.SerializableTimestampAssigner;
import org.apache.flink.api.common.eventtime.WatermarkStrategy;
import org.apache.flink.api.common.functions.ReduceFunction;
import org.apache.flink.api.common.restartstrategy.RestartStrategies;
import org.apache.flink.api.common.state.StateTtlConfig;
import org.apache.flink.api.common.state.ValueState;
import org.apache.flink.api.common.state.ValueStateDescriptor;
import org.apache.flink.api.common.time.Time;
import org.apache.flink.api.java.functions.KeySelector;
import org.apache.flink.configuration.Configuration;
import org.apache.flink.runtime.state.hashmap.HashMapStateBackend;
import org.apache.flink.streaming.api.CheckpointingMode;
import org.apache.flink.streaming.api.datastream.*;
import org.apache.flink.streaming.api.environment.CheckpointConfig;
import org.apache.flink.streaming.api.environment.StreamExecutionEnvironment;
import org.apache.flink.streaming.api.functions.KeyedProcessFunction;
import org.apache.flink.streaming.api.functions.sink.SinkFunction;
import org.apache.flink.streaming.api.functions.windowing.ProcessWindowFunction;
import org.apache.flink.streaming.api.windowing.assigners.TumblingEventTimeWindows;
import org.apache.flink.streaming.api.windowing.windows.TimeWindow;
import org.apache.flink.streaming.connectors.kafka.FlinkKafkaConsumer;
import org.apache.flink.util.Collector;

import java.io.IOException;
import java.math.BigDecimal;
import java.util.Objects;
import java.util.concurrent.TimeUnit;

public class DwsTradeProvinceOrderWindow {
    public static void main(String[] args) throws Exception {

        // 1. 环境准备
        StreamExecutionEnvironment env = StreamExecutionEnvironment.getExecutionEnvironment();
        env.setParallelism(4);

        // 2. 状态后端设置
        env.enableCheckpointing(3000L, CheckpointingMode.EXACTLY_ONCE);
        env.getCheckpointConfig().setCheckpointTimeout(60 * 1000L);
        env.getCheckpointConfig().setMinPauseBetweenCheckpoints(3000L);
        env.getCheckpointConfig().enableExternalizedCheckpoints(
                CheckpointConfig.ExternalizedCheckpointCleanup.RETAIN_ON_CANCELLATION
        );
        env.setRestartStrategy(RestartStrategies.failureRateRestart(
                3, Time.days(1), Time.minutes(1)
        ));
```

```
        env.setStateBackend(new HashMapStateBackend());
        env.getCheckpointConfig().setCheckpointStorage(
                "hdfs://hadoop102:8020/ck"
        );
        System.setProperty("HADOOP_USER_NAME", "atguigu");

        // 3. 消费 Kafka 的 dwd_trade_order_detail 主题，封装为流
        String topic = "dwd_trade_order_detail";
        String groupId = "dws_trade_province_order_window";

        FlinkKafkaConsumer<String>   kafkaConsumer   =   KafkaUtil.getKafkaConsumer(topic,
groupId);
        DataStreamSource<String> source = env.addSource(kafkaConsumer);

        // 4. 过滤 null 数据
        SingleOutputStreamOperator<String> filteredStream = source.filter(Objects::nonNull);

        // 5. 按照 order_detail_id 分组
        KeyedStream<String, String> keyedStream = filteredStream.keyBy(new KeySelector<String,
String>() {
            @Override
            public String getKey(String jsonStr) throws Exception {
                JSONObject jsonObj = JSONObject.parseObject(jsonStr);
                return jsonObj.getString("id");
            }
        });

        // 6. 去重并转换数据
        SingleOutputStreamOperator<TradeProvinceOrderWindow>  processedStream  =  keyedStream.
process(
                new KeyedProcessFunction<String, String, TradeProvinceOrderWindow>() {

                    private ValueState<JSONObject> lastValueState;

                    @Override
                    public void open(Configuration parameters) throws Exception {
                        super.open(parameters);
                        lastValueState = getRuntimeContext().getState(
                                new      ValueStateDescriptor<JSONObject>("last_value_state",
JSONObject.class)
                        );
                    }

                    @Override
                    public  void  processElement(String  jsonStr,  Context  ctx,  Collector
<TradeProvinceOrderWindow> out) throws Exception {
                        JSONObject jsonObj = JSON.parseObject(jsonStr);
                        JSONObject lastValue = lastValueState.value();
                        if (lastValue == null) {
                            long currentProcessingTime=ctx.timerService().currentProcessingTime();
                            ctx.timerService().registerProcessingTimeTimer(currentProcessingTime    +
5000L);
                            lastValueState.update(jsonObj);
```

```
                    } else {
                        String lastRowOpTs = lastValue.getString("row_op_ts");
                        String rowOpTs = jsonObj.getString("row_op_ts");
                        if (TimestampLtz3CompareUtil.compare(lastRowOpTs, rowOpTs) <= 0)
{
                            lastValueState.update(jsonObj);
                        }
                    }
                }

                @Override
                public void onTimer(long timestamp, OnTimerContext ctx, Collector
<TradeProvinceOrderWindow> out) throws IOException {
                    JSONObject lastValue = lastValueState.value();
                    if (lastValue != null) {
                        String provinceId = lastValue.getString("province_id");
                        String orderId = lastValue.getString("order_id");
                        BigDecimal orderAmount = new BigDecimal(lastValue.getString
("split_total_amount"));
                        Long ts = lastValue.getLong("ts") * 1000L;

                        out.collect(TradeProvinceOrderWindow.builder()
                                .provinceId(provinceId)
                                .orderId(orderId)
                                .orderAmount(orderAmount)
                                .ts(ts)
                                .build());
                    }
                    lastValueState.clear();
                }
            }
        );

        // 7. 按照 order_id 分组
        KeyedStream<TradeProvinceOrderWindow, String> orderIdKeyedStream = processedStream.
keyBy(TradeProvinceOrderWindow::getOrderId);

        // 8. 统计订单数
        SingleOutputStreamOperator<TradeProvinceOrderWindow> withOrderCountStream =
orderIdKeyedStream.process(
            new KeyedProcessFunction<String, TradeProvinceOrderWindow, TradeProvince
OrderWindow>() {

                ValueState<String> lastOrderIdState;

                @Override
                public void open(Configuration paramters) throws Exception {
                    super.open(paramters);
                    ValueStateDescriptor<String> lastOrderIdStateDescriptor =
                            new ValueStateDescriptor<>("province_last_order_id_state",
String.class);
```

```
                lastOrderIdStateDescriptor.enableTimeToLive(
                    StateTtlConfig.newBuilder(Time.seconds(10L)).build()
                );
                lastOrderIdState   =   getRuntimeContext().getState(lastOrderIdState
Descriptor);
            }

            @Override
            public  void  processElement(TradeProvinceOrderWindow  javaBean,  Context
context, Collector<TradeProvinceOrderWindow> out) throws Exception {
                String orderId = javaBean.getOrderId();
                String lastOrderId = lastOrderIdState.value();
                if (lastOrderId == null) {
                    javaBean.setOrderCount(1L);
                    out.collect(javaBean);
                    lastOrderIdState.update(orderId);
                } else {
                    javaBean.setOrderCount(0L);
                    out.collect(javaBean);
                }
            }
        }
    );

    // 9. 设置水位线
    SingleOutputStreamOperator<TradeProvinceOrderWindow>     withWatermarkStream     =
withOrderCountStream. assignTimestampsAndWatermarks(
        WatermarkStrategy
            .<TradeProvinceOrderWindow>forMonotonousTimestamps()
            .withTimestampAssigner(
                new SerializableTimestampAssigner<TradeProvinceOrderWindow>() {
                    @Override
                    public    long    extractTimestamp(TradeProvinceOrderWindow
javaBean, long recordTimestamp) {
                        return javaBean.getTs();
                    }
                }
            )
    );

    // 10. 按照省份 id 分组
    KeyedStream<TradeProvinceOrderWindow, String> keyedByProIdStream =
        withWatermarkStream.keyBy(TradeProvinceOrderWindow::getProvinceId);

    // 11. 开窗
    WindowedStream<TradeProvinceOrderWindow,    String,    TimeWindow>    windowDS    =
keyedByProIdStream.window(TumblingEventTimeWindows.of(
        org.apache.flink.streaming.api.windowing.time.Time.seconds(10L)
    ));

    // 12. 聚合计算
```

```
        SingleOutputStreamOperator<TradeProvinceOrderWindow>   reducedStream   =   windowDS.
reduce(
                new ReduceFunction<TradeProvinceOrderWindow>() {
                    @Override
                    public TradeProvinceOrderWindow reduce(TradeProvinceOrderWindow value1,
TradeProvinceOrderWindow value2) throws Exception {
                        value1.setOrderCount(value1.getOrderCount() + value2.getOrderCount());
                        value1.setOrderAmount(value1.getOrderAmount().add(value2.getOrder
Amount()));
                        return value1;
                    }
                },
                new   ProcessWindowFunction<TradeProvinceOrderWindow,   TradeProvinceOrderWindow,
String, TimeWindow>() {
                    @Override
                    public void process(String key, Context context, Iterable<TradeProvinceOrderWindow>
elements, Collector<TradeProvinceOrderWindow> out) throws Exception {
                        for (TradeProvinceOrderWindow element : elements) {
                            String stt = DateFormatUtil.toYmdHms(context.window().getStart());
                            String edt = DateFormatUtil.toYmdHms(context.window().getEnd());
                            element.setStt(stt);
                            element.setEdt(edt);
                            element.setTs(System.currentTimeMillis());
                            out.collect(element);
                        }
                    }
                }
        );

        // 13. 关联省份信息
        SingleOutputStreamOperator<TradeProvinceOrderWindow>   fullInfoStream   =   AsyncDataStream.
unorderedWait(
                reducedStream,
                new           DimAsyncFunction<TradeProvinceOrderWindow>("dim_base_province".
toUpperCase()) {

                    @Override
                    public void join(TradeProvinceOrderWindow javaBean, JSONObject jsonObj)
throws Exception {
                        String provinceName = jsonObj.getString("name".toUpperCase());
                        javaBean.setProvinceName(provinceName);
                    }

                    @Override
                    public String getKey(TradeProvinceOrderWindow javaBean) {
                        return javaBean.getProvinceId();
                    }
                },
                60 * 50, TimeUnit.SECONDS
        );
```

```
        // 14. 写入到 OLAP 数据库
        SinkFunction<TradeProvinceOrderWindow>  jdbcSink  =  ClickHouseUtil.<TradeProvinceOrder
Window>getJdbcSink(
                "insert into dws_trade_province_order_window values(?,?,?,?,?,?,?)"
        );
        fullInfoStream.<TradeProvinceOrderWindow>addSink(jdbcSink);

        env.execute();
    }
}
```

执行上述主程序，并启动前置应用 DwdTradeOrderDetail，然后模拟生成业务数据。在 ClickHouse 中执行如下查询语句。

```
hadoop102 :) select * from dws_trade_province_order_window limit 10;
```

9.13 交易域品牌—分类—用户粒度退单各窗口汇总表

9.13.1 思路梳理

1. 任务分析

本节主要构建业务过程为退单，统计粒度为品牌、分类、用户的派生指标，即当日各品牌各分类各用户退单次数。

以上指标可以通过消费 Kafka 的退单事务事实表主题 dwd_trade_order_refund 获得。本汇总表的构建同 9.11 节汇总表的构建思路类似，需要先与 sku_info 表关联，获得品牌和分类的维度信息。然后将数据流分组、开窗、聚合，统计各窗口内的退单次数。最后再与 DIM 层的维度表关联，获取与分组无关的其余维度信息。

2. 思路及关键技术点

（1）消费 Kafka 的 dwd_trade_order_refund 主题，封装为流。将流中的数据由 String 转换为 JSONObject，再将 JSONObject 转换为实体类对象。

（2）与 DIM 层的 sku_info 表关联，获取分组需要用到的关键维度信息 tm_id 和 category3_id 字段值。

（3）为数据流设置水位线。

（4）将数据流按照用户 id、品牌 id、三级分类 id 进行 keyBy 分组，对分组后的数据流开启滚动窗口。

（5）对每个窗口内的数据进行聚合，获得窗口内各品牌各分类各用户退单次数，将其与窗口起始时间和窗口结束时间字段，以及当前系统时间的 ts 字段封装为实体类。

（6）与其他维度表关联，补充其余维度信息。

① 关联 base_trademark 表，获取 tm_name。

② 关联 base_category3 表，获取 name（三级分类名称），获取 category2_id。

③ 关联 base_categroy2 表，获取 name（二级分类名称），category1_id。

④ 关联 base_category1 表，获取 name（一级分类名称）。

（7）将最终数据写入 ClickHouse。

3. 流程图解

交易域品牌—分类—用户粒度退单各窗口汇总表构建流程图如图 9-14 所示。

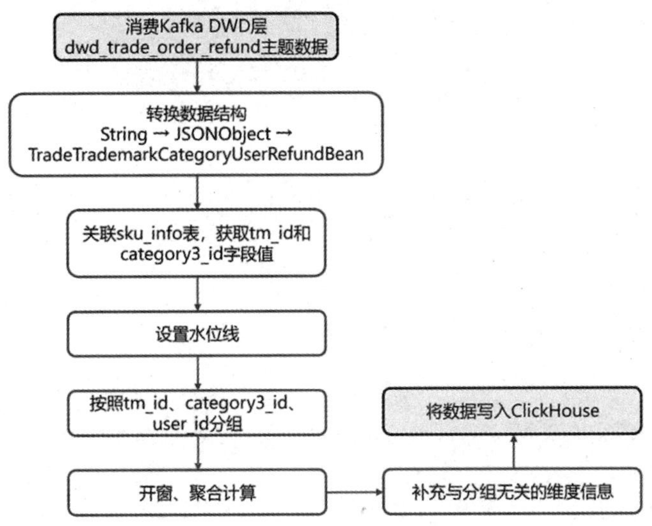

图 9-14　交易域品牌—分类—用户粒度退单各窗口汇总表构建流程图

9.13.2　代码编写

（1）在 ClickHouse 中创建交易域品牌—分类—用户粒度退单各窗口汇总表 dws_trade_trademark_category_user_refund_window，建表语句如下所示。

```
drop table if exists dws_trade_trademark_category_user_refund_window;
create table if not exists dws_trade_trademark_category_user_refund_window
(
    stt            DateTime COMMENT '窗口起始时间',
    edt            DateTime COMMENT '窗口结束时间',
    trademark_id   String COMMENT '品牌 id',
    trademark_name String COMMENT '品牌名称',
    category1_id   String COMMENT '一级分类 id',
    category1_name String COMMENT '一级分类名称',
    category2_id   String COMMENT '二级分类 id',
    category2_name String COMMENT '二级分类名称',
    category3_id   String COMMENT '三级分类 id',
    category3_name String COMMENT '三级分类名称',
    user_id        String COMMENT '用户 id',
    refund_count   UInt64 COMMENT '退单次数',
    ts             UInt64 COMMENT '时间戳'
) engine = ReplacingMergeTree(ts)
      partition by toYYYYMMDD(stt)
      order by (stt, edt, trademark_id, trademark_name, category1_id,
              category1_name, category2_id, category2_name, category3_id, category3_name,
user_id);
```

（2）在 bean 包下创建实体类 TradeTrademarkCategoryUserRefundBean。

```
package com.atguigu.gmall.realtime.bean;


import lombok.AllArgsConstructor;
import lombok.Builder;
import lombok.Data;
```

```
import java.util.Set;

@Data
@AllArgsConstructor
@Builder
public class TradeTrademarkCategoryUserRefundBean {
    // 窗口起始时间
    String stt;
    // 窗口结束时间
    String edt;
    // 品牌 id
    String trademarkId;
    // 品牌名称
    String trademarkName;
    // 一级分类 id
    String category1Id;
    // 一级分类名称
    String category1Name;
    // 二级分类 id
    String category2Id;
    // 二级分类名称
    String category2Name;
    // 三级分类 id
    String category3Id;
    // 三级分类名称
    String category3Name;

    // 订单 id
    @TransientSink
    Set<String> orderIdSet;

    // sku_id
    @TransientSink
    String skuId;

    // 用户 id
    String userId;
    // 退单次数
    Long refundCount;
    // 时间戳
    Long ts;

    public static void main(String[] args) {
        TradeTrademarkCategoryUserRefundBean build = builder().build();
        System.out.println(build);
    }
}
```

（3）在 dws 包下创建主程序 DwsTradeTrademarkCategoryUserRefundWindow。

```
package com.atguigu.gmall.realtime.app.dws;

import com.alibaba.fastjson.JSON;
```

```
import com.alibaba.fastjson.JSONObject;
import com.atguigu.gmall.realtime.app.func.DimAsyncFunction;
import com.atguigu.gmall.realtime.bean.TradeTrademarkCategoryUserRefundBean;
import com.atguigu.gmall.realtime.util.ClickHouseUtil;
import com.atguigu.gmall.realtime.util.DateFormatUtil;
import com.atguigu.gmall.realtime.util.KafkaUtil;
import com.atguigu.gmall.realtime.util.TimestampLtz3CompareUtil;
import org.apache.flink.api.common.eventtime.SerializableTimestampAssigner;
import org.apache.flink.api.common.eventtime.WatermarkStrategy;
import org.apache.flink.api.common.functions.FilterFunction;
import org.apache.flink.api.common.functions.ReduceFunction;
import org.apache.flink.api.common.restartstrategy.RestartStrategies;
import org.apache.flink.api.common.state.ValueState;
import org.apache.flink.api.common.state.ValueStateDescriptor;
import org.apache.flink.api.common.time.Time;
import org.apache.flink.api.java.functions.KeySelector;
import org.apache.flink.configuration.Configuration;
import org.apache.flink.runtime.state.hashmap.HashMapStateBackend;
import org.apache.flink.streaming.api.CheckpointingMode;
import org.apache.flink.streaming.api.datastream.*;
import org.apache.flink.streaming.api.environment.CheckpointConfig;
import org.apache.flink.streaming.api.environment.StreamExecutionEnvironment;
import org.apache.flink.streaming.api.functions.KeyedProcessFunction;
import org.apache.flink.streaming.api.functions.sink.SinkFunction;
import org.apache.flink.streaming.api.functions.windowing.ProcessWindowFunction;
import org.apache.flink.streaming.api.windowing.assigners.TumblingEventTimeWindows;
import org.apache.flink.streaming.api.windowing.windows.TimeWindow;
import org.apache.flink.streaming.connectors.kafka.FlinkKafkaConsumer;
import org.apache.flink.util.Collector;

import java.util.Collections;
import java.util.HashSet;
import java.util.concurrent.TimeUnit;

public class DwsTradeTrademarkCategoryUserRefundWindow {
    public static void main(String[] args) throws Exception {

        // 1. 环境准备
        StreamExecutionEnvironment env = StreamExecutionEnvironment.getExecutionEnvironment();
        env.setParallelism(4);

        // 2. 状态后端设置
        env.enableCheckpointing(3000L, CheckpointingMode.EXACTLY_ONCE);
        env.getCheckpointConfig().setCheckpointTimeout(60 * 1000L);
        env.getCheckpointConfig().setMinPauseBetweenCheckpoints(3000L);
        env.getCheckpointConfig().enableExternalizedCheckpoints(
                CheckpointConfig.ExternalizedCheckpointCleanup.RETAIN_ON_CANCELLATION
        );
        env.setRestartStrategy(
                RestartStrategies.failureRateRestart(
                        3, Time.days(1L), Time.minutes(1L)
```

```
            )
        );
        env.setStateBackend(new HashMapStateBackend());
        env.getCheckpointConfig().setCheckpointStorage(
                "hdfs://hadoop102:8020/ck"
        );
        System.setProperty("HADOOP_USER_NAME", "atguigu");

        // 3. 消费 Kafka 的 dwd_trade_order_refund 主题，封装为流
        String topic = "dwd_trade_order_refund";
        String groupId = "dws_trade_trademark_category_user_refund_window";
        FlinkKafkaConsumer<String>  kafkaConsumer  =  KafkaUtil.getKafkaConsumer(topic,
groupId);
        DataStreamSource<String> source = env.addSource(kafkaConsumer);

        // 4. 转换数据结构
SingleOutputStreamOperator<JSONObject> mappedStream = source.map(JSON::parseObject);
        SingleOutputStreamOperator<TradeTrademarkCategoryUserRefundBean> javaBeanStream =
mappedStream.map(
                jsonObj -> {
                    String orderId = jsonObj.getString("order_id");
                    String userId = jsonObj.getString("user_id");
                    String skuId = jsonObj.getString("sku_id");
                    Long ts = jsonObj.getLong("ts") * 1000L;
                    TradeTrademarkCategoryUserRefundBean  trademarkCategoryUserOrderBean  =
TradeTrademarkCategoryUserRefundBean.builder()
                            .orderIdSet(new HashSet<String>(
                                    Collections.singleton(orderId)
                            ))
                            .userId(userId)
                            .skuId(skuId)
                            .ts(ts)
                            .build();
                    return trademarkCategoryUserOrderBean;
                }
        );

        // 5. 维度关联，补充与分组相关的维度字段
        // 关联 sku_info 表
        SingleOutputStreamOperator<TradeTrademarkCategoryUserRefundBean>  withSkuInfoStream  =
AsyncDataStream.unorderedWait(
                javaBeanStream,
                new    DimAsyncFunction<TradeTrademarkCategoryUserRefundBean>("dim_sku_info".
toUpperCase()) {
                    @Override
                    public    void    join(TradeTrademarkCategoryUserRefundBean    javaBean,
JSONObject jsonObj) throws Exception {
                        javaBean.setTrademarkId(jsonObj.getString("tm_id".toUpperCase()));
                        javaBean.setCategory3Id(jsonObj.getString("category3_id".toUpperCase()));
                    }
```

```
                @Override
                public String getKey(TradeTrademarkCategoryUserRefundBean javaBean) {
                    return javaBean.getSkuId();
                }
            },
            60 * 5, TimeUnit.SECONDS
        );

        // 6. 设置水位线
        SingleOutputStreamOperator<TradeTrademarkCategoryUserRefundBean> withWatermarkDS = 
withSkuInfoStream.assignTimestampsAndWatermarks(
            WatermarkStrategy
                    .<TradeTrademarkCategoryUserRefundBean>forMonotonousTimestamps()
                    .withTimestampAssigner(
                            new SerializableTimestampAssigner<TradeTrademarkCategory
UserRefundBean>() {
                                @Override
                                public long extractTimestamp(TradeTrademarkCategoryUser
RefundBean javaBean, long recordTimestamp) {
                                    return javaBean.getTs();
                                }
                            }
                    )
        );

        // 7. 分组
        KeyedStream<TradeTrademarkCategoryUserRefundBean, String> keyedForAggregateStream = 
withWatermarkDS.keyBy(
            new KeySelector<TradeTrademarkCategoryUserRefundBean, String>() {
                @Override
                public String getKey(TradeTrademarkCategoryUserRefundBean javaBean) 
throws Exception {
                    return javaBean.getTrademarkId() +
                            javaBean.getCategory3Id() +
                            javaBean.getUserId();
                }
            }
        );

        // 8. 开窗
        WindowedStream<TradeTrademarkCategoryUserRefundBean, String, TimeWindow> windowDS = 
keyedForAggregateStream.window(TumblingEventTimeWindows.of(
            org.apache.flink.streaming.api.windowing.time.Time.seconds(10L)));

        // 9. 聚合
        SingleOutputStreamOperator<TradeTrademarkCategoryUserRefundBean> reducedStream = 
windowDS.reduce(
            new ReduceFunction<TradeTrademarkCategoryUserRefundBean>() {
                @Override
                public TradeTrademarkCategoryUserRefundBean reduce(TradeTrademark
CategoryUserRefundBean value1, TradeTrademarkCategoryUserRefundBean value2) throws Exception {
```

```
                    value1.getOrderIdSet().addAll(value2.getOrderIdSet());
                    return value1;
                }
            },
            new    ProcessWindowFunction<TradeTrademarkCategoryUserRefundBean,    Trade
TrademarkCategoryUserRefundBean, String, TimeWindow>() {
                @Override
                public  void  process(String  key,  Context  context,  Iterable<Trade
TrademarkCategoryUserRefundBean>  elements,  Collector<TradeTrademarkCategoryUserRefundBean>
out) throws Exception {
                    String stt = DateFormatUtil.toYmdHms(context.window().getStart());
                    String edt = DateFormatUtil.toYmdHms(context.window().getEnd());
                    for (TradeTrademarkCategoryUserRefundBean element : elements) {
                        element.setStt(stt);
                        element.setEdt(edt);
                        element.setRefundCount((long) (element.getOrderIdSet().size()));
                        element.setTs(System.currentTimeMillis());
                        out.collect(element);
                    }
                }
            }
        );

        // 10. 维度关联，补充与分组无关的维度字段
        // 10.1 关联品牌表 base_trademark
        SingleOutputStreamOperator<TradeTrademarkCategoryUserRefundBean>  withTrademarkStream  =
AsyncDataStream.unorderedWait(
            reducedStream,
            new     DimAsyncFunction<TradeTrademarkCategoryUserRefundBean>("dim_base_trademark".
toUpperCase()) {
                @Override
                public    void    join(TradeTrademarkCategoryUserRefundBean    javaBean,
JSONObject jsonObj) throws Exception {
                    javaBean.setTrademarkName(jsonObj.getString("tm_name".toUpperCase()));
                }

                @Override
                public String getKey(TradeTrademarkCategoryUserRefundBean javaBean) {
                    return javaBean.getTrademarkId();
                }
            },
            5 * 60, TimeUnit.SECONDS
        );

        // 10.2 关联三级分类表 base_category3
        SingleOutputStreamOperator<TradeTrademarkCategoryUserRefundBean>  withCategory3Stream  =
AsyncDataStream.unorderedWait(
            withTrademarkStream,
            new    DimAsyncFunction<TradeTrademarkCategoryUserRefundBean>("dim_base_category3".
toUpperCase()) {
                @Override
```

```
            public    void    join(TradeTrademarkCategoryUserRefundBean    javaBean,
JSONObject jsonObj) throws Exception {
                javaBean.setCategory3Name(jsonObj.getString("name".toUpperCase()));
                javaBean.setCategory2Id(jsonObj.getString("category2_id".toUpperCase()));
            }

            @Override
            public String getKey(TradeTrademarkCategoryUserRefundBean javaBean) {
                return javaBean.getCategory3Id();
            }
        },
        5 * 60, TimeUnit.SECONDS
);

// 10.3 关联二级分类表 base_category2
SingleOutputStreamOperator<TradeTrademarkCategoryUserRefundBean>    withCategory2Stream    =
AsyncDataStream.unorderedWait(
        withCategory3Stream,
        new        DimAsyncFunction<TradeTrademarkCategoryUserRefundBean>("dim_base_
category2".toUpperCase()) {
            @Override
            public    void    join(TradeTrademarkCategoryUserRefundBean    javaBean,
JSONObject jsonObj) throws Exception {
                javaBean.setCategory2Name(jsonObj.getString("name".toUpperCase()));
                javaBean.setCategory1Id(jsonObj.getString("category1_id".toUpperCase()));
            }

            @Override
            public String getKey(TradeTrademarkCategoryUserRefundBean javaBean) {
                return javaBean.getCategory2Id();
            }
        },
        5 * 60, TimeUnit.SECONDS
);

// 10.4 关联一级分类表 base_category1
SingleOutputStreamOperator<TradeTrademarkCategoryUserRefundBean>    withCategory1Stream    =
AsyncDataStream.unorderedWait(
        withCategory2Stream,
        new        DimAsyncFunction<TradeTrademarkCategoryUserRefundBean>("dim_base_
category1".toUpperCase()) {
            @Override
            public    void    join(TradeTrademarkCategoryUserRefundBean    javaBean,
JSONObject jsonObj) throws Exception {
                javaBean.setCategory1Name(jsonObj.getString("name".toUpperCase()));
            }

            @Override
            public String getKey(TradeTrademarkCategoryUserRefundBean javaBean) {
                return javaBean.getCategory1Id();
            }
```

```
            },
            5 * 60, TimeUnit.SECONDS
        );

        // 11. 写出到 OLAP 数据库
        SinkFunction<TradeTrademarkCategoryUserRefundBean> jdbcSink =
            ClickHouseUtil.<TradeTrademarkCategoryUserRefundBean>getJdbcSink(
                "insert    into    dws_trade_trademark_category_user_refund_window
values(?,?,?,?,?,?,?,?,?,?,?,?,?)"
            );
        withCategory1Stream.<TradeTrademarkCategoryUserRefundBean>addSink(jdbcSink);

        env.execute();
    }
}
```

执行上述主程序，并启动前置应用 DwdTradeOrderRefund，然后模拟生成业务数据。在 ClickHouse 中执行如下查询语句。

```
hadoop102 :) select * from dws_trade_trademark_category_user_refund_window limit 10;
```

9.14 本章总结

DWS 层的构建主要是为最终的指标计算提供直接服务的，因此，DWS 层的构建需要参照项目的指标体系，对指标体系的分析也至关重要。合理的 DWS 层设计可以助力数据开发人员更快地提炼指标，更方便地进行可视化大屏展示。在本章代码的编写过程中，我们又学习到了很多新技能点，如旁路缓存、异步 IO、维表关联、数据去重等。在 Flink 的实际开发中，可能遇到各种各样的开发难题，通过学习本章，希望读者能在实际开发过程中找到问题的解决思路。

第10章 数据可视化大屏

经过 DWS 层的计算，宽表数据已经存储于 ClickHouse 中，我们还需要对数据进行进一步的分析展示，也就是数据仓库的 ADS 层——数据 BI 分析和可视化。将结果数据以不同图表的形式展示，并配以清晰直观的大屏展示，是众多企业对 ADS 层的要求。本实时数据仓库项目也需要实现可视化大屏的功能。

10.1 需求分析

我们在第 9 章中，已经将轻度聚合的宽表数据存储到了 ClickHouse 的 DWS 层中。数据存储到 ClickHouse 的主要目的是提供即时的数据查询、统计和分析服务。这些统计服务一般分两种形式：一种是面向为专业数据分析人员准备的 BI 工具；一种是面向对非专业人员来说更直观的数据大屏。

本项目开发的是实时可视化大屏，要求做到展示直观、刷新及时、配置灵活易操作。

在数据可视化的领域，随着技术的不断发展，涌现出了越来越多的可视化工具，可以满足用户多种多样的可视化需求。常见的可视化工具有 Tableau、SovitChart、Echarts、Superset、Sugar BI 等。这些可视化工具有的需要用户自行编写代码对接图表，有的无须任何代码，通过简单的配置，即可实现优秀的可视化大屏。用户可以自行调研，根据可视化页面的风格需求、是否接受付费、是否需要编程基础等条件筛选自己需要的可视化工具。根据本项目的具体需求，我们选用了可配置数据源更丰富、操作更简单的 Sugar BI。

10.2 Sugar BI 介绍

10.2.1 简介

Sugar BI 是百度智能云推出的敏捷 BI 和数据可视化平台，目标是解决报表和大屏的数据 BI 分析和可视化问题，解放数据可视化系统的开发人力。Sugar BI 提供了界面优美、体验良好的交互设计，可以通过简单的操作，快速地搭建数据可视化页面，并对数据进行快速分析。

作为一款数据可视化工具，Sugar BI 提供了上百种图表组件，并支持多种复杂的过滤条件，可以充分满足用户的可视化需求。Sugar BI 还内置了 30 余种可视化大屏模板，可以帮助毫无设计经验的用户制作出高水平的可视化大屏作品。

Sugar BI 的另一项优秀之处在于，支持直接连接多种数据源，包括 MySQL、SQL Server、Oracle、Postgre SQL、Kylin、Hive、Impala、Druid、ClickHouse 等。用户可以通过简单的配置，即可将数据源配置于 Sugar BI 之上。

Sugar BI 在支持丰富多样的数据源之余，还支持多种方式对接数据源。

- 直连数据源。通过数据模型和 SQL 建模两种方式，可以直接将数据库中的数据绑定到图表上进行可视化分析。
- 上传 Excel 或 CSV 文件。
- API 接口。通过使用 API 接口将数据绑定到可视化图表，Sugar BI 会在后端通过 POST 的方式访问用户的 API，并在请求条件中附带过滤条件、下钻参数、联动参数等当前图表拉取数据时需要的信息。用户可以采用自己熟悉的语言编写 API 接口。
- 静态 JSON 录入。通过手动录入静态 JSON 字符串来可视化展示，主要用于测试。

上述 Sugar BI 的优点使 Sugar BI 在各大互联网企业中有越来越广泛的应用。尤其是对于没有编程经验的开发人员，通过简单的拖曳操作，即可实现优秀的可视化大屏。对于有编程经验的人员来说，可以通过自编程实现更丰富的图表。

10.2.2 使用入门

用户注册百度智能云的账号后，即可通过百度智能云的控制台进入 Sugar BI 的页面，首先需要用户创建新的组织，如图 10-1 所示。组织一般指中小型企业、事业单位或大型公司的一个部门。

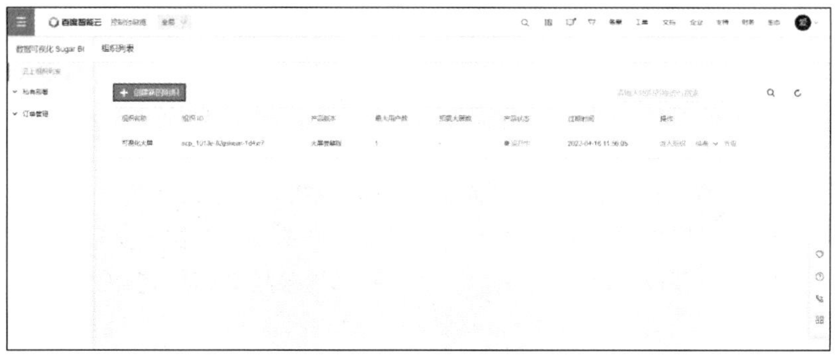

图 10-1 创建新的组织

在创建组织的页面中，首先需要选择产品，如图 10-2 所示，其中“大屏尝鲜版”是用户可以免费试用的，基础版和高级版有更多样的功能、图表和数据源选择，但是需要付费，用户可以根据自己的需要选择适合的版本。

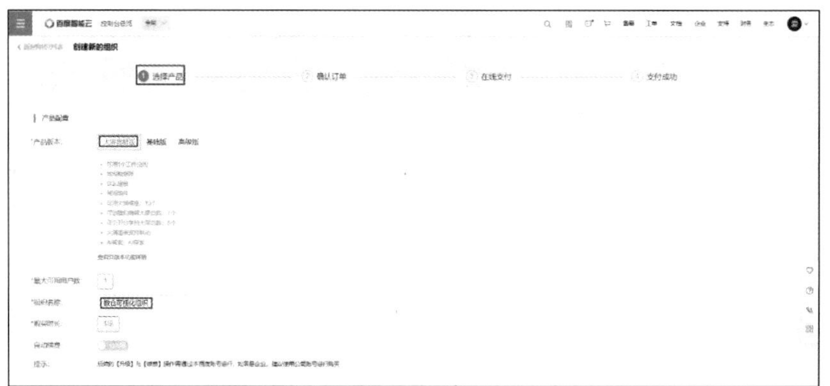

图 10-2 选择产品

创建好组织后，在组织列表中选择“进入组织”，如 10-3 所示。

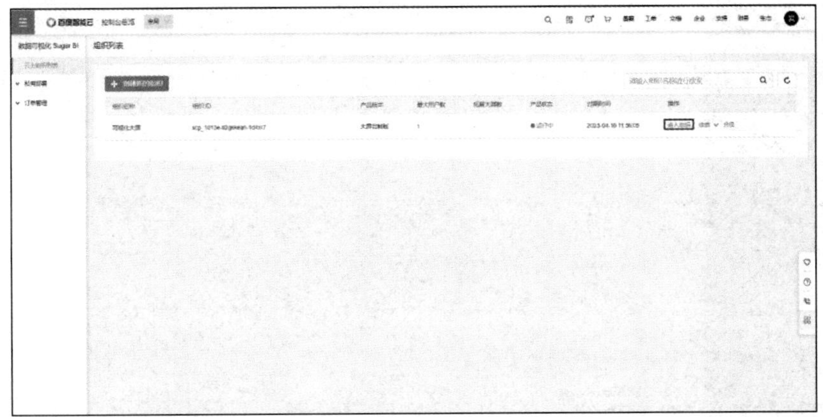

图 10-3　进入组织

在空间广场选择“创建空间”，如图 10-4 所示。

图 10-4　选择“创建空间”

输入自定义的空间名称，单击“确认”按钮即可创建成功，如图 10-5 所示。

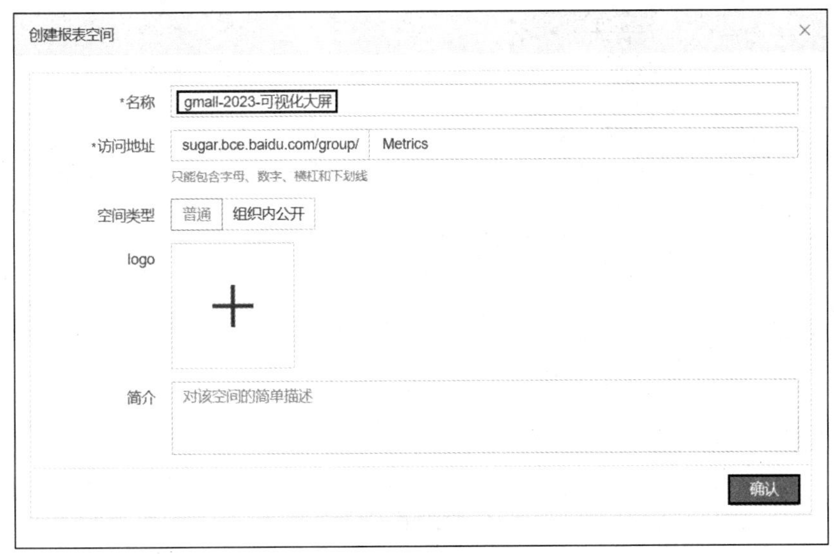

图 10-5　创建空间

在空间页面，即可看到简要的使用流程，如图 10-6 所示，用户可以参考使用流程进行可视化大屏的制作。在 Sugar BI 官网，有非常详细的操作流程讲解，感兴趣的读者可以自行参阅。

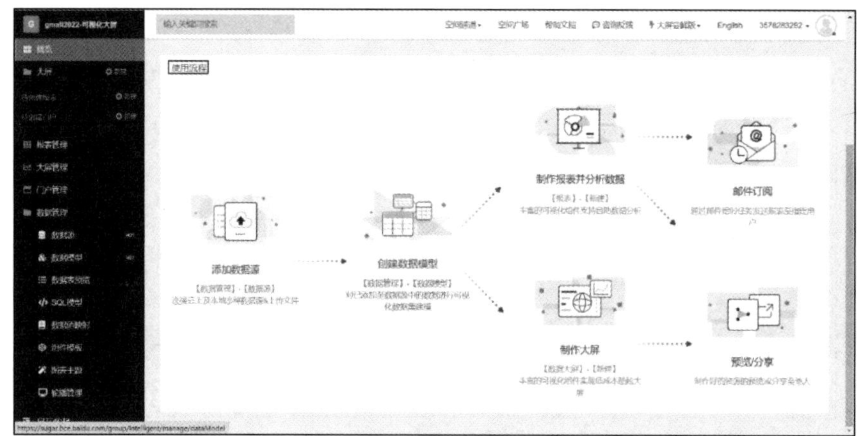

图 10-6　空间主页面

10.2.3　效果展示

本项目选用的是 API 接口的形式将数据源绑定到可视化图表，这种方式更经济也更灵活。受篇幅所限，本书不再展示编写的具体接口代码。具体的接口代码可通过“尚硅谷教育”公众号获取，感兴趣的读者可以自行阅读。

本项目的可视化大屏最终展示效果如图 10-7 所示。

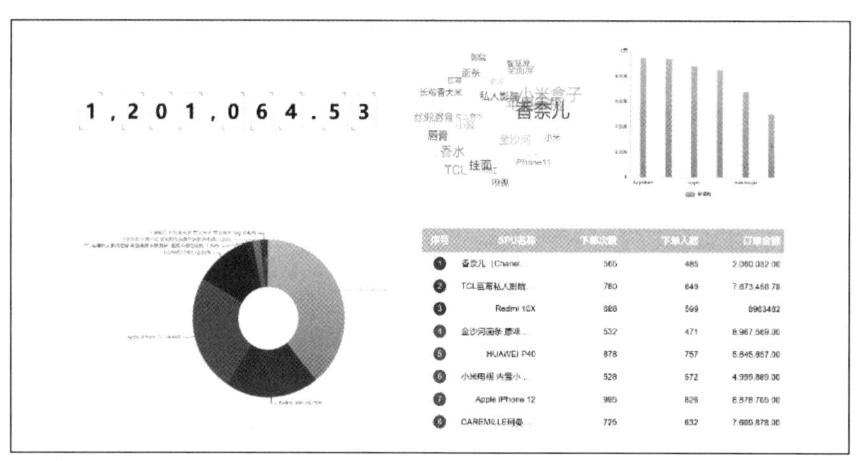

图 10-7　可视化大屏最终展示效果

10.3　本章总结

本章主要对可视化大屏的功能和工具进行了介绍。可视化大屏功能是实时计算领域的基本需求，很多企业都会要求制作可视化大屏，常见的应用场景包括电商大促数据实时展示、实时路况展示、实时风险监控大屏等。灵活运用多种多样的可视化工具可以使我们事半功倍。

第11章

性能调优理论与实践

实时数据仓库项目搭建完成后，工作并没有完全结束，代码的运行还需要长时间的调整和维护。本章将要讲解的是如何进行项目性能调优。首先，我们要了解什么是性能调优？通俗来讲，性能调优就是在对计算机的硬件、操作系统和应用程序深入了解的基础上，调节三者的关系，实现整个系统（包括硬件、操作系统和应用程序）的性能最优化。企业通过对项目的性能调优，可以大大降本提效，所以对于程序开发者来说，掌握项目性能调优的基本技巧十分必要。本章将讲解实时数据仓库项目调优的基本思路，并且以 DIM 层和 DWD 层的开发为例，详细讲解在面对一个实际的应用程序时，应该从哪些角度入手。

11.1　项目环境概述

在讲解调优的基本策略前，我们会带领读者回顾一下集群的环境，了解集群现有的资源情况，并且回顾一下任务如何提交运行。

11.1.1　集群环境

在企业的实际开发环境中，集群的规模少则数十台，多则成千上万台。在个人计算机上，模拟实际开发环境是不太现实的，我们依然采用在第 3 章中搭建的三台节点服务器的集群环境，在这个环境中，验证调优思路和调优手段。集群资源配置与服务列表如表 11-1 所示。需要注意的是，在实际开发环境中，HDFS 与 YARN 集群通常都是高可用的，配置有多个 NameNode 和 ResourceManager，所以本章的性能调优讲解也将基于高可用的 HDFS 和 YARN 集群。部署高可用的 HDFS 和 YARN 集群的具体流程，读者可以从本书的附赠资料中获取，或者访问“尚硅谷教育”官网，获取更详细的课程资料。

表 11-1　集群资源配置与服务列表

配置/服务	hadoop102 节点服务器	hadoop103 节点服务器	hadoop104 节点服务器
CPU	2 核	2 核	2 核
内存	8GB	8GB	8GB
HDFS	NameNode	NameNode	
	DataNode	DataNode	DataNode
YARN		ResourceManager	ResourceManager
	NodeManager	NodeManager	NodeManager
HBase	HMaster	HMaster	
	HRegionServer	HRegionServer	HRegionServer

续表

配置/服务	hadoop102 节点服务器	hadoop103 节点服务器	hadoop104 节点服务器
ZooKeeper	ZooKeeper	ZooKeeper	ZooKeeper
Kafka	Kafka	Kafka	Kafka
Flink	Flink		
Flume		Flume	
MySQL			MySQL
Maxwell			Maxwell
ClickHouse	ClickHouse		
Redis		Redis	

11.1.2 任务提交测试

在第 7 章中，我们曾经讲解过任务的本地运行测试。本节将讲解如何将代码提交到集群上运行，本章后面所有的性能调优讲解都建立在以下任务提交流程之上。

1. 程序打包

在 IDEA 中，使用 Maven 工具执行 package 命令，将我们编写的代码打包成 jar 包。出现如图 11-1 所示的提示，则表示打包成功。

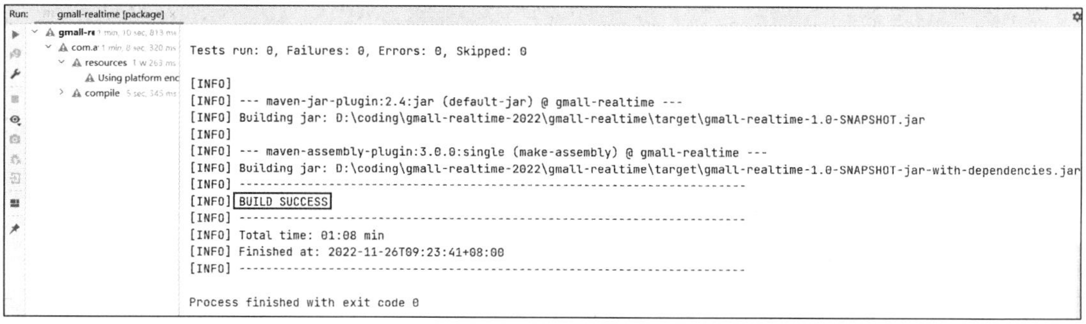
Run: gmall-realtime [package]
gmall-re
com.a
resources
Using platform enc
compile
Tests run: 0, Failures: 0, Errors: 0, Skipped: 0
[INFO]
[INFO] --- maven-jar-plugin:2.4:jar (default-jar) @ gmall-realtime ---
[INFO] Building jar: D:\coding\gmall-realtime-2022\gmall-realtime\target\gmall-realtime-1.0-SNAPSHOT.jar
[INFO]
[INFO] --- maven-assembly-plugin:3.0.0:single (make-assembly) @ gmall-realtime ---
[INFO] Building jar: D:\coding\gmall-realtime-2022\gmall-realtime\target\gmall-realtime-1.0-SNAPSHOT-jar-with-dependencies.jar
[INFO] --
[INFO] BUILD SUCCESS
[INFO] --
[INFO] Total time: 01:08 min
[INFO] Finished at: 2022-11-26T09:23:41+08:00
[INFO] --
Process finished with exit code 0

图 11-1　打包成功

打包完成后，在 target 目录下即可找到所需的 jar 包，jar 包有两个：gmall-realtime-1.0-SNAPSHOT.jar 和 gmall-realtime-1.0-SNAPSHOT-jar-with-dependencies.jar，此处使用 gmall-realtime-1.0-SNAPSHOT-jar-with-dependencies.jar。

2. 提交任务

（1）将 jar 包 gmall-realtime-1.0-SNAPSHOT-jar-with-dependencies.jar 上传至 hadoop102 节点服务器的 /opt/module/flink-1.13.0/job 目录下。

```
[atguigu@hadoop102 job]$ ls
gmall-realtime-1.0-SNAPSHOT-jar-with-dependencies.jar
```

（2）本项目中的任务均采用 Flink 的 YARN Per-Job 模式部署，将 DIM 层的任务提交至 YARN 集群中运行。具体提交命令如下所示。本次提交没有采用任何调优手段，参考以往程序经验设置相关参数，本章将在此基础上对本任务进行性能调优。

```
[atguigu@hadoop102 job]flink run -t yarn-per-job -p 4 -d \
-Dyarn.application.name=DimSinkApp \
-Dyarn.application.queue=default \
-Djobmanager.memory.process.size=1g \
```

```
-Dtaskmanager.memory.process.size=1536mb \
-Dtaskmanager.numberOfTaskSlots=2 \
-c com.atguigu.gmall.realtime.app.dim.DimSinkApp \
gmall-realtime-1.0-SNAPSHOT-jar-with-dependencies.jar
```

（3）任务提交完成后，会打印如下所示的日志。在日志中会给用户提供一个 Web UI 地址和一个 YARN Application ID，用户可以通过 Web UI 查看 Flink 程序的运行情况，通过 YARN Application ID 则可以查看 YARN 集群中任务的运行情况。

```
2022-11-28 15:26:58,487 INFO  org.apache.flink.yarn.YarnClusterDescriptor
2022-11-28 15:26:58,493 INFO  org.apache.flink.yarn.YarnClusterDescriptor [] - Deploying
cluster, current state ACCEPTED
2022-11-28 15:27:11,402 INFO  org.apache.flink.yarn.YarnClusterDescriptor [] - YARN
application has been deployed successfully.
2022-11-28 15:27:11,403 INFO  org.apache.flink.yarn.YarnClusterDescriptor [] - The
Flink YARN session cluster has been started in detached mode. In order to stop Flink
gracefully, use the following command:
$ echo "stop" | ./bin/yarn-session.sh -id application_1669620253856_0002
If this should not be possible, then you can also kill Flink via YARN's web interface
or via:
$ yarn application -kill application_1669620253856_0002
Note that killing Flink might not clean up all job artifacts and temporary files.
2022-11-28 15:27:11,403 INFO  org.apache.flink.yarn.YarnClusterDescriptor [] - Found
Web Interface hadoop104:41174 of application 'application_1669620253856_0002'.
Job has been submitted with JobID e9dd71621076e0be2d96d2e90d655a2f
```

3. 主要查看页面

Flink 的任务提交完成后，用户可以通过 YARN 和 Flink 提供的 Web UI 页面查看任务运行情况，以评判当前任务性能是否需要调优。

（1）YARN Web UI 主页面。

访问 hadoop103 节点服务器的 8088 端口，即可进入 Flink Web UI 的主页面，如图 11-2 所示。该页面需要关注的内容有两部分，集群 Metrics 和 Application 运行情况监控，图 11-2 中框选部分即为需要重点关注的部分。

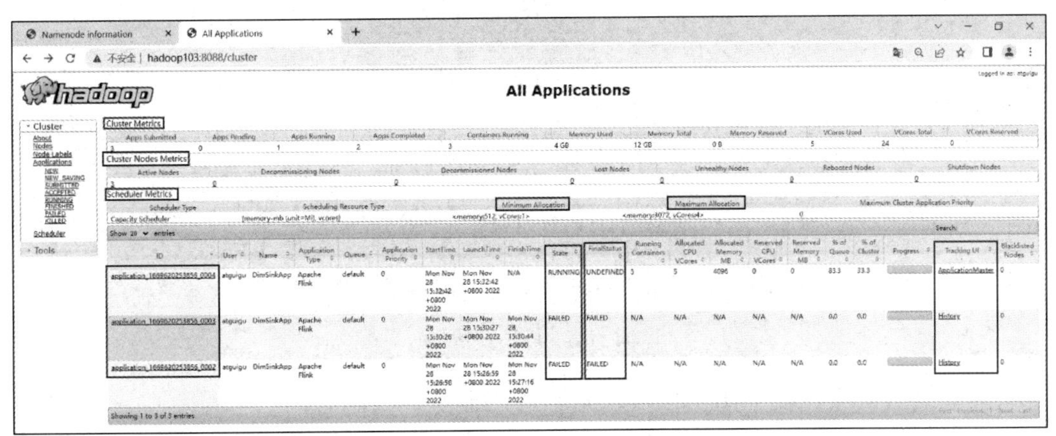

图 11-2　YARN Web UI 主页面

① 集群 Metrics 主要有三类——Cluster Metrics、Cluster Node Metrics 和 Scheduler Metrics。

Cluster Metrics 是集群整体运行情况监控的度量指标，需要关注的度量如下。

- Apps Submitted：已提交 Job 的数量。

- Apps Running：正在运行的 Job 数量。
- Containers Running：正在运行的容器数量。
- Memory Used：已使用的内存。
- Memory Total：集群总内存。
- VCores Used：已使用的虚拟核数。
- VCores Total：集群总的虚拟核数。

Cluster Node Metrics 是集群节点监控的度量指标，需要关注的度量如下。

- Active Node：活跃节点数。
- Lost Nodes：失联节点数。

Scheduler Metrics 是调度器监控的度量指标，需要关注的度量如下。

- Scheduler Type：调度器类型，此处是容量调度器。
- Scheduling Resource Type：调度资源类型，此处为“内存+内核数”。
- Minimum Allocation：单个容器可被分配的最小资源，为资源调度单元，即容器实际获取的资源必须是其整数倍。
- Maximum Allocation：单个容器可被分配的最大资源。

② Application 运行情况监控。

- ID：应用 ID，单击可进入 Application 详情页。
- State：应用当前状态，RUNNING 表示正在运行。
- FinalStatus：应用最终状态，UNDEFINED 表示应用仍在运行，尚未结束。
- Tracking UI：应用 UI 链接，正在运行的应用此项为 ApplicationMaster，已结束的应用此项为 History，可以查看历史运行记录。正在运行的 Flink 应用可单击 ApplicationMaster 进入 Flink 的 Web UI 页面。

（2）YARN 的应用详情页。

单击监控列表中的应用 ID 跳转至应用详情页，如图 11-3 所示。

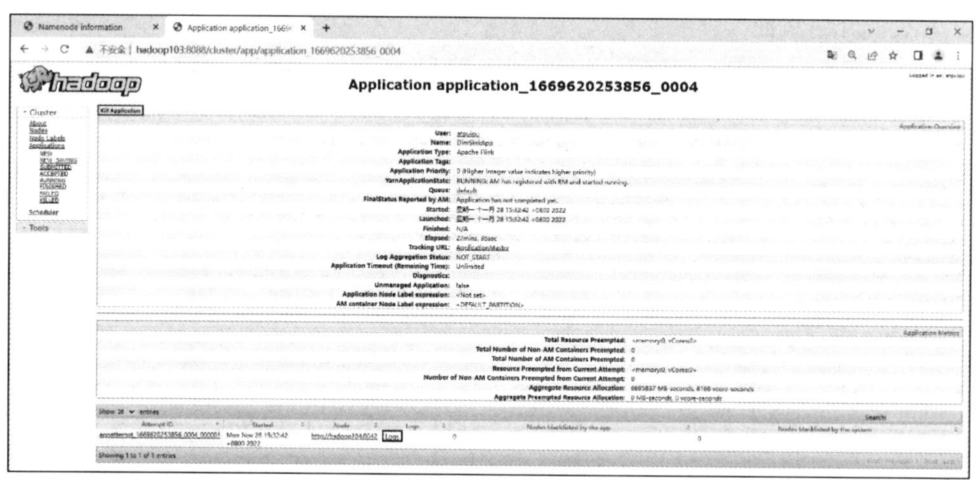

图 11-3　应用详情页

需要重点关注的两个按钮是“Kill Application”和“Logs”。

① Kill Application：单击“Kill Application”按钮，然后在弹出的对话框中选择“确定”按钮，即可强制终止当前应用，如图 11-4 所示。

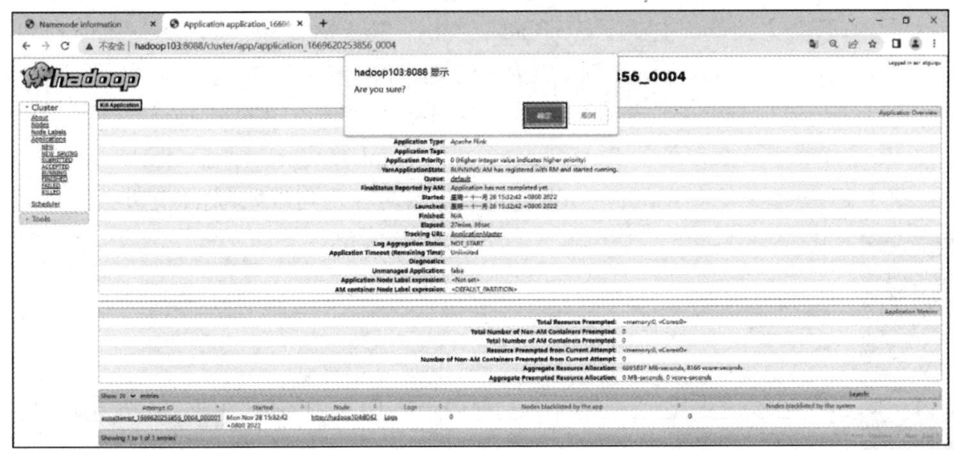

图 11-4　单击“Kill Application”按钮

② Logs：单击“Logs”按钮即可跳转到日志页面，如图 11-5 所示。

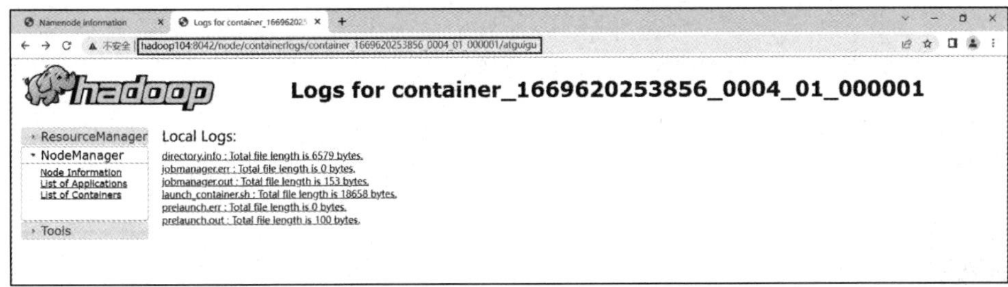

图 11-5　单击“Logs”按钮

需要注意的是，必须配置 YARN 日志聚集服务，且开启历史服务器方可跳转成功。历史服务器启动命令如下。

```
[atguigu@hadoop102 job]$ mapred --daemon start historyserver
```

（3）Flink Web UI 页面。

单击图 11-2 中的“ApplicationMaster”按钮，即可进入 Flink Web UI 的主页面，该页面也称为 Flink 仪表盘（Apache Flink Dashboard），如图 11-6 所示。

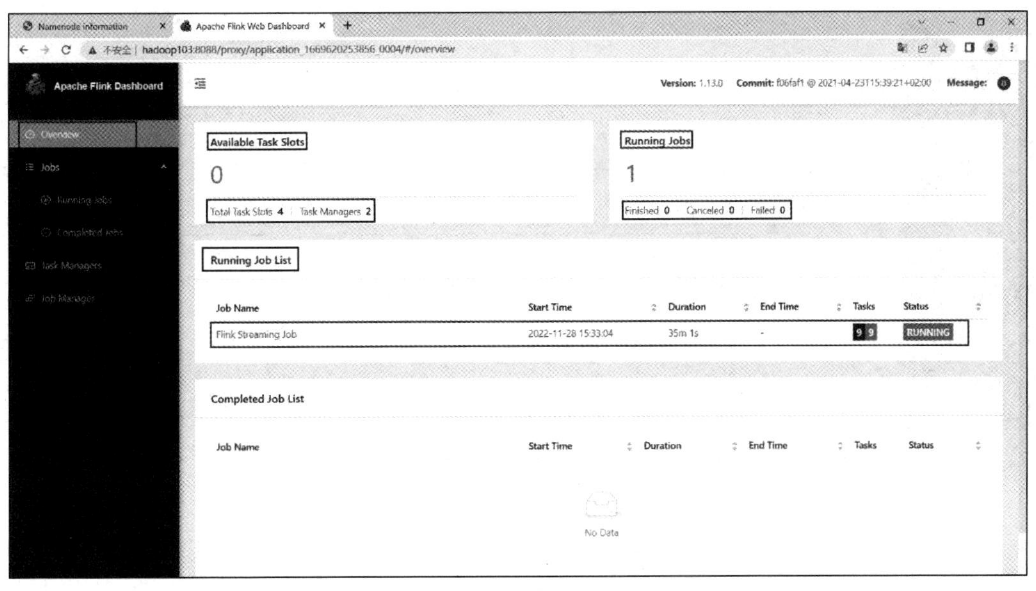

图 11-6　Flink 仪表盘

Flink 仪表盘页面左侧为主菜单，主要由 Overview、Jobs、Task Managers 和 Job Manager 四个标签构成。

① Overview：总览，进入 Dashboard 默认选中该项，图 11-6 右侧即为总览页。用户只需要关注框选部分即可。通过该页面，用户可以了解目前集群的可用资源、正在占用的资源、正在运行的任务等情况。

② Jobs：Flink 任务展示页面，包含 Running Jobs 和 Completed Jobs 标签。Running Jobs 标签页下是正在运行的任务列表，与 Overview 中 Running Job List 展示的内容相同，如图 11-7 所示。

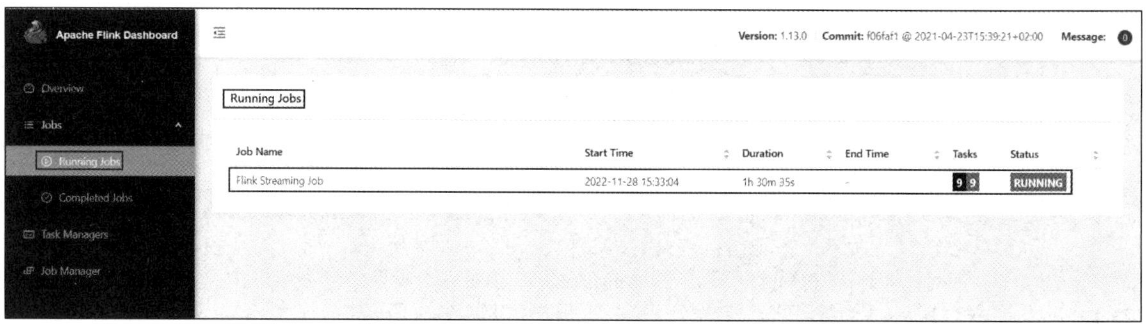

图 11-7　正在运行的任务列表

Completed Jobs 标签页下是已完成的任务列表，如图 11-8 所示。

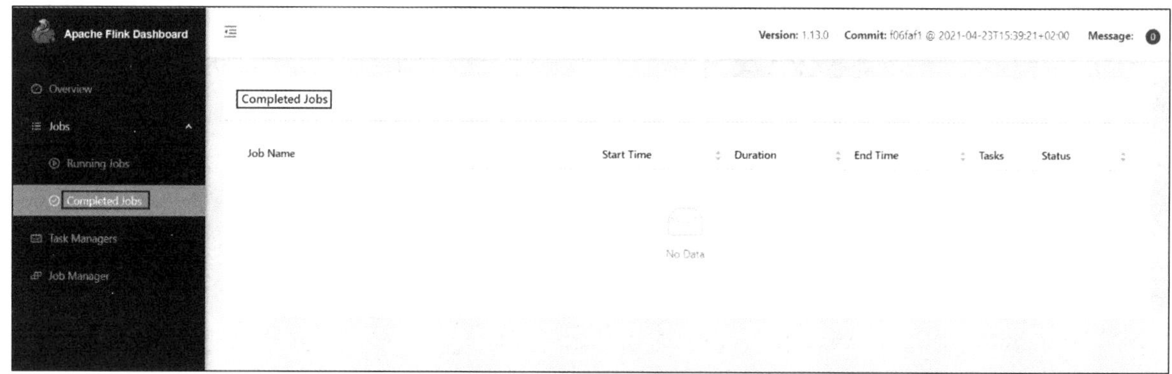

图 11-8　已完成任务列表

③ Task Managers：TaskManager 列表，展示所有的 TaskManager 容器，如图 11-9 所示。

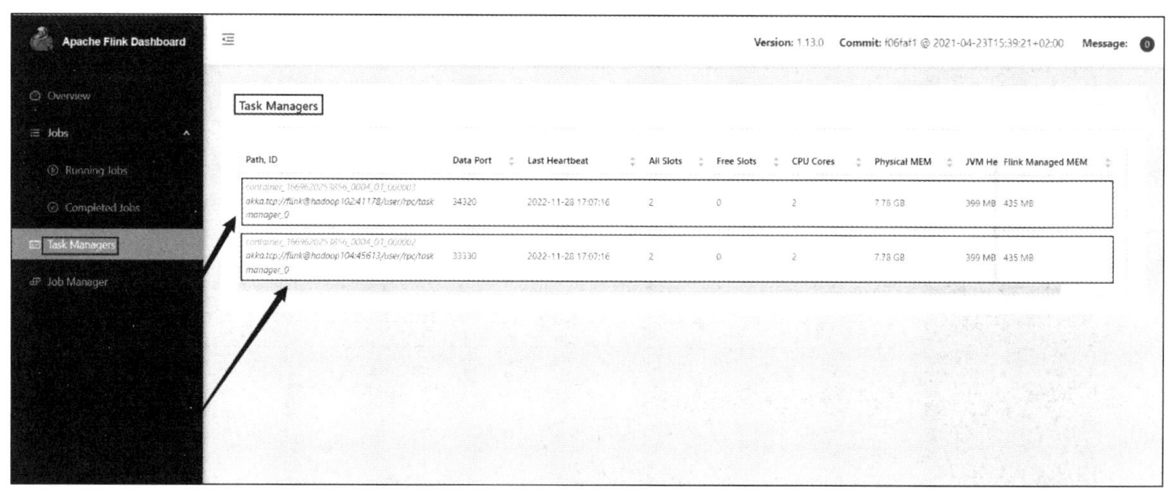

图 11-9　TaskManager 列表

单击箭头所指框的任意位置即可进入 TaskManager 容器详情页，如图 11-10 所示。在这个页面中，共包含五个选项卡，分别是 Metrics、Logs、Stdout、Log List 和 Thread Dump。其中 Metrics 是需要重点关注的选项卡，在这个页面下，我们可以查看 TaskManager 的内存模型。

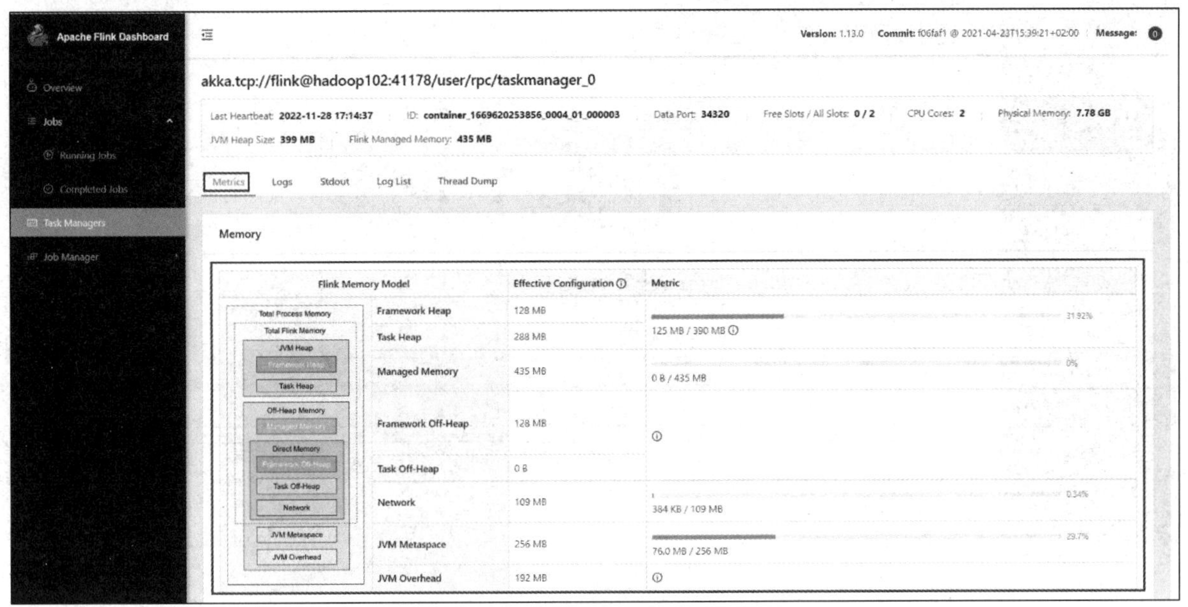

图 11-10 TaskManager 容器详情页

④ Job Manager：JobManager 详情页，展示 JobManager 容器（Flink on YARN 模式提交的每个任务都对应一个 JobManager 容器），同样由五部分组成：Metrics、Configuration、Logs、Stdout 和 Log List。在 Metrics 选项卡下可以查看 JobManager 的内存模型，如图 11-11 所示。

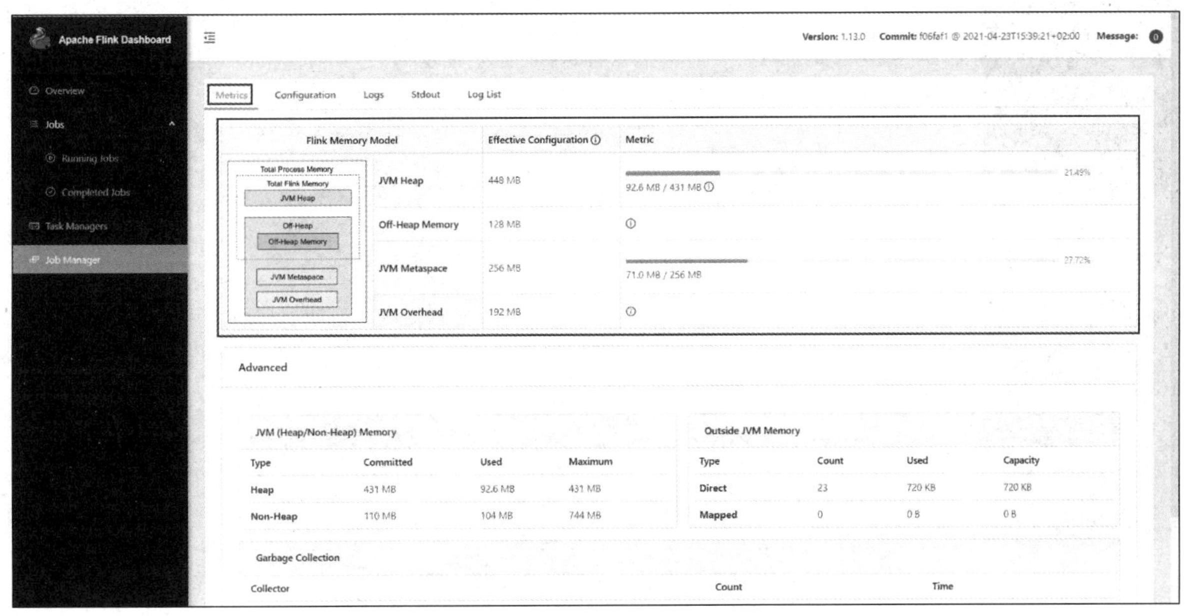

图 11-11 JobManager 容器详情页

（4）Job 详情页。

在 Overview 或 Running Jobs 下找到正在运行的 Job 列表，单击任意 Job 按钮，进入 Job 详情页，如图 11-12 所示。

Job 详情页有五个选项卡：Overview、Exception、TimeLiness、Checkpoints 和 Configuration。需要重点关注的是 Overview、Checkpoints 和 Configuration。在 Overview 页面下可以看到 Flink 任务的 DAG 图，并可以查看 DAG 图的每个关键节点的接收数据和发送数据的情况。

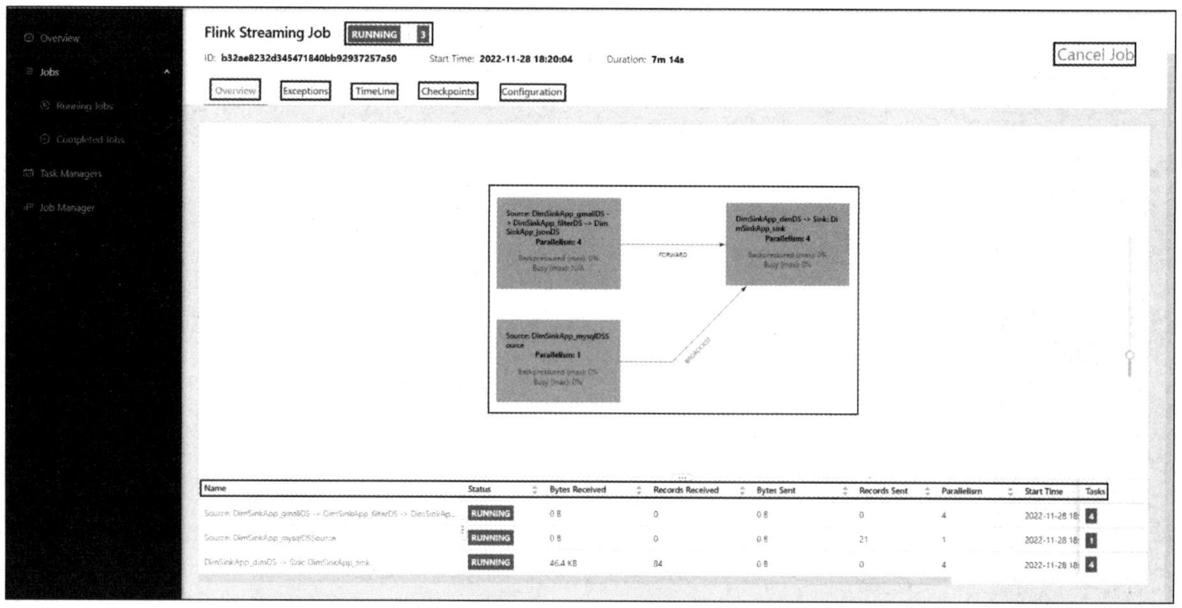

图 11-12　Job 详情页

Checkpoints 选项卡主要提供检查点监控情况，其子菜单包含四个选项：Overview、History、Summary 和 Configuration，其中 Summary 和 Configuration 选项卡下的内容是需要我们重点关注的。

Summary 选项卡下的内容如图 11-13 所示，主要展示检查点的相关监控指标。

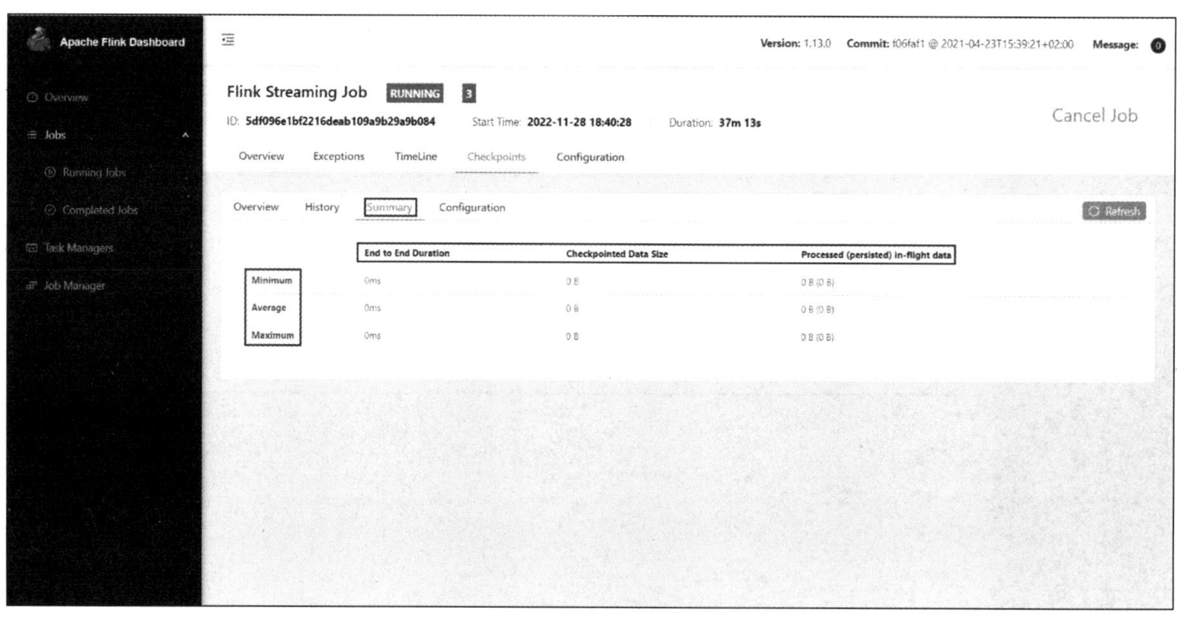

图 11-13　Summary 选项卡下的内容

图 11-13 中共包含以下三类指标。

- End to End Duration：端到端检查点延迟时间。
- Checkpointed Data Size：检查点数据大小。
- Processed（persisted）in-flight data：已处理（持久化/保存）的缓存数据大小（开启非对齐检查点会将缓存数据作为检查点的一部分保存下来）。

Configuration 选项卡主要展示检查点的关键配置信息，如图 11-14 所示。

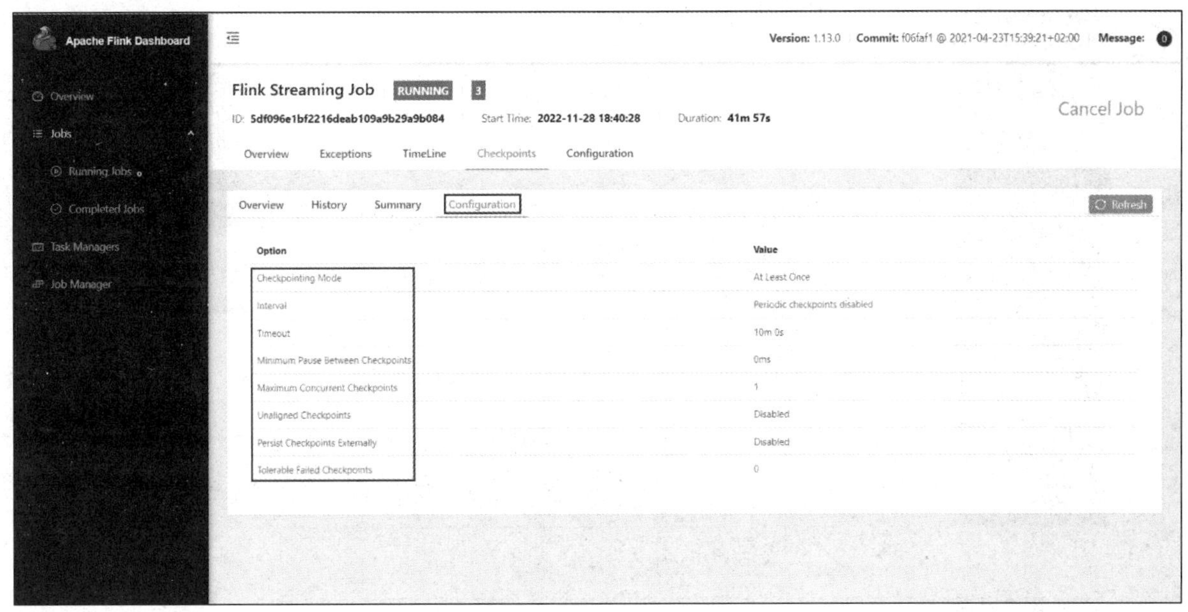

图 11-14　检查点配置页

（5）Job DAG 图节点详情页。

单击图 11-12 中 DAG 图的任意节点，即可查看该节点每个子任务的运行情况，如图 11-15 所示。

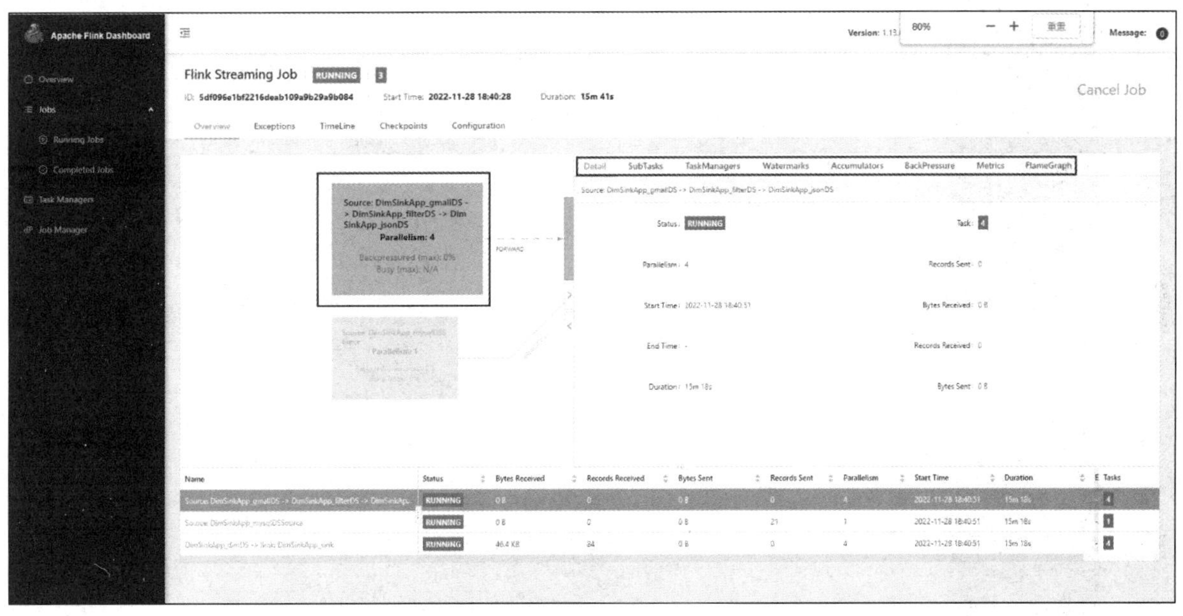

图 11-15　DAG 节点详情页

DAG 节点详情页子菜单包含八个选项：Detail、SubTasks、TaskMangers、Watermarks、Accumulators、BackPressure、Metrics 和 FlameGraph。其中，SubTasks 选项下展示节点各并行子任务的详细信息，如图 11-16 所示。BackPressures 选项下展示各并行子任务的反压情况，如图 11-17 所示。Metrics 选项下主要展示监控指标值，如图 11-18 所示，在文本框中输入指标名称，即可在下方查看指标值。FlameGraph 选项下主要展示节点火焰图，火焰图功能将在 11.6.2 节详细介绍。

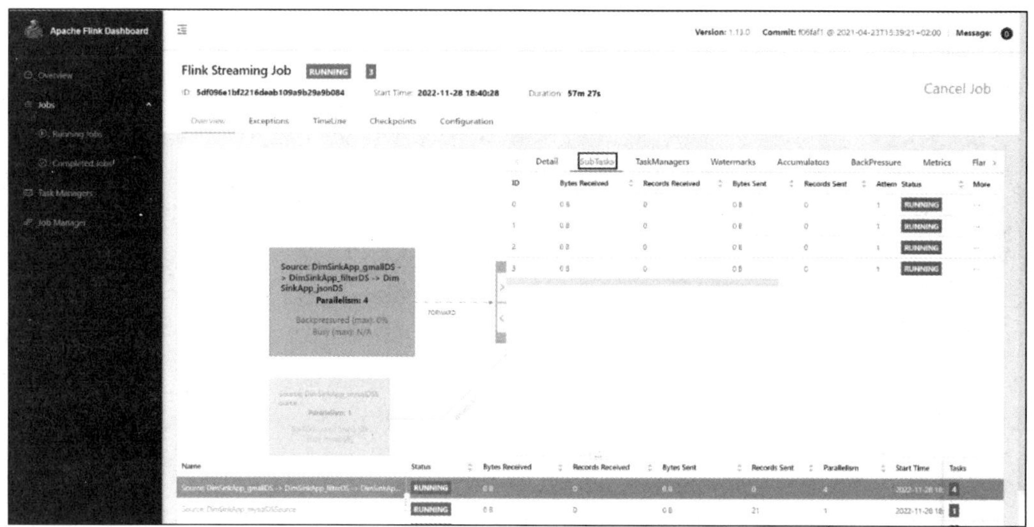

图 11-16　各并行子任务的详细信息

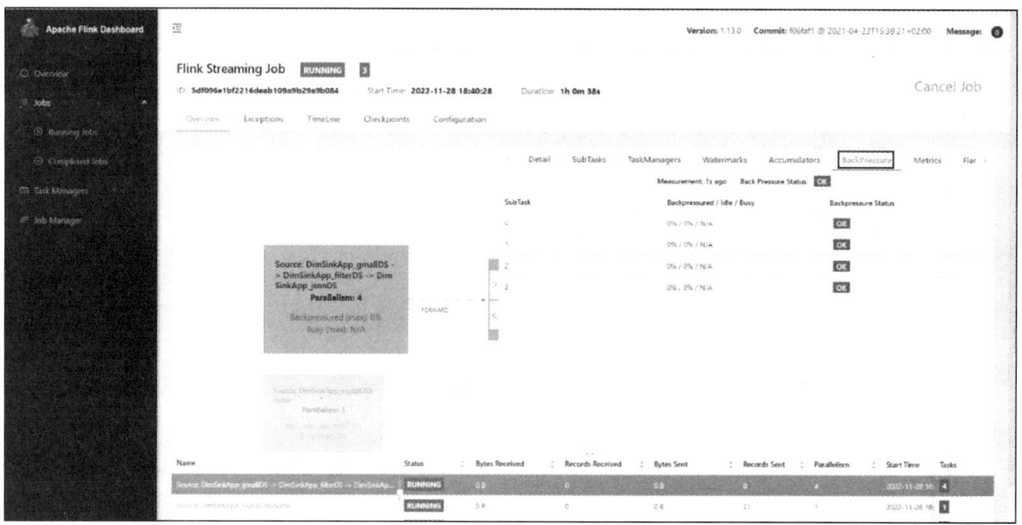

图 11-17　各并行子任务的反压情况

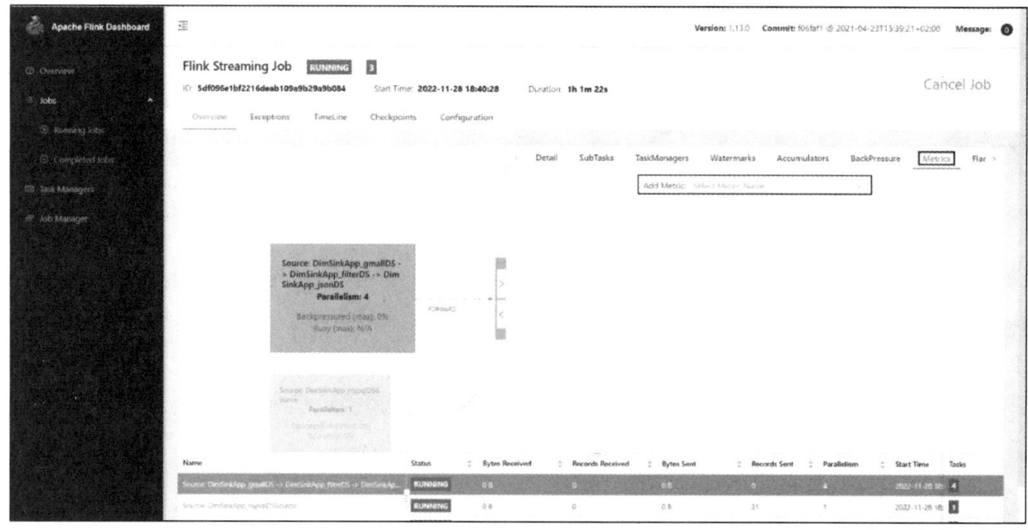

图 11-18　监控指标值

11.2　YARN 调优策略

我们应该知道，Flink 是大数据计算框架，不是资源调度框架，资源调度并不是它的强项。在目前的大数据生态中，YARN 是应用最为广泛的资源管理平台。因此，本项目中我们采用 YARN 作为资源调度框架，将 Flink 任务部署在 YARN 上运行。

YARN 是一个资源调度框架，它调度的资源主要是内存和 CPU，本节主要讲解这两方面的调优策略。

11.2.1　YARN 内存调优

YARN 的内存调优的相关参数可以在 yarn-site.xml 文件中修改，主要包含以下参数。

（1）yarn.scheduler.minimum-allocation-mb。

该参数的含义是，单个容器 Container 能够使用的最小内存，也是 YARN 分配资源的最小单元，换言之，YARN 分配给单个容器的资源必须是该值的整数倍。配置方式如下所示。

```
<property>
    <name>yarn.scheduler.minimum-allocation-mb</name>
    <value>512</value>
</property>
```

（2）yarn.scheduler.maximum-allocation-mb。

该参数的含义是，单个容器 Container 能够使用的最大内存。Flink 的 JobManager 和 TaskManager 都运行在 YARN 的容器中，和容器之间都是一一对应的关系，故该参数不能小于 JobManager 和 TaskManager 的进程总内存配置。此外，该值应为 YARN 分配资源最小单元（上一个配置项）的整数倍，配置方式如下所示。

```
<property>
    <name>yarn.scheduler.maximum-allocation-mb</name>
    <value>6144</value>
</property>
```

（3）yarn.nodemanager.resource.memory-mb。

该参数的含义是，一个 NodeManager 分配给容器使用的内存。该参数的配置取决于 NodeManager 所在节点服务器的总内存容量和该节点服务器运行的其他服务的数量。需要注意的是，容器不能跨节点，所以单个容器的最大内存不应超过单个 NodeManager 可以调度的内存大小。

考虑上述因素，此处可将该参数设置为 6GB，配置方式如下所示。

```
<property>
    <name>yarn.nodemanager.resource.memory-mb</name>
    <value>6144</value>
</property>
```

11.2.2　YARN CPU 调优

YARN 的 CPU 调优相关参数如下所示。

（1）yarn.nodemanager.resource.cpu-vcores。

该参数可以在 yarn-site.xml 文件中修改，它的含义是，一个 NodeManager 分配给容器使用的 CPU 核数。该参数的配置，取决于 NodeManager 所在节点服务器的总 CPU 核数和该节点服务器运行的其他服务的数量。

考虑上述因素，此处可将该参数设置为 2，配置方式如下所示。

```
<property>
   <name>yarn.nodemanager.resource.cpu-vcores</name>
   <value>2</value>
</property>
```

（2）资源调度策略。

如果使用容量调度器调度资源，默认使用“DefaultResourceCalculator”调度策略，分配资源时只会考虑内存大小，而不考虑 CPU 核数，每个容器只分配一个 CPU 核。若将调度策略设置为“DominantResourceCalculator”，则会综合考虑内存大小和 CPU 核数，会参照 yarn.containers.vcores 参数为每个容器分配 CPU 核。若 yarn.containers.vcores 参数没有显式指定，为每个容器分配的 CPU 核数将等于每个 TaskManager 配置的 slot 个数。

在 capacity-scheduler.xml 文件中修改如下配置项，可将调度策略设置为“DominantResourceCalculator”。

```
<property>
 <name>yarn.scheduler.capacity.resource-calculator</name>
 <value>org.apache.hadoop.yarn.util.resource.DominantResourceCalculator</value>
</property>
```

公平调度器不存在以上问题，若使用公平调度器，不需要对资源调度策略进行特别配置。

（3）yarn.containers.vcores。

Flink 向 YARN 提交任务时，可以通过配置项显式指定分配给每个容器的 CPU 核数。若不通过配置项显式指定，则为每个容器分配的 CPU 核数等于每个 TaskManager 配置的 slot 个数。提交任务时，配置项的配置方式如下所示。

```
-Dyarn.containers.vcores=3
```

11.3 Flink 内存模型

在介绍 Flink 的内存模型之前，读者应该对 Java 虚拟机的内存区域划分有一定了解。Flink 为了避免 Java 虚拟机内存管理机制的种种弊端，同时为了适应 Flink 自身数据处理密集的计算特点，设计了一套自己的内存模型。Flink1.10 版本对 TaskManager 的内存模型和配置参数进行了重大更改，让用户可以更加严格地控制其内存开销。Flink1.11 版本进一步对 JobManager 的内存模型和配置参数进行了更改，与 TaskManager 的配置方式进行了统一。本节将分别讲解 TaskManager 和 JobManager 的内存模型和配置参数。

11.3.1 TaskManager 内存模型

Flink1.10 版本后的 TaskManager 的内存模型如图 11-19 所示。

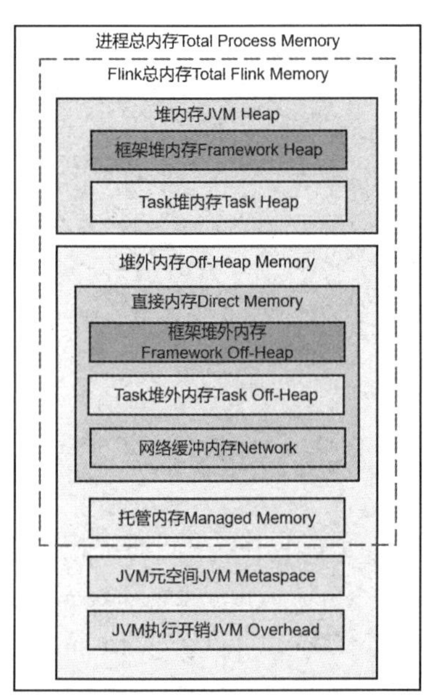

图 11-19　TaskManager 内存模型

从图 11-19 对 TaskManger 内存模型的展示中，可以得出以下结论。

进程总内存（Total Process Memory）=堆内存（Heap）+堆外内存（Off-Heap Memory）。

进程总内存（Total Process Memory）=Flink 总内存（Flink Total Memory）+JVM 元空间（JVM Metaspace）+JVM 执行开销（JVM Overhead）。

Flink 总内存（Flink Total Memory）=框架堆内存（Framework Heap）+Task

堆内存（Task Heap）+框架堆外内存（Framework Off-Heap）+Task 堆外内存（Task Off-Heap）+网络缓冲内存（Network）+托管内存（Managed Memory）。

在了解了内存模型中各部分内存的关系后，接下来对各部分内存和配置项进行介绍。

1. 进程总内存

TaskManager 的进程总内存由参数 taskmanager.memory.process.size 进行指定，是指 TaskManager 进程可以占用的最大内存，在容器化部署模式（Kubernetes 或 YARN）下，相当于容器的大小。在程序运行过程中，若进程所使用内存超过此配额，TaskManager 进程会被终止，造成程序崩溃。此参数没有默认值，必须由用户在配置文件 flink-conf.yaml 中或者提交命令中显式配置。

配置 Flink 内存最简单的方法就是配置进程总内存，Flink 会根据默认值或其他配置参数自动调整剩余内存的大小。当然，Flink 也支持更细粒度的内存配置方式，前提是用户需要对所有内存部分的配置参数有所了解。

2. Flink 总内存

TaskManager 的 Flink 总内存由参数 taskmanager.memory.flink.size 进行指定，是指除了 JVM 运行所需占用的内存，Flink 程序运行会占用的所有内存。此参数没有默认值，若未显示设置，则由进程总内存减去 JVM 元空间和 JVM 执行开销的内存得到。

用户需要至少选择进程总内存和 Flink 总内存其中一项进行配置，否则 Flink 程序无法启动。一般情况下，不建议同时配置进程总内存和 Flink 总内存，可能会造成内存配置冲突，从而导致程序部署失败。额外配置其他内存部分时，同样应该注意可能产生的配置冲突。

3. JVM 特定内存

JVM 特定内存是指 JVM 本身使用的内存，包含 JVM 的元空间和执行开销。

（1）JVM 元空间，用于存储类的一些元数据。

配置参数为 taskmanager.memory.jvm-metaspace.size，参数默认值为 256MB。

（2）JVM 执行开销，是 JVM 执行 Java 程序的成本，包括线程堆栈、IO、编译缓存等。涉及的配置参数有以下三个。

- taskmanager.memory.jvm-overhead.fraction，参数含义是 JVM 进程开销占进程总内存的比率，默认值为 0.1。
- taskmanager.memory.jvm-overhead.min，参数含义是 JVM 进程开销的最小值，默认值为 192MB。
- taskmanager.memory.jvm-overhead.max，参数含义是 JVM 进程开销的最大值，默认值为 1GB。

进程总内存与 fraction 相乘得到的结果，若小于配置的最小值或者大于配置的最大值，则以最小值和最大值配置为准。

4. 框架内存

Flink 框架，即 TaskManager 本身所占用的内存，不计入 slot 的资源中。这部分内存大小一般不需要修改。涉及的配置参数有以下两个。

- taskmanager.memory.framework.heap.size，堆内部分框架内存，默认值为 128MB。
- taskmanager.memory.framework.off-heap.size，堆外部分框架内存，默认值为 128MB。

5. Task 内存

Task 执行用户代码时所使用的内存，主要涉及以下两个参数。

- taskmanager.memory.task.heap.size，Task 堆内存，默认值为 none，若用户未显示配置，由 Flink 总内存扣除其他部分的内存得到。
- taskmanager.memory.task.off-heap.size，Task 堆外内存，默认值为 0，表示不使用堆外内存。

6. 网络缓冲内存

网络数据交换所使用的堆外内存大小。Task 之间进行数据交换时，缓存能够使用的内存大小。网络缓冲内存属于堆外内存，由以下三个参数决定。

- taskmanager.memory.network.fraction，网络缓冲内存占 Flink 总内存的比率，默认值为 0.1。
- taskmanager.memory.network.min，网络缓冲内存的最小值，默认值为 64MB。
- taskmanager.memory.network.max，网络缓冲内存的最大值，默认值为 1GB。

Flink 总内存与 fraction 相乘得到的结果，若小于配置的最小值或者大于配置的最大值，则以最小值和最大值配置为准。

7. 托管内存

托管内存由 Memory Manager 管理，主要用于批处理和流处理的排序、哈希表存储、缓存中间结果、Python 进程中用户自定义函数的执行，以及流处理的 RocksDB 状态后端。对本项目来说，若程序中启用了状态后端，就会大量使用托管内存，因此需要将托管内存调大。托管内存属于堆外内存，由以下两个参数决定。

- taskmanager.memory.managed.fraction，托管内存占 Flink 总内存的比率，默认值为 0.4。
- taskmanager.memory.managed.size，托管内存大小，默认值为 none。

若未显示配置托管内存的 size，则托管内存等于 Flink 总内存×fraction。

了解了每部分内存的含义和配置方式之后，我们通过一个配置实例来理解各参数之间的关系。

将进程总内存的参数 taskmanager.memory.process.size 设置为 4GB，其余参数按照默认值配置，则各内存最终大小如下。

（1）JVM 元空间，默认值 256MB。

（2）JVM 执行开销，进程总内存×fraction=4GB×0.1=409.6MB。409.6MB 在最小值 192MB 与最大值 1GB 之间，所以 JVM 执行开销的最终结果为 409.6MB。

（3）Flink 总内存，进程总内存-JVM 元空间-JVM 执行开销=4GB-256MB-409.6MB=3430.4MB。

（4）网络缓冲内存，Flink 总内存×fraction=3430.4MB×0.1=343.04MB。343.04MB 在最小值 64MB 与最大值 1GB 之间，所以网络缓冲内存的最终结果为 343.04MB

（5）托管内存，Flink 总内存×fraction=3430.4MB×0.4=1372.16MB。

（6）框架堆内存和框架堆外内存均为默认值 128MB。

（7）Task 堆外内存，为默认值 0。

（8）Task 堆内存，Flink 总内存-框架堆内存-框架堆外内存-Task 堆外内存-网络缓冲内存-托管内存=3430.4MB-128MB-128MB-0-343.04MB-1372.16MB=1459.2MB。

我们向 YARN 集群提交 Flink 任务后，可以进入 Flink 提供的 Web UI 查看程序的运行情况。如图 11-20 所示，当我们将 TaskManager 的进程总内存配置为 4GB 时，观察 Flink Web UI 给出的内存模型分配图，可以发现与我们的计算结果相差无几。

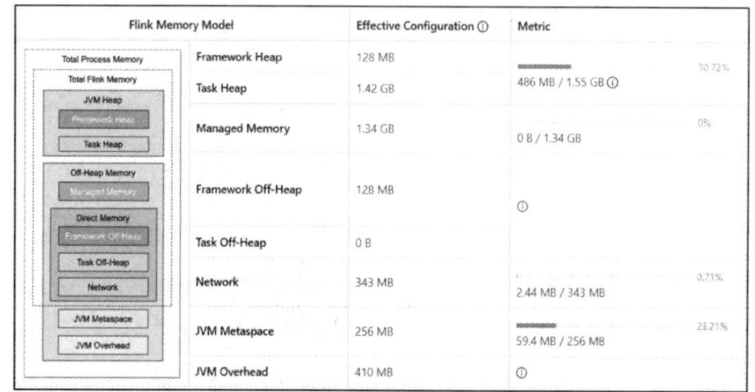

图 11-20　Flink Web UI 给出的内存模型分配图

11.3.2　JobManager 内存模型

JobManager 进程，承担着 Flink 任务分布式调度的一系列职责，例如决定何时调度下一个任务（或一系列任务）、对已完成或执行失败的任务做出响应、协调检查点、故障重启等。JobManager 进程由以下三部分组成。

- ResourceManager，资源管理器。负责资源配给调度，管理 Flink 的资源调度单元 slot。
- Dispatcher，分发器。提供了 REST（表达性状态传递，一套 Web 通信协议，访问方式和普通的 HTTP 协议类似）接口用于提交 Flink 任务，并为每个提交的任务启动一个新的 JobMaster。此外，分发器还会启动 Flink 的 WebUI，用于监控 Flink 应用的运行情况。
- JobMaster，作业管理器。负责管理 JobGraph 的执行，将 DAG 部署到 TaskManager。每个任务都拥有自己的 JobMaster。

与 TaskManager 相比，JobManager 具有相似但更加简单的内存模型。在 Flink1.11 中，对 JobManager 的内存配置部分进行了较大改动，与 TaskManager 的内存配置方式进行了统一。

JobManager 的内存模型如图 11-21 所示。

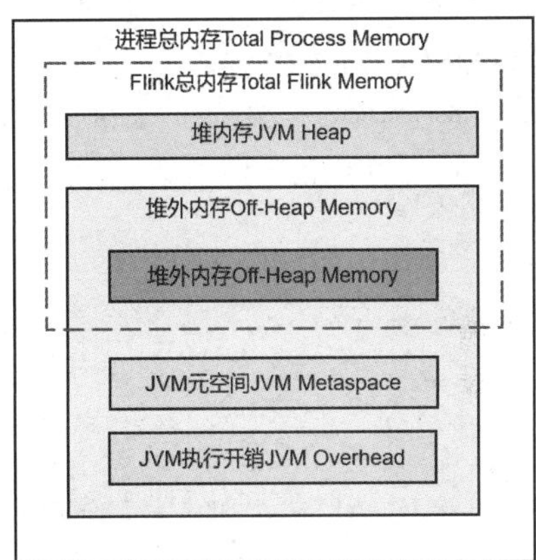

图 11-21　JobManager 的内存模型

对各部分内存详解如下。

1. 进程总内存

JobManager 的进程总内存由参数 jobmanager.memory.process.size 决定。进程总内存包括 JobManager 进程所占用的所有内存，包括 Flink 总内存、JVM 元空间和 JVM 执行开销。一般情况下，保持默认值 2GB 即可。

2. Flink 总内存

JobManager 的 Flink 总内存包含 JVM 堆内存和堆外内存，由参数 jobmanager.memory.flink.size 来指定。一般不单独配置，由进程总内存扣除 JVM 特定内存后得到。

3. JVM 特定内存

与 TaskManager 相同，JobManager 内存模型中同样包含 JVM 特定内存部分，是 JVM 使用的内存，包含 JVM 的元空间和执行开销。

（1）JVM 元空间，用于存储类的一些元数据。

配置参数为 jobmanager.memory.jvm-metaspace.size，参数默认值为 256MB。

（2）JVM 执行开销，是 JVM 执行 Java 程序的成本，包括线程堆栈、IO、编译缓存等。涉及的配置参数有以下三个。

- jobmanager.memory.jvm-overhead.fraction，参数含义是 JVM 进程开销占进程总内存的比率，默认值为 0.1。
- jobmanager.memory.jvm-overhead.min，参数含义是 JVM 进程开销的最小值，默认值为 192MB。
- jobmanager.memory.jvm-overhead.max，参数含义是 JVM 进程开销的最大值，默认值为 1GB。

JVM 执行开销的内存大小为进程总内存×fraction，同时受限于配置的最小值与最大值。

4. JVM 堆内存

Flink 需要多大的 JVM 堆内存，很大程度上取决于运行的任务数量、任务结构和用户代码的需求。通过参数 jobmanager.memory.heap.size 来指定，参数默认值为 none，一般情况下不进行配置，通过进程总内存扣除其他部分的内存得到。

5. 堆外内存

堆外内存包括 JVM 直接内存和本地内存，是 JobManager 的堆外内存大小。可以通过参数 jobmanager.memory.off-heap.size 来指定，参数默认值为 128MB。若遇到 JobManager 进程抛出"OutOfMemoryError:Direct buffer memory"的异常，可以尝试调大此项配置。

我们通过一个配置实例来理解各参数之间的关系。将进程总内存的参数 jobmanager.memory.process.size 设置为 2GB，其余参数按照默认值配置，则其余各部分内存的大小计算过程如下。

（1）JVM 元空间，保持默认值为 256MB。

（2）JVM 执行开销，进程总内存×fraction=2GB×0.1=204.8MB。204.8MB 在最小值 192MB 和最大值 1GB 之间，所以 JVM 执行开销的最终结果为 204.8MB。

（3）JVM 堆外内存，保持默认值 128MB。

（4）JVM 堆内存，进程总内存-JVM 元空间-JVM 堆外内存-JVM 执行开销=2GB-256MB-128MB-204.8MB=1459.2MB。

（5）Flink 总内存，为堆内存和堆外内存之和，128MB+1459.2MB=1587.2MB。

Flink Web UI 给出的 JobManager 内存模型分配图如图 11-22 所示。

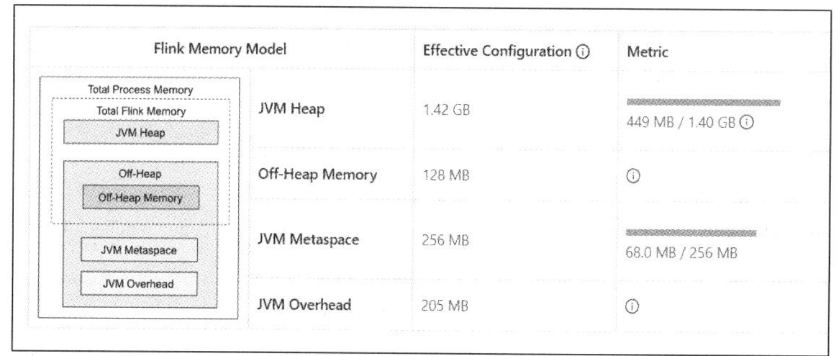

图 11-22 Flink Web UI 给出的 JobManager 内存模型分配图

11.4 并行度与 slot

Flink 是一个分布式的并行流处理系统，可以将一个规模庞大的计算任务划分成多个小任务并行执行，多个小任务又可以运行在多个工作节点上。简单地说，将大任务划分的小任务的个数就是并行度，每个工作节点可以运行的小任务个数就是这个工作节点的 slot 个数。当然，实际上一个计算任务的并行度如何确定是十分复杂的，每个 TaskManager 可以设置的 slot 个数也需要通过计算得出。

11.4.1 Flink 的并行度配置

在 Flink 执行过程中，每一个算子都可以包含一个或多个子任务，一个算子的子任务个数就可以称之为这个算子的并行度。一个程序中，不同的算子可以具有不同的并行度，一个 Flink 程序的并行度，可以认为是其所有算子中最大的并行度。

在 Flink 中，可以用不同的方法来设置并行度，不同的方法具有不同的优先级，如下所示。

（1）对于一个算子，首先看在代码中是否单独指定了它的并行度，这个特定的设置优先级最高，会覆盖后面所有的设置。

（2）如果没有单独设置，那么采用当前代码中执行环境全局设置的并行度。

（3）如果代码中完全没有设置，那么采用提交时-p 参数指定的并行度。

（4）如果提交时也未指定-p 参数，那么采用集群配置文件中的默认并行度。

在实际开发中，建议在代码中只针对个别特殊算子单独设置并行度，不设置全局并行度，这样方便我们提交任务时进行动态扩容。那么不同的算子应该怎样设置并行度呢？接下来我们将从 Source 并行度、Transform 并行度、Sink 并行度和全局并行度四个角度分别讲解并行度的配置原则。

1. Source 并行度

Source 是整个 Flink 计算程序的数据源，以本项目为例，本项目以 Kafka 为数据源。使用 Flink 提供的连接工具 flink-connector-kafka，即可读取 Kafka 中的数据。Flink 将会启动 Source 的并行度个数的 slot 来读取 Kafka 的数据，每个 slot 相当于一个 Kafka 的消费者，所以 Source 的并行度就是 Kafka 主题的消费者个数。若 Source 的并行度个数大于 Kafka 主题的分区数，就会存在一些 slot 不能分配到 Kafka 主题的分区，造成资源的浪费。因此，Source 的并行度通常应能整除 Kafka 主题的分区数，如 Kafka 的主题有 16 个分区，则 Source 的并行度可以设置为 2、4、8 或 16。这样就能保证每个消费者可以消费到相同分区数量的数据，避免因 Source 端分配不均造成的数据倾斜。当然 Source 的并行度也不宜设置过小，避免每个 slot 需要消费的数据过多，造成数据积压。

如果将 Source 的并行度设置为与 Kafka 主题的分区数相同，依然不能满足消费速度的需求，可以考虑调大 Kafka 主题的分区数，同时相应地将 Source 并行度调整为与分区数相同。

2. Transform 并行度

一个 Flink 程序包含三个重要组成部分——Source、Transform 和 Sink。Transform 部分就是一系列的转换操作，决定了数据的处理逻辑。在实际开发过程中，Flink 程序首先会对读取到的数据做简单的格式转换和数据清洗操作，如 map、filter、flatmap 等算子，这些算子一般不会执行复杂的数据处理逻辑，处理速度会比较快，算子的并行度可以与 Source 保持一致。

在 Flink 程序中，经常需要对数据流执行 keyBy 操作，对数据进行逻辑分区，指定分区键 key。具体数据流在经过 keyBy 之后会分为几个分区，由 keyBy 之后的算子的并行度决定。我们称 keyBy 之后执行的算子为 keyBy 下游算子。keyBy 下游算子的并行度如何设置呢？我们首先来了解一下 keyBy 之后如何计算分区索引。

```
MathUtils.murmurhash(key.hash()) % maxParallelism * parallelism / maxParallelism
// parallelism 为 keyBy 下游算子的并行度
// maxParallelism 默认为 128
```

可以发现，分区索引的计算是对 key 做两次哈希计算，然后对 maxParallelism 取模，乘以下游算子的并行度，再除以 maxParallelism。从这个计算过程可以看出，将下游算子的并行度设置为 2 的整数次幂，可以大大降低计算的复杂程度，减少计算量。

当数据量比较大，需要调大 keyBy 下游算子并行度以提高数据吞吐量时，可以考虑将 keyBy 下游算子的并行度设置为 2 的整数次幂。若数据量较小，或者数据量较大但是没有 keyBy 操作，那么可以无须将 keyBy 下游算子的并行度设置为 2 的整数次幂。

3. Sink 并行度

Sink 也是 Flink 程序的重要组成部分，决定了数据的最终流向。Sink 并行度的设置，在考虑数据量的同时，还应对下游服务的抗压能力进行评估。例如，Sink 将数据输出到 Kafka，则并行度可以考虑设置为 Kafka 主题的分区数。Sink 端数据量的大小与程序的应用场景有很大关系。Flink 程序常见的监控报警场景，输出的数据量比较小，并行度可以设置小一点。另一个场景下，Source 输入的数据量很小，在中间的处理过程中，对数据进行了更细粒度的拆分，数据量不断增加，到 Sink 端输出时，数据量已经很大了，此时就需要提高 Sink 的并行度。

但是，随着数据量增大，Sink 的并行度不断增加，也可能会造成下游服务难以承受这样的高并发写入，导致下游服务宕机。此时需要适当调整 Sink 的并行度，或者提高下游服务的抗压能力。

4. 全局并行度

在实际开发中，有时候并不需要我们去为每一个算子依次设置并行度。程序编写完成后，首先需要进行压力测试。在进行压力测试时，根据经验为程序设置一个全局并行度，在 Kafka 中积压大量数据，然后再启动 Flink 任务。若出现反压的现象（反压概念将在 11.6 节讲解），则说明此时的单并行度处理能力（单位时间处理的数据条数或数据量）即为系统处理能力上限。那么一个合适的全局并行度计算公式为：全局并行度=总 QPS（Queries Per Second，即每秒处理的查询数量，是对一个特定的查询服务器在规定时间内所处理流量多少的衡量标准）÷单并行度处理能力。

但是我们不能只从 QPS 的角度去得出并行度，对于一些数据字段少、处理逻辑简单的任务，单并行度处理能力可以达到每秒数万条。而一些数据字段多、处理逻辑复杂的任务，单并行度处理能力可能只有每秒千条。因此计算全局并行度时，需要综合考虑数据高峰期的 QPS 和单位时间产生的数据流量大小，并在此基础上乘以 1.2 倍，留出一些余量。完整的全局并行度计算公式如下：

全局并行度=总 QPS 或单位时间产生的数据流量÷单并行度处理能力×1.2

11.4.2 TaskManager slot 个数配置

Flink 的架构中有两大重要组件 JobManager 和 TaskManager。其中，JobManager 是“管理者”，负责任务的管理和调度，一般情况下只有一个。TaskManager 是“工作者”，负责任务的执行，集群中会有一个或多个。每个 TaskManager 都包含一定数量的任务槽（slot）。

slot 是 TaskManager 资源划分的最小单位，每个 TaskManager 拥有的 slots 数量限制了其能并行处理的任务数量。

每个 TaskManager 的 slot 个数，由 taskmanager.numberOfTaskSlots 参数决定。每个 TaskManager 只提供一个 slot，就意味着每个任务在单独的 JVM 中运行。每个 TaskManager 提供多个 slot，则意味着多个任务共享同一个 JVM。同一个 JVM 中的任务共享 TCP 连接（通过多路复用）和心跳消息，还可以共享数据集和数据结构，这样可以大大减少每个任务的开销。因此，建议每个 TaskManager 配置多个 slot。每个 TaskManager 配置 slot 个数数量，要视具体情况而定。

本项目对接的数据源主要是 Kafka，通常情况下，会将全局并行度设置为 Kafka 主题的分区数。Flink 程序的并行度决定了资源调度系统为其分配的 slot 个数，每个 TaskManager 配置的 slot 个数，决定了 Flink 程序向资源调度系统申请的 TaskManager 个数。

本项目采取的任务提交方式是 YARN 的 Per-Job 模式，资源调度系统是 YARN。提交任务时，TaskManager 的 slot 个数的配置原则是，每个 TaskManager 的 slot 个数可以整除 Kafka 主题的分区数。例如，当 Kafka 主题的分区数是 4 个时，可以将每个 TaskManager 的 slot 个数配置为 2 或 4，这样 Flink 任务就会向 YARN 申请 2 个或者 1 个 TaskManager，不会造成任何资源的浪费。若将每个 TaskManager 的 slot 个数配置为 3，Flink 任务就需要向 YARN 申请 2 个 TaskManager，共 6 个 slot，造成 2 个 slot 资源的浪费。

11.5 状态调优

在本项目的 Flink 程序中，我们大量使用了状态编程。在实际开发中，Flink 状态编程的使用也相当广泛。在熟悉如何使用状态的同时，我们也应该考虑到状态的持久化保存、发生故障时的状态恢复、如何降低使用状态对性能的影响等问题。

11.5.1　Flink 的状态编程概述

Flink 处理机制的核心，就是“有状态的流式计算”。在流处理中，数据是连续不断到来和处理的。每个任务进行计算处理时，可以基于当前数据直接转换得到输出结果；也可以依赖一些其他数据。这些由一个任务维护，并且用来辅助计算的数据，就叫作这个任务的状态。

Flink 有一套完整的状态管理机制，将一些底层核心功能全部封装起来，包括状态的高效存储和访问、持久化保存和故障恢复，以及资源扩展时的调整。这样，我们只需要调用相应的 API 就可以很方便地使用状态，或对应用的容错机制进行配置，从而将更多的精力放在业务逻辑的开发上。

在 Flink 的状态管理机制中，很重要的一个功能就是对状态进行持久化保存，这样就可以在发生故障后重启恢复。Flink 对状态进行持久化的方式，就是将当前所有分布式状态进行“快照”保存，写入检查点（Checkpoint）或者保存点（Savepoint），保存到外部存储中，存储介质一般是分布式文件系统，如 HDFS、S3 等。

在 Flink 中，状态的存储、访问以及维护，都是由一个可插拔的组件决定的，这个组件就叫作状态后端（state backend）。状态后端主要负责两件事：一是本地的状态管理，二是将检查点写入远程的持久化存储。

状态后端是一个“开箱即用”的组件，可以在不改变应用程序逻辑的情况下独立配置。Flink 中提供了两类不同的状态后端，一种是哈希表状态后端（HashMapStateBackend），另一种是内嵌 RocksDB 状态后端（EmbeddedRocksDBStateBackend）。如果没有特别配置，系统默认的状态后端是 HashMapStateBackend。

哈希表状态后端是将本地状态全部放入内存，这样可以获得最快的读写速度，使计算性能达到最佳；代价则是内存的占用。它适用于具有大状态、长窗口、大键值状态的作业，对所有高可用性设置也是有效的。

RocksDB 是一种内嵌的 Key-Value 存储介质，可以把数据持久化到本地硬盘。配置 RocksDB 状态后端后，会将处理中的状态数据全部放入 RocksDB 数据库中，RocksDB 默认存储在 TaskManager 的本地数据目录里。数据被存储为序列化的字节数组（Byte Arrays），读写操作需要序列化/反序列化，因此状态的访问性能要差一些。

RocksDB 状态后端始终执行的是异步快照，也就是不会因为保存检查点而阻塞数据的处理；而且它还提供了增量式保存检查点的机制，这在很多情况下可以大大提升保存效率。

哈希表状态后端和 RocksDB 状态后端最大的区别就在于本地状态存放在哪里：前者是内存，后者是 RocksDB。在实际应用中，选择哪种状态后端，主要是需要根据业务需求在处理性能和应用的扩展性上做一个选择。

哈希表状态后端是内存计算，读写速度非常快；但是，状态的大小会受到集群可用内存的限制，如果应用的状态随着时间不停地增长，就会耗尽内存资源。

而 RocksDB 状态后端是硬盘与内存相结合的，可以根据可用的磁盘空间进行扩展，而且是唯一支持增量检查点的状态后端，因此，它非常适合超级海量状态的存储。不过由于每个状态的读写都需要做序列化/反序列化，而且可能需要直接从磁盘读取数据，这就会导致性能的降低，平均读写性能要比 HashMapStateBackend 弱一个数量级。

与状态相关的基本配置项及配置方式列举如下。

- state.backend，指定存储状态的状态后端，默认值为 none。Flink 提供了两种开箱即用的状态后端——HashMapStateBackend 和 EmbeddedRocksDBStateBackend。none 表示使用 HashMapStateBackend。可以通过缩写或 StateBackendFactory 类名指定使用的状态后端的类型，可以识别的缩写名称为 hashmap 和 rocksdb。配置方式如下所示。

```
# 代码中配置
env.setStateBackend(new HashMapStateBackend());
env.setStateBackend(new EmbeddedRocksDBStateBackend());
# 命令行提交时配置
```

```
-Dstate.backend=hashmap
-Dstate.backend=rocksdb
```

- state.checkpoint-storage，指定状态的检查点存储位置，默认值为 none，表示存储在 JobManager 堆内存。可以通过缩写或 CheckpointStorageFactory 类名指定检查点的存储位置，可以识别的缩写名称为 jobmanager 和 filesystem，分别对应 JobManager 堆内存和文件系统。
- state.checkpoints.dir，指定存储检查点的文件目录，默认值为 none，state.checkpoint-storage 配置项启用了 filesystem，就必须指定文件目录。state.checkpoint-storage 与 state.checkpoints.dir 的配置方式如下所示。

```
# 代码中配置检查点存储介质为文件系统时必须同时指定存储路径，因此，上述两个配置项的配置方式合并展示
# 代码中配置
# JobManager 堆内存
env.getCheckpointConfig().setCheckpointStorage(new JobManagerCheckpointStorage());
# 文件系统写法一
env.getCheckpointConfig().setCheckpointStorage("hdfs://mycluster/gmall/ck/dim_sink_app");
# 文件系统写法二
env.getCheckpointConfig().setCheckpointStorage(new
FileSystemCheckpointStorage("hdfs://mycluster/gmall/ck/dim_sink_app"));

# 命令行提交时配置
-Dstate.checkpoint-storage=jobmanager
-Dstate.checkpoint-storage=filesystem
-Dstate.checkpoints.dir=hdfs://mycluster/gmall/ck/dim_sink_app
```

- state.backend.rocksdb.localdir，启用 RocksDB 状态后端时，会将 SST 文件存储到 TaskManager 本地文件系统。这个配置项指定了 SST 文件的存储路径，默认为 none，此时 SST 文件会被存储在 TaskManager 的临时目录中。配置方式如下所示。

```
# 代码中配置
EmbeddedRocksDBStateBackend embeddedRocksDBStateBackend = new EmbeddedRocksDBStateBackend();
embeddedRocksDBStateBackend.setDbStoragePath("/opt/module/data/flink/rocksdbLocalDir");
env.setStateBackend(embeddedRocksDBStateBackend);

# 命令行提交时配置
state.backend.rocksdb.localdir=/opt/module/data/flink/rocksdbLocalDir
```

11.5.2 检查点相关配置

什么时候进行检查点的保存呢？最理想的情况是“随时”保存，也就是每处理完一个数据就保存一下当前的状态；这样如果在处理某条数据时出现故障，我们只要回到上一个数据处理完之后的状态，然后重新处理一遍这条数据即可。

“随时存档”确实恢复起来很方便，可是需要我们不停地进行存档操作。如果每处理一条数据就进行检查点的保存，当大量数据同时到来时，就会耗费很多资源，数据处理的速度就会受到影响。因此，最好的方式是，每隔一段时间去做一次存档，这样既不会影响数据的正常处理，也不会有太大的延迟——毕竟故障恢复的情况不是随时发生的。在 Flink 中，检查点的保存是周期性触发的，间隔时间可以进行设置。

检查点还有很多可以配置的选项，可以通过获取检查点配置的实例对象来进行设置，如下所示。也可以在提交任务时通过命令行指定。

```
CheckpointConfig checkpointConfig = env.getCheckpointConfig();
```

我们这里对检查点的相关配置参数做一个列举说明。

（1）execution.checkpointing.interval。

用于配置相邻两次检查点开始的时间间隔，参数值为数字和时间单位的组合，如 30s，默认值为 none，表示不启用检查点。这个参数定义了基本的时间间隔，实际的时间差可能被 execution.checkpointing.max-concurrent-checkpoints 和 execution.checkpointing.min-pause 两个参数的配置推迟。

（2）execution.checkpointing.mode。

用于配置检查点模式，设置检查点一致性的保证级别，有“精确一次”（exactly-once）和“至少一次”（at-least-once）两个选项。默认级别为 exactly-once，而对于大多数低延迟的流处理程序，at-least-once 就够用了，而且处理效率会更高。

（3）execution.checkpointing.timeout。

用于指定检查点保存的超时时间，超时没完成检查点的保存，这个检查点就会被丢弃掉。传入一个长整型毫秒数作为参数，表示超时时间。

（4）execution.checkpointing.min-pause

用于指定在上一个检查点完成之后，检查点协调器最快等多久可以触发保存下一个检查点的指令。这就意味着，即使已经达到了周期触发的时间点，只要距离上一个检查点完成的间隔不够，就依然不能开启下一次检查点的保存。这就为正常处理数据留下了充足的间隙。当指定这个参数时，execution.checkpointing.max-concurrent-checkpoints 参数的值强制为 1。

（5）execution.checkpointing.max-concurrent-checkpoints。

用于指定运行中的检查点最多可以有多少个。由于每个任务的处理进度不同，完全可能出现后面的任务还没完成前一个检查点的保存，前面任务已经开始保存下一个检查点了。这个参数就是限制同时进行的最大数量。

如果前面设置了 execution.checkpointing.min-pause 参数，这个参数就不起作用了。

（6）execution.checkpointing.externalized-checkpoint-retention。

用于指定当检查点存储在外部介质时，任务取消是否保留。参数的可选配置项有 DELETE_ON_CANCELLATION 和 RETAIN_ON_CANCELLATION，没有默认值。RETAIN_ON_CANCELLATION 表示取消任务后仍保留检查点；DELETE_ON_CANCELLATION 表示取消任务后删除检查点。

Flink 1.13.6（本项目版本为 Flink1.13.0）新增了 NO_EXTERNALIZED_CHECKPOINTS 作为默认值，表示完全禁用外部检查点，这意味着要启用 HDFS 等外部介质存储检查点就必须修改此项。

（7）execution.checkpointing.tolerable-failed-checkpoints。

表示可以容忍的连续失败的检查点数量，若设置为 0，表示不容许任何检查点失败，即只要检查点失败，即判定 Job 失败。默认为 0。通常保持默认值即可，若由于数据洪峰等到来导致检查点超时失败较为频繁，或检查点触发频率较高，可以容忍最近几次的检查点失败，则可适当调大该值。

（8）execution.checkpointing.unaligned。

用于配置是否执行检查点的分界线对齐操作，启用之后可以大大减少产生反压时的检查点保存时间。这个设置要求检查点模式必须为 exctly-once，并且并发的检查点个数为 1。

（9）execution.checkpointing.alignment-timeout。

用于配置等待检查点的分界线对齐操作的超时时间，只有启用了 execution.checkpointing.unaligned 配置，此项配置才是有意义的。参数值为数字和时间单位的组合，如 30s，默认值为 0ms，表示分界线始终不对齐。当参数值是正数值时，表示分界线起初需要对齐，当对齐等待时长超过配置值时，就会切换为非对齐模式。

```
#代码中具体设置如下:
StreamExecutionEnvironment env =
StreamExecutionEnvironment.getExecutionEnvironment();
// 启用检查点，间隔时间 10 秒
```

```
env.enableCheckpointing(10*1000L);
CheckpointConfig checkpointConfig = env.getCheckpointConfig();
// 设置精确一次模式
checkpointConfig.setCheckpointingMode(CheckpointingMode.EXACTLY_ONCE);
// 最小间隔时间 5 秒
checkpointConfig.setMinPauseBetweenCheckpoints(5*1000L);
// 超时时间 1 分钟
checkpointConfig.setCheckpointTimeout(60000);
// 同时只能有一个检查点
checkpointConfig.setMaxConcurrentCheckpoints(1);
// 开启检查点的外部持久化保存，作业取消后依然保留
checkpointConfig.enableExternalizedCheckpoints(
   ExternalizedCheckpointCleanup.RETAIN_ON_CANCELLATION);
// 设置可以容忍的检查点连续失败次数
checkpointConfig.setTolerableCheckpointFailureNumber(3);
// 启用不对齐的检查点保存方式
checkpointConfig.enableUnalignedCheckpoints();
// 设置检查点分界线对齐的超时时间
checkpointConfig.setAlignmentTimeout(Duration.ofSeconds(30L));

# 命令行提交时设置示例如下
// 启用检查点，间隔时间 10 秒
-Dexecution.checkpointing.interval='10s'
// 设置精确一次模式
-Dexecution.checkpointing.mode=EXACTLY_ONCE
// 最小间隔时间 5 秒
-Dexecution.checkpointing.min-pause='5s'
// 超时时间 1 分钟
-Dexecution.checkpointing.timeout='1min'
// 同时只能有一个检查点
-Dexecution.checkpointing.max-concurrent-checkpoints=1
// 开启检查点的外部持久化保存，作业取消后依然保留
-Dexecution.checkpointing.externalized-checkpoint-retention=RETAIN_ON_CANCELLATION
// 设置可以容忍的检查点连续失败次数
-Dexecution.checkpointing.tolerable-failed-checkpoints=3
// 启用不对齐的检查点保存方式
-Dexecution.checkpointing.unaligned=true
// 设置检查点分界线对齐的超时时间
-Dexecution.checkpointing.alignment-timeout='30s'
```

11.5.3 开启状态访问性能监控

在 Flink 程序中，使用状态势必会对性能造成一定的影响。在 Flink1.13 中，引入了对状态的性能监控组件——状态访问延迟监控（State Access Latency Tracking）。此功能不局限于状态后端的类型，即使用户自定义的状态后端也可以复用。

状态访问延迟指的是，算子发出对状态的访问请求时记录一个纳秒级时间戳 start，当获取到状态的响应结果时，记录一个纳秒级时间戳 end，end 与 start 的差即为状态访问延迟。一旦开启状态访问延迟监控，Flink 会每 *n* 次对状态访问延迟时间进行采样计算，因此，开启状态访问延迟监控对性能也会产生一定的影响。默认情况下，Flink 每 100 次访问做一次采样计算，RocksDB 状态后端性能损失在 1%左右，哈希表状

态后端的性能损失可达 10%。

在 flink-conf.yaml 文件中与状态访问延迟监控相关的配置参数如下所示。

```
state.backend.latency-track.keyed-state-enabled: true #启用访问状态的性能监控，默认 false
state.backend.latency-track.sample-interval: 100   #采样间隔，默认 100
state.backend.latency-track.history-size: 128    #保留的采样数据个数，越大越精确，默认 128
state.backend.latency-track.state-name-as-variable: true #将状态名作为变量，默认 false
```

上述参数在提交任务时的指定方式如下所示。

```
-Dstate.backend.latency-track.keyed-state-enabled=true
-Dstate.backend.latency-track.sample-interval=100
-Dstate.backend.latency-track.history-size=128
-Dstate.backend.latency-track.state-name-as-variable=true
```

开启状态访问延迟监控后，采集计算的指标值可以在 Flink 的 WebUI 中查看。图 11-23 仅展示部分状态访问延迟指标，感兴趣的读者可以自行查看。

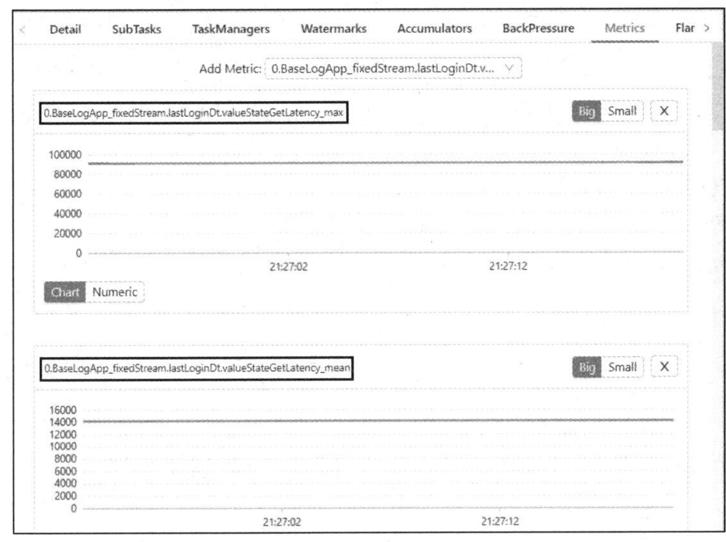

图 11-23　部分状态访问延迟指标

采集的指标值称为 metrics，是一组指标值。metrics 的命名规则如下：

```
ChannelId（即下游算子并行度的编号，从 0 开始的自然数）.算子名称.状态名称（在 ValueStateDescriptor 中定义）.指标名称
```

状态访问延迟指标分为读延迟指标和写延迟指标。读延迟指标的格式为“ValueStateGetLatency_指标类型”，写延迟指标的格式为“ValueStateUpdateLatency_指标类型”。指标类型对应不同的指标统计方式，共有 11 种，如下所示。

- max：最大值。
- mean：平均值。
- median：中位数。
- min：最小值。
- p75：所有采样值从小到大排列，位于样本数 75%位置的样本值。
- p90：所有采样值从小到大排列，位于样本数 90%位置的样本值。
- p95：所有采样值从小到大排列，位于样本数 95%位置的样本值。
- p98：所有采样值从小到大排列，位于样本数 98%位置的样本值。
- p99：所有采样值从小到大排列，位于样本数 99%位置的样本值。
- p999：所有采样值从小到大排列，位于样本数 999%位置的样本值。
- stddev：标准差。

本项目中的实际 metrics 命名示例如下所示。

```
# BaseLogApp_fixedStream 算子中 lastLoginDt 状态的最大读延迟
0.BaseLogApp_fixedStream.lastLoginDt.valueStateGetLatency_max
# BaseLogApp_fixedStream 算子中 lastLoginDt 状态的最大写延迟
0.BaseLogApp_fixedStream.lastLoginDt.valueStateUpdateLatency_max
```

本项目采用 Flink1.13.0，在不同的 Flink 版本中，metrics 的命名规则会稍有不同，读者在使用过程中要根据 Flink 的实际版本进行调整。

需要注意的是，状态访问延迟监控采集的指标值都是以纳秒为单位的。

11.5.4 RocksDB 状态后端的性能优化手段

当使用 RocksDB 状态后端时，可以采取的性能优化手段有以下三个。

1. 开启增量检查点

RocksDB 状态后端支持开启增量检查点，并且可以根据可用磁盘进行空间扩展。不同于产生一个包含所有数据的全量检查点，增量检查点中只包含自上一次检查点后被修改的状态数据，可以显著减少保存检查点所用的时间。开启方式如下所示。

```
# flink-conf.yaml 中指定
state.backend.incremental: true   #默认 false，改为 true。
# 提交任务时指定
-Dstate.backend.incremental=true
# 代码中指定
new EmbeddedRocksDBStateBackend(true)
```

2. 开启本地恢复

当 Flink 任务失败后重启时，需要从检查点的存储介质拉取数据恢复状态，会伴随大量的网络 IO，可能成为性能瓶颈。针对这一痛点，Flink 提供了本地恢复的优化手段。开启后，Flink 程序会在本地存储状态的第二个备份，并在重启时尽可能地将任务分配到与之前相同的 slot，如此，Flink 进行恢复，而不需要从检查点所在的分布式存储介质获取数据，这样做减少了网络 IO，提升了效率。

当前的 Flink 版本，本地恢复的优化手段仅支持键控状态。HashMapStateBackend 和 EmbeddedRocksDBStateBackend 都可以开启。配置方式如下所示。

```
# flink-conf.yaml 中指定
state.backend.local-recovery: true
# 提交 Job 时指定
-Dstate.backend.local-recovery=true
```

3. 设置多目录

如果节点服务器有多块磁盘，也可以考虑为 RocksDB 状态后端指定本地的多目录，指定方式如下所示。

```
# flink-conf.yaml 中指定
state.backend.rocksdb.localdir:
/data1/flink/rocksdb,/data2/flink/rocksdb,/data3/flink/ rocksdb
# 提交 Job 时指定
-Dstate.backend.rocksdb.localdir=/data1/flink/rocksdb,/data2/flink/rocksdb,/data3/flink/rocksdb
```

注意：不要配置单块磁盘的多个目录，务必将目录配置到多块不同的磁盘上，让多块磁盘来分担压力。

11.5.5　开启分区索引和过滤器功能

RocksDB 是 FaceBook 团队基于 LevelDB 构建的 Key-Value 数据库引擎，内部数据以列族（ColumnFamily）为单位进行存储，类似于关系数据库中的表（Table）。所有的列族共享同一份 WAL（Write-Ahead Log，预写日志），独享自己的 MemTable（一种内存中的数据结构），以及 SST 文件组（MemTable 进行刷写操作以后，保存到磁盘上的有序数据文件）。SST 文件的 Key-Value 是有序存储的，划分为一系列的数据块（Data Block），每个数据块 Key 的范围是互斥的。索引块（Index Block）是存储 Block 索引的数据块，其中的索引可以帮助我们定位可能包含目标 Key 的数据块。一个 SST 文件可能包含一个索引块或者一系列的分区索引块（Partitioned Index Block）。

客户端向 RocksDB 发出写请求，数据首先会被写入 WAL，成功后被写入 MemTable，成功则本次写请求完成。

当 MemTable 写满后，会变成不可变的 MemTable，RocksDB 同时会开启新的 MemTable 继续对外服务，刷写操作交由后台线程完成，不阻塞程序。

满足刷写条件时，数据将从 Immutable MemTable 刷写到磁盘，生成 SST 文件，每个 MemTable 内所有数据都是有序的，因而单个 SST 文件有序。SST 文件划分了层级，从 L0 层、L1 层直至 Ln 层，刷写生成的所有文件都属于 L0 层，该层不会进行全局排序，因而整体无序。当 L0 层文件数达到 level0_file_num_compaction_trigger 规定的数量上限时，L0 层文件与 L1 层所有文件进行归并排序，形成新的 L1 层，因而 L1 层整体有序。除了 L0 层，其他层都有存储空间上界，超出上界就会触发合并，通常 L（*n*+1）层的存储上界为 Ln（n>=1，下文 *n* 的取值范围相同，不再赘述）层的十倍，最终 90%的文件都会存储在最高层。Ln 层达到合并条件时会选取该层中至少一个文件与 L（*n*+1）层合并，除 L0 层外的其他层都是全局有序的，因此，合并时只需要取 L（*n*+1）层的部分文件即可。

当用户发出读取请求时，RocksDB 先从 MemTable 查找；如果没找到，再查找不可变的 MemTable，如果依然没有命中，则会请求块缓存。块缓存可以存储一些常用的数据块，并将数据块的索引和过滤器也加载到内存中，方便检索。若块缓存依然没有命中，则会逐层扫描 SST 文件。

在 RocksDB 中，当过滤策略被启用时，每个 SST 文件都包含一个布隆过滤器，用于判断文件是否包含检索的 Key。

RocksDB 的每个 SST 文件默认有一个索引/过滤器块，其大小会随配置变化，对于大小为 256MB 的 SST 文件，索引/过滤器块的大小通常为 0.5~5MB，远大于一般的数据块（4～32KB）。若索引/过滤器块与内存完美适配，从而在 SST 文件的生命周期中只读取一次，不会有什么问题。但若与数据块争抢块缓存的空间，需要从磁盘加载多次，过大的索引/过滤器块就会带来一些负面影响。

RocksDB 还拥有分区索引/过滤器（Partitioned Index/Filter）功能。通过分区，SST 文件的索引/过滤器块可以被划分为多个更小的数据块，并包含一个顶层索引。当读取索引或过滤器块时，只会把顶层索引加载到内存中，然后分区索引/过滤器使用顶层索引来定位执行索引/过滤器查询需要的分区并加载到块缓存中。与索引/过滤器块相比，顶层索引占用了小得多的内存，可以被存储在堆中或块缓存中。

Flink1.13 中对 RocksDB 增加了分区索引功能，复用了 RocksDB 的分区索引/过滤器功能，简单来说就是对 RocksDB 的分区索引做了多级索引。在实际开发的测试环境中，对于内存比较小的应用场景，开启 RocksDB 的分区索引功能后，性能可以提升 10 倍左右。如果在内存管控下，RocksDB 性能依然达不到预期的话，这也能成为一个性能优化点。配置方式如下所示。

```
# flink-conf.yaml 中指定
state.backend.rocksdb.memory.partitioned-index-filters: true  #默认 false，改为 true
# 提交任务时指定
-Dstate.backend.rocksdb.memory.partitioned-index-filters=true
```

11.5.6 调整预定义选项

所谓的预定义选项就是 Flink 帮助我们设置的一系列参数的组合，适用于特定场景。Flink 为 RocksDB 状态后端也提供了预定义选项集合，封装在了 PredefinedOptions 枚举类中，涉及的部分参数会在 11.5.7 节中介绍。如果调整预定义选项无法满足需求，可以对预定义选项中的参数进行单独调整。

当前的预定义选项支持以下四个配置值。

- DEFAULT：默认的预定义选项，保留所有参数的默认值。
- SPINNING_DISK_OPTIMIZED：普通机械磁盘的预定义选项。适用于节点服务器使用机械磁盘，但内存不是特别充足的情况。
- SPINNING_DISK_OPTIMIZED_HIGH_MEM：机械磁盘与内存结合的预定义选项，与普通机械磁盘的配置相比，会有更大的内存开销。适用于节点服务器使用机械磁盘，且内存充足的情况。
- FLASH_SSD_OPTIMIZED：固态硬盘的预定义选项。适用于节点服务器使用固态硬盘的情况。

FLASH_SSD_OPTIMIZED 的预定义选项组合是最优选择，同时对服务器的配置也有更高要求。一般情况下，选用 SPINNING_DISK_OPTIMIZED_HIGH_MEM 机械磁盘与内存结合的预定义选项即可。配置方式如下所示。

```
# flink-conf.yaml 文件中指定
state.backend.rocksdb.predefined-options: SPINNING_DISK_OPTIMIZED_HIGH_MEM # 设置为机械硬盘与内存结合模式
# 提交任务时指定
-Dstate.backend.rocksdb.predefined-options=SPINNING_DISK_OPTIMIZED_HIGH_MEM
# 代码中指定
EmbeddedRocksDBStateBackend.setPredefinedOptions(PredefinedOptions.SPINNING_DISK_OPTIMIZED_HIGH_MEM)
```

11.5.7 手动调整参数

如果预定义选项无法满足需求，可以手动调整预定义选项涉及的参数，此处列举几个常用的参数调整思路。

1. 增大块缓存

块缓存越大，读取数据时的缓存命中率越高，读取效率越高。块缓存的默认大小为 8MB，建议设置为 64～256MB。

在 SPINNING_DISK_OPTIMIZED_HIGH_MEM 预定义选项中，块缓存的大小为 256MB。

配置方式如下所示。

```
state.backend.rocksdb.block.cache-size: 64m   # 默认 8m
```

2. 增大 Write Buffer 和 L1 层的内存阈值

RocksDB 状态后端中，每个状态使用一个列族，每个列族使用私有的 Write Buffer。Write Buffer 默认大小为 64MB，建议调大。

调整 Write Buffer 大小的同时，通常要适当增加 L1 层的内存阈值，默认 256MB。L1 层的内存阈值太小，会造成能每层存放的 SST 文件过少，层级变多造成查找困难，而太大会造成 SST 文件过多，增加 SST 文件合并难度。建议将 L1 层的内存阈值设为 target_file_size_base 参数值（默认值 64MB）的倍数，以 5～10 倍为宜，即 320～640MB。配置方式如下所示。

```
state.backend.rocksdb.writebuffer.size: 128m
state.backend.rocksdb.compaction.level.max-size-level-base: 320m
```

3. 增加 Write Buffer 数量

每个列族对应的 Write Buffer 的最大数量，实际上是内存中 Immutable MemTable 的最大数量，默认值为 2。对于机械磁盘来说，如果内存足够大，可以调大到 5 左右。

```
state.backend.rocksdb.writebuffer.count: 5
```

4. 增加后台线程数和 Write Buffer 合并数

（1）增加用于后台刷写数据和合并 SST 文件的后台线程数，参数的默认值为 1，建议调大。对于机械磁盘来说，可以调整为 4，甚至更大。

```
state.backend.rocksdb.thread.num: 4
```

（2）增加将数据从 Write Buffer 中刷写到磁盘时，需要合并的 Write Buffer 的最小数量，参数的默认值为 1，可以调整为 3。

```
state.backend.rocksdb.writebuffer.number-to-merge: 3
```

11.6　反压

在实时计算的场景中，通常有很多关键节点，节点串联形成计算链条。当下游节点的数据处理速率低于上游节点的数据传输速率时，就会导致下游节点的数据积压，然后逐步向上游节点传导。这就是在实时计算中要经常面临的现象——反压（BackPressure）。

11.6.1　反压概述

反压是指流处理中某个节点上游数据生产速率大于该节点数据处理速率的现象。

Flink 拓扑中每个节点间的数据都以阻塞队列的方式传输，若某个节点出现反压，算子缓存被占满后，则上游的生产也会被阻塞，反压会继续向上游传递，最终导致数据源的摄入被阻塞。

反压通常产生于这样的场景：一是短时间的负载高峰导致系统接收数据的速率远高于处理数据的速率，如遇到电商平台举办大型促销活动、秒杀活动等；二是垃圾回收停顿导致数据处理停滞，流入的数据快速堆积，这种情况造成的反压不会短时间消失，造成的危害也是长时间的。短时间反压的出现也意味着程序里存在潜在的性能瓶颈，可能导致更大的数据流量出现时，发生数据处理延迟，需要开发人员定位反压出现的具体位置，排查“隐患”。

反压如果不能得到正确的处理，在 Flink 程序中可能造成的影响有以下三种情况。

1. 影响保存检查点时长

Flink 采用了基于 Chandy-Lamport 算法的异步分界线快照（Asynchronous Barrier Snapshoting）算法，其中引用了一个重要的概念——检查点分界线（Checkpoint Barrier）。需要了解的是，检查点分界线是一种特殊的数据，由 Source 注入到常规的数据流中，之后的所有任务只要遇到检查点分界线，就开始对算子持久化状态保存，即保存检查点。当反压发生时，检查点分界线流经整个数据管道的时间也会变长，导致保存检查点的总体时间（End to End Duration）变长。保存检查点的总体时间变长可能导致检查点的保存超时失败，如图 11-24 所示。

2. 影响状态大小

Flink 采用的异步分界线快照算法中有两个核心原则：一是当上游任务向多个并行下游任务发送检查点分界线时，需要广播出去；二是当多个上游任务向同一个下游任务传递检查点分界线时，需要在下游任务上执行检查点分界线对齐操作，即需要等到所有并行分区的检查点分界线到齐，才可以进行状态的保存。

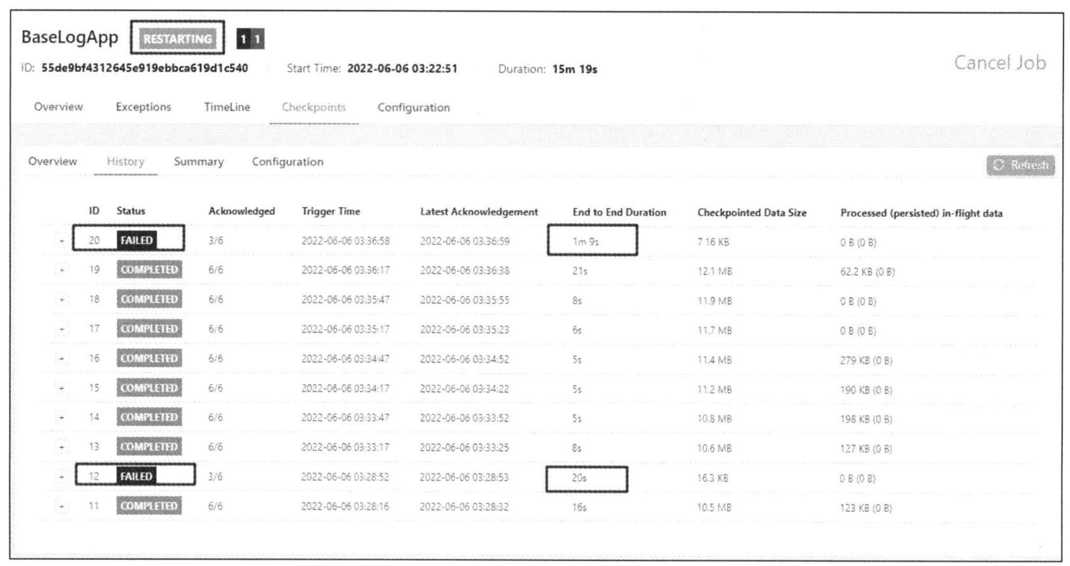

图 11-24　检查点的保存超时失败

针对原则二，当下游任务接收到较快输入管道的检查点分界线后，后面的数据就会被缓存起来，但是不处理，直到较慢管道的检查点分界线到达。这些被缓存的数据会被放到状态里，导致状态过大。

状态过大可能导致检查点保存变慢，若采用的是哈希表状态后端，还有可能导致 OOM（Out Of Memory）异常，如图 11-25 所示。若采用的是 RocksDB 状态后端，则可能导致物理内存使用超出容器资源上限。

图 11-25　OOM 异常

3. Kafka 出现积压

反压导致下游数据消费阻塞，Kafka 数据积压。

11.6.2　如何定位反压

想要解决反压的问题，首先要做的是定位到引起反压的算子。Flink 会默认开启算子链（Operator Chain）优化功能，若相邻算子的并行度相同且不存在 shuffle，就会被合并成算子链。若想定位引起反压的算子，需要关闭算子链优化功能，需要在代码中增加代码如下。

```
# 在 Application 中增添如下代码
env.disableOperatorChaining();
```

定位反压的常用策略有以下两种，利用 Flink Web UI 提供的反压监控功能和分析 Flink 的监控 Metrics 指标。

1. 利用 Flink Web UI 定位

Flink Web UI 提供了 SubTask 级别的反压监控。Flink 1.13 以前的版本通过周期性对 Task 线程的栈信息采样，得到线程被阻塞在请求 Buffer（意味着被下游队列阻塞）的频率来判断该节点是否处于反压状态。Flink 1.13 优化了反压检测的逻辑（使用基于任务的 Mailbox 计时，而不再基于堆栈采样），并且重新实现了作业图的 UI 展示：通过颜色和数值来展示繁忙和反压的程度。

Flink Web UI 对 SubTask 所处状态的判断规则如下。

- 当 SubTask 的 OutputBuffer 被占满时，Flink 就认为 SubTask 处于 Backpressured（反压）状态。
- 有可用的 InputBuffer，则认为 SubTask 处于 Idle（空闲）状态。否则认为 SubTask 处于 Busy（繁忙）状态。

Flink 提供了三个指标来评估这三种状态的持续时间，如下所示。

- backPressureTimeMsPerSecond：Task 平均每秒处于背压状态的毫秒数。
- idleTimeMsPerSecond：Task 平均每秒处于空闲状态的毫秒数。
- busyTimeMsPerSecond：Task 平均每秒处于繁忙状态的毫秒数。

这些指标每隔几秒更新一次，其值均为上一个统计周期的平均值。对于每个 SubTask，这三个指标之和约为 1000 毫秒。

Flink Web UI 将每个算子所有 SubTask 的 Backpressure 和 Backpressure 状态的时间占比（上一个统计周期内的均值）的最大值作为该算子的 Backpressure 和 Backpressure 状态的时间占比，展示在 DAG 图中。除了原始值，算子在图中的颜色会随这两个比例发生变化。

- 完全空闲算子为蓝色。
- 完全背压算子为黑色。
- 完全繁忙算子为红色。
- 所有介于三者之间的值呈现为三种颜色的混合色。

如图 11-26 所示为 Flink Web UI 的 DAG 图，图中不同的算子所处的状态不同，颜色也不尽相同。受印刷条件限制，无法准确展示颜色区别，读者可以尝试自己提交任务，查看 Flink Web UI 的 DAG 图，如图 11-26 所示。除了观察算子颜色，用户还可以通过算子中展示的不同状态时间占比来判断算子是否反压。EventSource 算子的 Backpressured 状态时间占比为 94%，即可判断该算子发生了反压。还可以查看每个 SubTask 指标的具体值，SubTask 级别的反压状态监控如图 11-27 所示。

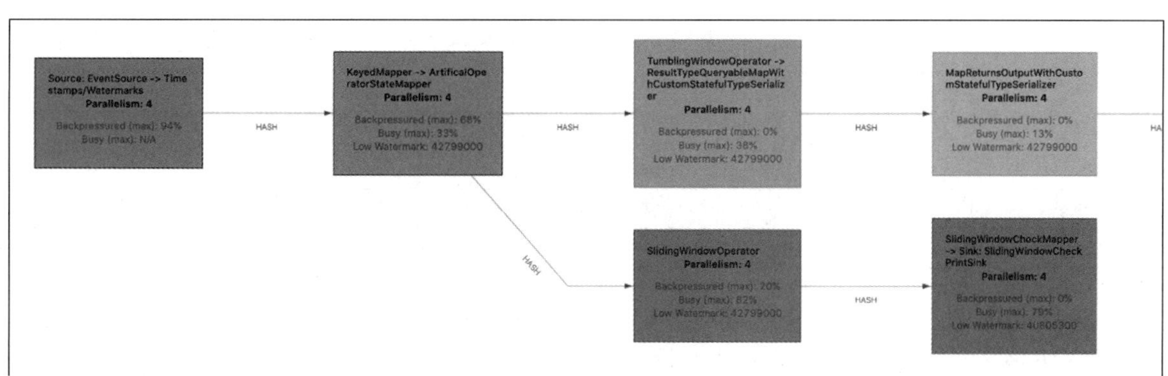

图 11-26　Flink Web UI 的 DAG 图

如图 11-27 所示，Backpressured/Idle/Busy 列展示了每个 SubTask 处于反压、空闲、繁忙状态的时长占统计周期时长的比例，三者之和约为 100%。Backpressure Status 列表示当前子任务是否处于反压状态，三个状态值的判定标准如下。

- OK：反压时间占比在[0%, 10%]区间内，标签为绿色。

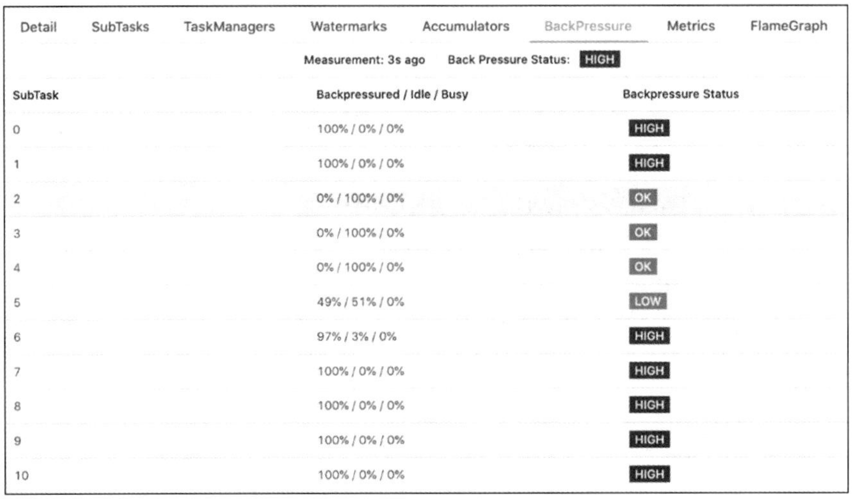

Detail　SubTasks　TaskManagers　Watermarks　Accumulators　BackPressure　Metrics　FlameGraph

Measurement: 3s ago　Back Pressure Status: HIGH

SubTask	Backpressured / Idle / Busy	Backpressure Status
0	100% / 0% / 0%	HIGH
1	100% / 0% / 0%	HIGH
2	0% / 100% / 0%	OK
3	0% / 100% / 0%	OK
4	0% / 100% / 0%	OK
5	49% / 51% / 0%	LOW
6	97% / 3% / 0%	HIGH
7	100% / 0% / 0%	HIGH
8	100% / 0% / 0%	HIGH
9	100% / 0% / 0%	HIGH
10	100% / 0% / 0%	HIGH

图 11-27　SubTask 级别的反压状态监控

- LOW：反压时间占比在(10%, 50%]区间内，标签为黄色。
- HIGH：反压时间占比在(50%, 100%]区间内，标签为红色。

如果某个节点处于反压状态，那么有两种可能性。

可能性一，该节点的数据接收速率小于数据产出的速率。一般会发生在输入一条数据得到多条数据的场景下，如 flatMap 算子。在这种情况下，该节点就是反压的根源节点，它是从 Source 到 Sink 出现的第一个反压的节点。

可能性二，下游节点的数据接收速率较慢，通过反压机制限制了该节点的数据产出速率。在这种情况下，需要继续排查下游节点，一直找到第一个反压状态为“OK”的节点，这个节点一般就是反压的根源节点。

通常来讲，第二种情况更常见。如果无法确定，还需要结合 Flink 的监控 Metrics 进一步判断。

2. 利用 Metrics 定位

Flink 自带的监控体系会采集监测很多反压指标 Metrics。监控反压时采集的 Metrics 主要和 Buffer 使用率有关，常用的反压监控 Metrics 如表 11-2 所示。

表 11-2　反压监控 Metrics

Metrics	描　述
outPoolUsage	发送端 Buffer 的使用率
inPoolUsage	接收端 Buffer 的使用率
floatingBuffersUsage（1.9 以上）	接收端 Floating Buffer 的使用率
exclusiveBuffersUsage（1.9 以上）	接收端 Exclusive Buffer 的使用率

其中 inPoolUsage = floatingBuffersUsage + exclusiveBuffersUsage。

对以上 Metrics 的分析角度主要有以下两种。

（1）根据发送端和接收端的 Buffer 的使用率进行分析。

若某节点的发送端 Buffer 的使用率很高，则说明这个节点被下游节点通过反压限速了。若某节点的接收端 Buffer 的使用率很高，则说明这个节点会将反压传导至上游节点。综合分析两个 Metrics，可以按照表 11-3 所示对号入座。

表 11-3　outPoolUsage 和 inPoolUsage 参数的关系

<table>
<tr><th></th><th>outPoolUsage 低</th><th>outPoolUsage 高</th></tr>
<tr><td rowspan="2">inPoolUsage 低</td><td rowspan="2">状态正常</td><td>被下游反压，还没传递到上游，属于临时情况</td></tr>
<tr><td>可能是反压的根源，常见于一条输入多条输出的场景</td></tr>
<tr><td rowspan="2">inPoolUsage 高</td><td>如果上游所有的 outPoolUsage 都低，有可能最终导致反压。此时还没传递到上游</td><td rowspan="2">被下游反压</td></tr>
<tr><td>如果上游的 outPoolUsage 高，则为反压根源</td></tr>
</table>

（2）根据接收端 Floating Buffer 和 Exclusive Buffer 的使用率进行分析。

Exclusive Buffer 是独占缓冲区，只能被特定的 Channel 使用，换言之，不同 Channel 的独占缓冲区是相互隔离的。

Floating Buffer 是浮动缓冲区，被所有的 Channel 共享，当本渠道的独占缓冲区被占满时可以向缓冲池申请使用浮动缓冲区。

Flink 1.9 及以上版本，可以根据接收端的 Floating Buffer 的使用率 floatingBuffersUsage 和 Exclusive Buffer 的使用率 exclusiveBuffersUsage，以及上游节点的 outPoolUsage 来进一步分析当前节点和上游节点的反压情况，exclusiveBuffersUsage 与 floatingBuffersUsage 的关系如表 11-4 所示。

表 11-4　exclusiveBuffersUsage 与 floatingBuffersUsage 的关系

	exclusiveBuffersUsage 低	exclusiveBuffersUsage 高
floatingBuffersUsage 低，同时所有上游的 outPoolUsage 都低	正常	
floatingBuffersUsage 低，同时上游的某个 outPoolUsage 高	潜在的网络瓶颈	
floatingBuffersUsage 高，同时所有上游的 outPoolUsage 都低	最终对部分 inputChannel 反压（正在传递）	最终对大多数或所有 inputChannel 反压（正在传递）
floatingBuffersUsage 高，同时上游的某个 outPoolUsage 高	只对部分 inputChannel 反压	对大多数或所有 inputChannel 反压

对表 11-4 进行总结如下所示。

（1）Floating Buffer 的使用率低，同时 Exclusive Buffer 的使用率高的情况不太可能出现。这是因为当 Exclusive Buffer 的使用率高时，通常会有几个 Channel 的 Exclusive Buffer 被占满，此时必然会向缓冲池申请 Floating Buffer，从而导致 Floating Buffer 的使用率升高。退一步讲，假如所有 Channel 的 Exclusive Buffer 的占用都很均衡，使用率高但未被占满，说明下游节点的数据消费速率小于当前节点的数据生产速率，导致了数据积压。那么，这种状态无法维持长久，Exclusive Buffer 很快就会占满，然后申请 Floating Buffer，导致 Floating Buffer 的使用率升高。因此，我们得出结论，Floating Buffer 的使用率低，同时 Exclusive Buffer 的使用率高的情况不太可能出现，本书不对这种情况做分析讨论。

（2）Floating Buffer 的使用率高，表明反压正在传导至上游节点。

（3）Floating Buffer 的使用率高，同时 Exclusive Buffer 的使用率低，此时必然存在少数 Channel 的 Exclusive Buffer 被占满，申请了 Floating Buffer，导致其使用率升高，而大多数 Channel 的 Exclusive Buffer 的使用率低。这种情况下，很可能发生了数据倾斜。

11.6.3　反压的原因及解决办法

在某些情况下，反压的现象可能只是暂时的，如当负载短暂达到高峰、保存检查点或重启作业引起积压数据重放，都有可能使流处理程序短暂出现反压。当反压只是暂时出现时，我们可以忽略它。但是反压持续时间较长，一直不能恢复健康状态，那么我们就需要分析反压发生的原因，并想办法优化程序。

解决问题的第一步就是定位反压发生的节点。定位到反压节点后，还需要按照下面的步骤逐步排查，找到反压的根本原因，并提出解决办法。

1. 查看是否存在数据倾斜

在实际开发中，很多时候反压是由数据倾斜造成的。我们可以通过 Flink Web UI 查看各个节点的 Records Sent 和 Record Received 来进行确认，或者可以通过 Checkpoint Detail 中各个节点的状态大小来判定。具体如何判断数据倾斜和数据倾斜的解决方案，将在 11.7 节详细讲解。

2. 使用火焰图分析

若程序中不存在数据倾斜，那么最有可能的原因是用户代码存在执行效率问题，如频繁阻塞或性能不佳。这种情况需要定位到性能瓶颈算子，并分析出性能消耗最大的计算逻辑。

最有效的办法是对 TaskManager 进行 CPU 分析，分析 CPU 性能是否被充分利用、CPU 主要被哪些函数占用消耗、进程经常被阻塞在哪里等。这些分析可以通过 Flink 的火焰图功能完成。

（1）开启火焰图功能。

Flink 1.13 版本直接在 Flink Web UI 中提供了 JVM 的 CPU 火焰图，大大地简化了性能瓶颈的分析过程。火焰图功能默认是不开启的，若想开启，需要修改参数，方法如下所示。

```
# 可以在 flink-conf.yaml 中添加参数，默认 false，修改为 true
rest.flamegraph.enabled: true
# 也可以在提交任务时指定
-Drest.flamegraph.enabled=true
```

（2）Flink Web UI 查看火焰图。

在 Flink Web UI 中查看任务执行状态时，点开想要分析的算子节点，从右侧出现的页面中选择“FlameGraph”标签，即可查看当前算子的火焰图，如图 11-28 所示。火焰图是通过对堆栈跟踪、多次采样来构建的。每个方法的调用都由一个条形表示，其中条形的长度与其在样本中出现的次数成正比。火焰图有三种可选类型，分别是 On-CPU、Off-CPU 和 Mixed。

- On-CPU：查看处于[RUNNABLE, NEW]状态的线程。
- Off-CPU：查看处于[TIMED_WAITING, WAITING, BLOCKED]的线程，用于查看在样本中发现的阻塞调用。
- Mixed：查看所有状态的线程。

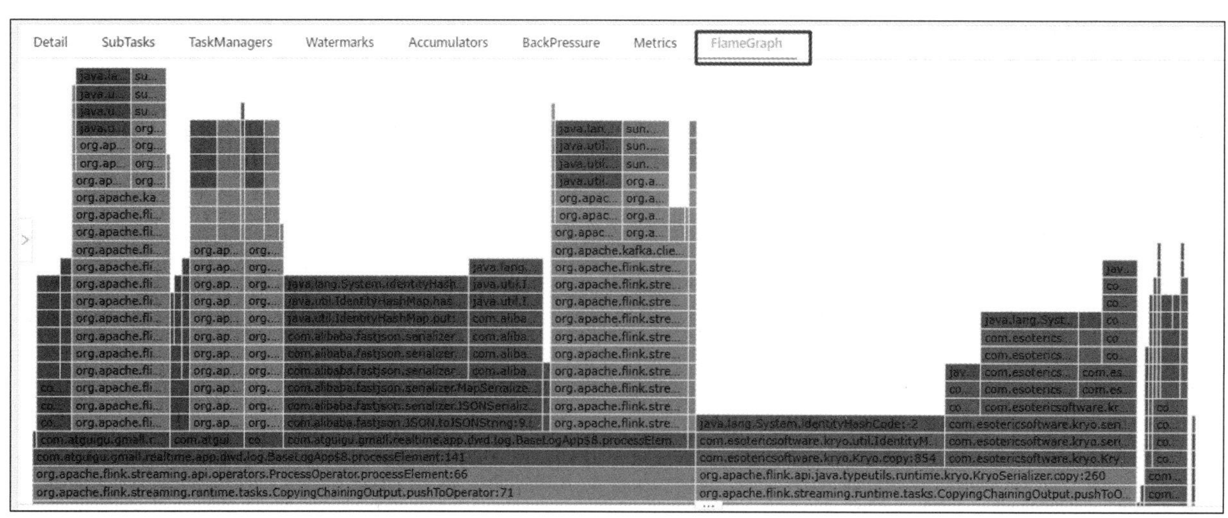

图 11-28 当前算子的火焰图

火焰图的颜色并没有特殊含义。火焰图的纵轴代表函数调用链，调用顺序由下向上，顶部为正在执行的函数。横轴代表样本函数出现的次数，可以简单地理解为函数执行时长。

对火焰图的分析主要着眼于顶层宽度占比最大的函数。如果出现“平顶”（plateaus）现象，就表示该函数可能存在性能问题。再沿着纵轴找到最终调用该函数的业务逻辑即可。

Flink 1.13 以前的版本并没有直接提供火焰图，用户可以自己制作，感兴趣的读者可以自行查阅资料。

3. 分析 GC 情况

TaskManager 频繁地进行 GC 操作也可能会导致反压，如当 TaskManager 的 JVM 各内存分区不合理时，就会导致频繁地进行 Full GC。可以通过打印 GC 日志或者使用 GC 分析工具来验证是否处于这种情况，分析过程如下。

（1）打印 GC 日志。

在 Flink Job 提交命令中，设置如下 JVM 参数，打印 GC 日志。

```
-Denv.java.opts="-XX:+PrintGCDetails -XX:+PrintGCDateStamps"
```

（2）下载 GC 日志。

在 Flink on YARN 模式下，任务可能会被分配到不同的 NodeManager，去每个 NodeManager 单独获取日志较为烦琐。打开 Flink Web UI，选择 JobManager 或者 TaskManager，单击 Stdout 选项，如图 11-29 所示，即可查看 GC 日志，单击“下载”按钮即可将 GC 日志通过 HTTP 的方式下载下来。

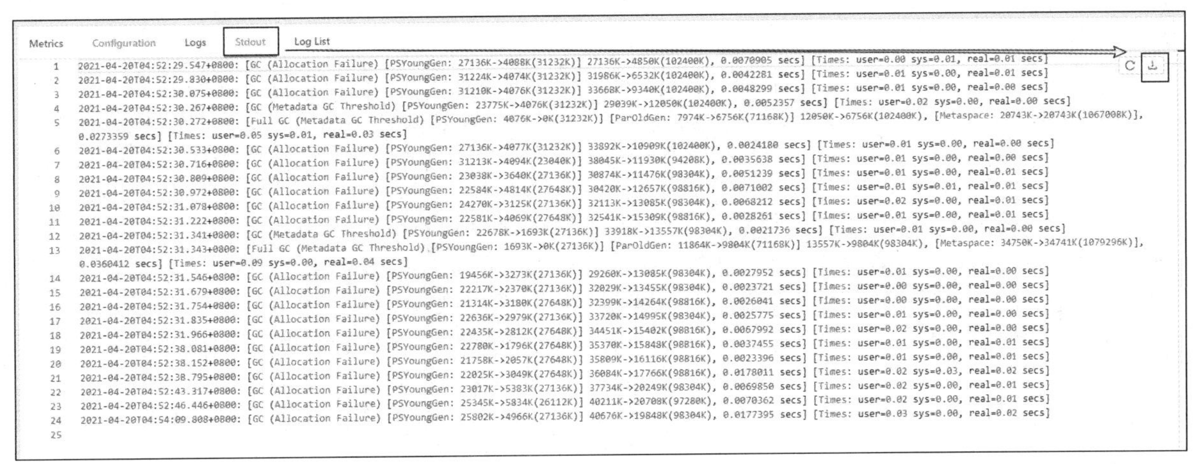

图 11-29　查看 GC 日志

（3）通过 GC 工具分析 GC 日志。

GCViewer 是一款可以分析 GC 日志的实用工具，Linux 系统和 Windows 系统均可使用，在本书附赠的资料包中可以找到 GCViewer 的安装包 gcviewer_1.3.4.jar。

① Linux 系统下，使用 GCViewer 分析 GC 日志的命令如下。

```
java -jar gcviewer_1.3.4.jar gc.log
```

② Windows 系统下，直接双击 gcviewer_1.3.4.jar，打开 GUI 界面，打开需要分析的 GC 日志文件，如图 11-30 所示。

通过对 GC 日志的分析，可以得出单个 Flink Taskmanager 的堆内存的总大小、年轻代和老年代分配的内存空间、Full GC 后老年代剩余大小等指标。

最需要关注的指标是 Full GC 后老年代剩余大小，按照《Java 性能优化权威指南》中提出的 Java 堆大小计算法则，设 Full GC 后老年代剩余大小为 M，那么堆的大小建议为 M 的 3～4 倍，新生代为 M 的 1～1.5 倍，老年代应为 M 的 2～3 倍。

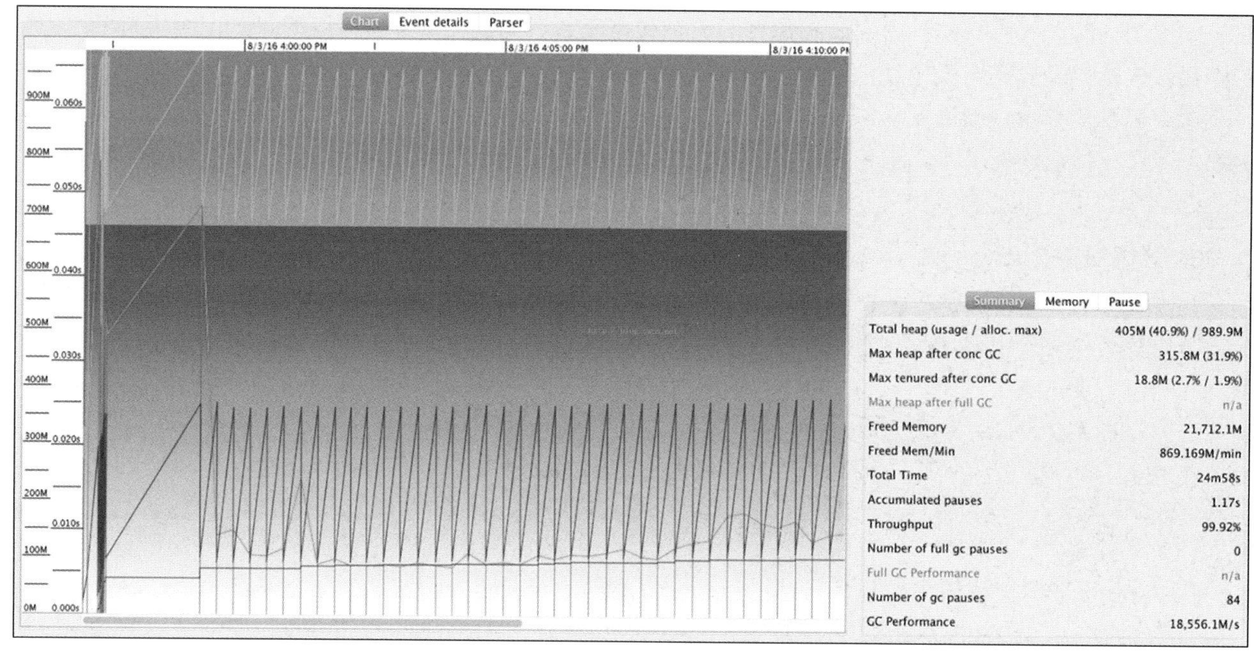

图 11-30　打开需要分析的 GC 日志文件

4. 外部组件交互

除了分析程序中各转换算子部分的性能问题，还应考虑 Source 端和 Sink 端是否存在问题。若发现 Source 端数据读取性能比较差，或者 Sink 端数据写入性能比较差等问题，则需要检查是否是第三方组件造成了性能瓶颈。本项目需要分析的第三方组件的关键点包括：

- Kafka 集群是否需要扩容？Kafka 连接器的并行度是否较低？
- HBase 的 Rowkey 是否遇到热点问题？能否及时处理请求？
- ClickHouse 并发能力较弱，是否已经达到瓶颈？

本项目中，我们针对第三方组件进行了一系列的性能优化操作，尽量避免第三方组件造成性能瓶颈。如在进行维度关联时，使用了异步 IO，并利用 Redis 做旁路缓存，但是在涉及 HBase 与 Redis 的读写操作时，长时间运行后仍然会出现反压，因此，还需要对 HBase 的配置进一步调优，并调整异步 IO 的线程池配置。

11.7　数据倾斜

在大数据计算领域，数据倾斜是最常见的一种现象。在实际开发中，我们应该学会判断是否产生了数据倾斜和如何解决数据倾斜。

11.7.1　判断数据倾斜

Flink 程序可以直接通过 Flink Web UI 查看是否存在数据倾斜。在同一个算子的多个并行子任务中，若其中某个并行子任务处理的数据量显著高于其他子任务（差距在 20 倍以上），则可以判定发生了数据倾斜。通过 Flink Web UI 可以精确地看到每个并行子任务处理了多少数据，SubTask 处理数据量展示如图 11-31 所示。

Keyed Reduce
Parallelism: 5
Backpressured (max): 0%
Busy (max): 10%
REBALANCE

Detail SubTasks TaskManagers Watermarks Accumulators BackPressure Metric

ID	Bytes Received	Records Received	Bytes Sent	Records Sent	Status	More
0	17.2 MB	753,564	17.2 MB	753,564	RUNNING	...
1	17.1 MB	750,559	17.1 MB	750,559	RUNNING	...
2	355 MB	15,494,836	355 MB	15,494,836	RUNNING	...
3	17.0 MB	746,705	17.0 MB	746,705	RUNNING	...
4	16.4 MB	720,720	16.4 MB	720,720	RUNNING	...

图 11-31 SubTask 处理数据量展示

11.7.2 解决数据倾斜

针对数据倾斜发生的不同位置，可以采取不同的措施。

1. keyBy 算子之前发生数据倾斜

若 keyBy 算子之前发生数据倾斜，产生该情况的原因可能是数据源本身分布就不均匀，如消费的 Kafka 主题的某些分区的数据量特别大。在这种情况下，可以在数据源处即对数据调用物理分区算子，如 shuffle、rebalance、rescale 等，令数据分配均匀，解决数据倾斜的问题。

2. keyBy 算子之后发生数据倾斜

通常数据倾斜可以通过二次聚合来解决，首先对数据倾斜的 key 进行散列处理，即增加一个随机数前缀或后缀，做第一次聚合，只要随机数的散列程度够大，这一步就不存在数据倾斜。然后去掉随机后缀或前缀执行第二次聚合，由于经过了第一次聚合数据量骤减，因此，本次聚合也不会出现数据倾斜，二次聚合原理如图 11-32 所示。

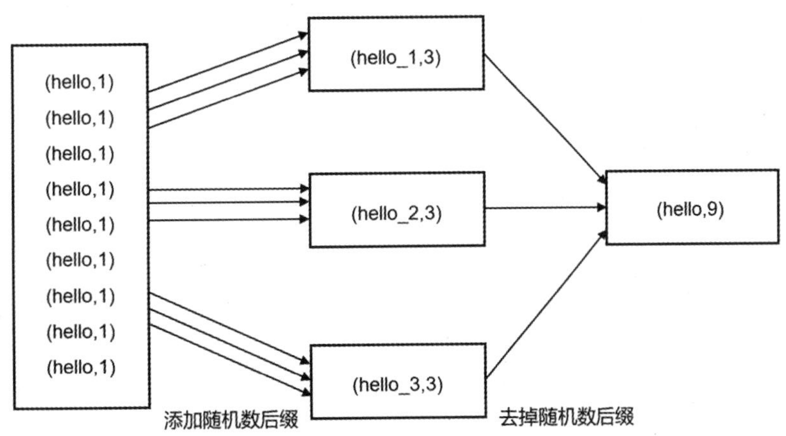

图 11-32 二次聚合原理

Flink 是实时流处理，如果 keyBy 之后的聚合操作存在数据倾斜，且没有开窗口（没攒批）的情况下，简单地使用两阶段聚合，是不能解决问题的。Flink 是事件驱动，来一条数据处理一条，然后向下游发送一条结果，对于原来 keyBy 的维度（第二阶段聚合）来讲，数据量并没有减少，且结果重复计算（非 Flink SQL，未使用回撤流），Flink 使用二次聚合不能减少数据量，如图 11-33 所示。

因此，我们选择使用 LocalKeyBy 的思想。LocalKeyBy 思想是指在 keyBy 的上游算子数据发送之前，首先在上游算子的本地对数据进行聚合，再发送至下游，使下游接收到的数据量大大减少，从而使得 keyBy

之后的聚合操作不再是任务的瓶颈，类似 MapReduce 中的 Combiner 思想。但是这要求聚合操作必须是多条数据或者攒一批数据才能聚合，单条数据没有办法通过聚合来减少数据量。从 Flink LocalKeyBy 实现原理来讲，必然会存在一个积攒批次的过程，在上游算子中必须攒够一定的数据量，对这些数据聚合后再发送至下游，LocalKeyBy 实现原理如图 11-34 所示。

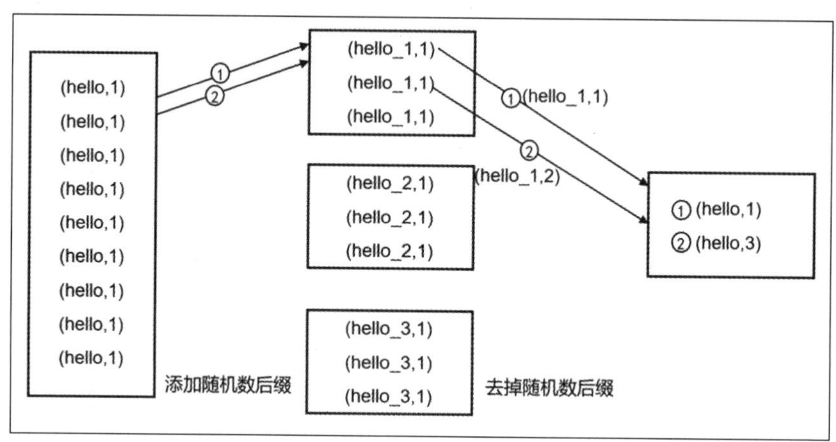

图 11-33　Flink 使用二次聚合不能减少数据量

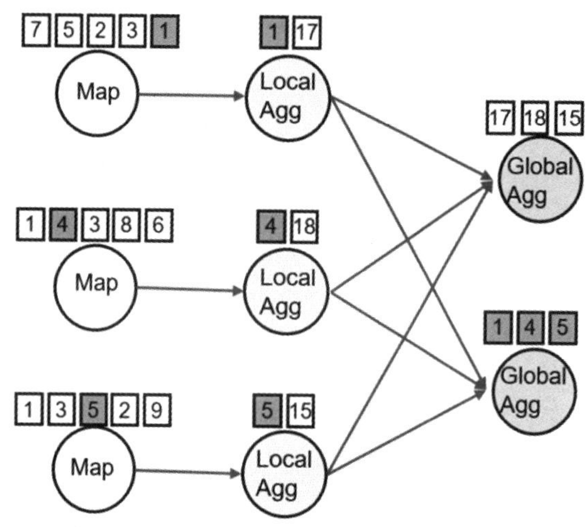

图 11-34　LocalKeyBy 实现原理

在 Flink 的 DataStreamAPI 中使用 LocalKeyBy 思想，需要自己编写代码，具体代码如下所示。

```
package com.atguigu.flink.tuning;

import com.alibaba.fastjson.JSONObject;
import com.atguigu.flink.source.MockSourceFunction;
import org.apache.commons.lang3.StringUtils;
import org.apache.flink.api.common.functions.RichFlatMapFunction;
import org.apache.flink.api.common.state.ListState;
import org.apache.flink.api.common.state.ListStateDescriptor;
import org.apache.flink.api.common.typeinfo.Types;
import org.apache.flink.api.java.tuple.Tuple2;
import org.apache.flink.api.java.utils.ParameterTool;
import org.apache.flink.runtime.state.FunctionInitializationContext;
import org.apache.flink.runtime.state.FunctionSnapshotContext;
import org.apache.flink.runtime.state.hashmap.HashMapStateBackend;
```

```
import org.apache.flink.streaming.api.CheckpointingMode;
import org.apache.flink.streaming.api.checkpoint.CheckpointedFunction;
import org.apache.flink.streaming.api.datastream.SingleOutputStreamOperator;
import org.apache.flink.streaming.api.environment.CheckpointConfig;
import org.apache.flink.streaming.api.environment.StreamExecutionEnvironment;
import org.apache.flink.util.Collector;

import java.util.HashMap;
import java.util.Map;
import java.util.concurrent.TimeUnit;
import java.util.concurrent.atomic.AtomicInteger;

public class SkewDemo1 {
    public static void main(String[] args) throws Exception {
        StreamExecutionEnvironment env = StreamExecutionEnvironment.getExecutionEnvironment();
        env.disableOperatorChaining();
        env.setStateBackend(new HashMapStateBackend());
        env.enableCheckpointing(TimeUnit.SECONDS.toMillis(3), CheckpointingMode.EXACTLY_ONCE);

        CheckpointConfig checkpointConfig = env.getCheckpointConfig();
        checkpointConfig.setCheckpointStorage("hdfs://hadoop1:8020/flink-tuning/ck");

    checkpointConfig.setMinPauseBetweenCheckpoints(TimeUnit.SECONDS.toMillis(3));
        checkpointConfig.setTolerableCheckpointFailureNumber(5);
        checkpointConfig.setCheckpointTimeout(TimeUnit.MINUTES.toMillis(1));
        checkpointConfig.enableExternalizedCheckpoints(CheckpointConfig.Externalized
CheckpointCleanup.RETAIN_ON_CANCELLATION);

        SingleOutputStreamOperator<JSONObject> jsonobjDS = env
                .addSource(new MockSourceFunction())
                .map(data -> JSONObject.parseObject(data));

        // 过滤出页面数据,转换成 (mid,1L)
        SingleOutputStreamOperator<Tuple2<String, Long>> pageMidTuple = jsonobjDS
                .filter(data -> StringUtils.isEmpty(data.getString("start")))
                .map(r -> Tuple2.of(r.getJSONObject("common").getString("mid"), 1L))
                .returns(Types.TUPLE(Types.STRING, Types.LONG));

        // 按照mid分组，统计每个mid出现的次数
        ParameterTool parameterTool = ParameterTool.fromArgs(args);
        boolean isLocalKeyby = parameterTool.getBoolean("local-keyby", false);
        if (!isLocalKeyby) {
            pageMidTuple
                    .keyBy(r -> r.f0)
                    .reduce((value1, value2) -> Tuple2.of(value1.f0, value1.f1 + value2.f1))
                    .print().setParallelism(1);
        } else {
            pageMidTuple
                    .flatMap(new LocalKeyByFlatMapFunc(10000)) // 实现 localkeyby 的功能
                    .keyBy(r -> r.f0)
                    .reduce((value1, value2) -> Tuple2.of(value1.f0, value1.f1 + value2.f1))
```

```
                .print().setParallelism(1);
        }
        env.execute();
    }
}

class LocalKeyByFlatMapFunc extends RichFlatMapFunction<Tuple2<String, Long>, Tuple2<String, Long>> implements CheckpointedFunction {

    //Checkpoint 时为了保证 Exactly Once，将 buffer 中的数据保存到该 ListState 中
    private ListState<Tuple2<String, Long>> listState;
    //本地 buffer，存放 local 端缓存的 mid 的 count 信息
    private HashMap<String, Long> localBuffer;
    //缓存的数据量大小，即缓存多少数据再向下游发送
    private int batchSize;
    //计数器，获取当前批次接收的数据量
    private AtomicInteger currentSize;

    //构造器，批次大小传参
    public LocalKeyByFlatMapFunc(int batchSize) {
        this.batchSize = batchSize;
    }

    @Override
    public void flatMap(Tuple2<String, Long> value, Collector<Tuple2<String, Long>> out) throws Exception {
        // 1、将新来的数据添加到 buffer 中,本地聚合
        Long count = localBuffer.getOrDefault(value.f0, 0L);
        localBuffer.put(value.f0, count + 1);
        // 2、如果到达设定的批次，则将 buffer 中的数据发送至下游
        if (currentSize.incrementAndGet() >= batchSize) {
            // 2.1 遍历 Buffer 中的数据，发送至下游
            for (Map.Entry<String, Long> midAndCount : localBuffer.entrySet()) {
                out.collect(Tuple2.of(midAndCount.getKey(), midAndCount.getValue()));
            }

            // 2.2 Buffer 清空，计数器清零
            localBuffer.clear();
            currentSize.set(0);
        }
    }

    @Override
    public void snapshotState(FunctionSnapshotContext context) throws Exception {
        // 将 buffer 中的数据保存到状态中，来保证 Exactly Once
        listState.clear();
        for (Map.Entry<String, Long> midAndCount : localBuffer.entrySet()) {
            listState.add(Tuple2.of(midAndCount.getKey(), midAndCount.getValue()));
        }
    }
```

```
    @Override
    public void initializeState(FunctionInitializationContext context) throws Exception {
        // 从状态中恢复 buffer 中的数据
        listState = context.getOperatorStateStore().getListState(
                new ListStateDescriptor<Tuple2<String, Long>>(
                        "localBufferState",
                        Types.TUPLE(Types.STRING, Types.LONG)
                )
        );
        localBuffer = new HashMap();
        if (context.isRestored()) {
            // 从状态中恢复数据到 buffer 中
            for (Tuple2<String, Long> midAndCount : listState.get()) {
                // 如果出现 pv != 0,说明改变了并行度，ListState 中的数据会被均匀分发到新的 subtask 中
                // 单个 subtask 恢复的状态中可能包含多个相同的 mid 的 count 数据
                // 所以每次先取一下 buffer 的值，累加再 put
                long count = localBuffer.getOrDefault(midAndCount.f0, 0L);
                localBuffer.put(midAndCount.f0, count + midAndCount.f1);
            }
            // 从状态恢复时，默认认为 buffer 中数据量达到了 batchSize，需要向下游发
            currentSize = new AtomicInteger(batchSize);
        } else {
            currentSize = new AtomicInteger(0);
        }
    }
}
```

在 Flink SQL 中，可以通过指定特定参数开启 MiniBatch 和 LocalGlobal 功能，以实现 LocalKeyBy 思想。这种方式更为推荐，在 11.9.3 节将会详细讲解。

3. 窗口聚合发生数据倾斜

因为使用了窗口，将无界数据流转换成了有界数据。窗口默认是触发时才会输出一条结果发往下游，因此，可以使用两阶段聚合的方式，具体过程如下。

（1）第一阶段聚合：将 key 拼接随机数前缀或后缀，进行 keyBy、开窗、聚合等操作。

注意：①聚合操作后数据流不再是 WindowedStream 类型，要保留 WindowEnd 窗口标记作为第二阶段分组依据，避免不同窗口的结果聚合到一起。②随机数的范围不能随意指定，需要事先测试确定是否能达到满意的散列效果。

（2）第二阶段聚合：按照原来的 key 和 windowEnd 作为组合键进行 keyBy、聚合操作。

11.8 Job 优化

本节主要介绍一些在 Flink 程序中可以使用的优化手段。

11.8.1 为算子指定 UUID

算子的 UUID 可以唯一标识算子状态。默认情况下，算子的 UUID 是根据 JobGraph 自动生成的，JobGraph 的更改（程序修改后重启）可能会导致 UUID 改变。若没有提前指定 UUID，修改后的 Flink 程

序从保存点（Savepoint）启动时，可能会由于状态和算子无法完成映射而抛出以下异常。

```
Caused by: java.lang.IllegalStateException: Failed to rollback to checkpoint/savepoint
hdfs://hadoop1:8020/flink-tuning/sp/savepo
int-066c90-6edf948686f6.  Cannot  map  checkpoint/savepoint  state  for  operator
ddb598ad156ed281023ba4eebbe487e3 to the new program,
because the operator is not available in the new program. If you want to allow to skip
this, you can set the --allowNonRestoredSt
```

通过手动指定算子 UUID，可以确保 Flink 有效地将算子状态从 Savepoint 映射到程序修改后（拓扑图可能改变）的正确算子上。更改算子逻辑、增加新算子、删除算子等操作可能导致 JobGraph 改变，只要指定了算子的 UUID，Savepoint 中存储的算子状态就可以映射到正确的算子上。这是 Savepoint 在 Flink 应用中可以正常工作的一个基本要素。

Flink 算子的 UUID 可以通过 uid 方法指定，通常也建议通过 name 方法指定算子名称。在 Flink Web UI 界面，用户可以看到算子名称，但算子名称并不是算子的唯一标识。指定方式如下所示。

```
#算子.uid("指定 uid")
.reduce((value1, value2) -> Tuple3.of("uv", value2.f1, value1.f2 + value2.f2))
.uid("uv-reduce").name("uv-reduce")
```

对于有状态的 Flink 应用，推荐给每个算子都指定 UUID。严格地说，仅需要为有状态的算子指定 UUID 即可。但是因为 Flink 的某些算子（如 Window）默认是有状态的，而有些是无状态的，可能用户不能准确区分。因此，从实践经验上来说，我们建议每个算子都指定 UUID。

11.8.2 链路延迟监控

对于实时的流式处理系统来说，我们需要关注数据输入、计算和输出的及时性，链路延迟是一个比较重要的监控指标，特别是在数据量大或者软硬件条件不佳的环境下。Flink 提供了开箱即用的 LatencyMarker（延迟追踪标记）机制来监控链路延迟。

与 LatencyMarker 机制有关的两个重要参数如下所示。

```
metrics.latency.interval: 30000
# 从数据源注入延迟追踪标记的时间间隔，单位毫秒，设置为 0 或负值表示禁用链路延迟测量，默认值为 0。
metrics.latency.granularity: operator
# 链路延迟监控的粒度，默认 operator
```

（1）metrics.latency.interval 参数。

metrics.latency.interval 参数设置宜大不宜小，一般设置为 30000 毫秒。开启链路延迟监控会影响集群性能，同时对 LatencyMarker 的处理也会消耗一定的性能。

（2）metrics.latency.granularity 参数。

该参数的含义是链路延迟监控的粒度，可设置为以下三种粒度类型。

- single：每个算子单独统计延迟。
- operator（默认值）：每个下游算子都统计自己与 Source 数据源之间的延迟。
- subtask：每个下游算子的并行子任务都统计自己与 Source 数据源的并行子任务之间的延迟。

一般情况下，采用默认值 operator 粒度即可，这样在 Sink 端观察到的延迟监控指标就是我们最想要的全链路（端到端）延迟。subtask 粒度太细，会增大所有并行度的负担，不建议使用。

LatencyMarker 不会参与到数据流的用户逻辑中，而是直接被各算子转发并统计。为了让它尽量精确，需要特别注意，保证 Flink 集群内所有节点的时区、时间是同步的。这是因为计算时使用的时间戳是通过 System.currentTimeMillis 方法生成的。

LatencyMarker 机制配置完成后，可以通过下面的指标名查看结果。

```
flink_taskmanager_job_latency_source_id_operator_id_operator_subtask_index_latency
```

```
# 计算时使用的时间戳是通过System.currentTimeMillis()方法生成的，因此该指标的单位是毫秒
```

Flink Web UI 的 Metrics 选项尚不能查看该指标，需要集成第三方指标系统，如 Prometheus 和 Grafana，方可查看。如果系统集成了 Prometheus 和 Grafana 的话，那么对链路延迟监控的效果如图 11-35 所示。

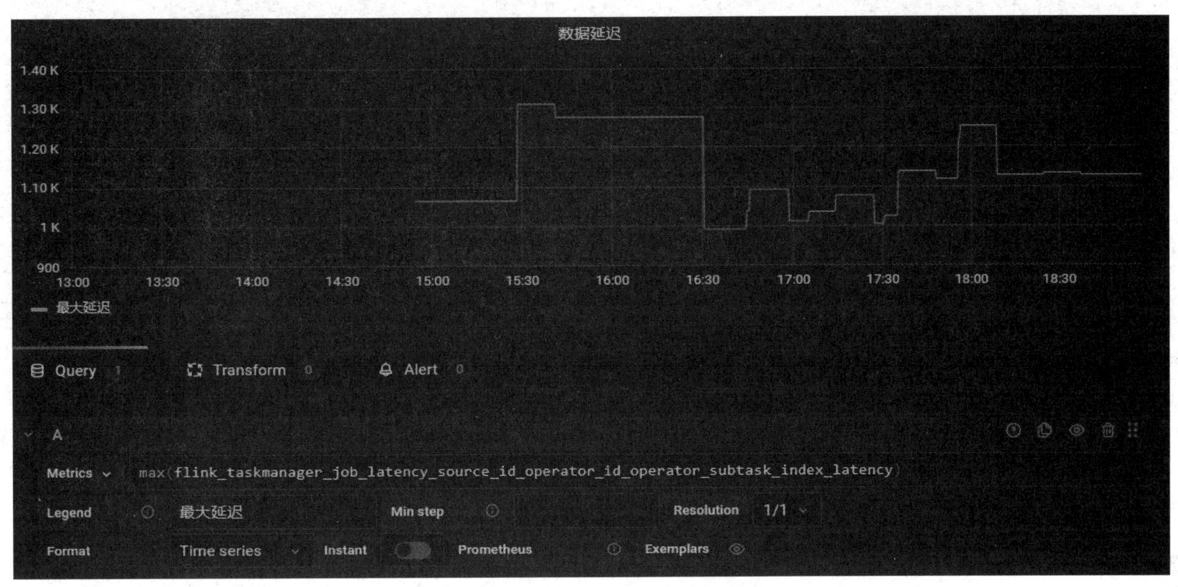

图 11-35　对链路延迟监控的效果

11.8.3　开启对象重用

如图 11-36 所示，开启对象重用前，对象由上游算子传递到下游算子时，需要经过深拷贝的过程，即在内存中开辟新的地址，把对象复制一份置于其中，源对象的改变不会影响复制的对象。通过调用 enableObjectReuse 方法开启对象重用后，Flink 程序在传递对象时，会把中间的深拷贝步骤省略掉。上游算子产生的对象直接作为下游算子的输入，即向下游算子传递对象地址。开启对象重用，可以大大减少 GC 的压力。需要注意的是，这个功能不能轻易开启，开启条件如下：

（1）下游算子不改变对象的值，且对象没有被保存到上游算子的状态中，则可以开启。

（2）下游算子不改变对象的值，且对象被保存到了上游算子的状态中，此时要求状态后端为 RocksDB。启用 RocksDB 状态后端，状态的读写要经历序列化和反序列化，出入状态均为深拷贝，上游状态修改不会对下游接收的数据产生影响；而默认的 HashMapStateBackend 出入状态都是浅拷贝，当上游状态发生改变时，会导致下游接收的数据发生改变，影响计算结果的正确性。

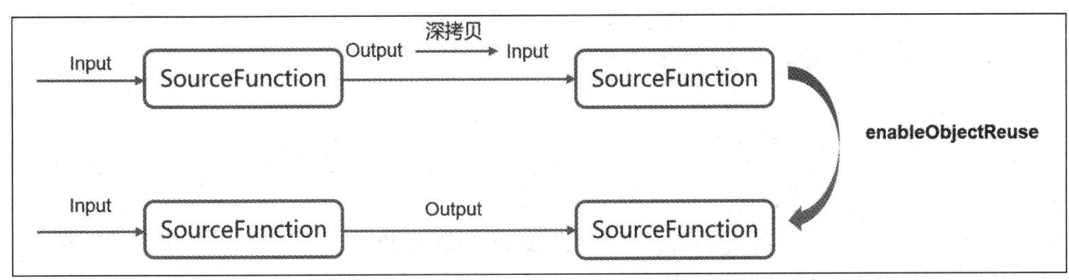

图 11-36　开启对象重用前后的对象传递过程

（3）下游算子会改变对象的值，要求上下游算子是一对一的。若此时对象没有被保存到上游算子的状态中，可以启用对象重用。

（4）下游算子会改变对象的值，要求上下游算子是一对一的。若此时对象被保存到了上游算子的状态中，则要求状态后端为 RocksDB，否则有可能产生线程安全问题。

对象重用功能开启的方式如下。

```
#代码中增加如下内容：
env.getConfig().enableObjectReuse();
#提交任务时指定如下参数：
-Dpipeline.object-reuse=true
```

11.8.4 细粒度滑动窗口优化

Flink 程序中经常用到滑动窗口（SlidingWindow），滑动窗口的原理如图 11-37 所示。滑动窗口的两个重要概念是窗口大小（window size）和滑动步长（window slide）。当窗口大小远远大于滑动步长时，我们称这样的滑动窗口为细粒度的滑动窗口。当使用细粒度的滑动窗口时，会有很多重叠的窗口，一条数据会属于多个窗口，存在大量的重复计算，性能会急剧下降。

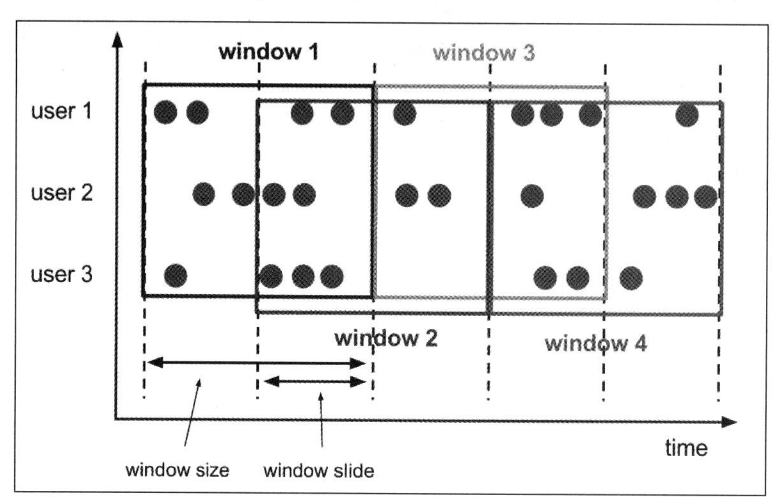

图 11-37　滑动窗口的原理

在实际开发中，我们经常遇到这样的需求，每 3 分钟统计最近 24 小时 App 的 PV 和 UV。为实现这个需求，我们需要用到窗口大小为 24 小时、滑动步长为 3 分钟的滑动窗口，在这样的滑动窗口下，会同时存在 24×60÷3=480 个窗口，同一条数据可能同时属于 480 个窗口。这就是一个细粒度的滑动窗口。

细粒度的滑动窗口可能带来的性能问题有以下三点。

（1）对状态的影响。

每到来一条数据，Flink 会将其写入由（key, window）二元组确定的窗口状态（WindowState）中。对于上述案例，每到来一条数据，更新窗口状态时，需要遍历全部 480 个窗口并写入数据，性能开销巨大。在使用 RocksDB 状态后端时，保存检查点也会造成性能瓶颈。

（2）对定时器的影响。

每到来一条数据，在将数据写入由（key, window）二元组确定的窗口状态的同时，还会为每一个（key, window）二元组注册两个定时器。一是触发器注册的定时器，用于决定窗口数据何时输出，二是 registerCleanupTimer 方法注册的清理定时器，用于在窗口彻底过期之后，及时清理窗口的内部状态。细粒度的滑动窗口会造成维护的定时器增多，内存负担加重。

（3）重复计算问题。

每条数据都会被重复计算 480 次，损耗大量资源。

对于以上问题，我们一般综合使用滚动窗口、外部存储系统和读时聚合作为解决方案。具体思路如下。

（1）从业务的视角来看，往往窗口大小是可以被滑动步长所整除的，找到窗口大小和滑动步长的最大公约数作为时间分片的大小。

（2）使用滚动窗口代替滑动窗口，滚动窗口的大小设置为时间分片的大小。每个滚动窗口将其周期内的数据做聚合，保存至下游状态或外部存储系统中，如 Redis、HBase 等。

（3）查询外部存储系统中对应时间区间（可以灵活指定）的所有行，并将计算结果返回给数据应用人员。

11.8.5　提前计算滚动窗口

假如有这样一个需求，每隔 3 分钟输出当天 0 点至当前时间 App 的 PV 数据。为实现这个需求，我们需要设置一个窗口大小为 24 小时的滚动窗口，然后通过定时器每 3 分钟触发一次计算。与 11.8.4 节提到的细粒度滑动窗口的例子相比，重复计算会少一些，但是依然很多。例如，当天 00:00~00:03 时间区间内的数据就会被重复计算 480 次，00:03~00:06 时间区间内的数据会被重复计算 479 次，依次类推。通过估算，平均每条数据会被重复计算大约 240 次，这种程度的重复计算对性能的浪费是无法接受的。另一点需要注意的是，在窗口闭合之前，需要把当前窗口的所有数据保存在状态中，也会占用大量的内存空间，带来性能瓶颈。针对以上问题，提出下列解决方案。

（1）解决方案一，与细粒度滑动窗口的解决方式相同，不再赘述。

（2）解决方案二，对于某些特殊需求，如没有重复数据的情况下统计数据条数或者求和，可以调用 reduce 或 aggregate 等聚合函数，每来一条数据就做一次聚合，窗口中只保留一个累加器，不存在重复计算，也不会占用过多的内存空间。

11.9　Flink SQL 优化

本项目中使用了 Flink SQL 实现需求，在使用 Flink SQL 时，也有许多可以采取的性能优化措施。

11.9.1　设置空闲状态保留时间

Flink SQL 新手最有可能犯的错误之一，就是忘记设置空闲状态保留时间，导致存储空间耗尽。所谓空闲状态，就是某个 key 对应的状态，在一段时间内没有被更新过，那么这个 key 对应的状态就被称为空闲状态。

Flink SQL 的 Join 操作分为两种：常规 Join（Regular Join）和间隔 Join（Interval Join）。在使用常规 Join 时，关联的两张表的数据会一直保留在状态中，若不加以限制，就会导致存储空间耗尽。另外一种情况是，计算类似每隔一段时间的 Top N 需求时，这一段时间间隔内的数据也会一直保留在状态里。

对于以上两种情况，Flink SQL 可以通过设置空闲状态保留时间来规避。使用的参数是 table.exec.state.ttl，参数含义是空闲状态被保留的最小时间。当状态中某个 key 对应的状态未更新的时间达到该参数配置的阈值时，这个状态就会被清理。

空闲状态保留时间的配置方式如下所示。

```
# API 指定
tableEnv.getConfig().setIdleStateRetention(Duration.ofHours(1));
# 参数指定
Configuration configuration = tableEnv.getConfig().getConfiguration();
configuration.setString("table.exec.state.ttl", "1 h");
```

11.9.2　开启 MiniBatch 功能

Flink SQL 有一个 MiniBatch 功能，MiniBatch 的含义是微批处理。这个功能的原理是缓存一定量的数据后再触发数据的处理操作，以减少对状态的访问，从而提升吞吐量并减少数据的输出量。MiniBatch 功能主要依靠在每个 Task 上注册的定时器 Timer 线程来触发操作，会消耗一定的线程调度性能。

MiniBatch 功能默认是关闭的，开启方式如下所示。

```
// 初始化 table environment
TableEnvironment tEnv = ...

// 获取 tableEnv 的配置对象
Configuration configuration = tEnv.getConfig().getConfiguration();

// 设置参数：
// 开启 miniBatch
configuration.setString("table.exec.mini-batch.enabled", "true");
// 批量输出的间隔时间
configuration.setString("table.exec.mini-batch.allow-latency", "5s");
// 防止 OOM 设置每个批次最多缓存数据的条数，可以设为 2 万条
configuration.setString("table.exec.mini-batch.size", "20000");
```

MiniBatch 功能通过增加延迟来换取更高的吞吐量，对于超低延迟的需求，不建议开启 MiniBatch 功能。对于存在聚合操作的场景，MiniBatch 功能可以显著提升程序性能，建议开启此功能。

需要注意的是，上文中提到的 MiniBatch 功能的 Key-Value 配置方式仅被 Blink Planner 支持。Planner 是 Flink Table API 的核心组件，负责提供运行时环境。Blink Planner 是 Flink 1.9.0 时引入的，相较于之前版本的 Flink Planner，更支持流式计算与批处理的统一。现在 Blink Planner 的应用已经越来越广泛了。

Flink 1.12 之前版本开启 MiniBatch 功能存在问题，设置过状态生存时间的过期状态不会被清理，这个问题直到 Flink 1.12 才被修复。

11.9.3 开启 LocalGlobal 优化

Flink SQL 可以通过开启 LocalGlobal 优化来解决数据倾斜的问题。

LocalGlobal 优化将原来的聚合操作分成 Local 和 Global 两阶段聚合，即 MapReduce 计算模型中的 Combine+Reduce 的处理模式。第一阶段在上游节点的本地攒一批数据进行聚合，并输出这次微批的增量值。第二阶段再将收到的微批增量值合并，得到最终的结果。

LocalGlobal 本质上能够靠 LocalAgg 的聚合筛除部分倾斜数据，从而降低 GlobalAgg 数据倾斜的可能性，提升性能。下面结合图 11-38，帮助大家理解 LocalGlobal 是如何解决数据倾斜的问题的。

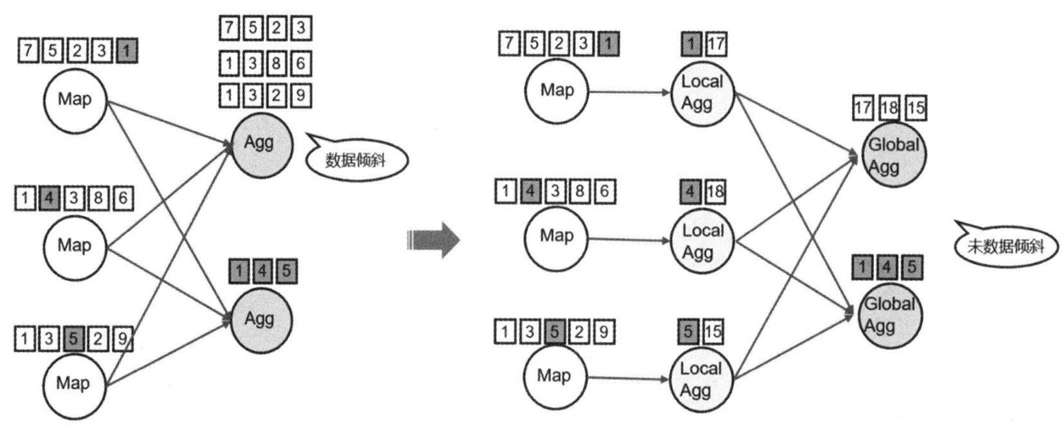

图 11-38　LocalGlobal 原理

（1）未开启 LocalGlobal 优化时，由于流中的数据倾斜，key 为浅色的聚合算子实例需要处理更多的记录，这就导致了热点问题。

（2）开启 LocalGlobal 优化后，先进行本地聚合，再进行全局聚合。可大大减少全局聚合时的热点，提高性能。

LocalGlobal 的优化依赖于 MiniBatch 的参数，需要先开启 MiniBatch 功能。开启 LocalGlobal 优化的关键参数是 table.optimizer.agg-phase-strategy，该参数的含义是聚合策略，支持参数值 AUTO、TWO_PHASE、ONE_PHASE。默认值是 AUTO，TWO_PHASE 含义是使用 LocalGlobal 两阶段聚合，ONE_PHASE 含义是仅使用 Global 一阶段聚合。具体开启方式如下所示。

```
// 初始化 table environment
TableEnvironment tEnv = ...

// 获取 tableEnv 的配置对象
Configuration configuration = tEnv.getConfig().getConfiguration();

// 设置参数：
// 开启 MiniBatch
configuration.setString("table.exec.mini-batch.enabled", "true");
// MiniBatch 输出的间隔时间
configuration.setString("table.exec.mini-batch.allow-latency", "5s");
// 为防止 OOM，设置每个批次最多缓存数据的条数，可以设为 2 万条
configuration.setString("table.exec.mini-batch.size", "20000");
// 开启 LocalGlobal
configuration.setString("table.optimizer.agg-phase-strategy", "TWO_PHASE");
```

LocalGlobal 优化可以提升 Flink 自带的 SUM、COUNT、MAX、MIN 和 AVG 等普通聚合函数的性能，以及解决这些场景下的数据热点问题。自定义聚合函数必须实现 merge 方法才可以触发 LocalGlobal 优化。

11.9.4 开启 Split Distinct 优化

LocalGlobal 优化针对普通聚合，如 SUM、COUNT、MAX、MIN 和 AVG，有较好的效果，对于 DISTINCT 的聚合，如 COUNT DISTINCT，收效不明显。COUNT DISTINCT 在 Local 聚合时，对于 DISTINCT KEY 的去重率不高，导致在 Global 节点仍然存在热点。

为了解决 COUNT DISTINCT 的热点问题，通常需要手动改写为两层聚合（增加按 Distinct Key 取模的打散层）。从 Flink1.9.0 开始，提供了 COUNT DISTINCT 自动打散功能，通过 HASH_CODE(distinct_key) % BUCKET_NUM 的算法打散，不需要手动重写聚合逻辑。LocalGlobal 和 Split Distinct 的原理对比如图 11-39 所示。

在不开启 Split Distinct 时，用户如何通过手动重写聚合逻辑解决 COUNT DISTINCT 的数据热点问题，如下所示。

```
SELECT a, COUNT(DISTINCT b)
FROM T
GROUP BY a;
手动打散举例：
SELECT a, SUM(cnt)
FROM (
   SELECT a, COUNT(DISTINCT b) as cnt
   FROM T
   GROUP BY a, MOD(HASH_CODE(b), 1024)
)
GROUP BY a;
```

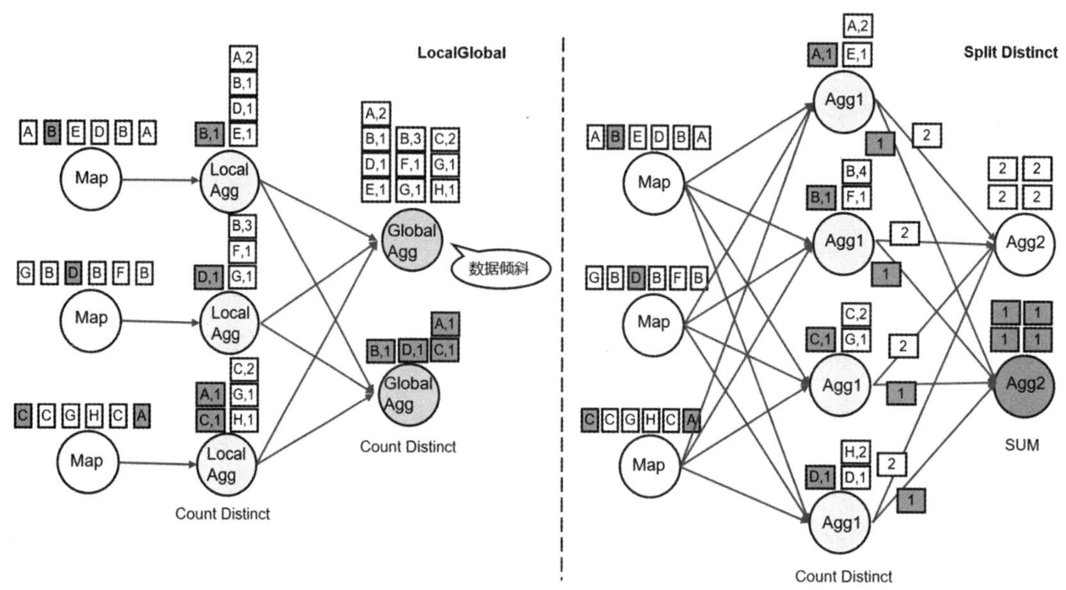

图 11-39　LocalGlobal 和 Split Distinct 的原理对比

Split Distinct 优化默认是不开启的，需要通过设置参数开启。Split Distinct 优化的开启方式如下所示。

```
# 在 flink_conf.yaml 中开启 Split Distinct
table.optimizer.distinct-agg.split.enabled: true
# 默认 false。
table.optimizer.distinct-agg.split.bucket-num: 1024
# Split Distinct 优化在第一层聚合中，被打散的 bucket 数目。默认 1024。

// 在代码中开启 Split Distinct 优化
// 初始化 table environment
TableEnvironment tEnv = ...
// 获取 tableEnv 的配置对象
Configuration configuration = tEnv.getConfig().getConfiguration();
// 设置参数：(要结合 Minibatch 一起使用)
// 开启 Split Distinct
configuration.setString("table.optimizer.distinct-agg.split.enabled", "true");
// 第一层打散的 bucket 数目
configuration.setString("table.optimizer.distinct-agg.split.bucket-num", "1024");
```

注意：

（1）目前不能在包含用户自定义聚合函数（UDAF）的 Flink SQL 中使用 Split Distinct 优化。

（2）拆分出来的两个聚合还可参与 LocalGlobal 优化。

（3）Flink 1.9.0 及以上版本才可以支持该功能。

11.9.5 使用 FILTER 语法

在一些需求场景下，可能需要从不同维度来统计 COUNT DISTINCT 结果，如分别统计 App 端和 Web 端的 PV 和 UV，在这种场景下，可能会使用如下所示的 CASE WHEN 语法。

```
SELECT
 day,
 COUNT(DISTINCT user_id) AS total_uv,
 COUNT(DISTINCT CASE WHEN flag IN ('android', 'iphone') THEN user_id ELSE NULL END) AS
app_uv,
```

```
 COUNT(DISTINCT CASE WHEN flag IN ('wap', 'other') THEN user_id ELSE NULL END) AS web_uv
FROM T
GROUP BY day
```

针对这种情况，Flink SQL 提供了 FILTER 语法。

Flink SQL 的优化器可以识别同一个唯一键上的不同 FILTER 参数。以上面的示例为例，使用 FILTER 语法优化后如下所示。三个 COUNT DISTINCT 都作用在 user_id 字段上，经过优化器识别 FILTER 参数后，Flink 可以只使用一个共享状态实例，而不是三个状态实例，大大减小状态的大小、降低对状态的访问。

将上面的 CASE WHEN 替换成 FILTER 即可，如下所示。

```
SELECT
 day,
 COUNT(DISTINCT user_id) AS total_uv,
 COUNT(DISTINCT user_id) FILTER (WHERE flag IN ('android', 'iphone')) AS app_uv,
 COUNT(DISTINCT user_id) FILTER (WHERE flag IN ('wap', 'other')) AS web_uv
FROM T
GROUP BY day
```

11.10　Flink 对接 Kafka 优化

Flink 作为一个流式计算引擎，与 Kafka 的对接几乎是无法避免的。Flink 在与 Kafka 对接的过程中，也有许多需要注意的优化措施。

11.10.1　Flink 并行度与 Kafka 主题分区数

1. Flink 消费 Kafka

当 Flink 消费 Kafka 时，Source 的并行度与消费的 Kafka 主题的分区数之间，有以下几种情况。

（1）Source 的并行度 <Kafka 中主题的分区数，不会丢数据，但是存在部分 Source 的并行实例消费多个主题分区的情况。

（2）Source 的并行度 >Kafka 中主题的分区数，不会丢数据，存在部分 Source 的并行实例不消费任何主题分区的情况，如果使用了事件时间作为时间语义，可能存在水位线不更新的情况，窗口、定时器等将无法触发。

（3）Source 的并行度 =Kafka 中主题的分区数，这是最好的情况，数据消费均衡。

2. Flink 写入 Kafka

当 Flink 写入 Kafka 的主题时，Flink 作为 Kafka 的生产者，不会使用 Kafka 的原生分区器 API，而是使用 Flink 自己实现的 FlinkFixedPartitioner 分区器。FlinkFixedPartitioner 的 partition 方法的源码内容如下。

```
@Override
public int partition(T record, byte[] key, byte[] value, String targetTopic, int[]
partitions) {
    Preconditions.checkArgument(
          partitions != null && partitions.length > 0,
          "Partitions of the target topic is empty.");

    return partitions[parallelInstanceId % partitions.length];
}
```

可以发现，该分区器是按照并行子任务的 ID（即 Subtask 的下标 0、1、2...）对主题的分区数取模，造成的结果是 Flink 的 Sink 算子的每个并行子任务，都只会往 Kafka 主题的一个固定的分区写入，存在以下几种情况。

（1）Sink 的并行度 <Kafka 中主题的分区数，不会丢数据，存在部分 Kafka 的分区没有数据写入的情况，造成主题的分区之间数据不均衡。如果该主题继续被下游的 Flink 消费，也可能造成前面提到的水位线不更新的问题。

（2）Sink 的并行度 >Kafka 中主题的分区数，不会丢数据，存在 Sink 的多个并行子任务向同一个主题分区写入的情况。若并行度不能被分区数整除，则可能导致分区间数据分配不均衡。

（3）Sink 的并行度 =Kafka 中主题的分区数，这是最好的情况，主题分区间数据均衡。

11.10.2 指定 Watermark 空闲等待

在阅读本节之前，建议读者对 Flink 的时间语义（事件时间、处理时间和摄入时间）和水位线的概念有初步的了解。水位线是基于事件时间语义提出的概念，是用于衡量事件时间进展的标记，窗口的闭合、定时器的触发都要通过判断水位线的大小来决定。

如果数据源中的某一个分区在一段时间内未发送数据，则意味着水位线生成器不会获得任何新数据去更新水位线。这是因为在使用事件时间后，水位线生成器每隔 200 毫秒向流中注入一个水位线（特殊的数据），水位线大小为当前观测到的数据的最大事件时间减去乱序程度再减一毫秒。若当前并行度没有数据，则水位线为 Long 类型的最小值。若该数据源分区一直未发送数据，水位线就一直不会被更新。我们就称这类数据源为空闲输入或空闲源。

当 Kafka 作为数据源时，由于某些原因，Kafka 主题的个别分区一直没有新的数据，就会发生以上情况。在这种情况下，当其他分区仍然发送数据的时候，就会出现问题。当程序中存在 shuffle 时，上游多个并行子任务的数据进入下游的同一个并行子任务，下游算子的并行子任务的水位线的计算方式是取所有上游并行子任务发送的水位线的最小值，则下游算子的并行子任务的水位线就始终无法更新，导致下游的窗口无法闭合、定时器不会被触发。

为了解决这个问题，可以使用水位线生成策略——WatermarkStrategy 类来调用 withIdleness 方法，检测空闲输入并将其标记为空闲状态。这样，下游的数据源就不会再等待该数据源分区的水位线更新。代码中应用该方法的过程如下所示。

```
kafkaSourceFunction.assignTimestampsAndWatermarks(
        WatermarkStrategy
                .forBoundedOutOfOrderness(Duration.ofMinutes(1))
                .withIdleness(Duration.ofMinutes(5))
);
# 若某个数据源并行子任务连续 5 分钟没有接收到新数据，就会被标记为空闲数据源
```

11.10.3 动态发现 Kafka 分区

当 Flink 使用 Kafka 作为数据源，FlinkKafkaConsumer 实例被初始化时，每一个并行子任务都会启动一个 Kafka 消费者，订阅一批主题的分区。如果在 Flink 程序运行过程中，被订阅的主题创建了新的分区，在默认情况下，新增的分区是不会被任何一个消费者消费的。

在使用 FlinkKafkaConsumer 时，需要开启 Kafka 主题分区的动态发现功能，该功能在 Kafka 消费者的 Properties 类配置对象中的对应参数如下所示。

```
FlinkKafkaConsumerBase.KEY_PARTITION_DISCOVERY_INTERVAL_MILLIS
```

该参数表示间隔一定时间检测 Kafka 的主题是否有新创建的分区，单位是毫秒。参数的默认值是 Long

的最小值，表示功能不开启，参数值大于 0，表示功能开启。该功能开启时会启动一个线程，根据传入的间隔时间定期获取 Kafka 最新的元数据，新分区对应的并行子任务会自动发现新增分区，并从 earliest 位置开始消费，新创建的分区对其他并行子任务并不会产生影响。

具体配置代码如下所示。

```
properties.setProperty(FlinkKafkaConsumerBase.KEY_PARTITION_DISCOVERY_INTERVAL_MILLIS,
30 * 1000 + "");
```

11.11 DIM 层调优实操

11.2 节至 11.11 节的内容是我们进行项目调优的知识储备，在了解了以上调优的必备知识后，还需要在项目中实际操作。本节我们以 DIM 层的任务提交为例，详细讲解从何处入手分析任务，以及提交任务后如何分析运行性能。

11.11.1 YARN 资源配置分析

本项目中使用 YARN 作为资源调度框架，参照 11.1.1 节分析的资源情况，对 YARN 的资源配置分析如下。以下对 YARN 资源配置的修改均在 yarn-site.xml 文件中进行。

1. NodeManager 管理内存大小

本项目中共有三台节点服务器，配置均为 2 核 CPU 和 8GB 内存。每台节点服务器在为 YARN 分配资源的同时，还需要部署 HDFS、HBase、Redis、ClickHouse、MySQL 等服务，这些进程同样需要足够的内存空间，因此，每台节点服务器交由 NodeManager 管理的内存暂时设置为 4GB，后期再根据实际情况对该内存进行调整。

```
<property>
    <name>yarn.nodemanager.resource.memory-mb</name>
    <value>4096</value>
</property>
```

2. 单个容器的内存上下限

JobManager 和 TaskManager 都运行在 YARN 分配的容器上，根据 11.3 节对 Flink 内存模型的分析，一个 JobManager 占据的内存最小值在 512MB 和 1GB 之间，TaskManager 占据内存的最小值略大于 JobManager。yarn.scheduler.minimum-allocation-mb 参数控制的是 YARN 资源调度时可以分配给容器的最小内存，为了能更精细地调度资源，应与 JobManager 占据内存的最小值相近，因此，将其设置为 512MB。

上一项中设置的 NodeManager 管理的内存大小也应该是 yarn.scheduler.minimum-allocation-mb 参数的整数倍，若不符合整数倍的要求，则需要进行调整。此处 4GB 是 512MB 的整数倍，不需要调整。

```
<property>
    <name>yarn.scheduler.minimum-allocation-mb</name>
    <value>512</value>
</property>
```

yarn.scheduler.maximum-allocation-mb 参数控制的是 YARN 资源调度时可以分配给容器的最大内存，这个值需要是上述最小内存值的整数倍，同时不应大于 NodeManager 管理的内存大小，此处设置为 3GB。

```
<property>
    <name>yarn.scheduler.maximum-allocation-mb</name>
    <value>3072</value>
</property>
```

3. NodeManager 可支配 CPU 核数

节点服务器的 CPU 核数为 2，可全部交给 YARN 用于计算，将 NodeManager 可支配的 CPU 核数设置为 2。

```
<property>
    <name>yarn.nodemanager.resource.cpu-vcores</name>
    <value>2</value>
</property>
```

4. 资源调度策略

本项目 YARN 使用的资源调度器是容量调度器，将默认的“DefaultResourceCalculator”更换为“DominantResourceCalculator”，在分配资源时综合考虑内存大小和 CPU 核数。

在 capacity-scheduler.xml 文件中修改如下配置项，可将调度策略设置为“DominantResourceCalculator”。

```
<property>
 <name>yarn.scheduler.capacity.resource-calculator</name>
 <value>org.apache.hadoop.yarn.util.resource.DominantResourceCalculator</value>
</property>
```

5. 每个容器的 CPU 核数

在本项目中，每个容器请求分配的 CPU 核数不做显式指定，由 YARN 根据 Flink 任务请求的 slot 个数分配。

11.11.2 Flink 内存分配分析

1. JobManager 内存分配

根据 11.3.2 节对 JobManager 内存模型的分析，我们已经知道 JobManager 的进程总内存由 JVM 元空间（默认值 256MB）、JVM 执行开销（默认最小值 192MB）、JVM 堆外内存（默认值 128MB）和 JVM 堆内存（扣除其他部分得到）四部分组成。假设 JVM 堆内存为零，那么 JobManager 的进程总内存至少为 576MB。

显然，JVM 堆内存不可能为零，因此，JobManager 需要配置的进程总内存必然大于 576MB。

考虑到 JobManager 申请的进程总内存需要是 YARN 容器最小内存的整数倍，在本项目中，将 JobManager 的进程总内存参数 jobmanager.memory.process.size 配置为 1GB。

```
-Djobmanager.memory.process.size=1g
```

2. TaskManager 内存分配

TaskManager 的进程总内存由以下部分组成。

- JVM 元空间，默认值 256MB。
- JVM 执行开销，默认最小值 192MB。
- 堆内部分框架内存，默认值 128MB。
- 堆外部分框架内存，默认值 128MB。
- Task 堆外内存，默认值 0。
- Task 堆内存，扣除其余部分后剩余的内存。
- 网络缓冲内存，默认至少为 64MB。
- 托管内存，默认为 Flink 总内存的 40%，Flink 总内存为 TaskManager 进程总内存-JVM 元空间-JVM 执行开销。

假设 Task 堆内内存为 0，设 TaskManager 进程总内存为 x，其余内存均取默认值或默认的最小值，可以列出如下方程：

$$256+192+128+128+64+0.4(x-256-192)=x$$

解得

$$x\approx981.3$$

校验网络缓冲内存和 JVM 执行开销的假设是否合理：

（1）此时 Flink 总内存为 533.3MB，它的 10%小于 64MB，因此，网络缓冲内存的假设没有问题。

（2）TaskManager 的进程内存的 10%小于 192MB，因此，JVM 执行开销的假设也没有问题。

显然，Task 堆内内存必须大于零，同时考虑到 TaskManager 申请的进程总内存需要是 YARN 容器最小内存的整数倍，因此，在本项目中，将 TaskManager 的进程总内存参数 taskmanager.memory.process.size 配置为 1.5GB。

```
-Dtaskmanager.memory.process.size=1536mb
```

11.11.3 并行度与 slot 个数配置分析

1. 并行度配置分析

DIM 层的 Flink 程序的数据来源是 Kafka 和 MySQL。主流的数据来自 Kafka 的 topic_db 主题，topic_db 主题共有 4 个分区，需要为主流设置并行度为 4。广播流的数据来自 MySQL，广播流的数据会被“广播”到主流的所有并行度，需要确保广播流中数据的唯一性和一致性，广播流的并行度必须为 1。

为了方便后续调整程序的并行度，我们不在代码中指定全局并行度，而是在提交任务时通过命令行指定。广播流的并行度是特例，是确定不变的，在代码中指定即可。对 DIM 层的代码做如下修改。

```
//注释全局并行度设置
// env.setParallelism(4);

// 补充 Mysql 数据源的并行度设置
SingleOutputStreamOperator<String> mysqlDSSource =
            env.fromSource(mySqlSource, WatermarkStrategy.noWatermarks(), "MysqlSource")
            .setParallelism(1);
```

提交任务时补充并行度的指定，如下所示。

```
-p 4
```

2. slot 个数配置分析

本项目中每个 TaskManager 可以管理的 CPU 核数为 2，每个 TaskManager 可以分配的 slot 个数不应大于每个 TaskManager 可以管理的 CPU 核数，因此，为每个 TaskManager 分配 2 个 slot。

提交任务时指定每个 TaskManager 的 slot 数为 2，如下。

```
-Dtaskmanager.numberOfTaskSlots=2
```

11.11.4 状态相关配置分析

在 DIM 层的程序中，仅使用到了广播状态，涉及的状态后端是哈希表状态后端 HashMapStateBackend。状态性能访问监控、增量检查点和本地恢复、分区索引和过滤器功能、预定义选项、RocksDB 手动调参等状态优化措施只针对 RocksDB 状态后端，在 DIM 层任务中不考虑以上几项。

1. 托管内存分配

DIM 层程序使用了广播状态，广播状态属于算子状态的一种，每个 slot 保存一份。此处的广播状态存储的是配置表信息，数据量非常小，使用默认的哈希表状态后端即可，并将检查点保存在 HDFS。托管内存是提供给 RocksDB 状态后端使用的，此处应将托管内存设置为 0。

提交任务时指定即可，如下所示。

```
-Dtaskmanager.memory.managed.size=0
```

2. 检查点和状态后端通用配置

目前本项目中关于检查点的配置是直接在代码中进行的。测试环境下可以以代码的形式配置参数，但是在实际开发环境下，代码需要打包部署到服务器集群中运行，如果依然这样做，当我们需要调整参数时，就需要修改代码，然后重新打包部署，过程非常烦琐且容易出错。因此，我们需要注释掉代码中的相关配置项，改为在提交任务时通过命令行指定配置。配置项注释如下。

```
// env.enableCheckpointing(3000L, CheckpointingMode.EXACTLY_ONCE);
// env.getCheckpointConfig().setCheckpointTimeout(60 * 1000L);
// env.getCheckpointConfig().setMinPauseBetweenCheckpoints(3000L);
// env.getCheckpointConfig().enableExternalizedCheckpoints(
//         CheckpointConfig.ExternalizedCheckpointCleanup.RETAIN_ON_CANCELLATION
// );
// env.setRestartStrategy(RestartStrategies.failureRateRestart(
//         10, Time.of(1L, TimeUnit.DAYS), Time.of(3L, TimeUnit.MINUTES)
// ));
// env.setStateBackend(new HashMapStateBackend());
// env.getCheckpointConfig().setCheckpointStorage("hdfs://hadoop102:8020/gmall/ck");
// System.setProperty("HADOOP_USER_NAME", "atguigu");
```

关于检查点和状态后端的相关配置项，在 11.5.2 节已经讲解过，根据本项目的实际情况，对配置项进行对应调整，在命令行中配置如下。

```
-Dexecution.checkpointing.interval='30s' \
-Dexecution.checkpointing.mode=EXACTLY_ONCE \
-Dexecution.checkpointing.timeout='1min' \
-Dexecution.checkpointing.min-pause='20s' \
-Dexecution.checkpointing.externalized-checkpoint-retention=RETAIN_ON_CANCELLATION \
-Dstate.backend=hashmap \
-Dstate.checkpoint-storage=filesystem \
-Dstate.checkpoints.dir=hdfs://mycluster/gmall/ck/dim_sink_app \
```

11.11.5 DIM 层任务初次提交测试

1. 任务提交前准备

（1）禁用算子链优化。

为了更加清晰地看到数据流向，定位可能的反压节点，需要禁用算子链优化。用户可以在代码中修改配置，也可以在提交任务时配置，建议采用后者的方式。

```
// 代码中修改方式，不建议这么做
env.disableOperatorChaining();

# 建议提交任务时配置
-Dpipeline.operator-chaining=false
```

（2）开启对象重用。

本层的代码中算子全部向前传递，不存在 shuffle，上下游算子的并行子任务一一对应。广播流数据作为状态被主流读取，并不会被修改。综合以上分析，满足开启对象重用的条件，增加以下配置。

```
-Dpipeline.object-reuse=true
```

（3）切换 HDFS 集群。

在第 8 章编写代码时，指定检查点存储位置的代码如下所示。

```
env.getCheckpointConfig().setCheckpointStorage("hdfs://hadoop102:8020/gmall/ck");
```

以上 HDFS URI 的指定方式是针对非高可用的 HDFS 集群的。在 11.1.1 节中，我们提出在实际开发环境中，HDFS 集群通常是高可用集群，继续使用此种 URI 指定方式会报错，所以需要修改。

在配置高可用 HDFS 集群时，会在 core-site.xml 文件中定义集群名称，本项目的高可用 HDFS 集群的名称为 mycluster，将代码修改如下。

```
env.getCheckpointConfig().setCheckpointStorage("hdfs://mycluster/gmall/ck");
// mycluster 为 core-site.xml 中定义的集群名称
```

将高可用 HDFS 集群的 core-site.xml 和 hdfs-site.xml 文件至于 gmall-realtime 模块的 resources 目录下，如图 11-40 所示。

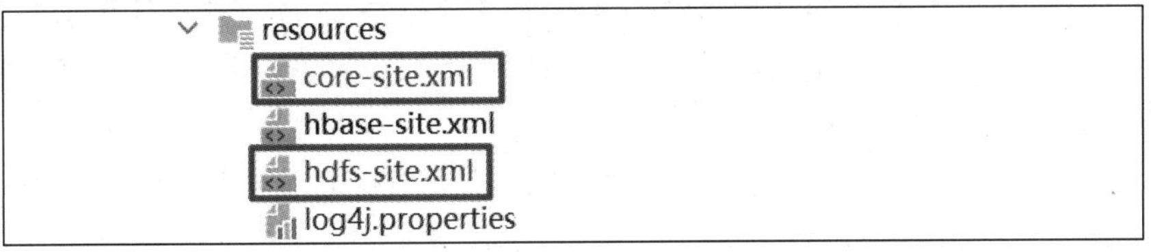

图 11-40　需要复制的高可用 HDFS 集群配置文件

此时，Flink 应用可以根据配置文件解析 HDFS 集群信息，找到 Active 状态的 NameNode，执行读写操作。NameNode 状态的切换不会对程序运行造成影响。

上述修改针对的是 IDEA 测试环境，在实际开发中不建议将检查点保存路径直接在代码中指定，推荐注释掉相关代码，改为在提交命令时通过命令行指定，如下所示。

```
-Dstate.backend=hashmap
-Dstate.checkpoint-storage=filesystem
-Dstate.checkpoints.dir=hdfs://mycluster/gmall/ck/dim_sink_app
```

（4）禁用类加载器检查。

本项目中采用 Hadoop 3.1.3，与 Flink 1.13 配合使用时，会抛出如下异常。

```
java.lang.IllegalStateException: Trying to access closed classloader. Please check if you store classloaders directly or indirectly in static fields. If the stacktrace suggests that the leak occurs in a third party library and cannot be fixed immediately, you can disable this check with the configuration 'classloader.check-leaked-classloader'.
```

原因是 Hadoop3.x 会启动异步线程来执行一些终止方法。这些方法在任务执行之后运行，而此时类加载器已经被释放，就会抛出以上异常。这个异常并不会影响任务的运行，只会在控制台打印堆栈信息。我们可以通过在 flink-conf.yaml 文件中增加以下配置项来避免异常抛出。

```
classloader.check-leaked-classloader: false
```

（5）指定算子 UUID 和算子名称。

根据 11.8.1 节的分析，我们为所有算子配置 UUID 和算子名称。统一将类名作为前缀，与算子返回的变量名称通过下画线组合，作为 UUID。算子名称和 UUID 相同。

配置示例如下。

```
// 注意添加 uuid 和 name 后返回的算子类型可能发生变化
// 此处由原先的 DataStreamSource 变为 SingleOutputStreamOperator
SingleOutputStreamOperator<String> gmallDS = env
        .addSource(KafkaUtil.getKafkaConsumer(topic, groupId))
        .uid("DimSinkApp_gmallDS")
        .name("DimSinkApp_gmallDS");
```

需要注意的是，对于 Source 端和 Sink 端，Flink 做了特殊处理，实际的算子名称前面会被补充前缀，Source 端算子补充“Source: ”，Sink 端算子补充“Sink: ”，其他算子名称前不会再增加特殊前缀。

（6）重启策略配置。

Flink 任务执行失败时可以自动重启，用户可以通过 restart-strategy 参数指定重启策略。可以配置的重启策略有以下四种。

① 默认值为 none，表示任务执行失败后不重启。配置值为 off 或 disable 同样表示不重启。

② fixed-delay，表示固定次数的重启策略。这种策略下任务只会重启指定次数，一旦重启超过最大次数，任务就会失败。相邻的两次重启之间会等待一段时间，等待时长可以通过参数指定。启用固定次数重启策略，相关参数就会生效，如下。

- restart-strategy.fixed-delay.attempts：重启次数，Value 类型为 Integer，默认值为 1，表示重启一次。
- restart-strategy.fixed-delay.delay：相邻两次重启的时间间隔，Value 类型为 Duration，默认值为 1s，表示间隔一秒。

③ failure-rate，表示基于失败率的重启策略。这种重启策略规定了一定时间范围内重启的最大次数，如 1 分钟内最多重启 5 次，超过最大次数就会失败。重启失败后下一次重启需要等待一段时间。启用失败率重启策略，相关参数就会生效，如下所示。

- restart-strategy.failure-rate.delay，两次连续重启之间的等待时间，Value 类型为 Duration，默认为 1s。
- restart-strategy.failure-rate.failure-rate-interval，指定了重启次数累计的持续时间，超过这个时间，重启次数的统计会重置。Value 类型为 Duration，默认为 1 min，表示 1 min 后重启次数会重置。
- restart-strategy.failure-rate.max-failures-per-interval，在给定的时间范围内（上一个参数指定）失败重试的最大次数，Value 类型为 Integer，默认为 1。

④ exponential-delay，表示指数重启策略。这种策略下任务会无限重启，第一次失败重试的等待时间是 1s（默认，可配置），每次重启失败会导致下一次重启的等待时间是上一次的 2 倍（默认，可配置），直至等待时间达到最大，默认为 5min，其后每次失败重启的时间间隔均为最大等待时间，直至任务重启成功，一段时间后等待时间会被重置为初始值（1s）。启用指数重启策略，相关参数就会生效，如下所示。

- restart-strategy.exponential-delay.backoff-multiplier：每次重启失败后，下次重启的等待时间为上一次等待时间乘以该值。Value 类型为 Double，默认值为 2.0。
- restart-strategy.exponential-delay.initial-backoff：重启的初始等待时间，Value 类型为 Duration，默认值为 1s，表示两次重启之间的初始时间间隔为 1 秒。
- restart-strategy.exponential-delay.max-backoff：相邻两次重启等待时间的最大值，Value 类型为 Duration，默认为 5min。
- restart-strategy.exponential-delay.reset-backoff-threshold：等待时间重置的时间，表示程序正常运行多久等待时间可以重置为初始值，Value 类型为 Duration，默认为 1h。

在本项目中，将重启策略配置为在实际开发中较为常用的 failure-rate，如下所示。

```
-Drestart-strategy=failure-rate \
-Drestart-strategy.failure-rate.delay='3min' \
-Drestart-strategy.failure-rate.failure-rate-interval='1d' \
-Drestart-strategy.failure-rate.max-failures-per-interval=10 \
-Dstate.backend=hashmap \
```

（7）命令行传参。

除了在提交任务时，通过-D 传递配置参数，以及在配置文件中配置参数，有时我们还需要通过命令行向代码中传递一些方法调用需要的参数或者某些系统参数。对于以上需求，我们可以在代码中使用 ParameterTool 解析命令行传递的参数，使用方式如下所示。

在代码中增加以下内容。

```
ParameterTool parameterTool = ParameterTool.fromArgs(args);
String hadoopUserName = parameterTool.get("HADOOP_USER_NAME");
System.setProperty("HADOOP_USER_NAME", hadoopUserName);
```

命令行参数传递规则如下：

① args 是 String 类型的数组，将命令行中的主类名或 jar 包名后面的字符串按照空格分割，置于数组中。ParameterTool 的 fromArgs 方法会将 args 中偏移量为偶数的参数识别为参数的 Key，偏移量+1 位置的参数识别为对应配置项的 Value，然后将配置项的 Key 和 Value 置于一个 HashMap<String, String>中。

② Key 必须以“--”或“-”开头，否则解析会失败，抛出异常 IllegalArgumentException。

③ Value 不能以“--”或“-”打头，否则无法解析，对应 Key 的值会被置为“__NO_VALUE_KEY”。

本次任务提交中，需要通过命令行传递的参数有 Kafka 主题名称和消费者组。Kafka 主题名配置的 Key 统一为“--kafka-topic”，消费者组配置的 Key 统一为“--consumer-group”。将配置 Kafka 主题和消费者组的代码修改如下。

```
String topic = parameterTool.get("kafka-topic", "topic_db");
String groupId = parameterTool.get("consumer-group", "dim_sink_app");
```

提交任务时，增加以下参数。

```
--HADOOP_USER_NAME atguigu \
--kafka-topic topic_db \
--consumer-group dim_sink_app
```

2. 提交任务

除了上述提到的配置，此处补充以下几个配置项。

```
# 指定任务名称，为了避免重复，与全类名保持一致
-Dyarn.application.name=DimSinkApp
# 指定 YARN 队列，我们只有一个队列 default
-Dyarn.application.queue=default
```

最终形成完整的任务提交命令如下。

```
flink run -t yarn-per-job \
-p 4 -d \
-Dyarn.application.name=DimSinkApp \
-Dyarn.application.queue=default \
-Djobmanager.memory.process.size=1g \
-Dtaskmanager.memory.process.size=1536mb \
-Dtaskmanager.numberOfTaskSlots=2 \
-Dtaskmanager.memory.managed.size=0 \
-Dexecution.checkpointing.interval='30s' \
-Dexecution.checkpointing.mode=EXACTLY_ONCE \
-Dexecution.checkpointing.timeout='1min' \
-Dexecution.checkpointing.min-pause='20s' \
-Dexecution.checkpointing.externalized-checkpoint-retention=RETAIN_ON_CANCELLATION \
-Drestart-strategy=failure-rate \
-Drestart-strategy.failure-rate.delay='3min' \
-Drestart-strategy.failure-rate.failure-rate-interval='1d' \
-Drestart-strategy.failure-rate.max-failures-per-interval=10 \
-Dstate.backend=hashmap \
-Dstate.checkpoint-storage=filesystem \
-Dstate.checkpoints.dir=hdfs://mycluster/gmall/ck/dim_sink_app \
-Dpipeline.operator-chaining=false \
-Dpipeline.object-reuse=true \
-c com.atguigu.gmall.realtime.app.dim.DimSinkApp \
gmall-realtime-1.0-SNAPSHOT-jar-with-dependencies.jar \
--HADOOP_USER_NAME atguigu \
--kafka-topic topic_db \
```

```
--consumer-group dim_sink_app

# jar 包要替换为当前服务器的路径
```

3. 任务提交后验证与分析

任务成功提交后，我们可以从 YARN Web UI 和 Flink Web UI 查看任务的运行情况，一方面验证我们的配置项是否生效，另一方面评估任务是否需要性能调优。本节主要对配置项进行验证。

（1）验证 YARN 资源分配情况。

在提交任务时，指定任务的最大并行度为 4，所以共需要 4 个 slot。因为每个 TaskManager 可以提供 2 个 slot，所以共需要启动 2 个 TaskManager。考虑到必须启动一个 JobManager，因此，一共需要 YARN 分配 3 个容器。

JobManager 共需要 1 个 CPU 核；每个 TaskManager 需要 2 个 CPU 核，2 个 TaskManager 共需要 4 个 CPU 核。所以一共需要 YARN 分配 5 个 CPU 核。

JobManager 需要内存 1GB，每个 TaskManager 需要内存 1.5GB，所以一共需要 YARN 分配 5GB 内存。

在 YARN Web UI 查看任务的资源分配情况，如图 11-41 所示。

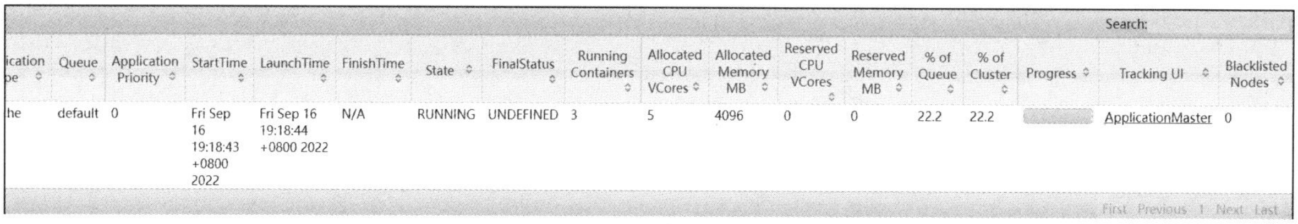

Search:

ication pe	Queue	Application Priority	StartTime	LaunchTime	FinishTime	State	FinalStatus	Running Containers	Allocated CPU VCores	Allocated Memory MB	Reserved CPU VCores	Reserved Memory MB	% of Queue	% of Cluster	Progress	Tracking UI	Blacklisted Nodes
he	default	0	Fri Sep 16 19:18:43 +0800 2022	Fri Sep 16 19:18:44 +0800 2022	N/A	RUNNING	UNDEFINED	3	5	4096	0	0	22.2	22.2		ApplicationMaster	0

First Previous 1 Next Last

图 11-41　YARN Web UI 查看任务的资源分配情况

可以看到，容器数量、CPU 核数和占用的内存总量均与我们计算的结果相同。

（2）验证 JobManager 内存分配情况。

通过 Flink Web UI 查看 JobManager 内存模型，如图 11-42 所示。与 11.3.2 节讲解的 JobManager 内存模型中各部分内存的分配原则相符。

Flink Memory Model	Effective Configuration	Metric
JVM Heap	448 MB	107 MB / 423 MB 25.34%
Off-Heap Memory	128 MB	
JVM Metaspace	256 MB	77.6 MB / 256 MB 30.29%
JVM Overhead	192 MB	

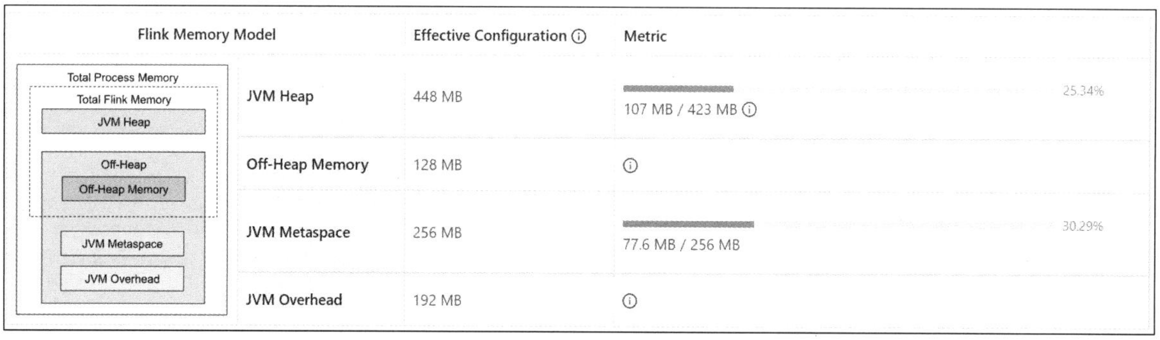

图 11-42　JobManager 内存模型

（3）验证 TaskManager 内存分配情况。

通过 Flink Web UI 查看 TaskManager 的内存模型，如图 11-43 所示。与 11.3.1 节讲解的 TaskManager 内存模型中各部分内存的分配原则相符。

（4）验证并行度。

按照我们的设计，除了 MySQL 数据源并行度为 1，其余算子并行度均为 4。Flink Web UI 查看算子并行度，如图 11-44 所示，与设置相同。

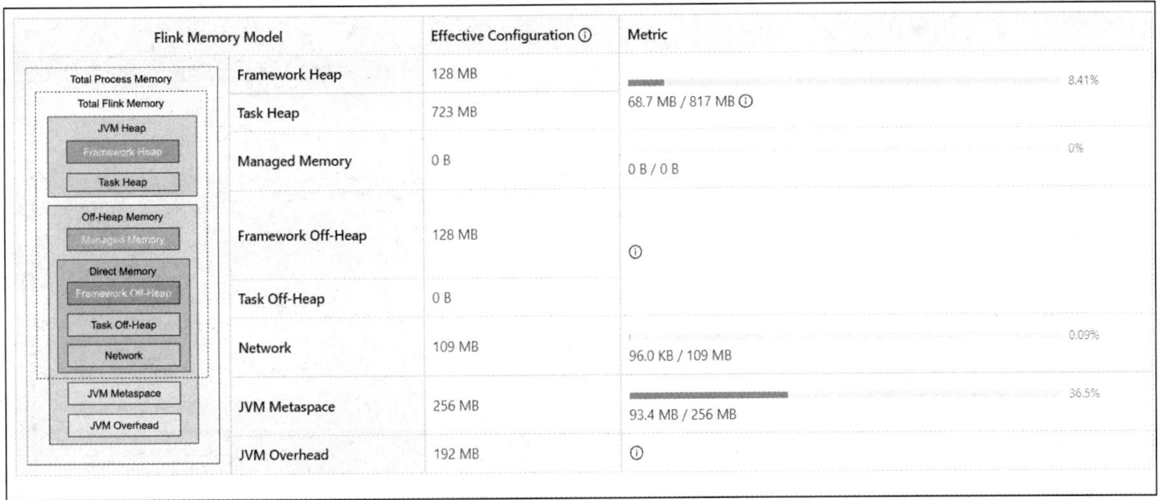

Flink Memory Model		Effective Configuration	Metric
Total Process Memory / Total Flink Memory / JVM Heap	Framework Heap	128 MB	8.41% 68.7 MB / 817 MB
	Task Heap	723 MB	
Off-Heap Memory	Managed Memory	0 B	0% 0 B / 0 B
Direct Memory	Framework Off-Heap	128 MB	
	Task Off-Heap	0 B	
	Network	109 MB	0.09% 96.0 KB / 109 MB
	JVM Metaspace	256 MB	36.5% 93.4 MB / 256 MB
	JVM Overhead	192 MB	

图 11-43　TaskManager 内存模型

Name	Sent	Records Sent	Parallelism	Start Time	Tasks
Source: DimSinkApp_gmallDS		0	4	2022-09-18 16:07:21	4
Source: DimSinkApp_mysqlDSSource	KB	21	1	2022-09-18 16:07:21	1
DimSinkApp_jsonDS		0	4	2022-09-18 16:07:21	4
DimSinkApp_filterDS		0	4	2022-09-18 16:07:21	4
DimSinkApp_dimDS		0	4	2022-09-18 16:07:21	4
Sink: DimSinkApp_sink		0	4	2022-09-18 16:07:21	4

图 11-44　算子并行度

（5）验证重启策略配置。

Flink Web UI 查看任务的重启策略，如图 11-45 所示，可以看到与我们的参数配置相符。

Flink Streaming Job　RUNNING　6

ID: 45a3fd289b0ae9c030ec6a0bdf471f7c　Start Time: 2022-09-18 16:07:02　Duration: 18m 42s　Cancel Job

Overview　Exceptions　TimeLine　Checkpoints　Configuration

Execution Configuration

Execution mode	PIPELINED
Max. number of execution retries	Failure rate restart with maximum of 10 failures within interval 86400000 ms and fixed delay 180000 ms.
Job parallelism	4
Object reuse mode	false

User Configuration

No Data

图 11-45　任务重启策略

（6）验证检查点配置。

Flink Web UI 查看任务的检查点和状态后端的相关配置，如图 11-46 和图 11-47 所示，可以看到与我们的参数配置相符。

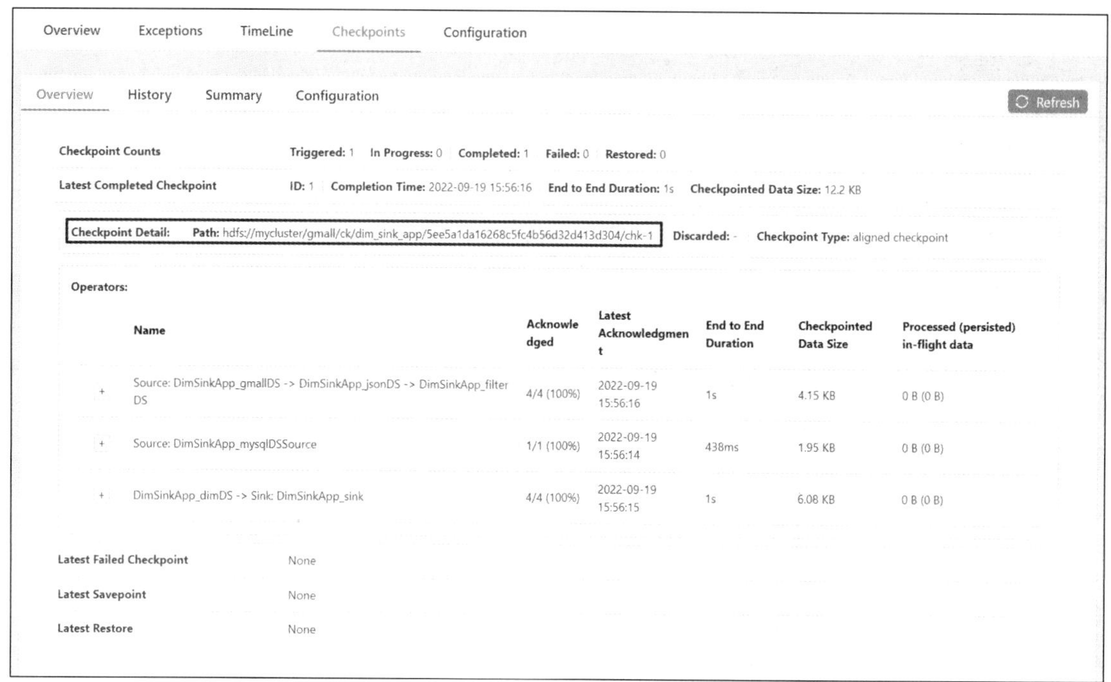

图 11-46　任务的检查点和状态后端的相关配置（1）

图 11-47　任务的检查点和状态后端的相关配置（2）

11.11.6　反压情况分析

本节主要对 DIM 层任务的反压情况进行分析。

1. 启用火焰图功能

结束 11.11.5 节提交的任务，重新提交，在提交任务时补充以下配置，开启火焰图功能。

```
-Drest.flamegraph.enabled=true
```

完整提交命令如下。

```
flink run -t yarn-per-job -p 4 -d \
-Dyarn.application.name=DimSinkApp \
-Dyarn.application.queue=default \
-Djobmanager.memory.process.size=1g \
-Dtaskmanager.memory.process.size=1536mb \
-Dtaskmanager.numberOfTaskSlots=2 \
-Dtaskmanager.memory.managed.size=0 \
-Dexecution.checkpointing.interval='30s' \
-Dexecution.checkpointing.mode=EXACTLY_ONCE \
-Dexecution.checkpointing.timeout='1min' \
-Dexecution.checkpointing.min-pause='20s' \
-Dexecution.checkpointing.externalized-checkpoint-retention=RETAIN_ON_CANCELLATION \
-Drestart-strategy=failure-rate \
-Drestart-strategy.failure-rate.delay='3min' \
-Drestart-strategy.failure-rate.failure-rate-interval='1d' \
-Drestart-strategy.failure-rate.max-failures-per-interval=10 \
-Dstate.backend=hashmap \
-Dstate.checkpoint-storage=filesystem \
-Dstate.checkpoints.dir=hdfs://mycluster/gmall/ck/dim_sink_app \
-Drest.flamegraph.enabled=true \
-Dpipeline.operator-chaining=false \
-Dpipeline.object-reuse=true \
-c com.atguigu.gmall.realtime.app.dim.DimSinkApp \
gmall-realtime-1.0-SNAPSHOT-jar-with-dependencies.jar --HADOOP_USER_NAME atguigu \
--kafka-topic topic_db \
--consumer-group dim_sink_app
```

2. 分析 DAG 图

任务提交完成后，在 Flink Web UI 页面查看任务的 DAG 图，DAG 图的每个节点就是我们需要分析的反压节点。因为现在还没有模拟生产数据，所以从图 11-48 可以看到所有节点都处于空闲状态。

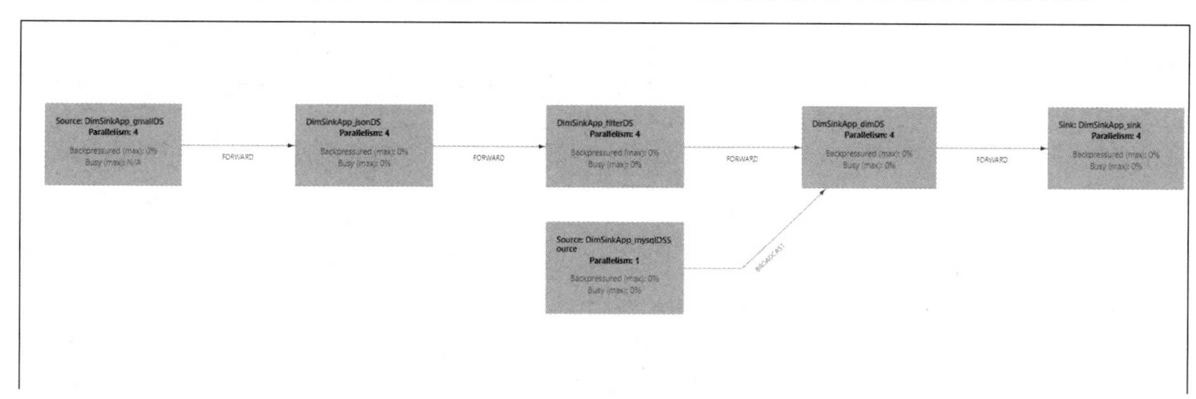

图 11-48　任务的 DAG 图

3. 首日维度数据同步

为了分析一个 Flink 任务的反压情况，我们应该首先积压大量数据，然后一次性放出数据，造成流量“洪峰”，观察哪个节点发生反压，也就是哪里存在性能瓶颈。

DimSinkApp 的作用是维度数据分流，将业务数据库中的维度数据写入 HBase 的不同表，执行维度数据首日全量同步脚本，通过 Maxwell 将历史维度数据导入 Kafka，模拟 DimSinkApp 可能遇到的最大流量的情况。

（1）启动 Maxwell。

```
[atguigu@hadoop102 bin]$ mxw.sh start
启动 Maxwell
Redirecting STDOUT to /opt/module/maxwell/bin/../logs/MaxwellDaemon.out
Using kafka version: 1.0.0
```

（2）执行维度数据全量同步脚本。

```
[atguigu@hadoop102 bin]$ gmall-realtime-bootstrap.sh all
connecting  to  jdbc:mysql://hadoop104:3306/maxwell?allowPublicKeyRetrieval=true&connect
Timeout=5000&serverTimezone=Asia%2FShanghai&zeroDateTimeBehavior=convertToNull&useSSL=false
connecting  to  jdbc:mysql://hadoop104:3306/maxwell?allowPublicKeyRetrieval=true&connect
Timeout=5000&serverTimezone=Asia%2FShanghai&zeroDateTimeBehavior=convertToNull&useSSL=false
connecting  to  jdbc:mysql://hadoop104:3306/maxwell?allowPublicKeyRetrieval=true&connect
Timeout=5000&serverTimezone=Asia%2FShanghai&zeroDateTimeBehavior=convertToNull&useSSL=false
connecting  to  jdbc:mysql://hadoop104:3306/maxwell?allowPublicKeyRetrieval=true&connect
Timeout=5000&serverTimezone=Asia%2FShanghai&zeroDateTimeBehavior=convertToNull&useSSL=false
connecting  to  jdbc:mysql://hadoop104:3306/maxwell?allowPublicKeyRetrieval=true&connect
Timeout=5000&serverTimezone=Asia%2FShanghai&zeroDateTimeBehavior=convertToNull&useSSL=false
connecting  to  jdbc:mysql://hadoop104:3306/maxwell?allowPublicKeyRetrieval=true&connect
Timeout=5000&serverTimezone=Asia%2FShanghai&zeroDateTimeBehavior=convertToNull&useSSL=false
connecting  to  jdbc:mysql://hadoop104:3306/maxwell?allowPublicKeyRetrieval=true&connect
Timeout=5000&serverTimezone=Asia%2FShanghai&zeroDateTimeBehavior=convertToNull&useSSL=false
connecting  to  jdbc:mysql://hadoop104:3306/maxwell?allowPublicKeyRetrieval=true&connect
Timeout=5000&serverTimezone=Asia%2FShanghai&zeroDateTimeBehavior=convertToNull&useSSL=false
connecting  to  jdbc:mysql://hadoop104:3306/maxwell?allowPublicKeyRetrieval=true&connect
Timeout=5000&serverTimezone=Asia%2FShanghai&zeroDateTimeBehavior=convertToNull&useSSL=false
connecting  to  jdbc:mysql://hadoop104:3306/maxwell?allowPublicKeyRetrieval=true&connect
Timeout=5000&serverTimezone=Asia%2FShanghai&zeroDateTimeBehavior=convertToNull&useSSL=false
connecting  to  jdbc:mysql://hadoop104:3306/maxwell?allowPublicKeyRetrieval=true&connect
Timeout=5000&serverTimezone=Asia%2FShanghai&zeroDateTimeBehavior=convertToNull&useSSL=false
connecting  to  jdbc:mysql://hadoop104:3306/maxwell?allowPublicKeyRetrieval=true&connect
Timeout=5000&serverTimezone=Asia%2FShanghai&zeroDateTimeBehavior=convertToNull&useSSL=false
connecting  to  jdbc:mysql://hadoop104:3306/maxwell?allowPublicKeyRetrieval=true&connect
Timeout=5000&serverTimezone=Asia%2FShanghai&zeroDateTimeBehavior=convertToNull&useSSL=false
connecting  to  jdbc:mysql://hadoop104:3306/maxwell?allowPublicKeyRetrieval=true&connect
Timeout=5000&serverTimezone=Asia%2FShanghai&zeroDateTimeBehavior=convertToNull&useSSL=false
```

4. 分析反压情况

（1）查看 DAG 图

在 Flink Web UI 查看导入数据后的 DAG 图，如图 11-49 所示。

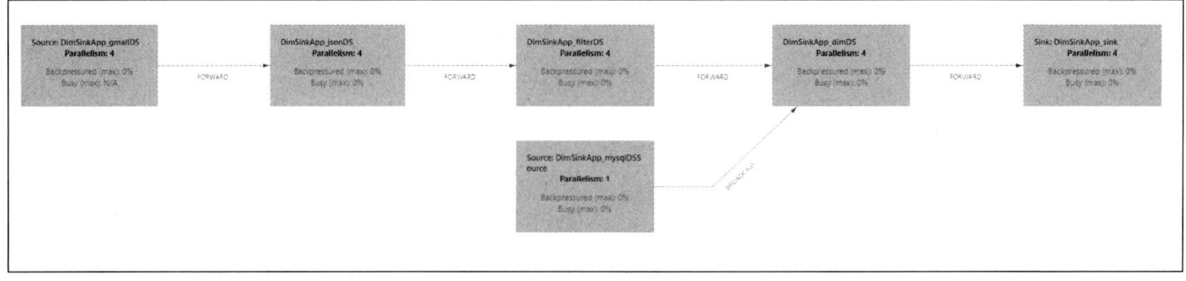

图 11-49　导入数据后的 DAG 图

所有算子的 Backpressured 和 Busy 状态的时间占比均为 0%，不存在反压。

（2）查看火焰图。

查看每个算子节点的火焰图，如图 11-50 至图 11-55 所示。

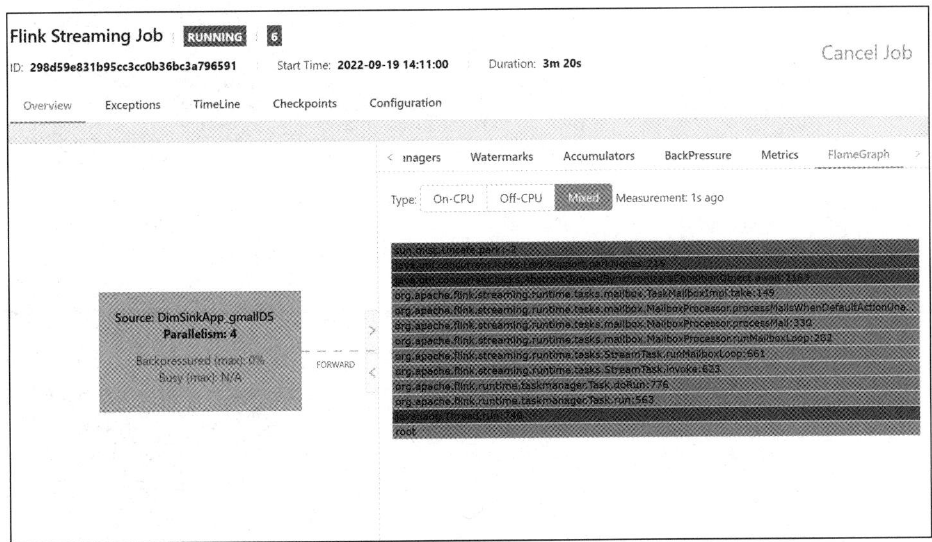

图 11-50　DimSinkApp_gmallDS 算子的火焰图

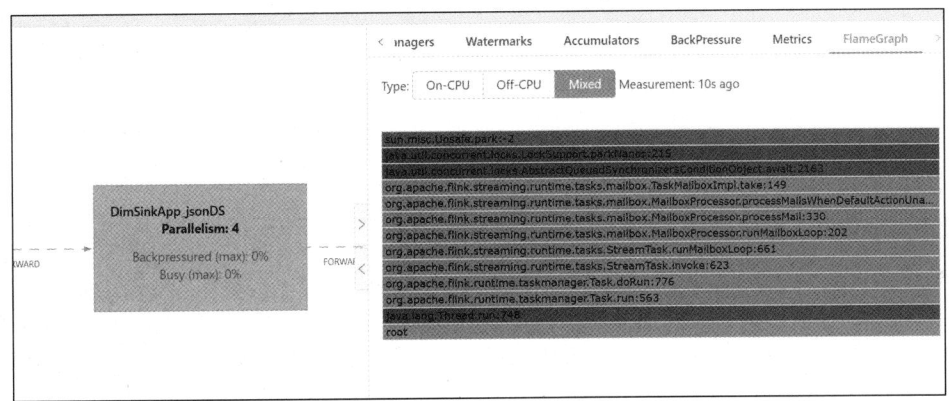

图 11-51　DimSinkApp_jsonDS 算子的火焰图

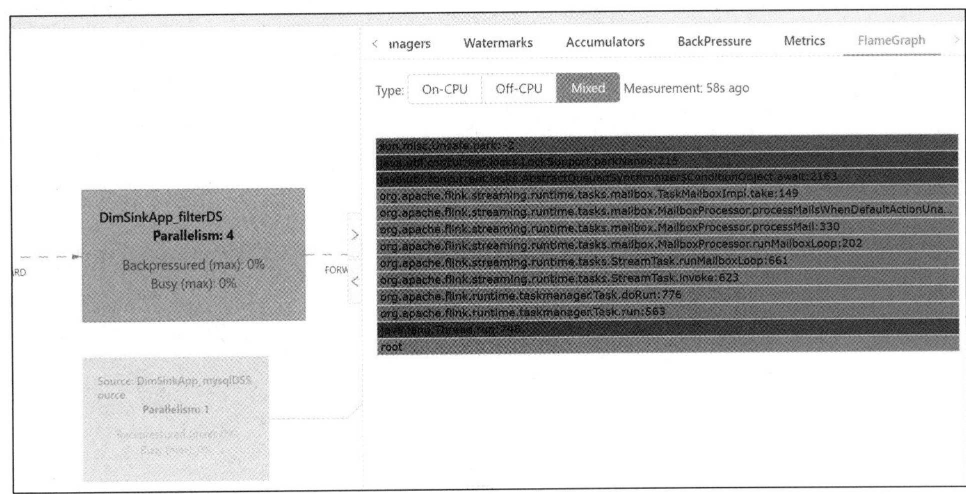

图 11-52　DimSinkApp_filterDS 算子的火焰图

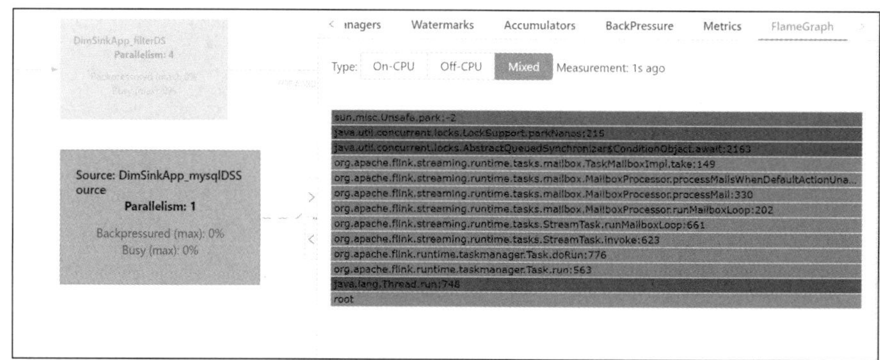

图 11-53　DimSinkApp_mysqlDS 算子的火焰图

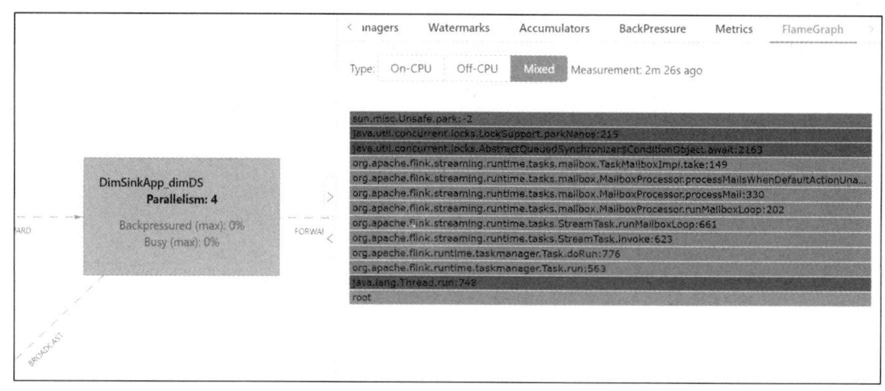

图 11-54　DimSinkApp_dimDS 算子的火焰图

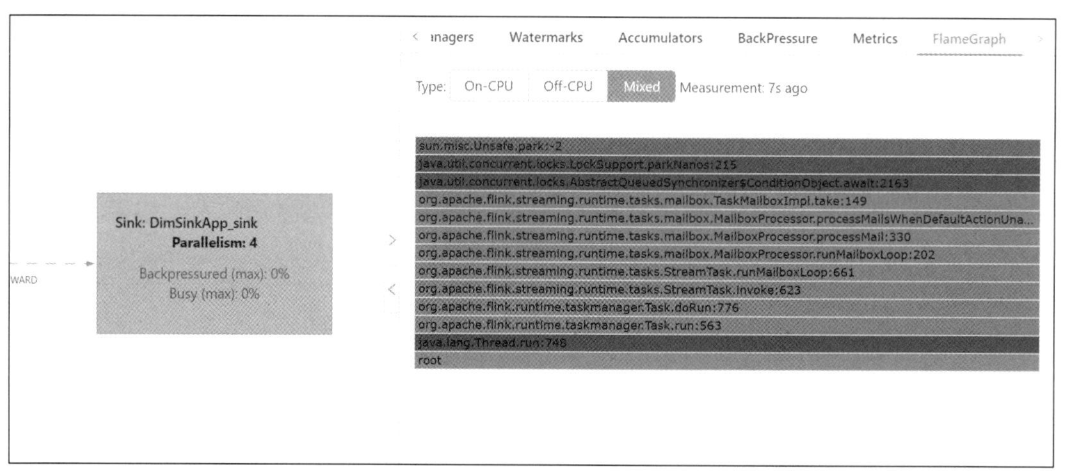

图 11-55　DimSinkApp_sink 算子的火焰图

可以看到，每个算子都只有一个正在执行的顶层函数，不存在性能瓶颈。

维度数据的变化机率非常小，即便在生产环境数据总量大一些，只是在首日同步时可能会达到处理能力的极限，经过上述分析，本程序不存在明显的处理瓶颈，处理能力不足时只需要多等待一会，同步完成后，数据量急剧下降就没问题了。如果等待时间超出了容忍限度，可以适当增加资源。因此，此处无须进一步压测。

11.11.7　数据倾斜情况分析

通过 DAG 图查看各个算子的并行子任务的数据处理情况，分析是否存在数据倾斜。

（1）查看 DimSinkApp_gmallDS 算子的各并行子任务发送的数据量，如图 11-56 所示，每个并行子任务的发送的数据量相差无几，不存在数据倾斜。

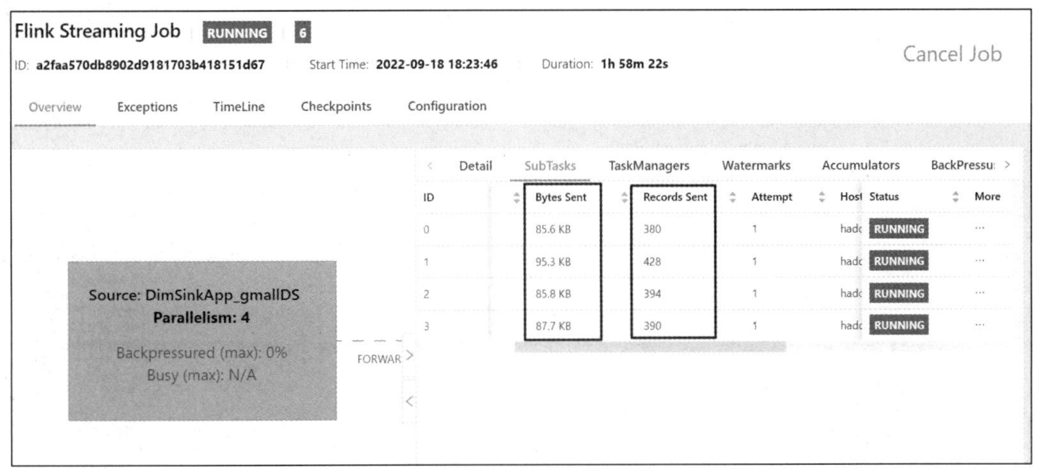

图 11-56　DimSinkApp_gmallDS 算子的各并行子任务发送的数据量

（2）查看 DimSinkApp_jsonDS 算子的各并行子任务接收和发送的数据量，如图 11-57 和图 11-58 所示，每个并行子任务处理的数据量相差无几，不存在数据倾斜。

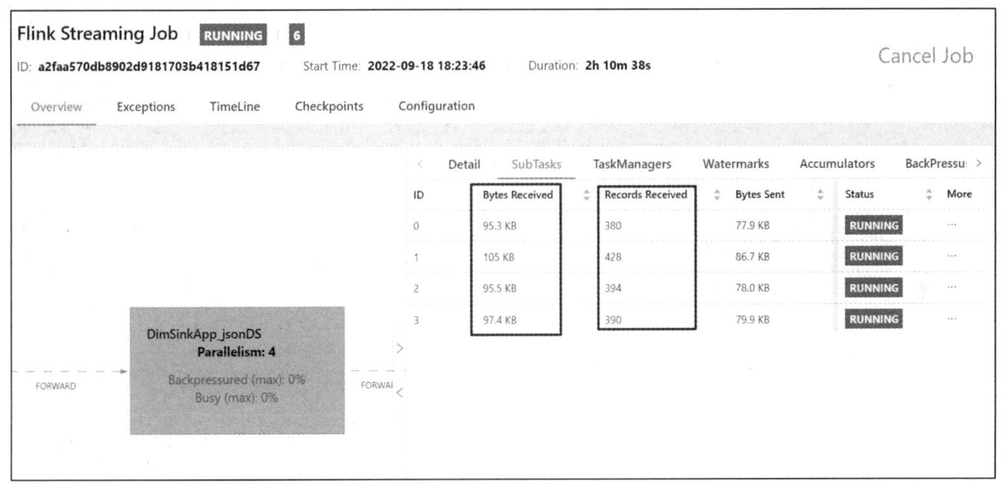

图 11-57　DimSinkApp_jsonDS 算子的各并行子任务接收的数据量

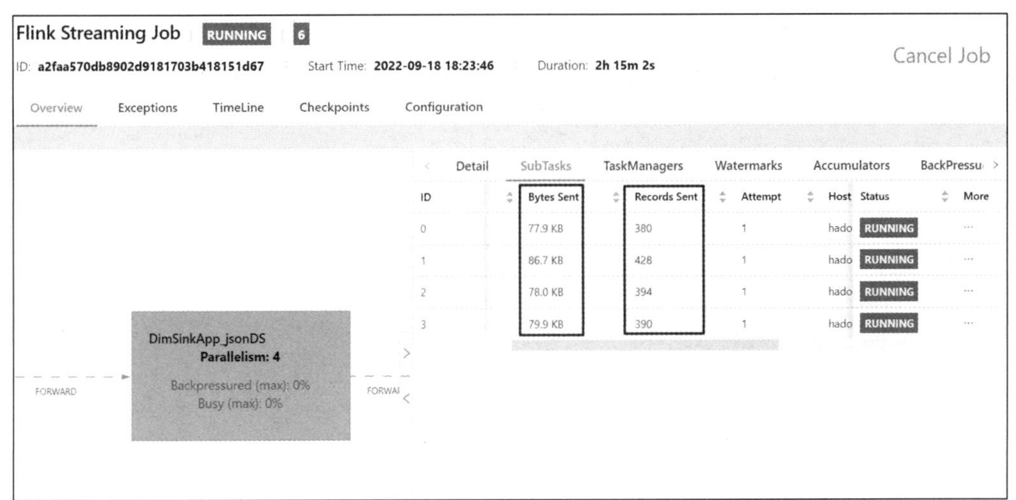

图 11-58　DimSinkApp_jsonDS 算子的各并行子任务发送的数据量

（3）DimSinkApp_mysqlDSSource 算子的并行度为 1，不会存在数据倾斜，不需要单独分析。

（4）查看 DimSinkApp_filterDS 算子的各并行子任务接收和发送的数据量，如图 11-59 和图 11-60 所示，每个并行子任务处理的数据量相差无几，不存在数据倾斜。

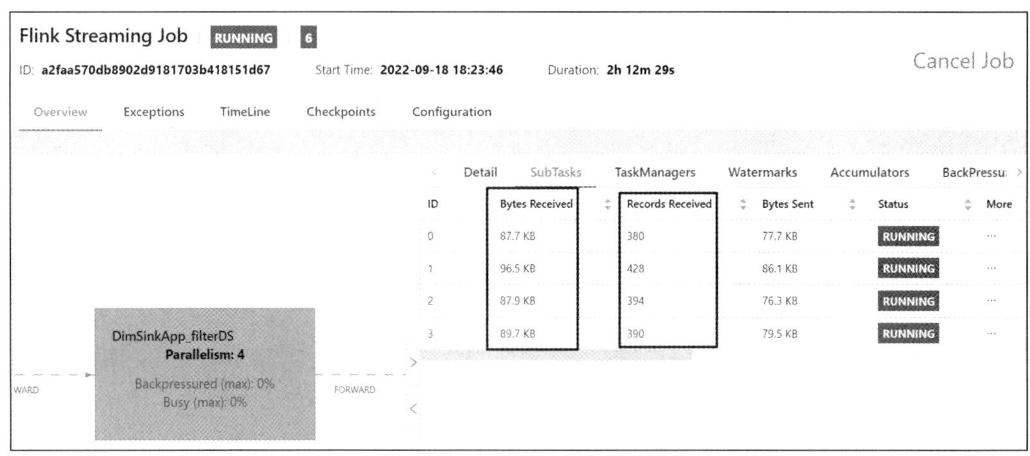

图 11-59　DimSinkApp_filterDS 算子的各并行子任务接收的数据量

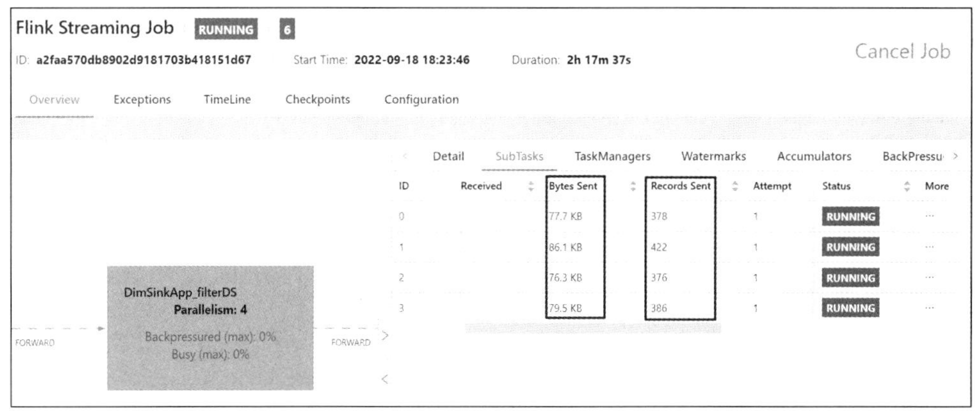

图 11-60　DimSinkApp_filterDS 算子的各并行子任务发送的数据量

（5）查看 DimSinkApp_dimDS 算子的各并行子任务接收和发送的数据量，如图 11-61 和图 11-62 所示，每个并行子任务处理的数据量相差无几，不存在数据倾斜。

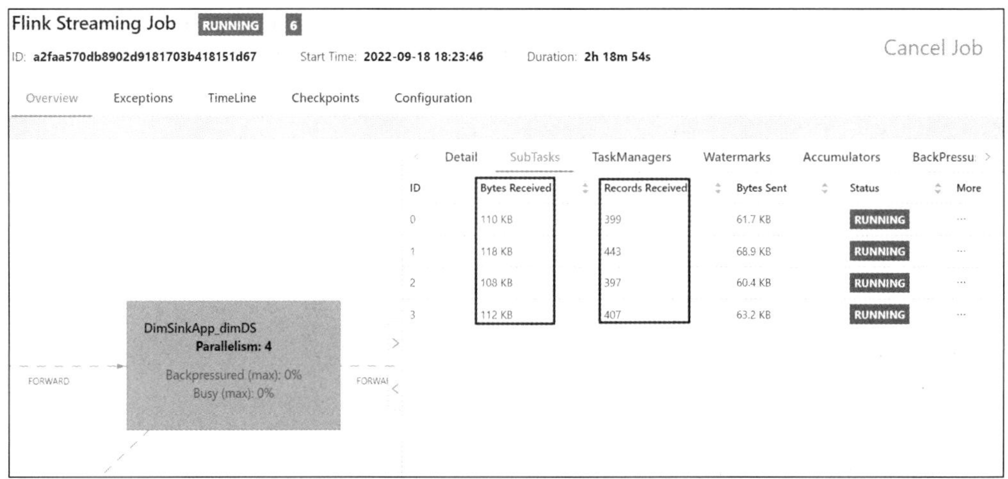

图 11-61　DimSinkApp_dimDS 算子的各并行子任务接收的数据量

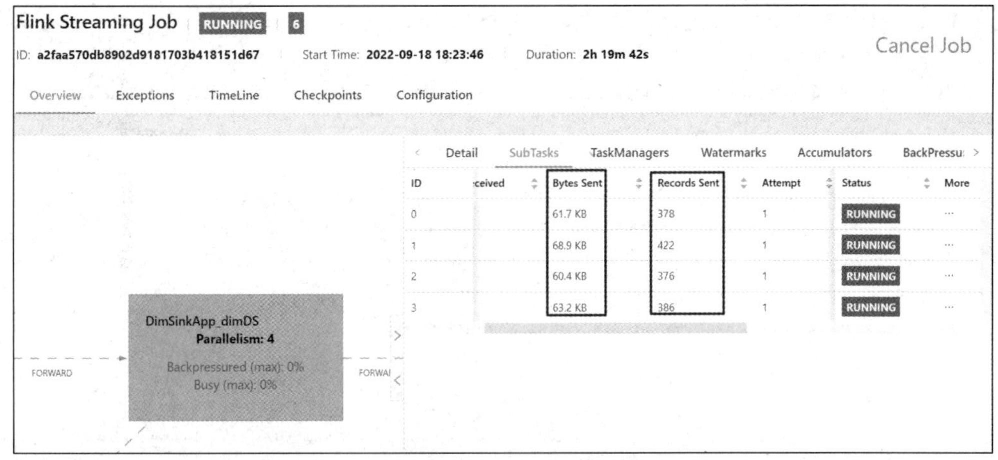

图 11-62　DimSinkApp_dimDS 算子的各并行子任务发送的数据量

（6）查看 DimSinkApp_sink 算子的各并行子任务接收的数据量，如图 11-63 所示，每个并行子任务处理的数据量相差无几，不存在数据倾斜。

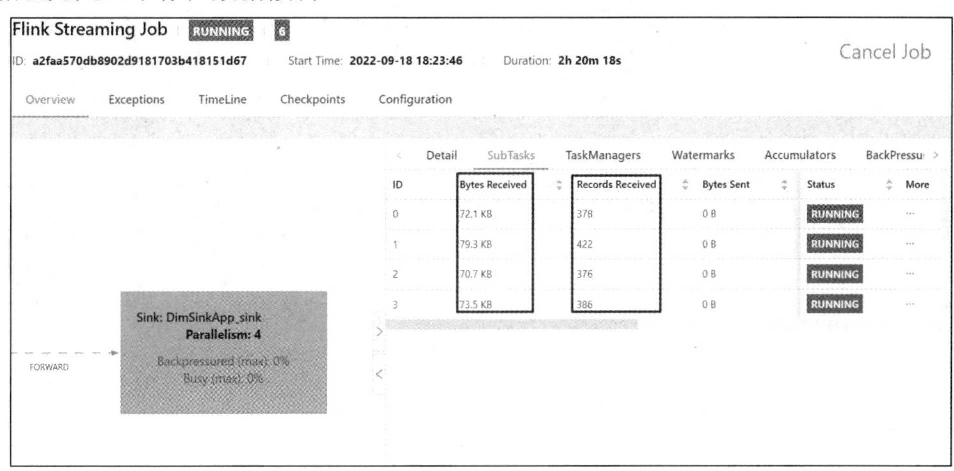

图 11-63　DimSinkApp_sink 算子的并行子任务接收的数据量

每个并行度接收的数据量相当，不存在数据倾斜。

当前所有算子均不存在数据倾斜。之所以会出现这样的情况，首先是因为 Maxwell 将数据导入 Kafka 时会按照主键分区，保证了分区间不存在数据倾斜。Source 算子并行度和 Kafka 主题的分区数是对应的，因此，Source 算子也不存在数据倾斜。此外，主流数据全部是向前传递的（不存在 shuffle），广播流并行度为 1，不存在出现数据倾斜的客观条件。因此，所有算子均不存在数据倾斜。

11.11.8　与 Kakfa 对接的相关优化措施

DimSinkApp 与 Kafka 的对接只发生在 Source 数据源处，Source 数据源的并行度与 Kafka 主题的分区数相同，无须调优处理。

且 DimSinkApp 中没有用事件时间作为时间语义，因此，也无须考虑指定 Watermark 空闲等待时间。

对于所有 Kafka 数据源，设置动态发现分区都是有必要的，因为 Kafka 主题的分区可能出于种种原因需要增加。在创建 KafkaConsumer 时，添加以下加粗部分的代码内容，增加动态发现 Kafka 分区的功能。

```
public static FlinkKafkaConsumer<String> getKafkaConsumer(String topic, String groupId) {
    Properties prop = new Properties();
    prop.setProperty("bootstrap.servers", BOOTSTRAP_SERVERS);
```

```
    prop.setProperty(ConsumerConfig.GROUP_ID_CONFIG, groupId);
    prop.setProperty(ConsumerConfig.AUTO_OFFSET_RESET_CONFIG, "latest");
    prop.setProperty(FlinkKafkaConsumerBase.KEY_PARTITION_DISCOVERY_INTERVAL_MILLIS, 30 *
1000 + "");

    FlinkKafkaConsumer<String> consumer = new FlinkKafkaConsumer<>(topic,
            new KafkaDeserializationSchema<String>() {
                @Override
                public boolean isEndOfStream(String nextElement) {
                    return false;
                }

                @Override
                public String deserialize(ConsumerRecord<byte[], byte[]> record) throws
Exception {
                    if (record != null && record.value() != null) {
                        return new String(record.value());
                    }
                    return null;
                }

                @Override
                public TypeInformation<String> getProducedType() {
                    return TypeInformation.of(String.class);
                }
            }, prop);
    return consumer;
}
```

11.11.9 任务重启

在实际开发中，有时候需要调整环境的配置参数，有时候需要对代码进行优化微调，这些情况下，就需要重启任务。本节主要讲解如何重新启动任务。

1. 从保存点重启

（1）终止任务，并创建保存点。

```
[atguigu@hadoop102 job]$ flink stop --savepointPath hdfs://mycluster/savepoint-gmall/dim_sink_app ea8f6fb7b9664f66c4105f893b33dac5 -yid application_1663551676115_0013

# 其中: ea8f6fb7b9664f66c4105f893b33dac5 为 Flink JobID
# application_1663551676115_0013 为 Yarn applicationId

# 日志如下
Suspending job "ea8f6fb7b9664f66c4105f893b33dac5" with a savepoint.
2022-09-19 11:13:51,167 INFO  org.apache.hadoop.yarn.client.RMProxy                        [] -
Connecting to ResourceManager at hadoop103/192.168.10.103:8032
2022-09-19 11:13:51,392 INFO  org.apache.flink.yarn.YarnClusterDescriptor                  [] -
No path for the flink jar passed. Using the location of class org.apache.flink.yarn.
YarnClusterDescriptor to locate the jar
2022-09-19 11:13:51,475 INFO  org.apache.flink.yarn.YarnClusterDescriptor                  [] -
Found Web Interface hadoop103:45602 of application 'application_1663551676115_0013'.
```

```
Savepoint  completed.  Path:  hdfs://mycluster/savepoint-gmall/dim_sink_app/savepoint-ea8f6f-cfe0e11d9ba0
```

（2）从保存点重启任务，并修改任务并行度。

```
flink run -t yarn-per-job \
-p 5 -d \
-s hdfs://mycluster/savepoint-gmall/dim_sink_app/savepoint-ea8f6f-cfe0e11d9ba0 \
-Dyarn.application.name=DimSinkApp \
-Dyarn.application.queue=default \
-Djobmanager.memory.process.size=1g \
-Dtaskmanager.memory.process.size=1536mb \
-Dtaskmanager.numberOfTaskSlots=2 \
-Dtaskmanager.memory.managed.size=0 \
-Dexecution.checkpointing.interval='30s' \
-Dexecution.checkpointing.mode=EXACTLY_ONCE \
-Dexecution.checkpointing.timeout='1min' \
-Dexecution.checkpointing.min-pause='20s' \
-Dexecution.checkpointing.externalized-checkpoint-retention=RETAIN_ON_CANCELLATION \
-Drestart-strategy=failure-rate \
-Drestart-strategy.failure-rate.delay='3min' \
-Drestart-strategy.failure-rate.failure-rate-interval='1d' \
-Drestart-strategy.failure-rate.max-failures-per-interval=10 \
-Dstate.backend=hashmap \
-Dstate.checkpoint-storage=filesystem \
-Dstate.checkpoints.dir=hdfs://mycluster/gmall/ck/dim_sink_app \
-Drest.flamegraph.enabled=true \
-Dpipeline.object-reuse=true \
-c com.atguigu.gmall.realtime.app.dim.DimSinkApp \
gmall-realtime-1.0-SNAPSHOT-jar-with-dependencies.jar --HADOOP_USER_NAME atguigu \
--kafka-topic topic_db \
--consumer-group dim_sink_app
```

（3）任务提交成功后，在 Flink Web UI 查看并行度是否修改为 5。如图 11-64 所示，任务的并行度已经成功修改为 5。

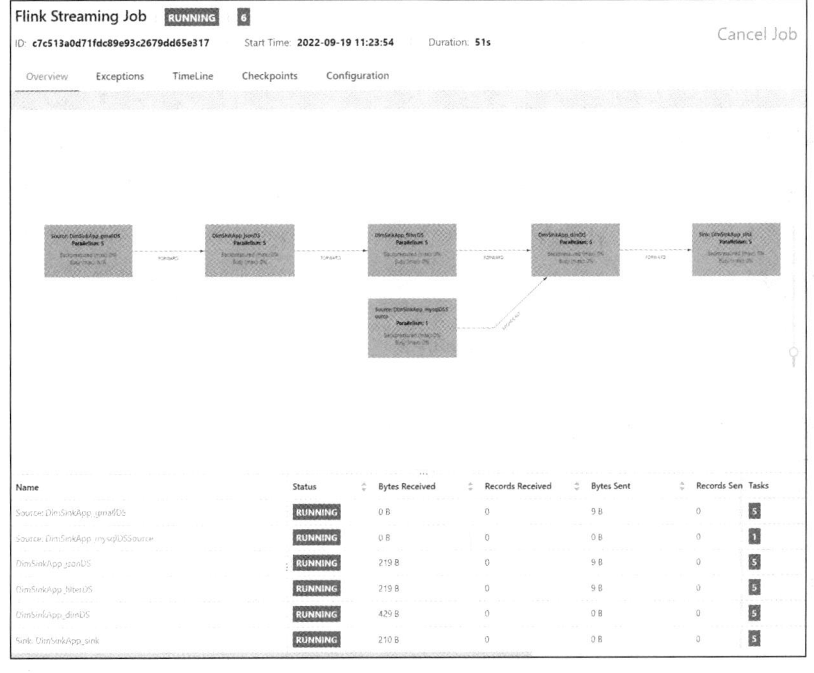

图 11-64　任务的并行度已经成功修改为 5

2. 从检查点重启

当 Job 出现故障，达到最大重启次数停掉，解决 Bug 后重新部署就需要从之前的检查点重启，与保存点的重启命令唯一的区别在于文件路径，需要指定到_metadata 文件或其上级目录，如下所示。

```
# 方式一
hdfs://mycluster/gmall/ck/dim_sink_app/5ee5a1da16268c5fc4b56d32d413d304/chk-7/_metadata
# 方式二
hdfs://mycluster/gmall/ck/dim_sink_app/5ee5a1da16268c5fc4b56d32d413d304/chk-7
```

重启命令如下

```
flink run -t yarn-per-job \
-p 5 -d \
-s hdfs://mycluster/gmall/ck/dim_sink_app/5ee5a1da16268c5fc4b56d32d413d304/chk-7 \
-Dyarn.application.name=DimSinkApp \
-Dyarn.application.queue=default \
-Djobmanager.memory.process.size=1g \
-Dtaskmanager.memory.process.size=1536mb \
-Dtaskmanager.numberOfTaskSlots=2 \
-Dtaskmanager.memory.managed.size=0 \
-Dexecution.checkpointing.interval='30s' \
-Dexecution.checkpointing.mode=EXACTLY_ONCE \
-Dexecution.checkpointing.timeout='1min' \
-Dexecution.checkpointing.min-pause='20s' \
-Dexecution.checkpointing.externalized-checkpoint-retention=RETAIN_ON_CANCELLATION \
-Drestart-strategy=failure-rate \
-Drestart-strategy.failure-rate.delay='3min' \
-Drestart-strategy.failure-rate.failure-rate-interval='1d' \
-Drestart-strategy.failure-rate.max-failures-per-interval=10 \
-Dstate.backend=hashmap \
-Dstate.checkpoint-storage=filesystem \
-Dstate.checkpoints.dir=hdfs://mycluster/gmall/ck/dim_sink_app \
-Drest.flamegraph.enabled=true \
-Dpipeline.object-reuse=true \
-c com.atguigu.gmall.realtime.app.dim.DimSinkApp \
gmall-realtime-1.0-SNAPSHOT-jar-with-dependencies.jar --HADOOP_USER_NAME atguigu \
--kafka-topic topic_db \
--consumer-group dim_sink_app
```

重启后 Job 并行度已修改为 5，如图 11-65 所示。

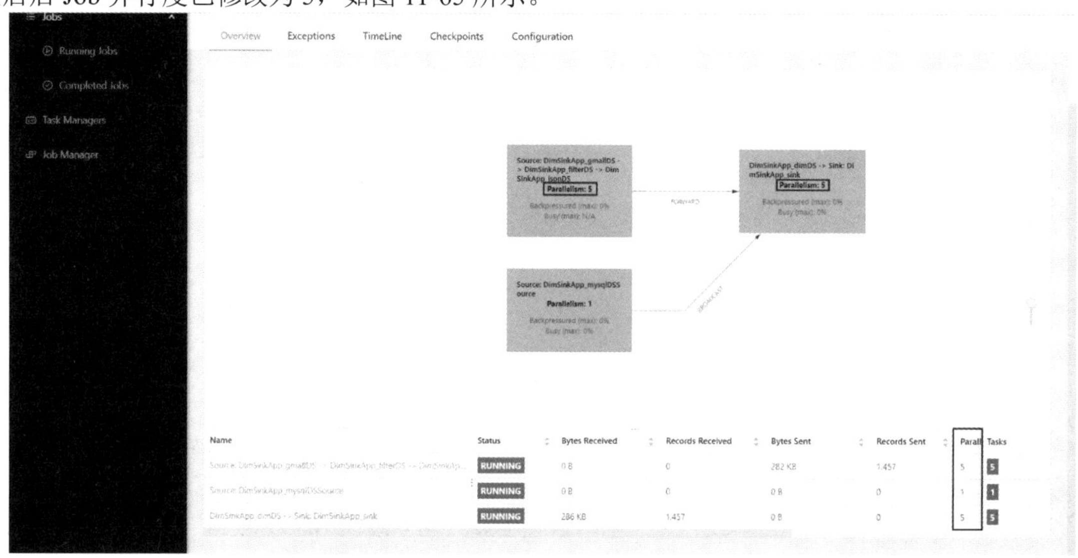

图 11-65　重启后 Job 并行度已修改为 5

11.11.10　最终提交命令

在 11.11.5 节使用的任务提交命令中，为了分析反压情况，关闭了算子链优化，在对任务分析调优完毕后，可以重新开启算子链优化。

```
-Dpipeline.operator-chaining=true \
# 该项默认为 true，保持默认值即可
```

最终完整的任务提交命令如下所示。

```
flink run -t yarn-per-job -p 4 -d \
-Dyarn.application.name=DimSinkApp \
-Dyarn.application.queue=default \
-Djobmanager.memory.process.size=1g \
-Dtaskmanager.memory.process.size=1536mb \
-Dtaskmanager.numberOfTaskSlots=2 \
-Dtaskmanager.memory.managed.size=0 \
-Dexecution.checkpointing.interval='30s' \
-Dexecution.checkpointing.mode=EXACTLY_ONCE \
-Dexecution.checkpointing.timeout='1min' \
-Dexecution.checkpointing.min-pause='20s' \
-Dexecution.checkpointing.externalized-checkpoint-retention=RETAIN_ON_CANCELLATION \
-Drestart-strategy=failure-rate \
-Drestart-strategy.failure-rate.delay='3min' \
-Drestart-strategy.failure-rate.failure-rate-interval='1d' \
-Drestart-strategy.failure-rate.max-failures-per-interval=10 \
-Dstate.backend=hashmap \
-Dstate.checkpoint-storage=filesystem \
-Dstate.checkpoints.dir=hdfs://mycluster/gmall/ck/dim_sink_app \
-Drest.flamegraph.enabled=true \
-Dpipeline.object-reuse=true \
-c com.atguigu.gmall.realtime.app.dim.DimSinkApp \
gmall-realtime-1.0-SNAPSHOT-jar-with-dependencies.jar --HADOOP_USER_NAME atguigu \
--kafka-topic topic_db \
--consumer-group dim_sink_app
```

任务提交完成后，在 Flink Web UI 查看任务 DAG 图，开启算子链优化后的 DAG 图如图 11-66 所示。

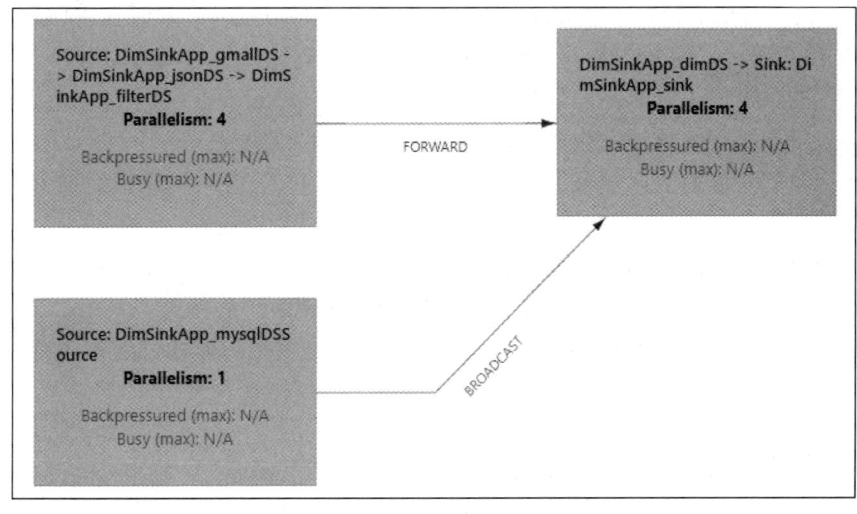

图 11-66　开启算子链优化后的 DAG 图

11.12 DWD 层调优实操

DWD 层共包含 8 个 Flink 任务，我们以其中的 BaseLogApp 为例进行讲解，读者可以阅读 8.2 节回顾 BaseLogApp 的实现思路和代码内容。

DWD 层任务提交前的各种配置分析与 DIM 层任务相同，包括 YARN 资源配置、Flink 内存分配、并行度与 slot 个数配置等项，不再重复分析。因为 DWD 层任务使用了 RocksDB 状态后端，所以在状态相关的配置分析中，需要注意以下几点。

（1）RocksDB 状态后端需要使用托管内存，托管内存默认是 TaskManager 的 Flink 总内存的 40%，此处保留默认值，根据测试情况调整。

（2）DWD 层任务中使用了键控状态，可以开启状态性能访问监控。

（3）使用 RocksDB 状态后端后，可以开启增量检查点和本地恢复功能。

（4）开启 RocksDB 状态后端的分区索引&过滤器功能。

（5）为 RocksDB 状态后端选择针对固态硬盘的预定义选项配置。

综合以上情况，在提交任务时，需要配置以下参数。

```
-Dstate.backend=rocksdb \
-Dstate.backend.latency-track.keyed-state-enabled=true
-Dstate.backend.latency-track.sample-interval=100
-Dstate.backend.latency-track.history-size=128
-Dstate.backend.latency-track.state-name-as-variable=true
-Dstate.backend.incremental=true
-Dstate.backend.local-recovery=true
-Dstate.backend.rocksdb.memory.partitioned-index-filters=true
-Dstate.backend.rocksdb.predefined-options=FLASH_SSD_OPTIMIZED
```

11.12.1 DWD 层任务初次提交测试

同 DIM 层任务初次提交测试一样，需要禁用算子链优化、切换 HDFS 集群、禁用类加载器检查、指定算子的 UUID 和名称、配置重启策略。

接下来我们需要分析 BaseLogApp 任务是否满足开启对象重用的条件。开启对象重用的条件有以下 4 个。

（1）下游算子不改变对象的值，且对象没有被保存到上游算子的状态中，则可以开启。

（2）下游算子不改变对象的值，且对象被保存到了上游算子的状态中，此时要求状态后端为 RocksDB。因为启用 RocksDB 状态后端，状态的读写要经历序列化和反序列化，出入状态均为深拷贝，所以上游状态修改不会对下游接收的数据产生影响；而默认的 HashMapStateBackend 出入状态都是浅拷贝，当上游状态发生改变时，会导致下游接收的数据发生改变，影响计算结果的正确性。

（3）下游算子会改变对象的值，要求上下游算子是一对一的。若此时对象没有被保存到上游算子的状态中，可以启用对象重用。

（4）下游算子会改变对象的值，要求上下游算子是一对一的。若此时对象被保存到了上游算子的状态中，则要求状态后端为 RocksDB。否则有可能产生线程安全问题。

若想判断 BaseLogApp 任务是否满足开启对象重用的条件，需要对其内部逻辑进行分析，建议读者重新阅读 8.2 节，回忆代码逻辑。

分析过程如下。

（1）在 BaseLogApp 中，只有 source、fixedStream 和 sink 是有状态算子，其中 source 和 sink 对接 Kafka，分析 DAG 图内部的对象传递时无须考虑。而 fixedStream 的状态中保存的是日期字符串，上下游算子之间传递的是封装了日志数据的 JSONObject 对象，因此，上游状态的读写不会对下游数据产生任何影响。此处只需要考虑上下游算子的对象传递模式（一对多、一对一）即可。

（2）在（1）分析的基础上，如果上下游算子的对象是一对一传递的，必然满足对象重用的开启条件。上下游算子一对多传递的只有两处：

① cleanedStream 向 fixedStream 传递时发生了 shuffle，一个并行子任务的数据可能进入下游的多个并行子任务，但是同一个对象只会传递给下游一个并行度，同样满足条件。

② seperatedStream 将数据传递给下游的五个算子，分别对应错误、启动、页面、曝光和行为日志数据。一个日志对象在 separatedStream 算子中的处理流程如下。

a）判断是否为错误日志，是则调用 toJSONString 方法将当前对象转为字符串，传递给错误侧输出流，最后到达错误流 sink 算子。将原 JSONObject 对象中的 err 字段去除，再将对象传递给后面的方法。此处将错误日志对象转为字符串的操作，是将原对象的内容封装到了一个新的字符串对象中，即便 JSONObject 对象发生变化，字符串也不会发生改变。上下游对象互不影响，满足开启条件。

b）判断是否为启动日志，如果是，则传递给启动侧输出流，最终交给启动流 sink 算子。否则，必然为页面日志，执行 c）中的处理逻辑。此处的对象要么进入启动流，要么执行页面日志的处理逻辑，进入启动流的对象不会被其他下游算子处理，满足开启条件。

c）这一步首先判断页面日志中是否有曝光数据，如果有，则遍历曝光数组，依次获取曝光对象，和页面日志中的 page、common、ts 字段置于一个新的 JSONObject 中，再将这个新对象转为字符串。动作日志的处理同理。二者均不会修改页面日志 JSON 对象的字段，且最终转换为字符串，即便页面日志对象发生修改，也不会对二者产生影响。最终，移除页面日志对象的曝光和动作字段，将处理后的对象转为字符串，进入页面日志 sink 算子。这一步上下游算子对象互不相干，满足开启条件。

综上所述，当前程序满足对象重用的开启条件。

综合上述分析，初次提交 BaseLogApp 时，需要禁用算子链优化、切换 HDFS 集群、禁用类加载器检查、指定算子的 UUID 和名称、配置重启策略、开启对象重用。首先改造代码，使主题和消费者组名称可以通过命令行传递，代码如下所示。

```
String topic = parameterTool.get("kafka-topic", "topic_log");
String groupId = parameterTool.get("consumer-group", "base_log_consumer");
```

最终任务提交命令如下所示。

```
flink run -t yarn-per-job -p 4 -d \
-Dyarn.application.name=BaseLogApp \
-Dyarn.application.queue=default \
-Djobmanager.memory.process.size=1g \
-Dtaskmanager.memory.process.size=1536mb \
-Dtaskmanager.numberOfTaskSlots=2 \
-Dexecution.checkpointing.interval='30s' \
-Dexecution.checkpointing.mode=EXACTLY_ONCE \
-Dexecution.checkpointing.timeout='1min' \
-Dexecution.checkpointing.min-pause='20s' \
-Dexecution.checkpointing.externalized-checkpoint-retention=RETAIN_ON_CANCELLATION \
-Drestart-strategy=failure-rate \
-Drestart-strategy.failure-rate.delay='3min' \
-Drestart-strategy.failure-rate.failure-rate-interval='1d' \
-Drestart-strategy.failure-rate.max-failures-per-interval=10 \
-Dstate.backend=rocksdb \
-Dstate.checkpoint-storage=filesystem \
-Dstate.checkpoints.dir=hdfs://mycluster/gmall/ck/base_log_app \
-Dstate.backend.latency-track.keyed-state-enabled=true \
-Dstate.backend.latency-track.sample-interval=100 \
-Dstate.backend.latency-track.history-size=128 \
-Dstate.backend.latency-track.state-name-as-variable=true \
```

```
-Dstate.backend.incremental=true \
-Dstate.backend.local-recovery=true \
-Dstate.backend.rocksdb.memory.partitioned-index-filters=true \
-Dstate.backend.rocksdb.predefined-options=FLASH_SSD_OPTIMIZED \
-Dpipeline.operator-chaining=false \
-Dpipeline.object-reuse=true \
-c com.atguigu.gmall.realtime.app.dwd.log.BaseLogApp \
gmall-realtime-1.0-SNAPSHOT-jar-with-dependencies.jar --HADOOP_USER_NAME atguigu \
--kafka-topic topic_log \
--consumer-group base_log_consumer

# jar 包要替换为当前服务器的路径
```

任务成功提交后，我们可以分别从 YARN Web UI 和 Flink Web UI 查看任务的运行情况，验证配置项是否生效，评估任务性能。

（1）验证 YARN 资源分配情况。

在 YARN Web UI 查看任务的资源分配情况，如图 11-67 所示。可以看到容器数量、CPU 核数和占用的内存总量均与配置项相符。

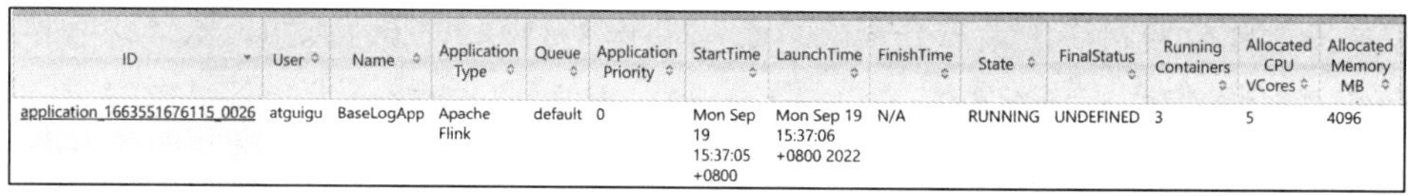

ID	User	Name	Application Type	Queue	Application Priority	StartTime	LaunchTime	FinishTime	State	FinalStatus	Running Containers	Allocated CPU VCores	Allocated Memory MB
application_1663551676115_0026	atguigu	BaseLogApp	Apache Flink	default	0	Mon Sep 19 15:37:05 +0800	Mon Sep 19 15:37:06 +0800 2022	N/A	RUNNING	UNDEFINED	3	5	4096

图 11-67　YARN Web UI 查看任务的资源分配情况

（2）验证 JobManager 内存分配情况。

通过 Flink Web UI 查看 JobManager 内存模型，如图 11-68 所示。与 11.3.2 节讲解的 JobManager 内存模型中各部分内存的分配原则相符。

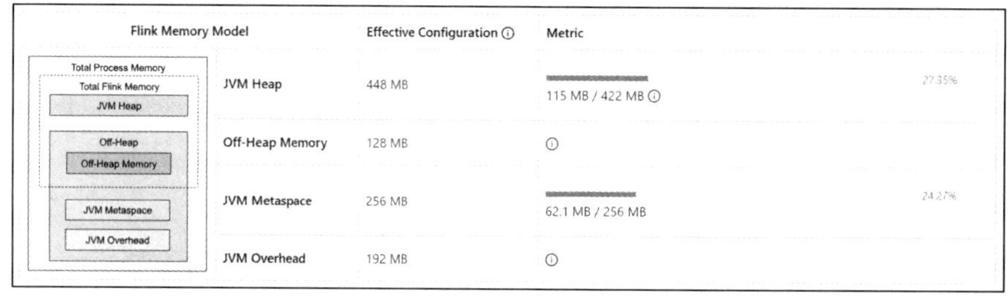

图 11-68　JobManager 内存模型

（3）验证 TaskManager 内存分配情况。

通过 Flink Web UI 查看 TaskManager 的内存模型，如图 11-69 所示。与 11.3.1 节讲解的 TaskManager 内存模型中各部分内存的分配原则相符。

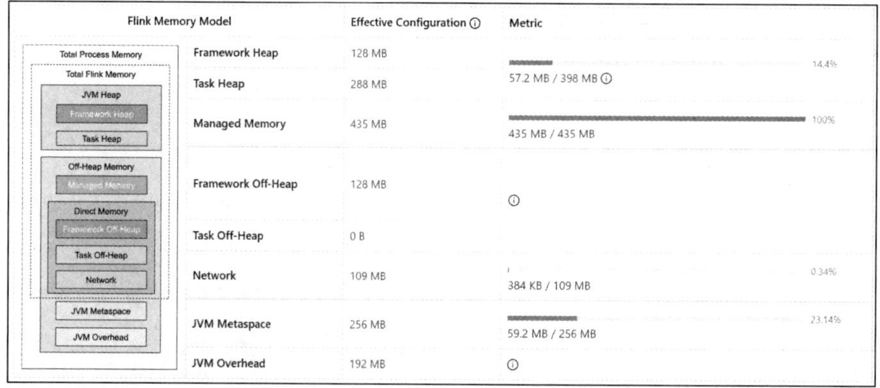

图 11-69　TaskManager 内存模型

（4）验证并行度。

按照我们的设计，所有算子并行度均为 4，如图 11-70 所示，与配置相同。

Name	Status	Bytes Received	Records Received	Bytes Sent	Records Sen	Tasks
Source: BaseLogApp_source	RUNNING	0 B	0	0 B	0	4
BaseLogApp_cleanedStream	RUNNING	168 B	0	0 B	0	4
Sink: BaseLogApp_dirtySink	RUNNING	168 B	0	0 B	0	4
BaseLogApp_fixedStream	RUNNING	672 B	0	0 B	0	4
BaseLogApp_separatedStream	RUNNING	168 B	0	0 B	0	4
Sink: BaseLogApp_pageSink	RUNNING	168 B	0	0 B	0	4
Sink: BaseLogApp_startSink	RUNNING	126 B	0	0 B	0	4
Sink: BaseLogApp_displaySink	RUNNING	168 B	0	0 B	0	4
Sink: BaseLogApp_actionSink	RUNNING	168 B	0	0 B	0	4
Sink: BaseLogApp_errorSink	RUNNING	126 B	0	0 B	0	4

图 11-70　查看算子并行度

（5）验证重启策略配置。

Flink Web UI 查看任务的重启策略，如图 11-71 所示，可以看到与我们的参数配置相符。

图 11-71　查看任务的重启策略

（6）验证检查点配置。

Flink Web UI 查看任务的检查点和状态后端的相关配置，如图 11-72 和图 11-73 所示，可以看到与我们的参数配置相符。

11.12.2　反压情况分析

本节对 DWD 层任务的反压情况进行分析。

1. 开启火焰图功能

结束 11.12.1 节提交的任务重新提交，在提交任务时补充以下配置，开启火焰图。

```
-Drest.flamegraph.enabled=true
```

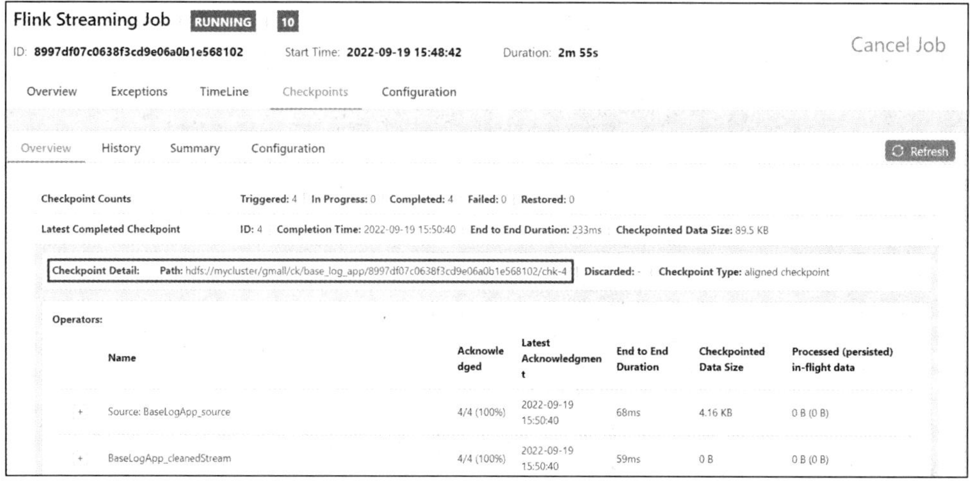

图 11-72　查看任务的检查点和状态后端的相关配置（1）

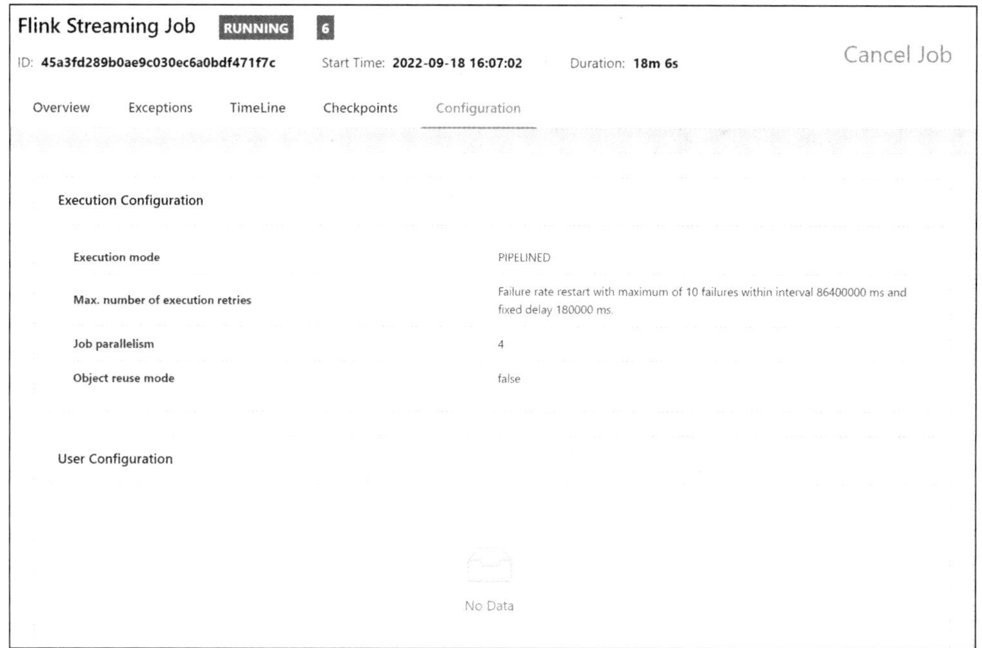

图 11-73　查看任务的检查点和状态后端的相关配置（2）

完整提交命令如下。

```
flink run -t yarn-per-job -p 4 -d \
-Dyarn.application.name=BaseLogApp \
-Dyarn.application.queue=default \
-Djobmanager.memory.process.size=1g \
-Dtaskmanager.memory.process.size=1536mb \
-Dtaskmanager.numberOfTaskSlots=2 \
-Dexecution.checkpointing.interval='30s' \
-Dexecution.checkpointing.mode=EXACTLY_ONCE \
-Dexecution.checkpointing.timeout='1min' \
-Dexecution.checkpointing.min-pause='20s' \
-Dexecution.checkpointing.externalized-checkpoint-retention=RETAIN_ON_CANCELLATION \
-Drestart-strategy=failure-rate \
-Drestart-strategy.failure-rate.delay='3min' \
-Drestart-strategy.failure-rate.failure-rate-interval='1d' \
```

```
-Drestart-strategy.failure-rate.max-failures-per-interval=10 \
-Dstate.backend=rocksdb \
-Dstate.checkpoint-storage=filesystem \
-Dstate.checkpoints.dir=hdfs://mycluster/gmall/ck/base_log_app \
-Dstate.backend.latency-track.keyed-state-enabled=true \
-Dstate.backend.latency-track.sample-interval=100 \
-Dstate.backend.latency-track.history-size=128 \
-Dstate.backend.latency-track.state-name-as-variable=true \
-Dstate.backend.incremental=true \
-Dstate.backend.local-recovery=true \
-Dstate.backend.rocksdb.memory.partitioned-index-filters=true \
-Dstate.backend.rocksdb.predefined-options=FLASH_SSD_OPTIMIZED \
-Dpipeline.operator-chaining=false \
-Dpipeline.object-reuse=true \
-Drest.flamegraph.enabled=true \
-c com.atguigu.gmall.realtime.app.dwd.log.BaseLogApp \
gmall-realtime-1.0-SNAPSHOT-jar-with-dependencies.jar --HADOOP_USER_NAME atguigu \
--kafka-topic topic_log \
--consumer-group base_log_consumer
```

2. 查看 DAG 图

任务提交完成后，在 Flink Web UI 页面查看任务的 DAG 图，如图 11-74 所示。可以看到目前所有算子都处于空闲状态。

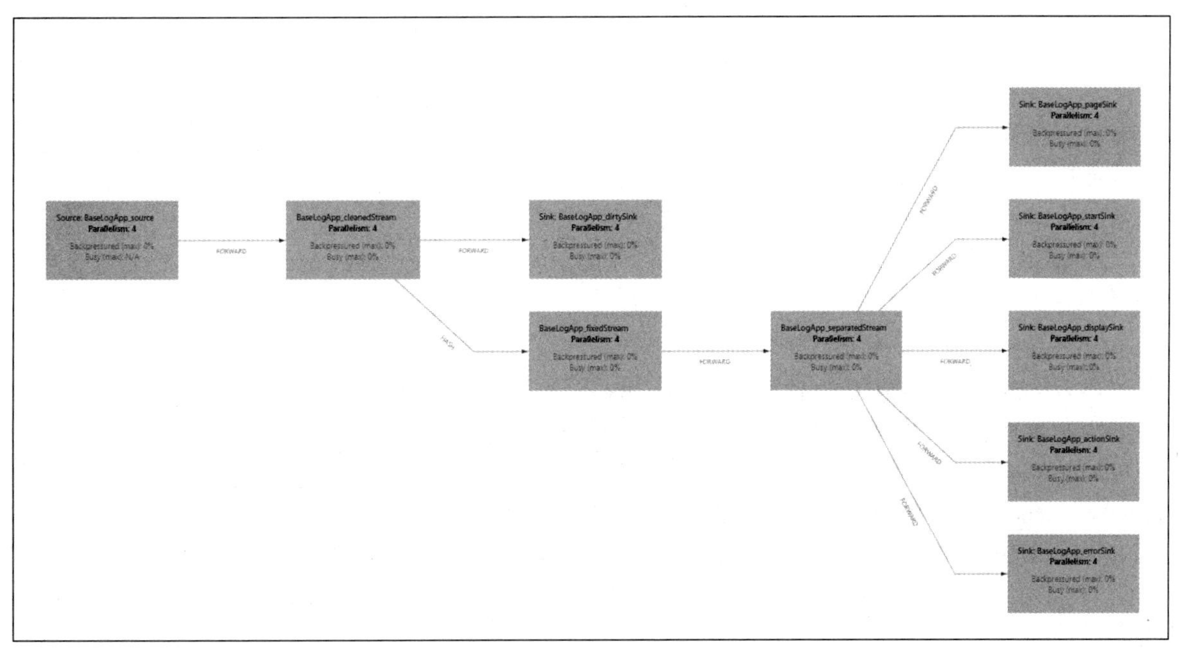

图 11-74　查看任务的 DAG 图

3. 预测性能瓶颈

BaseLogApp 的作用是将 topic_log 主题的数据分流写入 Kafka 的不同主题，此处涉及的脚本都已有相关讲解，若有前文未出现的脚本，可按照功能自行编写。生成少量数据分析数据传输情况。

（1）执行以下命令，启动 hadoop103 节点服务器的日志采集 Flume。

```
[atguigu@hadoop102 bin]$ f1.sh start
 ---------启动 hadoop103 采集 flume-------
```

（2）编写批量执行 jar 包脚本 gmall-datagen.sh，脚本内容如下。

```
#!/bin/bash

for ((i=$1;i>0;i--))
do
ssh hadoop103 "cd /opt/module/applog; java -jar gmall2023-mock-log-2023-01-10.jar"
ssh hadoop104 "cd /opt/module/dblog; java -jar gmall2023-mock-db-2023-01-10.jar"
done
```

将业务数据和日志数据生成命令执行 10 次。

```
# 业务数据和日志数据生成 jar 包均执行 10 次
[atguigu@hadoop102 bin]$ gmall-datagen.sh 10
```

（3）在 Flink Web UI 观察各算子处理的数据量，如图 11-75 所示。

Name	Bytes Received	Records Received	Bytes Sent	Records Sent	Parallelis	Tasks
Source: BaseLogApp_source	0 B	0	6.19 MB	10,298	4	4
BaseLogApp_cleanedStream	6.23 MB	10,298	4.35 MB	10,298	4	4
Sink: BaseLogApp_dirtySink	1.50 KB	0	0 B	0	4	4
BaseLogApp_fixedStream	4.49 MB	10,298	4.41 MB	10,298	4	4
BaseLogApp_separatedStream	4.49 MB	10,298	17.9 MB	53,635	4	4
Sink: BaseLogApp_pageSink	2.17 MB	8,098	0 B	0	4	4
Sink: BaseLogApp_startSink	623 KB	2,200	0 B	0	4	4
Sink: BaseLogApp_displaySink	14.1 MB	39,993	0 B	0	4	4
Sink: BaseLogApp_actionSink	1.12 MB	3,035	0 B	0	4	4
Sink: BaseLogApp_errorSink	253 KB	309	0 B	0	4	4

图 11-75　各算子处理的数据量

可以分析得出以下结论。

（1）BaseLogApp_source 算子共向下游发送了 10298 条数据。

（2）BaseLogApp_cleanedStream 的数据全部来源于 BaseLogApp_source 算子，共收到 10298 条数据，共向下游发送了 10298 条数据，说明没有脏数据，因此，BaseLogApp_dirtySink 算子接收到的数据条数为 0。

（3）BaseLogApp_fixedStream 算子的数据全部来源于 BaseLogApp_cleanedStream，共收到 10298 条数据，共向下游 BaseLogApp_separatedStream 发送了 53635 条数据。

（4）BaseLogApp_separatedStream 算子接收的数据与发送的数据的条数差异很大，因为在 BaseLogApp_separatedStream 算子内对数据执行了“爆炸”操作。

（5）BaseLogApp_separatedStream 算子发送的数据条数与下游五个算子接收的数据的条数之和相等。同时可以发现 BaseLogApp_displaySink 算子接收的数据量最大，因此，推断 BaseLogApp_displaySink 可能成为性能瓶颈。

4. 压力测试

（1）执行以下脚本，将业务数据和日志数据生成命令执行 50 次，生成大量数据，形成数据“洪峰”。

```
[atguigu@hadoop102 bin]$ gmall-datagen.sh 50
```

（2）通过 Flink Web UI 查看 BaseLogApp 的反压情况，压测后的 DAG 图如图 11-76 所示。

查看各算子节点的 Bacpressure 和 Busy 状态时间占比，可以看到 BaseLogApp_source、BaseLogApp_cleanedStream、BaseLogApp_fixedStream、BaseLogApp_separatedStream 算子均发生反压。

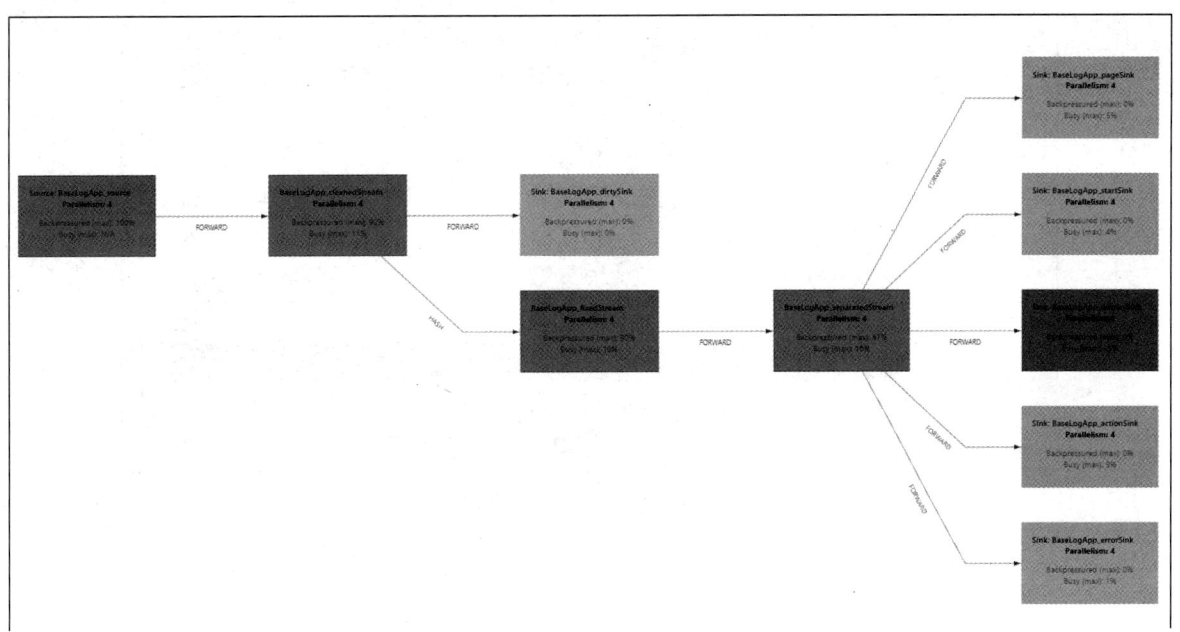

图 11-76　压测后的 DAG 图

5. 定位反压源头

观察 DAG 图可以发现，从 BaseLogApp_source 算子开始直到 BaseLogApp_separatedStream 算子全部发生了反压，下游的五个算子只有 BaseLogApp_displaySink 算子的 Busy 状态时间占比达到了 90%以上，其余均为空闲。查看 BaseLogApp_displaySink 算子的并行子任务的反压状态，如图 11-77 所示，所有并行子任务均处于 Busy 状态。

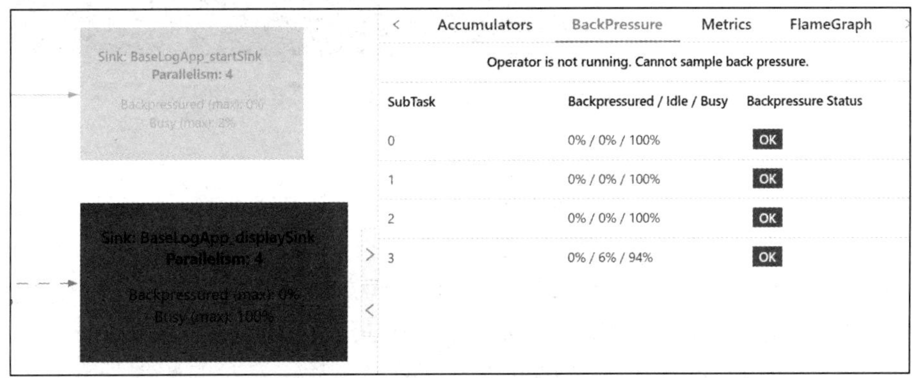

图 11-77　BaseLogApp_displaySink 算子的并行子任务的反压状态

查看所有算子处理的数据量，如图 11-78 所示，可以看到 BaseLogApp_displaySink 算子的数据量显著高于其他算子，显然，反压是由于 BaseLogApp_separatedStream 的“爆炸”操作引起的，该算子就是反压根源。

6. 火焰图分析

查看 BaseLogApp_seperatedStream 算子的火焰图，如图 11-79 所示。

观察火焰图可以发现占用资源较多的是 JSON 对象的序列化，这是对大量曝光日志做封装、传输导致的。

Name	Status	Bytes Received	Records Receiv	Tasks
Source: BaseLogApp_source	RUNNING	0 B	0	4
BaseLogApp_cleanedStream	RUNNING	978 MB	1,627,347	4
Sink: BaseLogApp_dirtySink	RUNNING	928 B	0	4
BaseLogApp_fixedStream	RUNNING	703 MB	1,623,049	4
BaseLogApp_separatedStream	RUNNING	702 MB	1,620,790	4
Sink: BaseLogApp_pageSink	RUNNING	343 MB	1,279,973	4
Sink: BaseLogApp_startSink	RUNNING	94.1 MB	340,817	4
Sink: BaseLogApp_displaySink	RUNNING	2.14 GB	6,213,497	4
Sink: BaseLogApp_actionSink	RUNNING	174 MB	470,674	4
Sink: BaseLogApp_errorSink	RUNNING	36.3 MB	48,020	4

图 11-78　所有算子处理的数据量

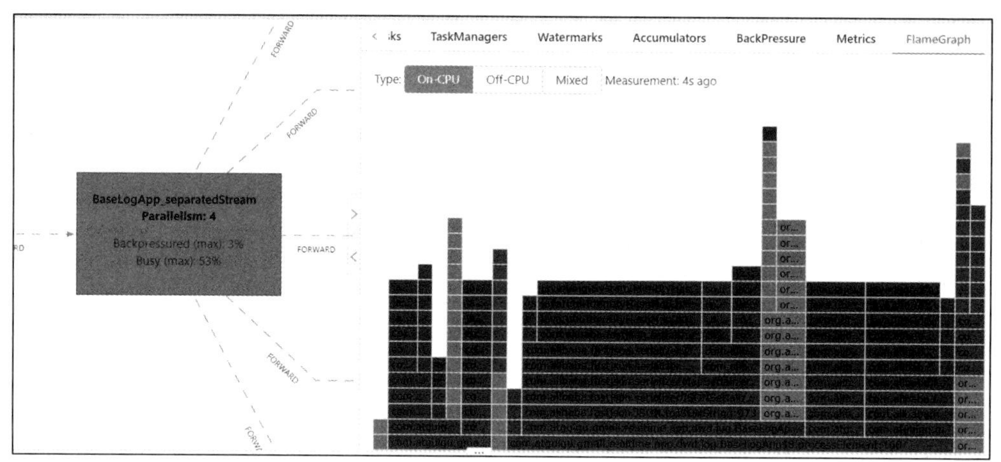

图 11-79　BaseLogApp_seperatedStream 算子的火焰图

7. 反压原因分析和解决思路

根据上述对 DAG 图和火焰图的分析，可以确定反压根源为 BaseLogApp_seperatedStream 算子。在该算子中，需要对数据进行“爆炸”操作，其中过多的曝光数据会使得数据量猛增。输出数据相对于接收数据的迅速增加，会导致算子的 OutputBuffer 被填满，因而出现反压。下游只有 BaseLogApp_displaySink 因为接收到了相对较多的数据导致 inputbuffer 被填满而处于 Busy 状态，其余算子均处于 Idle 状态。

BaseLogApp_seperatedStream 算子的 OutputBuffer 被填满后，自身的数据处理被阻塞，压力通过 InputBuffer 向上游传导，导致从数据源处至该算子的所有任务全部反压。

BaseLogApp_seperatedStream 算子内部的计算逻辑并无不合理之处，数据量的激增是由日志结构和用户行为导致的。此外，我们已经开启了对象重用，减少了算子间深拷贝带来的性能损耗，很难再找到优化空间。

对于此类型的反压问题，需要提升算子的并行度，分配更多的资源。反压时性能瓶颈算子的单个并行子任务的处理能力即为单并行度的数据处理极限，可以根据峰值数据量和单并行度处理极限计算合理的并行度。再根据得到的计算结果，同步调整计算资源的分配。

11.12.3　数据倾斜情况分析

通过 DAG 图查看各个算子的并行子任务的数据处理情况，分析是否存在数据倾斜。

（1）查看 BaseLogApp_source 算子的各并行子任务发送的数据量，如图 11-80 所示。ID 为 1 的并行度的数据量显著高于其他并行度，出现了数据倾斜。但是基于 11.12.2 节的分析，我们知道该算子并不是反压的根源，并未造成性能瓶颈，此处无须处理。若此处算子的数据倾斜造成了性能瓶颈，可以考虑从调整 Kafka 生产者分区策略，使发送至 Kafka 主题的数据尽量分区间均匀分配。

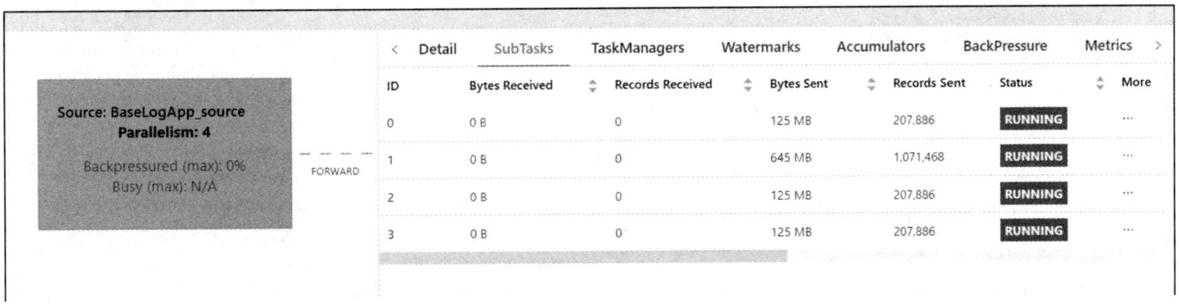

ID	Bytes Received	Records Received	Bytes Sent	Records Sent	Status	More
0	0 B	0	125 MB	207,886	RUNNING	...
1	0 B	0	645 MB	1,071,468	RUNNING	...
2	0 B	0	125 MB	207,886	RUNNING	...
3	0 B	0	125 MB	207,886	RUNNING	...

图 11-80　BaseLogApp_source 算子的各并行子任务发送的数据量

（2）查看 BaseLogApp_cleanedStream 算子的各并行子任务处理的数据量，如图 11-81 所示。同样存在数据倾斜，但未造成性能瓶颈，不做处理。

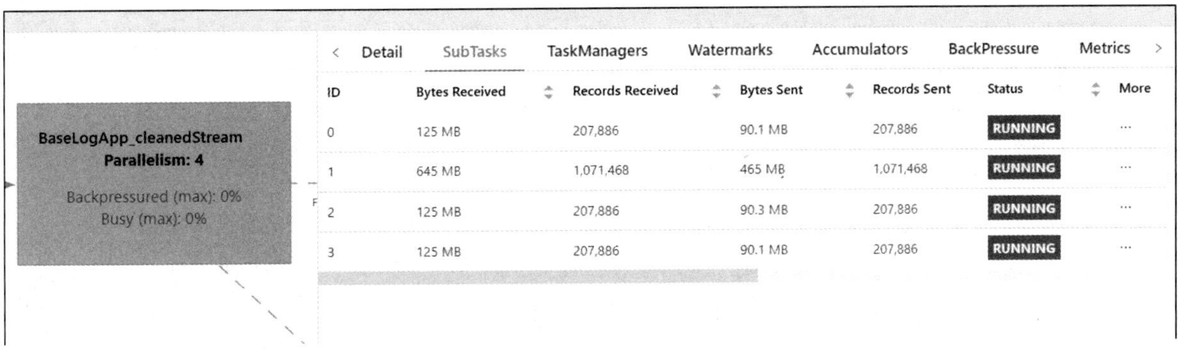

ID	Bytes Received	Records Received	Bytes Sent	Records Sent	Status	More
0	125 MB	207,886	90.1 MB	207,886	RUNNING	...
1	645 MB	1,071,468	465 MB	1,071,468	RUNNING	...
2	125 MB	207,886	90.3 MB	207,886	RUNNING	...
3	125 MB	207,886	90.1 MB	207,886	RUNNING	...

图 11-81　BaseLogApp_cleanedStream 算子的各并行子任务处理的数据量

（3）查看 BaseLogApp_dirtySink 算子的各并行子任务处理的数据量，如图 11-82 所示，发现没有脏数据产生。

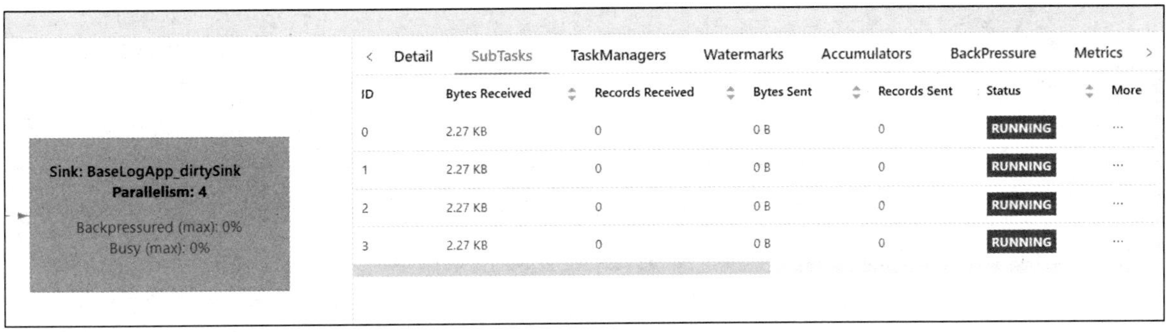

ID	Bytes Received	Records Received	Bytes Sent	Records Sent	Status	More
0	2.27 KB	0	0 B	0	RUNNING	...
1	2.27 KB	0	0 B	0	RUNNING	...
2	2.27 KB	0	0 B	0	RUNNING	...
3	2.27 KB	0	0 B	0	RUNNING	...

图 11-82　BaseLogApp_dirtySink 算子的各并行子任务处理的数据量

（4）查看 BaseLogApp_fixedStream 算子的各并行子任务处理的数据量，如图 11-83 所示，不存在数据倾斜。

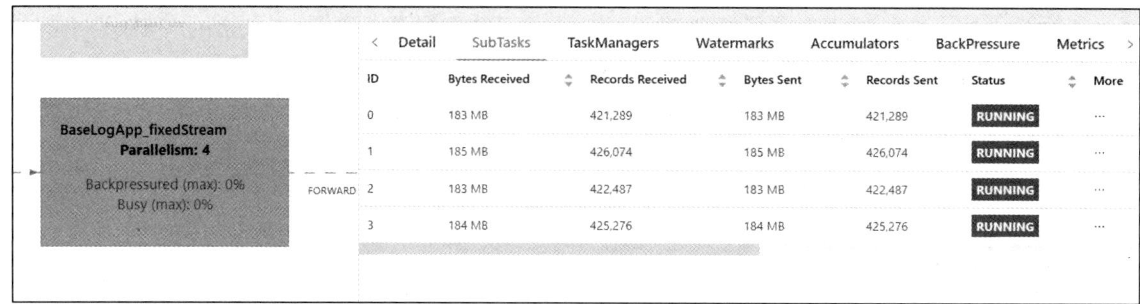

ID	Bytes Received	Records Received	Bytes Sent	Records Sent	Status	More
0	183 MB	421,289	183 MB	421,289	RUNNING	...
1	185 MB	426,074	185 MB	426,074	RUNNING	...
2	183 MB	422,487	183 MB	422,487	RUNNING	...
3	184 MB	425,276	184 MB	425,276	RUNNING	...

图 11-83　BaseLogApp_fixedStream 算子的各并行子任务处理的数据量

（5）查看 BaseLogApp_separatedStream 算子的各并行子任务处理的数据量，如图 11-84 所示，不存在数据倾斜。

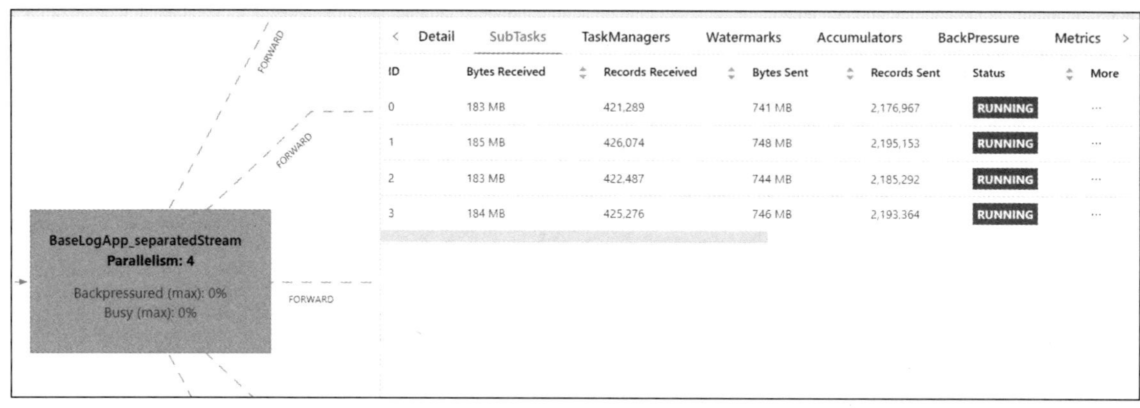

ID	Bytes Received	Records Received	Bytes Sent	Records Sent	Status	More
0	183 MB	421,289	741 MB	2,176,967	RUNNING	...
1	185 MB	426,074	748 MB	2,195,153	RUNNING	...
2	183 MB	422,487	744 MB	2,185,292	RUNNING	...
3	184 MB	425,276	746 MB	2,193,364	RUNNING	...

图 11-84　BaseLogApp_separatedStream 算子的各并行子任务处理的数据量

（6）查看 BaseLogApp_pageSink 算子的各并行子任务处理的数据量，如图 11-85 所示，不存在数据倾斜。

Sink: BaseLogApp_pageSink
Parallelism: 4
Backpressured (max): 0%
Busy (max): 4%

Detail　SubTasks　TaskManagers　Watermarks　Accumulators　BackPressure　Metrics

ID	Bytes Received	Records Received	Bytes Sent	Records Sent	Status	More
0	89.2 MB	332,520	0 B	0	RUNNING	...
1	90.2 MB	336,270	0 B	0	RUNNING	...
2	89.6 MB	333,952	0 B	0	RUNNING	...
3	90.0 MB	335,748	0 B	0	RUNNING	...

图 11-85　BaseLogApp_pageSink 算子的各并行子任务处理的数据量

（7）查看 BaseLogApp_startSink 算子的各并行子任务处理的数据量，如图 11-86 所示，不存在数据倾斜。

Sink: BaseLogApp_startSink
Parallelism: 4
Backpressured (max): 0%
Busy (max): 0%

Detail　SubTasks　TaskManagers　Watermarks　Accumulators　BackPressure　Metrics

ID	Bytes Received	Records Received	Bytes Sent	Records Sent	Status	More
0	24.5 MB	88,769	0 B	0	RUNNING	...
1	24.8 MB	89,804	0 B	0	RUNNING	...
2	24.4 MB	88,535	0 B	0	RUNNING	...
3	24.7 MB	89,528	0 B	0	RUNNING	...

图 11-86　BaseLogApp_startSink 算子的各并行子任务处理的数据量

（8）查看 BaseLogApp_displaySink 算子的各并行子任务处理的数据量，如图 11-87 所示，不存在数据倾斜。

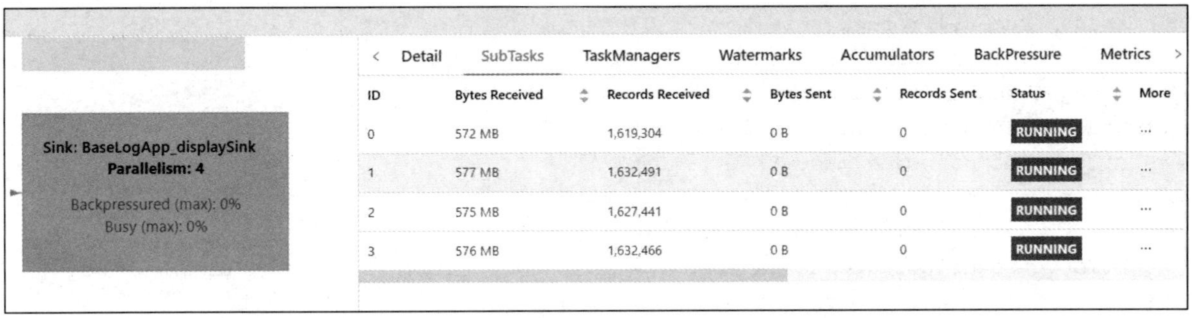

Sink: BaseLogApp_displaySink
Parallelism: 4
Backpressured (max): 0%
Busy (max): 0%

Detail　SubTasks　TaskManagers　Watermarks　Accumulators　BackPressure　Metrics

ID	Bytes Received	Records Received	Bytes Sent	Records Sent	Status	More
0	572 MB	1,619,304	0 B	0	RUNNING	···
1	577 MB	1,632,491	0 B	0	RUNNING	···
2	575 MB	1,627,441	0 B	0	RUNNING	···
3	576 MB	1,632,466	0 B	0	RUNNING	···

图 11-87　BaseLogApp_displaySink 算子的各并行子任务处理的数据量

（9）查看 BaseLogApp_actionSink 算子的各并行子任务处理的数据量，如图 11-88 所示，不存在数据倾斜。

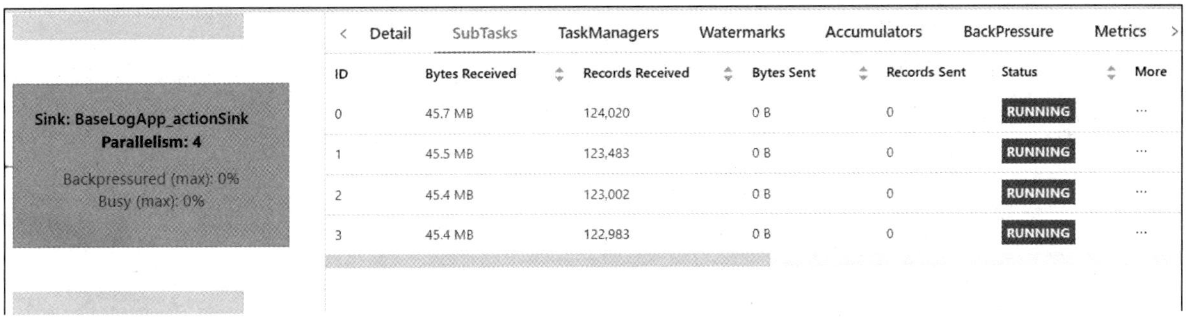

Sink: BaseLogApp_actionSink
Parallelism: 4
Backpressured (max): 0%
Busy (max): 0%

Detail　SubTasks　TaskManagers　Watermarks　Accumulators　BackPressure　Metrics

ID	Bytes Received	Records Received	Bytes Sent	Records Sent	Status	More
0	45.7 MB	124,020	0 B	0	RUNNING	···
1	45.5 MB	123,483	0 B	0	RUNNING	···
2	45.4 MB	123,002	0 B	0	RUNNING	···
3	45.4 MB	122,983	0 B	0	RUNNING	···

图 11-88　BaseLogApp_actionSink 算子的各并行子任务处理的数据量

（10）查看 BaseLogApp_errorSink 算子的各并行子任务处理的数据量，如图 11-89 所示，不存在数据倾斜。

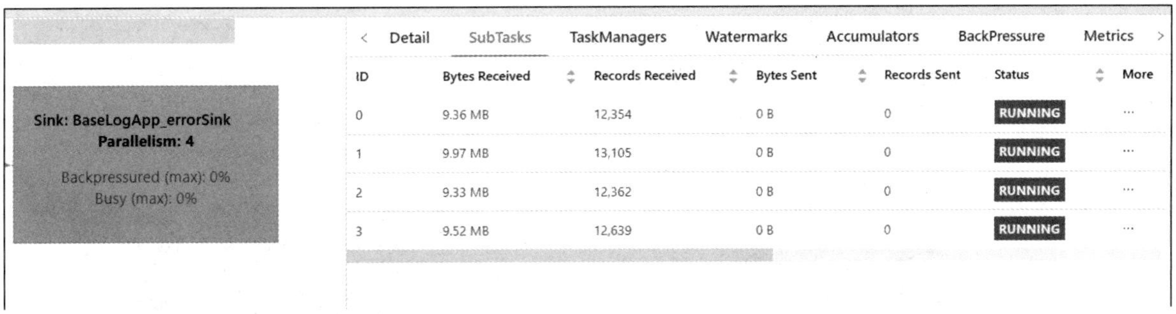

Sink: BaseLogApp_errorSink
Parallelism: 4
Backpressured (max): 0%
Busy (max): 0%

Detail　SubTasks　TaskManagers　Watermarks　Accumulators　BackPressure　Metrics

ID	Bytes Received	Records Received	Bytes Sent	Records Sent	Status	More
0	9.36 MB	12,354	0 B	0	RUNNING	···
1	9.97 MB	13,105	0 B	0	RUNNING	···
2	9.33 MB	12,362	0 B	0	RUNNING	···
3	9.52 MB	12,639	0 B	0	RUNNING	···

图 11-89　BaseLogApp_errorSink 算子的各并行子任务处理的数据量

综合上述分析，BaseLogApp 中仅在 BaseLogApp_source、BaseLogApp_cleanedStream 算子处出现数据倾斜，但是鉴于未造成性能瓶颈，故不予处理。分析造成数据倾斜的原因，是数据源的数据分布不均造成的，后续若因为此处的数据倾斜造成性能瓶颈，可以考虑更改 Kafka 主题的生产者分区策略，使 Kafka 主题的分区间数据分布尽量均衡。

11.12.4　最终提交命令

同样地，此处也要重新打开算子链优化，最终完整的任务提交命令如下所示。

```
flink run -t yarn-per-job -p 4 -d \
-Dyarn.application.name=BaseLogApp \
-Dyarn.application.queue=default \
-Djobmanager.memory.process.size=1g \
-Dtaskmanager.memory.process.size=1536mb \
-Dtaskmanager.numberOfTaskSlots=2 \
-Dexecution.checkpointing.interval='30s' \
-Dexecution.checkpointing.mode=EXACTLY_ONCE \
-Dexecution.checkpointing.timeout='1min' \
-Dexecution.checkpointing.min-pause='20s' \
-Dexecution.checkpointing.externalized-checkpoint-retention=RETAIN_ON_CANCELLATION \
-Drestart-strategy=failure-rate \
-Drestart-strategy.failure-rate.delay='3min' \
-Drestart-strategy.failure-rate.failure-rate-interval='1d' \
-Drestart-strategy.failure-rate.max-failures-per-interval=10 \
-Dstate.backend=rocksdb \
-Dstate.checkpoint-storage=filesystem \
-Dstate.checkpoints.dir=hdfs://mycluster/gmall/ck/base_log_app \
-Dstate.backend.latency-track.keyed-state-enabled=true \
-Dstate.backend.latency-track.sample-interval=100 \
-Dstate.backend.latency-track.history-size=128 \
-Dstate.backend.latency-track.state-name-as-variable=true \
-Dstate.backend.incremental=true \
-Dstate.backend.local-recovery=true \
-Dstate.backend.rocksdb.memory.partitioned-index-filters=true \
-Dstate.backend.rocksdb.predefined-options=FLASH_SSD_OPTIMIZED \
-Drest.flamegraph.enabled=true \
-Dpipeline.object-reuse=true \
-c com.atguigu.gmall.realtime.app.dwd.log.BaseLogApp \
gmall-realtime-1.0-SNAPSHOT-jar-with-dependencies.jar --HADOOP_USER_NAME atguigu \
--kafka-topic topic_log \
--consumer-group base_log_consumer
```

任务提交后，在 Flink Web UI 查看 DAG 图，合并算子链后的 DAG 图如图 11-90 所示。

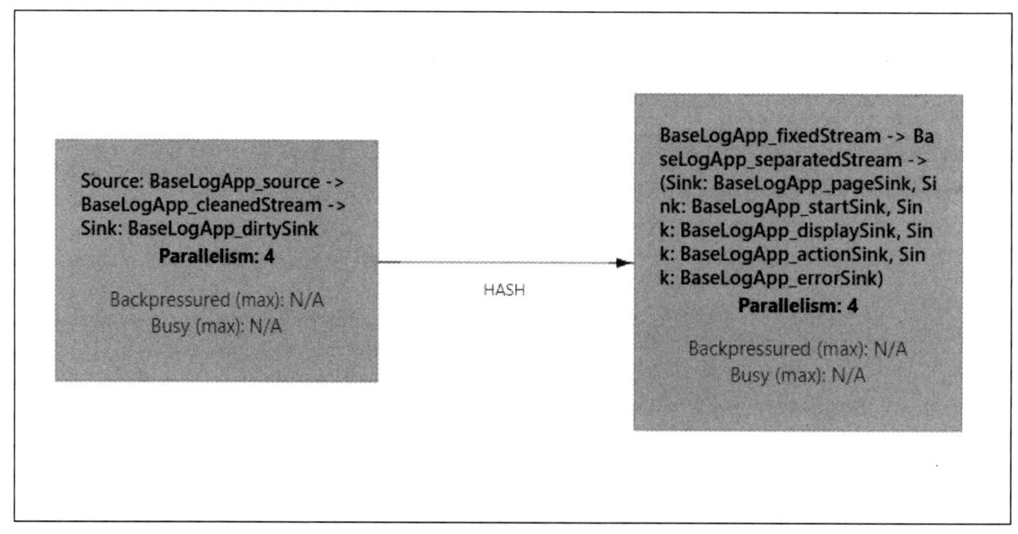

图 11-90　合并算子链后的 DAG 图

11.13　本章总结

项目性能调优在各种项目中都是至关重要的一环，本实时数据仓库项目同样如此。本章首先讲解了项目性能调优的“技能包”，例如 Flink 的内存模型、状态调优策略、反压和数据倾斜的问题分析和解决办法等。只有对这些基本概念和调优策略了然于胸，才能在实际调优时有的放矢。项目在运行过程中可能遇到的问题千奇百怪，开发人员仅掌握这些技能是远远不够的。对于实际开发人员来说，更重要的是掌握解决问题的思考方向。

举报电话：（010）88254396；（010）88258888

传　　真：（010）88254397

E-mail：　dbqq@phei.com.cn

通信地址：北京市万寿路 173 信箱

　　　　　电子工业出版社总编办公室

邮　　编：100036